天津市安装工程预算基价

第一册 机械设备安装工程

DBD 29-301-2020

天津市住房和城乡建设委员会
天津市建筑市场服务中心 主编

中国计划出版社

图书在版编目（CIP）数据

天津市安装工程预算基价 : 共12册 / 天津市建筑市场服务中心主编. -- 北京 : 中国计划出版社, 2020.7
ISBN 978-7-5182-1123-4

Ⅰ. ①天… Ⅱ. ①天… Ⅲ. ①建筑安装－建筑预算定额－天津 Ⅳ. ①TU723.34

中国版本图书馆CIP数据核字(2020)第005128号

天津市安装工程预算基价

DBD 29-301～313-2020

天津市住房和城乡建设委员会

天津市建筑市场服务中心 主编

中国计划出版社出版发行
网址:www.jhpress.com
地址:北京市西城区木樨地北里甲11号国宏大厦C座3层
邮政编码:100038 电话:(010)63906433(发行部)
三河富华印刷包装有限公司印刷

850mm×1168mm 横1/16 242.75印张 7130千字
2020年7月第1版 2020年7月第1次印刷
印数1—2000册

ISBN 978-7-5182-1123-4
定价:800.00元(全十二册)

天津市住房和城乡建设委员会

津住建建市函〔2020〕30号

市住房城乡建设委关于发布2020《天津市建设工程计价办法》和天津市各专业工程预算基价的通知

各区住建委，各有关单位：

根据《天津市建筑市场管理条例》和《建设工程工程量清单计价规范》，在有关部门的配合和支持下，我委组织编制了2020《天津市建设工程计价办法》和《天津市建筑工程预算基价》、《天津市装饰装修工程预算基价》、《天津市安装工程预算基价》、《天津市市政工程预算基价》、《天津市仿古建筑及园林工程预算基价》、《天津市房屋修缮工程预算基价》、《天津市人防工程预算基价》、《天津市给水及燃气管道工程预算基价》、《天津市地铁及隧道工程预算基价》以及与其配套的各专业工程量清单计价指引和计价软件，现予以发布，自2020年4月1日起施行。2016《天津市建设工程计价办法》和天津市各专业工程预算基价同时废止。

特此通知。

2020年3月10日

主编部门： 天津市建筑市场服务中心

批准部门： 天津市住房和城乡建设委员会

专 家 组： 杨树海 宁培雄 兰明秀 李庆河 陈友林 袁守恒 马培祥 沈 萍 王海娜 潘 昕 程春爱 焦 进
杨连仓 周志良 张宇明 施水明 李春林 邵玉霞 柳向辉 张小红 聂 帆 徐 敏 李文同

综 合 组： 高 迎 赵 斌 袁永生 姜学立 顾雪峰 陈召忠 沙佩泉 张绪明 杨 军 邢玉军 戴全才

编制人员： 杨 军 范 姝 张依琛 张 桐 李春林

费 用 组： 邢玉军 张绪明 关 彬 于会逢 崔文琴 张依琛 许宝林 苗 旺

电 算 组： 张绪明 于 堃 张 桐 苗 旺

审　　定： 杨瑞凡 华晓蕾 翟国利 黄 斌

发　　行： 倪效聃 贾 羽

总 说 明

一、天津市安装工程预算基价(以下简称“本基价”)是根据国家和本市有关法律、法规、标准、规范等相关依据,按正常的施工工期和生产条件,考虑常规的施工工艺、合理的施工组织设计,结合本市实际编制的。本基价是完成单位合格产品所需人工、材料、机械台班和其相应费用的基本标准,反映了社会平均水平。

二、本基价适用于天津市行政区域内新建与扩建的工业与民用建筑安装工程。

三、本基价是编制估算指标、概算定额和初步设计概算、施工图预算、竣工结算、招标控制价的基础,是建设项目投标报价的参考。

四、本基价各子目中的预算基价由人工费、材料费和机械费组成。基价中的工作内容为主要施工工序,次要施工工序虽未做说明,但基价中已考虑。

五、本基价适用于采用一般计税方法计取增值税的安装工程,各子目中材料和机械台班的单价为除税的基期价格。

六、本基价人工费的规定和说明:

1.人工消耗量以现行《建设工程劳动定额》《通用安装工程消耗量定额》为基础,结合本市实际确定,包括施工操作的基本用工、辅助用工、材料在施工现场超运距用工及人工幅度差。人工效率按8小时工作制考虑。

2.人工单价根据《中华人民共和国劳动法》的有关规定,参照编制期天津市建筑市场劳动力价格水平综合测算的,按技术含量分为三类:一类工每工日153元;二类工每工日135元;三类工每工日113元。

3.人工费是支付给从事建筑安装工程施工的生产工人和附属生产单位工人的各项费用以及生产工具用具使用费,其中包括按照国家和本市有关规定,职工个人缴纳的养老保险、失业保险、医疗保险及住房公积金。

七、本基价材料费的规定和说明:

1.材料包括主要材料、次要材料和零星材料,主要材料和次要材料为构成工程实体且能够计量的材料、成品、半成品,按品种、规格列出消耗量;零星材料为不构成工程实体且用量较小的材料,以“元”为单位列出。

2.材料费包括主要材料费、次要材料费和零星材料费。

3.材料消耗量均按合格的标准规格产品编制,包括正常施工消耗和材料从工地仓库、现场集中堆放或加工地点运至施工操作、安装地点的堆放和运输损耗及不可避免的施工操作损耗。

4.当设计要求采用的材料、成品或半成品的品种、规格型号与基价中不同时,可按各章规定调整。

5.材料价格按本基价编制期建筑市场材料价格综合取定,包括由材料供应地点运至工地仓库或施工现场堆放地点的费用和材料的采购及保管费。材料采购及保管费包括施工单位在组织采购、供应和保管材料过程中所需各项费用和工地仓库的储存损耗。

6.工程建设中部分材料由建设单位供料,结算时退还建设单位所购材料的材料款(包括材料采购及保管费),材料单价以施工合同中约定的材料价格为准,材料数量按实际领用量确定。

7.周转材料费中的周转材料按摊销量编制,且已包括回库维修等相关费用。

8.本基价部分材料或成品、半成品的消耗量带有括号,并列于无括号材料消耗量之前,表示该材料未计价,基价总价未包括其价值,计价时应以括号中的消耗量乘以其价格，计入本基价的材料费和总价中；列于无括号材料消耗量之后，表示基价总价和材料费中已经包括了该材料的价值，括号内的材料不再计价。

9.材料消耗量带有"×"号的，"×"号前为材料消耗量，"×"号后为该材料的单价。数字后带"()"号的，"()"号内为规格型号。

八、本基价机械费的规定和说明：

1.机械台班消耗量是按照正常的施工程序、合理的机械配置确定的。

2.机械台班单价按照《建设工程施工机械台班费用编制规则》及《天津市施工机械台班参考基价》确定。

3.凡单位价值2000元以内，使用年限在一年以内不构成固定资产的施工机械，不列入机械台班消耗量，作为工具用具在企业管理费中考虑，其消耗的燃料动力等已列入材料内。

九、本基价除注明者以外，均按建筑物檐高20m以内考虑，当建筑物檐高超过20m时，因施工降效所增加的人工、机械及有关费用按各册说明中建筑物超高增加费有关规定计算。

十、施工用水、电已包括在本基价材料费和机械费中，不另计算。施工现场应由建设单位安装水、电表，交施工单位保管和使用，施工单位按表计量，按相应单价计算后退还建设单位。

十一、本基价凡注明"××以内"或"××以下"者，均包括××本身，注明"××以外"或"××以上"者，均不包括××本身。

十二、本基价材料、机械和构件的规格，用数值表示而未说明单位的，其计量单位为"mm"；工程量计算规则中，凡未说明计量单位的，按长度计算的以"m"为计量单位，按面积计算的以"m^2"为计量单位，按体积计算的以"m^3"为计量单位，按质量计算的以"t"为计量单位。

目　　录

第六章 输送设备安装

第七章 风 机 安 装

第八章 泵 安 装

第九章 压缩机安装

第十章 工业炉设备安装

第十一章 煤气发生设备安装

第十二章 其他机械及附属设备安装

附　录

册说明

一、本册基价包括切削设备安装、锻压设备安装、铸造设备安装、起重设备安装、起重机轨道安装、输送设备安装、风机安装、泵安装、压缩机安装、工业炉设备安装、煤气发生设备安装、其他机械及附属设备安装12章，共1355条基价子目。

二、本册基价适用于新建、扩建及技术改造项目的机械设备安装工程。

三、本册基价以国家和有关工业部门发布的现行产品标准、设计规范、施工及验收技术规范、技术操作规程、质量评定标准和安全操作规程为依据。

四、本册基价若用于旧设备安装时，旧设备的拆除费用可参照相应安装基价的50%计算。

五、本册基价各子目除各章说明中已说明的工作内容外，均包括下列工作内容：

1.安装主要工序：施工准备，设备、材料及工、机具水平搬运，设备开箱、点件、外观检查，配合基础验收，铲麻面，画线、定位，起重机具装拆、清洗、吊装、组装、连接，安放垫铁及地脚螺栓，设备找正、调平、精平、焊接、固定、灌浆，单机试运转。

2.人字架、三脚架、环链手拉葫芦、滑轮组、钢丝绳等起重机具及附件的领用、搬运、搭拆、退库等。

3.施工及验收规范中规定的设备调整、试验及无负荷试运转。

4.与设备本体联体的平台、梯子、栏杆、支架、屏盘、电机、安全罩以及设备本体至第一个法兰以内的管道等安装。

六、本册基价各子目中不包括以下工作内容，发生时另行计算：

1.设备自设备仓库运至安装现场指定堆放地点的搬运工作。

2.因场地狭小、有障碍物（沟、坑）等所引起的设备、材料、机具等增加的二次搬运、装拆工作。

3.设备基础的铲磨、地脚螺栓孔的修整、预压以及在木砖地层上安装设备所需增加的费用。

4.设备构件、机件、零件、附件、管道及阀门、基础及基础盖板等的修理、修补、修改、加工、制作、焊接、摵弯、研磨、防震、防腐、保温、刷漆以及测量、透视、探伤、强度试验等工作。

5.特殊技术措施及大型临时设施以及大型设备安装所需的专用机具等费用。

6.设备本体无负荷试运转所用的水、电、气、油、燃料等。

7.负荷试运转、联合试运转、生产准备试运转。

8.专用垫铁、特殊垫铁（如螺栓调整垫铁、球形垫铁等）和地脚螺栓。

9.设计变更或超规范要求所需增加的费用。

10.除本册基价第七章～第九章以外，设备的拆装检查或解体拆装。

11.电气系统、仪表系统、通风系统、设备本体至第一个法兰以外的管道系统等安装、调试工作，非与设备本体联体的附属设备或附件（如平台、梯子、栏杆、支架、容器、屏盘等）的制作、安装、刷油、防腐、保温等工作。

七、下列项目按系数分别计取：

1.操作高度增加费：机械设备的安装标高是以底座的标高在正或负10m以内考虑的。如设备底座的安装标高超过地平面正或负10m时，则基价子目的人工费和机械费按下表乘以调整系数计取操作高度增加费。

操作高度增加费调整系数表

设备底座正或负标高（m以内）	15	20	25	30	40	超过40
调整系数	0.25	0.35	0.45	0.55	0.70	0.90

2.安装与生产同时进行降效增加费按分部分项工程费中人工费的10%计取,全部为人工费。

3.在有害身体健康的环境中施工降效增加费按分部分项工程费中人工费的10%计取,全部为人工费。

八、金属桅杆及人字架等一般起重机具的摊销费计取方法：根据所安装设备的净质量(包括设备底座、辅机)按12元/t计取。

九、本章所用部分名词含义如下：

1.安装现场是指距安装设备基础100m范围内。

2.安装地点是指设备基础及基础周围附近。

3.指定堆放地点是指施工组织设计中所指定的,在安装现场范围内较合理的堆放地点。

4.解体安装是指一台设备的结构分成几个大部件供货,需在安装地点进行清洗、组装等工作。

5.拆装检查或解体拆装是指将一台整体或解体结构的设备全部拆散(肢解),进行清洗、检查、刮研、换油、调整、重新装配组合成为原形式的整体或解体结构设备。

第一章　切削设备安装

说　明

一、本章适用范围：

1.台式及仪表机床：包括台式车床、台式刨床、台式铣床、台式磨床、台式砂轮机、台式抛光机、台式钻床、台式排钻、多轴可调台式钻床、钻孔攻丝两用台钻、钻铣机床、钻铣磨床、仪表抛光机、硬质合金轮修磨床、单轴纵切自动车床、仪表铣床、仪表齿轮加工机床、刨模机、宝石轴承加工机床、凸轮轴加工机床、透镜磨床、电表轴类加工机床。

2.车床：包括单轴自动车床，多轴自动和半自动车床，六角车床，曲轴及凸轮轴车床，落地车床，普通车床，精密普通机床，仿型普通车床，马鞍车床，重型普通车床，仿型及多刀车床，联合车床，无心粗车床，轮齿、轴齿、锭齿、辊齿及铲齿车床。

3.立式车床：包括单柱和双柱立式车床。

4.钻床：包括深孔钻床、摇臂钻床、立式钻床、中心孔钻床、钢轨及梢轮钻床、卧式钻床。

5.镗床：包括深孔镗床、坐标镗床、立式及卧式镗床、金刚镗床、落地镗床、镗铣床、钻镗床、镗缸床。

6.磨床：包括外圆磨床，内圆磨床，砂轮机，珩磨机及研磨机，导轨磨床，2M系列磨床，3M系列磨床，专用磨床，抛光机，工具磨床，平面及端面磨床，刀具刃磨床，曲轴、凸轮轴、花键轴、轧辊及轴承磨床。

7.铣床、齿轮及螺纹加工机床：包括单臂及单柱铣床、龙门及双柱铣床、平面及单面铣床、仿型铣床、立式及卧式铣床、工具铣床、其他铣床、直（锥）齿轮加工机床、滚齿机、剃齿机、珩齿机、插齿机、单（双）轴花键轴铣床、齿轮磨齿机、齿轮倒角机、齿轮滚动检查机、套丝机、攻丝机、螺纹铣床、螺纹磨床、螺纹车床、丝杠加工机床。

8.刨、插、拉床：包括单臂刨、龙门刨、牛头刨、龙门铣刨床、插床、拉床、刨边机、刨模机。

9.超声波及电加工机床：包括电解电加工机床、电火花加工机床、电脉冲电加工机床、刻线机、超声波电加工机床、阳极机械加工机床。

10.金属材料试验设备：金属材料试验机械。

11.木工机械：包括木工圆锯机、截锯机、细木工带锯机、普通木工带锯机、卧式木工带锯机、排锯机、镂锯机、木工刨床、木工车床、木工铣床及开榫机、木工钻床及榫槽机、木工磨光机、木工刃具修磨机。其他木工设备：包括拨料器、踢木器。

12.跑车带锯机：跑车带锯机及带锯防护罩。

13.其他机床：包括车刀切断机、砂轮切断机、矫正切断机、带锯机、圆锯机、弓锯机、气割机、管子加工机床。

二、本章基价子目包括下列工作内容：

1.本体安装：底座、立柱、横梁等全套设备配件及润滑油管道的安装。

2.清洗组装时结合精度检查。

3.跑车木工带锯机包括跑车轨道安装。

三、本章基价子目不包括的工作内容：

1.大型设备安装所需的专用机具；负荷试运转、联合试运转、生产准备试运转，专用垫铁、特殊垫铁（如螺栓调整垫铁、球形垫铁等）和地脚螺栓，无负荷试运转所用的水、电、气、油、燃料等。

2.设备的润滑、液压系统的管道附件加工、揻弯和阀门研磨。

3.润滑、液压的法兰及阀门连接所用的垫圈(包括紫铜垫)加工。

4.跑车木结构、轨道枕木、木保护罩的加工制作。

四、本章基价内所列的设备质量均为设备净质量。

五、带锯机保护罩的除锈、刷漆执行本基价第十一册《刷油、防腐蚀、绝热工程》DBD 29-311-2020 相应基价项目。

工程量计算规则

一、切削设备的安装依据不同型号和质量，分别以设计图示数量计算，其中气动踢木器分为单面卸木和双面卸木。

二、带锯机保护罩制作与安装按设计图示数量计算。

一、台式及仪表机床

单位：台

编号				1-1	1-2	1-3
项目				设备质量(t以内)		
				0.3	0.7	1.5
预算基价	总价(元)			**416.53**	**1023.39**	**1620.27**
	人工费(元)			291.60	758.70	1237.95
	材料费(元)			26.05	159.77	227.96
	机械费(元)			98.88	104.92	154.36
组成内容		**单位**	**单价**	**数量**		
人工	综合工	工日	135.00	2.16	5.62	9.17
材料	钩头成对斜垫铁 Q195～Q235 1#	kg	11.22	—	3.144	4.716
	平垫铁 Q195～Q235 1#	kg	7.42	—	2.540	3.556
	普碳钢板 Q195～Q235 δ1.6～1.9	t	3997.33	0.00020	0.00020	0.00045
	黄铜皮 δ0.08～0.30	kg	76.77	0.10	0.10	0.25
	镀锌钢丝 D2.8～4.0	kg	6.91	—	0.56	0.56
	木板	m^3	1672.03	0.001	0.009	0.014
	天那水	kg	12.07	0.1	0.1	0.1
	煤油	kg	7.49	1.260	1.890	2.625
	机油	kg	7.21	0.101	0.152	0.253
	黄干油	kg	15.77	0.101	0.152	0.253
	棉纱	kg	16.11	0.11	0.11	0.11
	白布	m	3.68	0.102	0.102	0.153
	破布	kg	5.07	0.105	0.158	0.263
	硅酸盐水泥 42.5级	kg	0.41	—	62.35	76.85
	砂子	t	87.03	—	0.166	0.209
	碎石 0.5～3.2	t	82.73	—	0.153	0.192
	电焊条 E4303 D3.2	kg	7.59	—	0.21	0.21
	聚酯乙烯泡沫塑料	kg	10.96	—	0.055	0.055
	零星材料费	元	—	0.26	1.58	2.26
机械	叉式起重机 5t	台班	494.40	0.2	0.2	0.3
	交流弧焊机 21kV·A	台班	60.37	—	0.1	0.1

二、车　　床

单位：台

编号				1-4	1-5	1-6	1-7	1-8	1-9	1-10	1-11	1-12
项目				设备质量(t以内)								
				2.0	3.0	5.0	7.0	10	15	20	25	35
预算基价	总价(元)			**1930.42**	**2445.61**	**3399.14**	**5671.53**	**8693.67**	**10482.46**	**13795.15**	**17322.10**	**23020.53**
	人工费(元)			1524.15	1933.20	2700.00	3753.00	6226.20	7763.85	8961.30	10447.65	14496.30
	材料费(元)			251.91	308.61	445.90	737.52	1180.82	1240.94	2866.96	4232.12	5534.34
	机械费(元)			154.36	203.80	253.24	1181.01	1286.65	1477.67	1966.89	2642.33	2989.89
组成内容		**单位**	**单价**	**数量**								
人工	综合工	工日	135.00	11.29	14.32	20.00	27.80	46.12	57.51	66.38	77.39	107.38
材料	钩头成对斜垫铁 Q195～Q235 1$^{\#}$	kg	11.22	6.288	7.860	9.432	—	—	3.144	3.144	6.288	6.288
	钩头成对斜垫铁 Q195～Q235 2$^{\#}$	kg	11.22	—	—	—	15.888	—	—	—	—	—
	钩头成对斜垫铁 Q195～Q235 3$^{\#}$	kg	11.22	—	—	—	—	27.398	23.484	—	—	—
	钩头成对斜垫铁 Q195～Q235 4$^{\#}$	kg	11.22	—	—	—	—	—	—	61.60	100.10	134.75
	平垫铁 Q195～Q235 1$^{\#}$	kg	7.42	4.572	6.350	7.620	—	—	2.540	2.540	5.080	5.080
	平垫铁 Q195～Q235 2$^{\#}$	kg	7.42	—	—	—	14.520	—	—	—	—	—
	平垫铁 Q195～Q235 3$^{\#}$	kg	7.42	—	—	—	—	32.032	30.030	—	—	—
	平垫铁 Q195～Q235 4$^{\#}$	kg	7.42	—	—	—	—	—	—	158.240	257.140	356.040
	普碳钢板 Q195～Q235 δ1.6～1.9	t	3997.33	0.00045	0.00045	0.00065	0.00100	0.00100	0.00160	0.00160	0.00250	0.00250
	木板	m^3	1672.03	0.015	0.018	0.031	0.049	0.075	0.083	0.109	0.121	0.128
	硅酸盐水泥 42.5级	kg	0.41	62.35	76.85	153.70	255.20	356.70	356.70	508.95	508.95	611.90
	砂子	t	87.03	0.153	0.192	0.382	0.638	0.892	0.892	1.274	1.274	1.529
	碎石 0.5～3.2	t	82.73	0.166	0.209	0.418	0.695	0.972	0.972	1.390	1.390	1.667
	镀锌钢丝 D2.8～4.0	kg	6.91	0.56	0.56	0.56	0.84	2.67	2.67	4.00	4.50	6.00
	电焊条 E4303 D3.2	kg	7.59	0.210	0.210	0.210	0.420	0.420	0.420	0.420	0.525	0.525

续前　　　　　　　　　　　　　　　　　　　　　　　　　　　　　　　　　　　　**单位**：台

编号				1-4	1-5	1-6	1-7	1-8	1-9	1-10	1-11	1-12
项目				设备质量(t以内)								
				2.0	3.0	5.0	7.0	10	15	20	25	35
	组成内容	**单位**	**单价**	**数量**								
材料	黄铜皮 δ0.08～0.30	kg	76.77	0.25	0.25	0.30	0.40	0.40	0.60	0.60	1.00	1.00
	聚酯乙烯泡沫塑料	kg	10.96	0.055	0.055	0.088	0.088	0.110	0.110	0.110	0.165	0.165
	天那水	kg	12.07	0.10	0.10	0.10	0.15	0.15	0.15	0.30	0.30	0.50
	汽油 60$^{\#}$～70$^{\#}$	kg	6.67	0.102	0.102	0.204	0.204	0.510	0.510	0.510	0.714	1.020
	煤油	kg	7.49	3.675	4.410	6.090	7.350	10.500	13.650	17.850	21.000	26.250
	机油	kg	7.21	0.202	0.303	0.303	0.505	1.010	1.212	1.515	1.515	1.818
	黄干油	kg	15.77	0.202	0.202	0.303	0.404	0.505	0.707	0.707	0.808	1.212
	棉纱	kg	16.11	0.275	0.330	0.440	0.440	0.550	0.770	0.770	1.100	1.320
	白布	m	3.68	0.102	0.102	0.153	0.153	0.153	0.204	0.204	0.306	0.408
	破布	kg	5.07	0.263	0.315	0.315	0.420	0.525	0.735	1.050	1.050	1.260
	道木	m^3	3660.04	—	—	—	0.006	0.007	0.007	0.010	0.021	0.021
	零星材料费	元	—	2.49	3.06	4.41	7.30	11.69	12.29	28.39	41.90	54.80
机械	交流弧焊机 21kV•A	台班	60.37	0.1	0.1	0.1	0.2	0.2	0.2	0.2	0.2	0.3
	叉式起重机 5t	台班	494.40	0.3	0.4	0.5	—	—	—	—	—	—
	载货汽车 8t	台班	521.59	—	—	—	0.5	0.5	0.5	0.5	0.5	0.5
	汽车式起重机 8t	台班	767.15	—	—	—	—	—	—	0.5	0.5	0.5
	汽车式起重机 16t	台班	971.12	—	—	—	0.5	0.5	—	—	—	—
	汽车式起重机 30t	台班	1141.87	—	—	—	—	—	0.5	0.5	—	—
	汽车式起重机 50t	台班	2492.74	—	—	—	—	—	—	—	0.5	—
	汽车式起重机 75t	台班	3175.79	—	—	—	—	—	—	—	—	0.5
	卷扬机 单筒慢速 50kN	台班	211.29	—	—	—	2.0	2.5	3.0	3.5	3.5	3.5

单位：台

编号			1-13	1-14	1-15	1-16	1-17	1-18	1-19	1-20
项目			设备质量(t以内)							
			50	70	100	150	200	250	350	450
预算基价	总价(元)		**30532.01**	**43039.99**	**54343.66**	**73549.27**	**91008.62**	**108461.74**	**146029.18**	**184071.52**
	人工费(元)		19561.50	27658.80	36402.75	52142.40	67309.65	83434.05	115051.05	148008.60
	材料费(元)		6603.69	8146.18	9573.63	11232.63	11852.14	12646.79	14290.59	15948.09
	机械费(元)		4366.82	7235.01	8367.28	10174.24	11846.83	12380.90	16687.54	20114.83
组成内容	**单位**	**单价**	**数量**							
人工 综合工	工日	135.00	144.90	204.88	269.65	386.24	498.59	618.03	852.23	1096.36
材料 钩头成对斜垫铁 Q195～Q235 1#	kg	11.22	6.288	6.288	6.288	9.432	9.432	9.432	9.432	9.432
钩头成对斜垫铁 Q195～Q235 4#	kg	11.22	154.00	169.40	169.40	177.10	177.10	184.80	184.80	192.50
平垫铁 Q195～Q235 1#	kg	7.42	5.080	5.080	5.080	7.620	7.620	7.620	7.620	7.620
平垫铁 Q195～Q235 4#	kg	7.42	395.600	419.336	419.336	435.160	435.160	450.984	450.984	466.808
普碳钢板 Q195～Q235 δ1.6～1.9	t	3997.33	0.00250	0.00300	0.00300	0.00400	0.00400	0.00600	0.00600	0.00800
木板	m^3	1672.03	0.228	0.125	0.156	0.225	0.263	0.275	0.313	0.338
硅酸盐水泥 42.5级	kg	0.41	916.40	1017.90	1120.85	1526.85	1780.60	1882.10	2137.30	2289.55
砂子	t	87.03	2.294	2.548	2.803	3.822	4.460	4.710	5.348	5.734
碎石 0.5～3.2	t	82.73	2.502	2.780	3.057	4.170	4.865	5.135	6.178	6.255
镀锌钢丝 *D*2.8～4.0	kg	6.91	8.00	10.00	13.00	19.00	19.00	25.00	35.00	35.00
电焊条 E4303 *D*3.2	kg	7.59	0.525	0.525	0.525	1.050	1.050	1.050	1.050	1.050
黄铜皮 δ0.08～0.30	kg	76.77	1.00	1.50	1.50	2.00	2.00	3.20	3.20	4.00
聚酯乙烯泡沫塑料	kg	10.96	0.220	0.220	0.220	0.275	0.330	0.385	0.495	0.605
天那水	kg	12.07	0.50	0.70	1.00	1.50	2.00	2.80	3.50	4.50
汽油 60#～70#	kg	6.67	1.224	1.530	2.040	2.550	3.060	3.570	4.080	4.590

续前　　　　单位：台

编号				1-13	1-14	1-15	1-16	1-17	1-18	1-19	1-20
项目				设备质量(t以内)							
				50	70	100	150	200	250	350	450
组成内容		单位	单价	数量							
材料	煤油	kg	7.49	36.750	42.000	57.750	73.500	89.250	105.000	147.000	183.750
	机油	kg	7.21	2.222	2.222	3.333	4.040	5.252	6.060	8.080	11.110
	黄干油	kg	15.77	1.414	1.616	1.818	2.020	2.222	2.525	3.535	4.545
	棉纱	kg	16.11	1.650	1.870	2.200	3.300	4.400	5.500	7.700	9.900
	白布	m	3.68	0.408	0.510	0.612	0.816	1.020	1.224	1.632	2.040
	破布	kg	5.07	1.470	1.680	1.890	2.100	2.310	2.625	3.675	4.725
	道木	m^3	3660.04	0.025	0.275	0.550	0.688	0.688	0.688	0.825	0.963
	普碳钢重轨 38kg/m	t	4332.81	—	0.056	0.080	0.120	0.160	0.200	0.280	0.360
	零星材料费	元	—	65.38	80.66	94.79	111.21	117.35	125.22	141.49	157.90
机械	交流弧焊机 21kV•A	台班	60.37	0.3	0.5	0.5	1.0	1.0	1.5	1.5	2.0
	载货汽车 8t	台班	521.59	1.0	1.0	1.5	1.5	1.5	1.5	2.0	2.5
	汽车式起重机 8t	台班	767.15	0.5	0.5	0.5	1.0	1.5	0.5	1.5	2.0
	汽车式起重机 16t	台班	971.12	—	1.5	2.0	2.0	2.0	1.5	3.0	1.0
	汽车式起重机 30t	台班	1141.87	—	0.5	1.5	1.5	—	1.0	1.5	2.0
	汽车式起重机 50t	台班	2492.74	1.0	1.0	—	—	1.0	1.0	1.0	1.0
	汽车式起重机 75t	台班	3175.79	—	—	0.5	—	—	—	—	—
	汽车式起重机 100t	台班	4689.49	—	—	—	0.5	0.5	0.5	0.5	1.0
	卷扬机 单筒慢速 50kN	台班	211.29	4.5	3.0	2.5	2.5	2.5	3.0	3.5	6.5
	卷扬机 单筒慢速 80kN	台班	254.54	—	4.5	5.5	8.0	10.0	12.0	16.5	21.0

三、立式车床

单位：台

编号				1-21	1-22	1-23	1-24	1-25	1-26	1-27	1-28
项目				设备质量(t以内)							
				7	10	15	20	25	35	50	70
预算基价	总价(元)			**6612.69**	**8392.18**	**11791.97**	**14943.30**	**16644.85**	**22164.29**	**30245.49**	**43440.19**
	人工费(元)			4892.40	6404.40	9120.60	10513.80	12082.50	15553.35	22335.75	31510.35
	材料费(元)			539.28	701.13	1193.70	1891.67	2024.52	2349.76	2648.58	3527.78
	机械费(元)			1181.01	1286.65	1477.67	2537.83	2537.83	4261.18	5261.16	8402.06
组成内容		单位	单价	数量							
人工	综合工	工日	135.00	36.24	47.44	67.56	77.88	89.50	115.21	165.45	233.41
材料	钩头成对斜垫铁 Q195～Q235 $2^{\#}$	kg	11.22	5.296	5.296	—	—	—	—	—	10.592
	钩头成对斜垫铁 Q195～Q235 $3^{\#}$	kg	11.22	—	—	15.656	—	—	—	—	7.828
	钩头成对斜垫铁 Q195～Q235 $4^{\#}$	kg	11.22	—	—	—	30.8	30.8	30.8	30.8	—
	平垫铁 Q195～Q235 $2^{\#}$	kg	7.42	4.84	4.84	—	—	—	—	—	9.68
	平垫铁 Q195～Q235 $3^{\#}$	kg	7.42	—	—	20.020	—	—	—	—	10.010
	平垫铁 Q195～Q235 $4^{\#}$	kg	7.42	—	—	—	79.120	79.120	79.120	79.120	—
	普碳钢板 Q195～Q235 δ1.6～1.9	t	3997.33	0.0010	0.0010	0.0016	0.0016	0.0025	0.0025	0.0025	0.0030
	木板	m^3	1672.03	0.036	0.056	0.083	0.109	0.128	0.203	0.253	0.150
	硅酸盐水泥 42.5级	kg	0.41	255.20	356.70	508.95	508.95	508.95	611.90	662.65	1017.90
	砂子	t	87.03	0.638	0.892	1.274	1.274	1.274	1.529	1.656	2.548
	碎石 0.5～3.2	t	82.73	0.695	0.972	1.390	1.390	1.390	1.667	1.808	2.780
	镀锌钢丝 D2.8～4.0	kg	6.91	0.84	2.67	4.00	4.00	4.50	6.00	8.00	10.00
	电焊条 E4303 D3.2	kg	7.59	0.420	0.420	0.420	0.420	0.420	0.525	0.525	0.525
	黄铜皮 δ0.08～0.30	kg	76.77	0.4	0.4	0.6	0.6	1.0	1.0	1.0	1.5
	道木	m^3	3660.04	0.004	0.007	0.007	0.010	0.014	0.014	0.028	0.275

续前

单位：台

编号			1-21	1-22	1-23	1-24	1-25	1-26	1-27	1-28
项目			设备质量(t以内)							
			7	10	15	20	25	35	50	70
组成内容	单位	单价	数量							
材料 聚酯乙烯泡沫塑料	kg	10.96	0.110	0.110	0.110	0.110	0.110	0.165	0.220	0.220
天那水	kg	12.07	0.1	0.1	0.1	0.3	0.3	0.5	0.5	0.7
汽油 60[#]～70[#]	kg	6.67	0.306	0.510	1.020	1.020	1.224	1.836	2.346	3.060
煤油	kg	7.49	11.55	12.60	18.90	21.00	26.25	36.75	47.25	57.75
机油	kg	7.21	0.505	0.808	1.010	1.515	1.818	2.222	2.828	3.535
黄干油	kg	15.77	0.202	0.404	0.404	0.505	0.606	0.808	1.212	1.515
棉纱	kg	16.11	0.165	0.220	0.330	0.550	0.550	0.770	1.100	1.320
白布	m	3.68	0.102	0.102	0.102	0.153	0.153	0.204	0.306	0.408
破布	kg	5.07	0.315	0.525	1.050	1.260	1.260	1.575	2.100	2.310
石棉橡胶板 低压 δ0.8～6.0	kg	19.35	—	—	—	—	0.15	0.20	0.30	0.30
普碳钢重轨 38kg/m	t	4332.81	—	—	—	—	—	—	—	0.06
零星材料费	元	—	5.34	6.94	11.82	18.73	20.04	23.26	26.22	34.93
机械 交流弧焊机 21kV•A	台班	60.37	0.2	0.2	0.2	0.2	0.2	0.3	0.3	0.5
载货汽车 8t	台班	521.59	0.5	0.5	0.5	0.5	0.5	1.0	1.0	1.0
汽车式起重机 8t	台班	767.15	—	—	—	0.5	0.5	0.5	0.5	0.5
汽车式起重机 16t	台班	971.12	0.5	0.5	—	—	—	—	—	1.5
汽车式起重机 30t	台班	1141.87	—	—	0.5	1.0	1.0	—	—	0.5
汽车式起重机 50t	台班	2492.74	—	—	—	—	—	1.0	—	1.0
汽车式起重机 75t	台班	3175.79	—	—	—	—	—	—	1.0	—
卷扬机 单筒慢速 50kN	台班	211.29	2.0	2.5	3.0	3.5	3.5	4.0	5.5	2.5
卷扬机 单筒慢速 80kN	台班	254.54	—	—	—	—	—	—	—	9.5

单位：台

编号			1-29	1-30	1-31	1-32	1-33	1-34	1-35	1-36
项目			设备质量(t以内)							
			100	150	200	250	300	400	500	600
预算基价	总价(元)		**55108.10**	**77885.07**	**92265.85**	**109377.42**	**130767.05**	**171196.71**	**211122.57**	**251738.89**
	人工费(元)		40165.20	59420.25	69192.90	84040.20	101695.50	132383.70	162700.65	194935.95
	材料费(元)		4899.48	6422.30	8935.26	9772.80	10434.89	12383.84	15056.13	16411.32
	机械费(元)		10043.42	12042.52	14137.69	15564.42	18636.66	26429.17	33365.79	40391.62
组成内容	**单位**	**单价**	**数量**							
人工 综合工	工日	135.00	297.52	440.15	512.54	622.52	753.30	980.62	1205.19	1443.97
材料 钩头成对斜垫铁 Q195～Q235 2#	kg	11.22	10.592	10.592	—	—	—	—	—	—
钩头成对斜垫铁 Q195～Q235 3#	kg	11.22	7.828	15.656	31.312	31.312	31.312	31.312	46.968	46.968
钩头成对斜垫铁 Q195～Q235 4#	kg	11.22	—	—	61.6	61.6	61.6	61.6	92.4	92.4
平垫铁 Q195～Q235 2#	kg	7.42	9.68	9.68	—	—	—	—	—	—
平垫铁 Q195～Q235 3#	kg	7.42	10.010	20.020	40.040	40.040	40.040	40.040	56.056	56.056
平垫铁 Q195～Q235 4#	kg	7.42	—	—	158.240	158.240	158.240	158.240	221.536	221.536
普碳钢板 Q195～Q235 δ1.6～1.9	t	3997.33	0.0030	0.0040	0.0040	0.0060	0.0060	0.0060	0.0080	0.0080
木板	m^3	1672.03	0.156	0.200	0.219	0.231	0.250	0.338	0.363	0.363
硅酸盐水泥 42.5级	kg	0.41	1120.85	1323.85	1425.35	1629.80	1782.05	2289.55	2443.25	2443.25
砂子	t	87.03	2.803	3.332	3.568	4.077	4.466	5.734	6.120	6.120
碎石 0.5～3.2	t	82.73	3.057	3.614	3.892	4.447	4.865	6.255	6.661	6.661
镀锌钢丝 D2.8～4.0	kg	6.91	13.00	19.00	19.00	25.00	25.00	35.00	35.00	45.00
电焊条 E4303 D3.2	kg	7.59	0.525	1.050	1.050	1.050	1.050	1.050	1.050	1.050
黄铜皮 δ0.08～0.30	kg	76.77	1.5	2.0	2.0	3.2	3.2	3.2	4.0	4.0
道木	m^3	3660.04	0.550	0.688	0.688	0.688	0.688	0.825	0.963	1.100
聚酯乙烯泡沫塑料	kg	10.96	0.275	0.418	0.528	0.550	0.550	0.715	0.715	0.880
天那水	kg	12.07	1.0	2.0	2.0	2.8	2.8	3.5	4.5	4.5

续前 单位：台

编号			1-29	1-30	1-31	1-32	1-33	1-34	1-35	1-36
项目			设备质量(t以内)							
			100	150	200	250	300	400	500	600
组成内容	单位	单价	数量							
材料 汽油 60[#]～70[#]	kg	6.67	3.570	5.100	6.120	8.160	10.200	13.260	16.320	19.380
煤油	kg	7.49	73.50	105.00	126.00	157.50	189.00	231.00	273.00	315.00
机油	kg	7.21	4.545	7.070	8.080	10.100	12.120	15.150	18.180	21.210
黄干油	kg	15.77	1.818	2.424	3.030	4.040	5.050	7.070	9.090	11.110
棉纱	kg	16.11	1.650	3.300	3.850	4.950	6.600	7.700	9.350	10.450
白布	m	3.68	0.510	0.816	1.020	1.224	1.530	1.734	2.040	2.550
破布	kg	5.07	2.625	5.250	6.300	7.875	9.450	11.550	13.650	15.750
石棉橡胶板 低压 δ0.8～6.0	kg	19.35	0.40	0.50	0.60	0.80	1.00	1.20	1.40	1.60
普碳钢重轨 38kg/m	t	4332.81	0.08	0.12	0.16	0.20	0.24	0.32	0.40	0.48
零星材料费	元	—	48.51	63.59	88.47	96.76	103.32	122.61	149.07	162.49
机械 交流弧焊机 21kV·A	台班	60.37	0.5	1.0	1.0	1.5	1.5	1.5	2.0	2.0
载货汽车 8t	台班	521.59	1.5	1.5	1.5	1.5	1.5	1.5	2.0	2.0
汽车式起重机 8t	台班	767.15	0.5	1.0	1.5	1.0	2.0	2.0	2.5	2.5
汽车式起重机 16t	台班	971.12	2.0	2.0	2.0	1.5	2.0	2.0	2.5	3.5
汽车式起重机 30t	台班	1141.87	1.5	1.5	—	1.0	1.5	1.5	1.5	1.5
汽车式起重机 50t	台班	2492.74	—	—	1.0	1.0	1.0	1.0	1.0	1.5
汽车式起重机 75t	台班	3175.79	0.5	—	—	—	—	—	—	—
汽车式起重机 100t	台班	4689.49	—	0.5	0.5	0.5	0.5	0.5	1.0	1.0
卷扬机 单筒慢速 50kN	台班	211.29	2.0	0.5	2.5	3.0	6.5	6.5	6.5	12.0
卷扬机 单筒慢速 80kN	台班	254.54	12.5	17.0	19.0	23.0	25.0	—	—	—
卷扬机 单筒慢速 200kN	台班	428.97	—	—	—	—	—	33.0	41.0	49.5

四、钻　　床

单位：台

编号				1-37	1-38	1-39	1-40	1-41	1-42	1-43
项目				设备质量(t以内)						
				1	2	3	5	7	10	15
预算基价	总价(元)			**1177.56**	**1791.74**	**2383.15**	**2952.56**	**5240.71**	**7889.63**	**9905.77**
	人工费(元)			888.30	1433.70	1856.25	2326.05	3441.15	5765.85	7310.25
	材料费(元)			184.34	203.68	323.10	373.27	618.55	837.13	1223.49
	机械费(元)			104.92	154.36	203.80	253.24	1181.01	1286.65	1372.03
组成内容		单位	单价	数量						
人工	综合工	工日	135.00	6.58	10.62	13.75	17.23	25.49	42.71	54.15
材料	钩头成对斜垫铁 Q195～Q235 1#	kg	11.22	3.144	3.144	4.716	6.288	—	—	—
	钩头成对斜垫铁 Q195～Q235 2#	kg	11.22	—	—	—	—	10.592	13.240	—
	钩头成对斜垫铁 Q195～Q235 3#	kg	11.22	—	—	—	—	—	—	27.398
	平垫铁 Q195～Q235 1#	kg	7.42	2.540	2.540	3.810	5.080	—	—	—
	平垫铁 Q195～Q235 2#	kg	7.42	—	—	—	—	9.680	12.100	—
	平垫铁 Q195～Q235 3#	kg	7.42	—	—	—	—	—	—	35.035
	普碳钢板 Q195～Q235 δ1.6～1.9	t	3997.33	0.00020	0.00045	0.00045	0.00065	0.00100	0.00100	0.00160
	木板	m^3	1672.03	0.013	0.015	0.026	0.031	0.049	0.075	0.083
	白水泥 一级	kg	0.64	53	53	106	106	176	246	246
	砂子	t	87.03	0.192	0.192	0.382	0.382	0.638	0.892	0.892
	碎石 0.5～3.2	t	82.73	0.209	0.209	0.418	0.418	0.695	0.972	0.972
	黄铜皮 δ0.08～0.30	kg	76.77	0.10	0.25	0.25	0.30	0.40	0.40	0.60
	镀锌钢丝 D2.8～4.0	kg	6.91	0.56	0.56	0.56	0.56	0.84	2.67	2.67

续前　　单位：台

编号			1-37	1-38	1-39	1-40	1-41	1-42	1-43
项目			设备质量(t以内)						
			1	2	3	5	7	10	15
组成内容	**单位**	**单价**	**数量**						
材料 电焊条 E4303 *D*3.2	kg	7.59	0.210	0.210	0.210	0.210	0.420	0.420	0.420
聚酯乙烯泡沫塑料	kg	10.96	0.055	0.055	0.055	0.088	0.088	0.110	0.110
天那水	kg	12.07	0.07	0.07	0.07	0.10	0.10	0.10	0.10
汽油 60#～70#	kg	6.67	0.020	0.041	0.061	0.102	0.143	0.204	0.306
煤油	kg	7.49	2.100	2.520	3.150	3.990	4.725	7.350	9.450
机油	kg	7.21	0.152	0.152	0.152	0.202	0.202	0.253	0.303
黄干油	kg	15.77	0.101	0.101	0.101	0.152	0.152	0.202	0.253
棉纱	kg	16.11	0.220	0.220	0.220	0.275	0.275	0.330	0.385
白布	m	3.68	0.051	0.051	0.102	0.102	0.102	0.153	0.153
破布	kg	5.07	0.210	0.210	0.210	0.263	0.263	0.315	0.368
道木	m^3	3660.04	—	—	—	—	0.006	0.006	0.007
零星材料费	元	—	1.83	2.02	3.20	3.70	6.12	8.29	12.11
机械 交流弧焊机 21kV·A	台班	60.37	0.1	0.1	0.1	0.1	0.2	0.2	0.2
叉式起重机 5t	台班	494.40	0.2	0.3	0.4	0.5	—	—	—
载货汽车 8t	台班	521.59	—	—	—	—	0.5	0.5	0.5
汽车式起重机 16t	台班	971.12	—	—	—	—	0.5	0.5	—
汽车式起重机 30t	台班	1141.87	—	—	—	—	—	—	0.5
卷扬机 单筒慢速 50kN	台班	211.29	—	—	—	—	2.0	2.5	2.5

单位：台

编　　号				1-44	1-45	1-46	1-47	1-48	1-49	1-50
项　　目				设备质量(t以内)						
				20	25	30	35	40	50	60
预算基价	总　　价(元)			**13478.83**	**15139.43**	**18600.51**	**21585.36**	**23781.59**	**28769.53**	**36112.59**
	人　工　费(元)			8070.30	9504.00	10921.50	12868.20	14212.80	18262.80	22955.40
	材　料　费(元)			3237.14	3358.40	3529.52	4455.98	4518.92	5245.57	6313.87
	机　械　费(元)			2171.39	2277.03	4149.49	4261.18	5049.87	5261.16	6843.32
组 成 内 容		**单位**	**单价**	**数　　量**						
人工	综合工	工日	135.00	59.78	70.40	80.90	95.32	105.28	135.28	170.04
材料	钩头成对斜垫铁 Q195～Q235 4#	kg	11.22	77.000	77.000	77.000	96.250	96.250	115.500	115.500
	平垫铁 Q195～Q235 4#	kg	7.42	197.800	197.800	197.800	237.360	237.360	276.920	276.920
	普碳钢板 Q195～Q235 δ1.6～1.9	t	3997.33	0.00160	0.00250	0.00250	0.00250	0.00250	0.00250	0.00300
	木板	m^3	1672.03	0.121	0.134	0.159	0.225	0.238	0.278	0.304
	砂子	t	87.03	1.274	1.274	1.529	2.298	2.298	2.548	2.548
	碎石 0.5～3.2	t	82.73	1.390	1.390	1.667	2.510	2.510	2.780	2.780
	硅酸盐水泥 42.5级	kg	0.41	508.95	508.95	611.90	916.40	916.40	1017.90	1017.90
	黄铜皮 δ0.08～0.30	kg	76.77	0.60	1.00	1.00	1.00	1.00	1.00	1.50
	镀锌钢丝 D2.8～4.0	kg	6.91	4.00	4.50	6.00	6.00	8.00	8.00	10.00
	电焊条 E4303 D3.2	kg	7.59	0.420	0.525	0.525	0.525	0.525	0.525	0.525
	聚酯乙烯泡沫塑料	kg	10.96	0.110	0.165	0.165	0.220	0.220	0.275	0.275
	天那水	kg	12.07	0.30	0.30	0.30	0.50	0.50	0.50	0.70

续前

单位：台

编号				1-44	1-45	1-46	1-47	1-48	1-49	1-50
项目				设备质量(t以内)						
				20	25	30	35	40	50	60
组成内容		单位	单价	数量						
材料	汽油 60#～70#	kg	6.67	0.408	0.510	0.714	0.755	0.857	1.071	1.285
	煤油	kg	7.49	12.600	14.700	17.850	19.950	23.100	28.350	34.650
	机油	kg	7.21	0.303	0.354	0.505	0.556	0.606	0.707	0.808
	黄干油	kg	15.77	0.253	0.303	0.404	0.455	0.505	0.606	0.707
	棉纱	kg	16.11	0.385	0.440	0.550	0.605	0.660	0.770	0.880
	白布	m	3.68	0.153	0.204	0.204	0.255	0.306	0.408	0.510
	破布	kg	5.07	0.368	0.420	0.525	0.525	0.578	0.683	0.788
	道木	m^3	3660.04	0.010	0.021	0.021	0.025	0.025	0.028	0.275
	零星材料费	元	—	32.05	33.25	34.95	44.12	44.74	51.94	62.51
机械	交流弧焊机 21kV·A	台班	60.37	0.2	0.2	0.2	0.3	0.3	0.3	0.4
	载货汽车 8t	台班	521.59	—	—	1.0	1.0	1.0	1.0	1.0
	汽车式起重机 8t	台班	767.15	0.5	0.5	0.5	0.5	0.5	0.5	0.5
	汽车式起重机 16t	台班	971.12	—	—	—	—	—	—	2.0
	汽车式起重机 30t	台班	1141.87	1.0	1.0	—	—	—	—	—
	汽车式起重机 50t	台班	2492.74	—	—	1.0	1.0	—	—	1.0
	汽车式起重机 75t	台班	3175.79	—	—	—	—	1.0	1.0	—
	卷扬机 单筒慢速 50kN	台班	211.29	3.0	3.5	3.5	4.0	4.5	5.5	7.0

五、镗　　床

单位：台

编号				1-51	1-52	1-53	1-54	1-55	1-56	1-57	1-58	1-59
项目				设备质量(t以内)								
				3	5	7	10	15	20	25	30	35
预算基价	总价(元)			**2864.66**	**3734.65**	**7545.19**	**10038.57**	**11944.88**	**15376.82**	**17325.05**	**20533.55**	**22984.49**
	人工费(元)			2340.90	3138.75	5683.50	7862.40	9320.40	11233.35	12941.10	14625.90	16654.95
	材料费(元)			319.96	342.66	575.04	783.87	1146.81	1883.57	2018.41	2185.20	2240.65
	机械费(元)			203.80	253.24	1286.65	1392.30	1477.67	2259.90	2365.54	3722.45	4088.89
组成内容		**单位**	**单价**	**数量**								
人工	综合工	工日	135.00	17.34	23.25	42.10	58.24	69.04	83.21	95.86	108.34	123.37
材料	钩头成对斜垫铁 Q195～Q235 1#	kg	11.22	4.716	4.716	—	—	—	—	—	—	—
	钩头成对斜垫铁 Q195～Q235 2#	kg	11.22	—	—	10.592	13.240	—	—	—	—	—
	钩头成对斜垫铁 Q195～Q235 3#	kg	11.22	—	—	—	—	27.398	—	—	—	—
	钩头成对斜垫铁 Q195～Q235 4#	kg	11.22	—	—	—	—	—	30.800	30.800	30.800	30.800
	平垫铁 Q195～Q235 1#	kg	7.42	3.556	3.556	—	—	—	—	—	—	—
	平垫铁 Q195～Q235 2#	kg	7.42	—	—	9.680	12.100	—	—	—	—	—
	平垫铁 Q195～Q235 3#	kg	7.42	—	—	—	—	31.031	—	—	—	—
	平垫铁 Q195～Q235 4#	kg	7.42	—	—	—	—	—	79.120	79.120	79.120	79.120
	普碳钢板 Q195～Q235 δ1.6～1.9	t	3997.33	0.00045	0.00065	0.00100	0.00100	0.00160	0.00160	0.00250	0.00250	0.00250
	木板	m^3	1672.03	0.026	0.031	0.049	0.075	0.083	0.121	0.134	0.159	0.171
	硅酸盐水泥 42.5级	kg	0.41	153.70	153.70	204.45	255.20	255.20	508.95	508.95	611.90	611.90
	砂子	t	87.03	0.382	0.382	0.509	0.638	0.638	1.274	1.274	1.529	1.529
	碎石 0.5～3.2	t	82.73	0.418	0.418	0.556	0.695	0.695	1.390	1.390	1.667	1.667
	黄铜皮 δ0.08～0.30	kg	76.77	0.25	0.30	0.40	0.40	0.60	0.60	1.00	1.00	1.00
	镀锌钢丝 D2.8～4.0	kg	6.91	0.56	0.56	0.84	2.67	2.67	4.00	4.50	6.00	6.00

续前　　单位：台

编号				1-51	1-52	1-53	1-54	1-55	1-56	1-57	1-58	1-59
项目				设备质量(t以内)								
				3	5	7	10	15	20	25	30	35
组成内容		单位	单价	数量								
材料	电焊条 E4303 $D3.2$	kg	7.59	0.210	0.210	0.420	0.420	0.420	0.420	0.525	0.525	0.525
	聚酯乙烯泡沫塑料	kg	10.96	0.055	0.088	0.088	0.110	0.110	0.110	0.110	0.165	0.165
	天那水	kg	12.07	0.07	0.07	0.10	0.10	0.10	0.30	0.30	0.30	0.50
	汽油 60#～70#	kg	6.67	0.102	0.204	0.204	0.306	0.408	0.408	0.510	0.510	0.714
	煤油	kg	7.49	3.675	4.410	5.775	12.600	15.750	19.950	23.100	26.250	29.400
	机油	kg	7.21	0.202	0.303	0.303	0.404	0.505	0.505	0.606	0.808	1.010
	黄干油	kg	15.77	0.152	0.202	0.202	0.303	0.404	0.404	0.505	0.505	0.606
	棉纱	kg	16.11	0.110	0.165	0.165	0.220	0.330	0.330	0.440	0.440	0.550
	白布	m	3.68	0.102	0.102	0.153	0.153	0.153	0.153	0.204	0.204	0.255
	破布	kg	5.07	0.210	0.315	0.315	0.420	0.525	0.525	0.630	0.630	0.735
	道木	m^3	3660.04	—	—	0.006	0.007	0.007	0.010	0.021	0.021	0.021
	石棉橡胶板 低压 $\delta 0.8 \sim 6.0$	kg	19.35	—	—	—	—	—	—	0.2	0.2	0.3
	零星材料费	元	—	3.17	3.39	5.69	7.76	11.35	18.65	19.98	21.64	22.18
机械	交流弧焊机 21kV·A	台班	60.37	0.1	0.1	0.2	0.2	0.2	0.2	0.2	0.3	0.3
	叉式起重机 5t	台班	494.40	0.4	0.5	—	—	—	—	—	—	—
	载货汽车 8t	台班	521.59	—	—	0.5	0.5	0.5	0.5	0.5	0.5	1.0
	汽车式起重机 16t	台班	971.12	—	—	0.5	0.5	—	—	—	—	—
	汽车式起重机 30t	台班	1141.87	—	—	—	—	0.5	1.0	1.0	—	—
	汽车式起重机 50t	台班	2492.74	—	—	—	—	—	—	—	1.0	1.0
	卷扬机 单筒慢速 50kN	台班	211.29	—	—	2.5	3.0	3.0	4.0	4.5	4.5	5.0

单位：台

编号				1-60	1-61	1-62	1-63	1-64	1-65	1-66	1-67	1-68
项目				设备质量(t以内)								
				40	50	60	70	100	150	200	300	250
预算基价	总价(元)			**27325.20**	**32416.92**	**38998.12**	**45244.99**	**61670.38**	**84997.86**	**107852.09**	**152174.30**	**129769.38**
	人工费(元)			19597.95	23789.70	27774.90	33066.90	46087.65	66199.95	86722.65	126349.20	106539.30
	材料费(元)			2737.98	3532.31	4674.49	4921.46	6727.99	8136.21	8900.80	10580.77	10189.44
	机械费(元)			4989.27	5094.91	6548.73	7256.63	8854.74	10661.70	12228.64	15244.33	13040.64
组成内容		单位	单价	数量								
人工	综合工	工日	135.00	145.17	176.22	205.74	244.94	341.39	490.37	642.39	935.92	789.18
材料	钩头成对斜垫铁 Q195～Q235 4#	kg	11.22	38.500	53.900	53.900	53.900	69.300	69.300	69.300	84.700	84.700
	平垫铁 Q195～Q235 4#	kg	7.42	98.900	134.504	134.504	134.504	166.152	166.152	166.152	205.712	205.712
	普碳钢板 Q195～Q235 δ1.6～1.9	t	3997.33	0.00250	0.00250	0.00300	0.00300	0.00300	0.00400	0.00400	0.00600	0.00600
	木板	m^3	1672.03	0.215	0.238	0.300	0.150	0.156	0.194	0.219	0.250	0.250
	硅酸盐水泥 42.5级	kg	0.41	764.15	1017.90	1017.90	1220.90	1273.10	1526.85	1782.05	2035.80	1882.10
	砂子	t	87.03	1.912	2.548	2.548	3.340	3.186	3.822	4.460	5.097	4.710
	碎石 0.5～3.2	t	82.73	2.085	2.780	2.780	3.050	3.475	4.170	4.865	5.560	5.135
	黄铜皮 δ0.08～0.30	kg	76.77	1.00	1.00	1.50	1.50	1.50	2.00	2.00	3.20	3.20
	镀锌钢丝 D2.8～4.0	kg	6.91	8.00	8.00	10.00	10.00	13.00	19.00	19.00	25.00	25.00
	电焊条 E4303 D3.2	kg	7.59	0.525	0.525	0.525	0.525	0.525	1.050	1.050	1.050	1.050
	聚酯乙烯泡沫塑料	kg	10.96	0.165	0.220	0.220	0.220	0.275	0.440	0.440	0.550	0.550
	天那水	kg	12.07	0.50	0.50	0.70	0.70	1.00	1.50	2.00	2.80	2.80
	汽油 60#～70#	kg	6.67	0.714	1.020	1.020	1.530	1.530	2.040	2.040	2.550	2.550
	煤油	kg	7.49	34.650	42.000	50.400	58.800	84.000	126.000	168.000	220.500	210.000

续前

单位：台

编号				1-60	1-61	1-62	1-63	1-64	1-65	1-66	1-67	1-68
项目				设备质量(t以内)								
				40	50	60	70	100	150	200	300	250
组成内容		**单位**	**单价**	**数量**								
材料	机油	kg	7.21	1.313	1.515	2.020	2.020	2.525	2.525	3.030	4.040	3.535
	黄干油	kg	15.77	0.606	0.808	0.808	1.010	1.010	1.515	1.515	2.020	2.020
	棉纱	kg	16.11	0.550	0.770	0.770	1.100	1.100	1.650	1.650	2.200	2.200
	白布	m	3.68	0.255	0.306	0.306	0.408	0.408	0.510	0.510	1.020	1.020
	破布	kg	5.07	0.735	0.840	0.840	1.050	1.050	1.575	1.575	2.100	2.100
	道木	m^3	3660.04	0.021	0.028	0.275	0.275	0.550	0.688	0.688	0.688	0.688
	石棉橡胶板 低压 δ0.8～6.0	kg	19.35	0.3	0.4	0.4	0.5	0.5	0.6	0.6	0.8	0.8
	普碳钢重轨 38kg/m	t	4332.81	—	—	—	0.056	0.080	0.120	0.160	0.240	0.200
	零星材料费	元	—	27.11	34.97	46.28	48.73	66.61	80.56	88.13	104.76	100.89
机械	交流弧焊机 21kV•A	台班	60.37	0.4	0.4	0.4	0.5	0.5	1.0	1.0	1.5	1.5
	载货汽车 8t	台班	521.59	1.0	1.0	1.0	1.0	1.5	1.5	1.5	1.5	1.5
	汽车式起重机 8t	台班	767.15	—	—	—	0.5	0.5	1.0	1.5	1.5	1.0
	汽车式起重机 16t	台班	971.12	—	—	2.0	1.5	2.0	2.0	2.0	2.0	1.5
	汽车式起重机 30t	台班	1141.87	—	—	—	0.5	1.5	1.5	—	1.5	1.0
	汽车式起重机 50t	台班	2492.74	—	—	1.0	1.0	—	—	1.0	1.0	1.0
	汽车式起重机 75t	台班	3175.79	1.0	1.0	—	—	0.5	—	—	—	—
	汽车式起重机 100t	台班	4689.49	—	—	—	—	—	0.5	0.5	0.5	0.5
	卷扬机 单筒慢速 50kN	台班	211.29	6.0	6.5	2.0	2.5	3.0	3.0	2.5	2.5	2.5
	卷扬机 单筒慢速 80kN	台班	254.54	—	—	4.5	5.0	7.0	9.5	11.5	16.5	13.5

六、磨　　床

单位：台

编号			1-69	1-70	1-71	1-72	1-73	1-74	1-75	1-76	1-77
项目			设备质量(t以内)								
			1	2	3	5	7	10	15	20	25
预算基价	总价(元)		**1355.56**	**1942.01**	**2568.88**	**3611.57**	**6261.24**	**9741.40**	**11262.13**	**15630.11**	**17907.02**
	人工费(元)		1113.75	1607.85	2126.25	2945.70	4360.50	7180.65	8449.65	9810.45	11593.80
	材料费(元)		136.89	179.80	238.83	412.63	614.09	1274.10	1334.81	3281.83	3775.39
	机械费(元)		104.92	154.36	203.80	253.24	1286.65	1286.65	1477.67	2537.83	2537.83
组成内容	**单位**	**单价**	**数量**								
人工 综合工	工日	135.00	8.25	11.91	15.75	21.82	32.30	53.19	62.59	72.67	85.88
材料 钩头成对斜垫铁 Q195～Q235 1#	kg	11.22	3.144	3.144	4.716	7.860	—	—	—	—	—
钩头成对斜垫铁 Q195～Q235 2#	kg	11.22	—	—	—	—	13.240	—	—	—	—
钩头成对斜垫铁 Q195～Q235 3#	kg	11.22	—	—	—	—	—	31.312	31.312	—	—
钩头成对斜垫铁 Q195～Q235 4#	kg	11.22	—	—	—	—	—	—	—	77.000	92.400
平垫铁 Q195～Q235 1#	kg	7.42	2.540	2.540	3.810	6.350	—	—	—	—	—
平垫铁 Q195～Q235 2#	kg	7.42	—	—	—	—	12.100	—	—	—	—
平垫铁 Q195～Q235 3#	kg	7.42	—	—	—	—	—	40.040	40.040	—	—
平垫铁 Q195～Q235 4#	kg	7.42	—	—	—	—	—	—	—	197.800	221.536
普碳钢板 Q195～Q235 δ1.6～1.9	t	3997.33	0.00020	0.00045	0.00045	0.00065	0.00100	0.00100	0.00160	0.00160	0.00250
木板	m^3	1672.03	0.013	0.015	0.018	0.031	0.036	0.075	0.083	0.121	0.134
硅酸盐水泥 42.5级	kg	0.41	26.10	52.20	76.85	153.70	204.45	356.70	356.70	508.95	508.95
砂子	t	87.03	0.064	0.127	0.192	0.382	0.509	0.892	0.892	1.274	1.274
碎石 0.5～3.2	t	82.73	0.070	0.139	0.209	0.418	0.556	0.972	0.972	1.390	1.390
黄铜皮 δ0.08～0.30	kg	76.77	0.10	0.25	0.25	0.30	0.40	0.40	0.60	0.60	1.00

续前 单位：台

编号				1-69	1-70	1-71	1-72	1-73	1-74	1-75	1-76	1-77
项目				设备质量(t以内)								
				1	2	3	5	7	10	15	20	25
组成内容		单位	单价	数量								
材料	镀锌钢丝 $D2.8 \sim 4.0$	kg	6.91	0.56	0.56	0.56	0.56	2.67	2.67	2.67	4.00	4.50
	电焊条 E4303 $D3.2$	kg	7.59	0.210	0.210	0.210	0.210	0.420	0.420	0.420	0.420	0.525
	聚酯乙烯泡沫塑料	kg	10.96	0.055	0.055	0.055	0.055	0.088	0.088	0.110	0.110	0.110
	天那水	kg	12.07	0.1	0.1	0.1	0.1	0.1	0.1	0.1	0.3	0.3
	汽油 $60^{\#} \sim 70^{\#}$	kg	6.67	0.102	0.102	0.102	0.153	0.153	0.306	0.510	0.714	1.020
	煤油	kg	7.49	2.100	2.625	3.150	3.675	5.250	10.500	13.650	16.800	21.000
	机油	kg	7.21	0.152	0.202	0.202	0.202	0.303	0.606	0.808	1.010	1.212
	黄干油	kg	15.77	0.101	0.101	0.101	0.101	0.202	0.404	0.505	0.505	0.707
	棉纱	kg	16.11	0.110	0.110	0.165	0.165	0.220	0.330	0.330	0.440	0.440
	白布	m	3.68	0.051	0.102	0.102	0.102	0.102	0.102	0.153	0.153	0.153
	破布	kg	5.07	0.158	0.210	0.210	0.210	0.315	0.420	0.525	0.525	0.735
	道木	m^3	3660.04	—	—	—	0.006	0.007	0.007	0.007	0.010	0.021
	零星材料费	元	—	1.36	1.78	2.36	4.09	6.08	12.61	13.22	32.49	37.38
机械	交流弧焊机 21kV•A	台班	60.37	0.1	0.1	0.1	0.1	0.2	0.2	0.2	0.2	0.2
	叉式起重机 5t	台班	494.40	0.2	0.3	0.4	0.5	—	—	—	—	—
	载货汽车 8t	台班	521.59	—	—	—	—	0.5	0.5	0.5	0.5	0.5
	汽车式起重机 8t	台班	767.15	—	—	—	—	—	—	—	0.5	0.5
	汽车式起重机 16t	台班	971.12	—	—	—	—	0.5	0.5	—	—	—
	汽车式起重机 30t	台班	1141.87	—	—	—	—	—	—	0.5	1.0	1.0
	卷扬机 单筒慢速 50kN	台班	211.29	—	—	—	—	2.5	2.5	3.0	3.5	3.5

单位：台

编号				1-78	1-79	1-80	1-81	1-82	1-83	1-84	1-85
项目				设备质量(t以内)							
				30	35	40	50	60	70	100	150
预算基价	总价(元)			**26110.82**	**25494.48**	**28850.92**	**33052.61**	**41381.90**	**45726.19**	**59939.53**	**81688.98**
	人工费(元)			13463.55	15912.45	18220.95	21628.35	27122.85	31089.15	42210.45	60559.65
	材料费(元)			4287.37	4342.41	5090.88	5395.95	7049.29	7274.76	9107.26	10573.28
	机械费(元)			8359.90	5239.62	5539.09	6028.31	7209.76	7362.28	8621.82	10556.05
组成内容		单位	单价	数量							
人工	综合工	工日	135.00	99.73	117.87	134.97	160.21	200.91	230.29	312.67	448.59
材料	钩头成对斜垫铁 Q195～Q235 4#	kg	11.22	107.800	107.800	123.200	123.200	138.600	138.600	154.000	154.000
	平垫铁 Q195～Q235 4#	kg	7.42	245.272	245.272	284.832	284.832	316.480	316.480	348.128	348.128
	普碳钢板 Q195～Q235 δ1.6～1.9	t	3997.33	0.00250	0.00250	0.00250	0.00250	0.00300	0.00300	0.00300	0.00400
	木板	m^3	1672.03	0.159	0.171	0.215	0.278	0.313	0.150	0.156	0.219
	硅酸盐水泥 42.5级	kg	0.41	611.90	611.90	764.15	916.40	1017.90	1220.90	1273.10	1526.85
	砂子	t	87.03	1.490	1.490	1.912	2.294	2.548	3.050	3.186	3.822
	碎石 0.5～3.2	t	82.73	1.667	1.667	2.085	2.502	2.780	3.340	3.475	4.170
	黄铜皮 δ0.08～0.30	kg	76.77	1.00	1.00	1.00	1.00	1.50	1.50	1.50	2.00
	镀锌钢丝 D2.8～4.0	kg	6.91	6.00	6.00	8.00	8.00	10.00	10.00	13.00	19.00
	电焊条 E4303 D3.2	kg	7.59	0.525	0.525	0.525	0.525	0.525	0.525	0.525	1.050
	聚酯乙烯泡沫塑料	kg	10.96	0.110	0.110	0.165	0.165	0.220	0.220	0.275	0.440
	天那水	kg	12.07	0.3	0.5	0.5	0.5	0.7	0.7	1.0	1.5
	汽油 60#～70#	kg	6.67	1.326	1.326	1.530	1.530	2.040	2.550	2.856	3.570

续前　　　　单位：台

编号				1-78	1-79	1-80	1-81	1-82	1-83	1-84	1-85
项目				设备质量(t以内)							
				30	35	40	50	60	70	100	150
组成内容		单位	单价	数量							
材料	煤油	kg	7.49	23.100	26.250	31.500	37.800	50.400	58.800	84.000	126.000
	机油	kg	7.21	1.515	2.020	2.525	3.030	3.535	4.040	4.848	5.858
	黄干油	kg	15.77	0.707	0.909	1.212	1.212	1.515	2.020	2.525	3.535
	棉纱	kg	16.11	0.550	0.550	0.770	0.770	1.100	1.100	1.650	2.200
	白布	m	3.68	0.204	0.204	0.306	0.306	0.408	0.510	0.714	1.020
	破布	kg	5.07	0.735	1.050	1.050	1.260	1.260	1.575	2.100	2.625
	道木	m^3	3660.04	0.021	0.021	0.021	0.025	0.275	0.275	0.550	0.688
	普碳钢重轨 38kg/m	t	4332.81	—	—	—	—	—	0.056	0.080	0.120
	零星材料费	元	—	42.45	42.99	50.40	53.43	69.79	72.03	90.17	104.69
机械	交流弧焊机 21kV·A	台班	60.37	0.2	0.3	0.3	0.3	0.4	0.5	0.5	1.0
	载货汽车 8t	台班	521.59	0.5	1.0	1.0	1.0	1.5	1.0	1.5	1.5
	汽车式起重机 8t	台班	767.15	0.5	1.5	1.0	1.5	0.5	0.5	0.5	1.0
	汽车式起重机 16t	台班	971.12	—	—	—	—	2.0	1.5	2.0	2.0
	汽车式起重机 30t	台班	1141.87	1.0	—	—	—	—	0.5	1.5	1.5
	汽车式起重机 50t	台班	2492.74	—	1.0	—	—	1.0	1.0	—	—
	汽车式起重机 75t	台班	3175.79	1.8	—	1.0	1.0	—	—	0.5	—
	汽车式起重机 100t	台班	4689.49	—	—	—	—	—	—	—	0.5
	卷扬机 单筒慢速 50kN	台班	211.29	4.0	5.0	5.0	5.5	7.5	3.0	2.5	2.5
	卷扬机 单筒慢速 80kN	台班	254.54	—	—	—	—	—	5.0	6.5	9.5

七、铣床及齿轮、螺纹加工机床

单位：台

编号				1-86	1-87	1-88	1-89	1-90	1-91	1-92	1-93	1-94	1-95
项目				设备质量(t以内)									
				1	3	5	7	10	15	20	25	30	35
预算基价	总价(元)			**1424.13**	**2611.24**	**3370.38**	**5589.49**	**9327.74**	**11243.42**	**15086.90**	**18424.31**	**21852.16**	**24098.12**
	人工费(元)			1147.50	2118.15	2775.60	3885.30	7059.15	8394.30	9687.60	12604.95	14229.00	16210.80
	材料费(元)			171.71	289.29	341.54	523.18	981.94	1371.45	2861.47	3175.89	3628.82	3781.29
	机械费(元)			104.92	203.80	253.24	1181.01	1286.65	1477.67	2537.83	2643.47	3994.34	4106.03
组成内容		**单位**	**单价**	**数量**									
人工	综合工	工日	135.00	8.50	15.69	20.56	28.78	52.29	62.18	71.76	93.37	105.40	120.08
材料	钩头成对斜垫铁 Q195~Q235 $1^{\#}$	kg	11.22	3.144	3.144	4.716	—	—	—	—	—	—	—
	钩头成对斜垫铁 Q195~Q235 $2^{\#}$	kg	11.22	—	—	—	7.944	—	—	—	—	—	—
	钩头成对斜垫铁 Q195~Q235 $3^{\#}$	kg	11.22	—	—	—	—	15.656	31.312	—	—	—	—
	钩头成对斜垫铁 Q195~Q235 $4^{\#}$	kg	11.22	—	—	—	—	—	—	61.600	69.300	77.000	77.000
	平垫铁 Q195~Q235 $1^{\#}$	kg	7.42	2.540	2.540	3.810	—	—	—	—	—	—	—
	平垫铁 Q195~Q235 $2^{\#}$	kg	7.42	—	—	—	7.260	—	—	—	—	—	—
	平垫铁 Q195~Q235 $3^{\#}$	kg	7.42	—	—	—	—	20.020	40.040	—	—	—	—
	平垫铁 Q195~Q235 $4^{\#}$	kg	7.42	—	—	—	—	—	—	158.240	170.108	197.800	197.800
	普碳钢板 Q195~Q235 δ1.6~1.9	t	3997.33	0.00020	0.00045	0.00065	0.00100	0.00100	0.00160	0.00160	0.00250	0.00250	0.00250
	木板	m^3	1672.03	0.013	0.026	0.031	0.049	0.075	0.083	0.128	0.140	0.153	0.206
	硅酸盐水泥 42.5级	kg	0.41	62.35	153.70	153.70	204.45	356.70	356.70	508.95	508.95	611.90	611.90
	砂子	t	87.03	0.153	0.382	0.382	0.509	0.892	0.892	1.274	1.274	1.529	1.529
	碎石 0.5~3.2	t	82.73	0.166	0.418	0.418	0.556	0.972	0.972	1.390	1.390	1.667	1.667
	黄铜皮 δ0.08~0.30	kg	76.77	0.10	0.25	0.30	0.40	0.40	0.60	0.60	1.00	1.00	1.00
	镀锌钢丝 D2.8~4.0	kg	6.91	0.56	0.56	0.56	0.84	2.67	2.67	4.00	4.50	6.00	6.00

续前

单位：台

编号				1-86	1-87	1-88	1-89	1-90	1-91	1-92	1-93	1-94	1-95
项目				设备质量(t以内)									
				1	3	5	7	10	15	20	25	30	35
组成内容		单位	单价	数量									
材料	电焊条 E4303 $D3.2$	kg	7.59	0.210	0.210	0.210	0.420	0.420	0.420	0.420	0.525	0.525	0.525
	聚酯乙烯泡沫塑料	kg	10.96	0.055	0.055	0.110	0.110	0.110	0.110	0.110	0.165	0.165	0.165
	天那水	kg	12.07	0.07	0.07	0.07	0.10	0.10	0.10	0.30	0.30	0.30	0.50
	汽油 $60^{\#}\sim70^{\#}$	kg	6.67	0.102	0.102	0.153	0.204	0.306	0.510	0.714	1.020	1.020	1.224
	煤油	kg	7.49	2.625	3.150	4.200	5.250	15.750	18.900	22.050	25.200	29.400	35.700
	机油	kg	7.21	0.202	0.202	0.303	0.404	0.505	0.707	1.010	1.313	1.515	1.818
	黄干油	kg	15.77	0.101	0.101	0.152	0.202	0.303	0.404	0.606	0.808	0.808	1.010
	棉纱	kg	16.11	0.110	0.110	0.165	0.165	0.220	0.330	0.330	0.440	0.550	0.770
	白布	m	3.68	0.051	0.051	0.102	0.102	0.102	0.102	0.102	0.153	0.153	0.153
	破布	kg	5.07	0.158	0.158	0.210	0.210	0.315	0.420	0.420	0.525	0.630	0.735
	道木	m^3	3660.04	—	—	—	0.006	0.007	0.007	0.010	0.021	0.021	0.021
	石棉橡胶板 低压 $\delta0.8\sim6.0$	kg	19.35	—	—	—	—	—	—	—	0.2	0.3	0.4
	零星材料费	元	—	1.70	2.86	3.38	5.18	9.72	13.58	28.33	31.44	35.93	37.44
机械	交流弧焊机 21kV·A	台班	60.37	0.1	0.1	0.1	0.2	0.2	0.2	0.2	0.2	0.2	0.3
	叉式起重机 5t	台班	494.40	0.2	0.4	0.5	—	—	—	—	—	—	—
	载货汽车 8t	台班	521.59	—	—	—	0.5	0.5	0.5	0.5	0.5	0.5	0.5
	汽车式起重机 8t	台班	767.15	—	—	—	—	—	—	0.5	0.5	0.5	0.5
	汽车式起重机 16t	台班	971.12	—	—	—	0.5	0.5	—	—	—	—	—
	汽车式起重机 30t	台班	1141.87	—	—	—	—	—	0.500	1.000	1.000	—	—
	汽车式起重机 50t	台班	2492.74	—	—	—	—	—	—	—	—	1.0	1.0
	卷扬机 单筒慢速 50kN	台班	211.29	—	—	—	2.0	2.5	3.0	3.5	4.0	4.0	4.5

单位：台

编号				1-96	1-97	1-98	1-99	1-100	1-101	1-102	1-103	1-104
项目				设备质量(t以内)								
				50	70	100	150	200	250	300	400	500
预算基价	总价(元)			**32299.10**	**43784.40**	**55949.14**	**75148.80**	**89273.30**	**105241.12**	**121873.49**	**155989.89**	**192950.01**
	人工费(元)			22779.90	31018.95	40587.75	55254.15	67279.95	80820.45	94598.55	121294.80	151825.05
	材料费(元)			4258.04	5508.82	6894.72	9360.22	10019.25	11761.84	12328.40	13974.66	15434.32
	机械费(元)			5261.16	7256.63	8466.67	10534.43	11974.10	12658.83	14946.54	20720.43	25690.64
组成内容		单位	单价	数量								
人工	综合工	工日	135.00	168.74	229.77	300.65	409.29	498.37	598.67	700.73	898.48	1124.63
材料	钩头成对斜垫铁 Q195～Q235 4#	kg	11.22	77.000	77.000	77.000	115.500	115.500	154.000	154.000	154.000	154.000
	平垫铁 Q195～Q235 4#	kg	7.42	197.800	197.800	197.800	276.920	276.920	356.040	356.040	356.040	356.040
	普碳钢板 Q195～Q235 δ1.6～1.9	t	3997.33	0.00250	0.00300	0.00300	0.00400	0.00400	0.00600	0.00600	0.00600	0.00800
	木板	m^3	1672.03	0.253	0.150	0.156	0.188	0.219	0.250	0.250	0.338	0.363
	硅酸盐水泥 42.5级	kg	0.41	916.40	1017.90	1120.85	1526.85	1782.05	1882.10	2035.80	2289.55	2443.25
	砂子	t	87.03	2.294	2.548	2.803	3.822	4.460	4.710	5.097	5.734	6.120
	碎石 0.5～3.2	t	82.73	2.502	2.780	3.057	4.170	4.865	5.135	5.560	6.255	6.680
	黄铜皮 δ0.08～0.30	kg	76.77	1.00	1.50	1.50	2.00	2.00	3.20	3.20	3.20	4.00
	镀锌钢丝 D2.8～4.0	kg	6.91	8.00	10.00	13.00	16.00	19.00	25.00	25.00	35.00	35.00
	电焊条 E4303 D3.2	kg	7.59	0.525	0.525	0.525	1.050	1.050	1.050	1.050	1.050	1.050
	聚酯乙烯泡沫塑料	kg	10.96	0.165	0.220	0.275	0.330	0.528	0.550	0.550	0.715	0.715
	天那水	kg	12.07	0.50	0.70	1.00	1.50	2.00	2.80	2.80	3.50	4.50
	汽油 60#～70#	kg	6.67	1.530	2.040	2.550	3.060	3.570	3.570	4.080	4.590	5.100
	煤油	kg	7.49	47.250	58.800	73.500	105.000	126.000	157.500	189.000	231.000	273.000
	机油	kg	7.21	2.626	3.535	4.545	5.050	5.555	6.060	6.060	6.565	7.070

续前

单位：台

编号				1-96	1-97	1-98	1-99	1-100	1-101	1-102	1-103	1-104
项目				设备质量(t以内)								
				50	70	100	150	200	250	300	400	500
组成内容		**单位**	**单价**	**数量**								
材料	黄干油	kg	15.77	1.212	1.515	1.717	2.525	3.030	3.030	3.535	4.040	4.545
	棉纱	kg	16.11	1.100	1.320	1.760	2.200	2.420	2.640	2.860	3.080	3.300
	白布	m	3.68	0.153	0.204	0.306	0.408	0.408	0.510	0.510	0.612	0.714
	破布	kg	5.07	1.050	1.470	1.890	2.310	2.520	2.730	2.940	3.150	3.360
	道木	m^3	3660.04	0.025	0.275	0.550	0.688	0.688	0.688	0.688	0.825	0.963
	石棉橡胶板 低压 δ0.8～6.0	kg	19.35	0.4	0.5	0.8	1.0	1.2	1.2	1.4	1.6	1.8
	普碳钢重轨 38kg/m	t	4332.81	—	0.056	0.080	0.120	0.160	0.200	0.240	0.320	0.400
	零星材料费	元	—	42.16	54.54	68.26	92.68	99.20	116.45	122.06	138.36	152.82
机械	交流弧焊机 21kV·A	台班	60.37	0.3	0.5	0.5	1.0	1.0	1.5	1.5	1.5	2.0
	载货汽车 8t	台班	521.59	1.0	1.0	1.0	1.5	1.5	1.5	1.5	2.0	2.5
	汽车式起重机 8t	台班	767.15	0.5	0.5	0.5	1.0	1.5	1.0	1.5	1.5	2.5
	汽车式起重机 16t	台班	971.12	—	1.5	2.0	2.0	2.0	1.5	2.0	1.0	2.5
	汽车式起重机 30t	台班	1141.87	—	0.500	1.500	1.500	—	1.000	1.500	1.500	1.500
	汽车式起重机 50t	台班	2492.74	—	1.0	—	—	1.0	1.0	1.0	1.0	1.0
	汽车式起重机 75t	台班	3175.79	1.0	—	0.5	—	—	—	—	—	—
	汽车式起重机 100t	台班	4689.49	—	—	—	0.5	0.5	0.5	0.5	1.0	1.0
	卷扬机 单筒慢速 80kN	台班	254.54	—	5.0	6.5	9.0	10.5	12.0	14.5	—	—
	卷扬机 单筒慢速 50kN	台班	211.29	5.5	2.5	3.0	3.0	2.5	2.5	3.5	3.0	6.5
	卷扬机 单筒慢速 200kN	台班	428.97	—	—	—	—	—	—	—	18.5	22.5

八、刨床、插床、拉床

单位：台

编号				1-105	1-106	1-107	1-108	1-109	1-110	1-111
项目				设备质量(t以内)						
				1	3	5	7	10	15	20
预算基价	总价(元)			**1395.36**	**2373.68**	**3035.36**	**6650.46**	**8436.49**	**11587.03**	**14943.30**
	人工费(元)			1109.70	1896.75	2475.90	4885.65	6404.40	8891.10	10513.80
	材料费(元)			180.74	273.13	306.22	583.80	745.44	1218.26	1891.67
	机械费(元)			104.92	203.80	253.24	1181.01	1286.65	1477.67	2537.83
组成内容		单位	单价	数量						
人工	综合工	工日	135.00	8.22	14.05	18.34	36.19	47.44	65.86	77.88
材料	钩头成对斜垫铁 Q195～Q235 1#	kg	11.22	3.144	3.144	3.144	—	—	—	—
	钩头成对斜垫铁 Q195～Q235 2#	kg	11.22	—	—	—	7.944	7.944	—	—
	钩头成对斜垫铁 Q195～Q235 3#	kg	11.22	—	—	—	—	—	15.656	—
	钩头成对斜垫铁 Q195～Q235 4#	kg	11.22	—	—	—	—	—	—	30.800
	平垫铁 Q195～Q235 1#	kg	7.42	2.540	2.540	2.540	—	—	—	—
	平垫铁 Q195～Q235 2#	kg	7.42	—	—	—	6.776	6.776	—	—
	平垫铁 Q195～Q235 3#	kg	7.42	—	—	—	—	—	20.020	—
	平垫铁 Q195～Q235 4#	kg	7.42	—	—	—	—	—	—	79.120
	普碳钢板 Q195～Q235 δ1.6～1.9	t	3997.33	0.00020	0.00045	0.00065	0.00100	0.00100	0.00160	0.00160
	木板	m^3	1672.03	0.013	0.018	0.031	0.036	0.056	0.095	0.109
	硅酸盐水泥 42.5级	kg	0.41	76.85	153.70	153.70	255.20	356.70	508.95	508.95
	砂子	t	87.03	0.192	0.382	0.382	0.638	0.892	1.274	1.274
	碎石 0.5～3.2	t	82.73	0.209	0.418	0.418	0.695	0.972	1.390	1.390
	黄铜皮 δ0.08～0.30	kg	76.77	0.10	0.25	0.30	0.40	0.40	0.60	0.60

续前 **单位：**台

编号				1-105	1-106	1-107	1-108	1-109	1-110	1-111
项目				设备质量（t以内）						
				1	3	5	7	10	15	20
组成内容		单位	单价	数量						
材料	镀锌钢丝 $D2.8\sim4.0$	kg	6.91	0.56	0.56	0.56	0.84	2.64	4.00	4.00
	电焊条 E4303 $D3.2$	kg	7.59	0.210	0.210	0.210	0.420	0.420	0.420	0.420
	聚酯乙烯泡沫塑料	kg	10.96	0.055	0.055	0.110	0.110	0.110	0.110	0.110
	天那水	kg	12.07	0.07	0.07	0.07	0.10	0.10	0.10	0.30
	汽油 $60^{\#}\sim70^{\#}$	kg	6.67	0.153	0.204	0.255	0.306	0.510	1.020	1.020
	煤油	kg	7.49	2.100	2.625	3.150	11.550	12.600	18.900	21.000
	机油	kg	7.21	0.152	0.152	0.202	0.505	0.808	1.010	1.515
	黄干油	kg	15.77	0.101	0.152	0.152	0.202	0.404	0.404	0.505
	棉纱	kg	16.11	0.110	0.110	0.165	0.165	0.220	0.330	0.550
	白布	m	3.68	0.051	0.102	0.102	0.102	0.102	0.102	0.153
	破布	kg	5.07	0.158	0.158	0.210	0.315	0.525	1.890	1.260
	道木	m^3	3660.04	—	—	—	0.004	0.007	0.007	0.010
	零星材料费	元	—	1.79	2.70	3.03	5.78	7.38	12.06	18.73
机械	交流弧焊机 21kV·A	台班	60.37	0.1	0.1	0.1	0.2	0.2	0.2	0.2
	叉式起重机 5t	台班	494.40	0.2	0.4	0.5	—	—	—	—
	载货汽车 8t	台班	521.59	—	—	—	0.5	0.5	0.5	0.5
	汽车式起重机 8t	台班	767.15	—	—	—	—	—	—	0.5
	汽车式起重机 16t	台班	971.12	—	—	—	0.5	0.5	—	—
	汽车式起重机 30t	台班	1141.87	—	—	—	—	—	0.5	1.0
	卷扬机 单筒慢速 50kN	台班	211.29	—	—	—	2.0	2.5	3.0	3.5

单位：台

编号				1-112	1-113	1-114	1-115	1-116	1-117	1-118
项目				设备质量(t以内)						
				25	35	50	70	100	150	200
预算基价	总价(元)			**16770.31**	**22294.58**	**30464.64**	**42237.71**	**55442.13**	**79273.84**	**96713.02**
	人工费(元)			12098.70	15552.00	22335.75	30407.40	40963.05	60945.75	74051.55
	材料费(元)			2133.78	2481.40	2867.73	4573.68	5962.90	7772.04	10172.03
	机械费(元)			2537.83	4261.18	5261.16	7256.63	8516.18	10556.05	12489.44
组成内容		单位	单价	数量						
人工	综合工	工日	135.00	89.62	115.20	165.45	225.24	303.43	451.45	548.53
材料	钩头成对斜垫铁 Q195～Q235 4#	kg	11.22	30.800	30.800	30.800	46.200	46.200	61.600	123.200
	平垫铁 Q195～Q235 4#	kg	7.42	79.120	79.120	79.120	118.680	118.680	158.240	316.480
	普碳钢板 Q195～Q235 δ1.6～1.9	t	3997.33	0.00250	0.00250	0.00250	0.00300	0.00300	0.00400	0.00400
	木板	m^3	1672.03	0.140	0.203	0.253	0.154	0.160	0.204	0.223
	硅酸盐水泥 42.5级	kg	0.41	611.90	764.15	916.40	1017.90	1120.85	1323.85	1425.35
	砂子	t	87.03	1.529	1.912	2.294	2.548	2.803	3.332	3.568
	碎石 0.5～3.2	t	82.73	1.667	2.085	2.502	2.780	3.057	3.614	3.892
	黄铜皮 δ0.08～0.30	kg	76.77	1.00	1.00	1.00	1.50	1.50	2.00	2.00
	镀锌钢丝 D2.8～4.0	kg	6.91	4.50	6.00	8.00	10.00	13.00	16.00	19.00
	电焊条 E4303 D3.2	kg	7.59	0.525	0.525	0.525	0.525	0.525	1.050	1.050
	聚酯乙烯泡沫塑料	kg	10.96	0.110	0.165	0.220	0.220	0.275	0.418	0.528
	天那水	kg	12.07	0.30	0.50	0.50	0.70	1.00	2.00	2.00
	汽油 60#～70#	kg	6.67	1.224	1.836	2.346	3.060	3.570	5.100	6.120
	煤油	kg	7.49	26.250	36.750	47.250	57.750	73.500	105.000	126.000

续前 单位：台

编号				1-112	1-113	1-114	1-115	1-116	1-117	1-118
项目				设备质量(t以内)						
				25	35	50	70	100	150	200
组成内容		单位	单价	数量						
材料	机油	kg	7.21	1.818	2.222	2.828	3.535	4.545	7.070	8.080
	黄干油	kg	15.77	0.606	0.808	1.212	1.515	1.818	2.424	3.030
	棉纱	kg	16.11	0.550	0.770	1.100	1.320	1.650	3.300	3.850
	白布	m	3.68	0.153	0.204	0.306	0.408	0.510	0.816	1.020
	破布	kg	5.07	1.260	1.575	2.100	2.310	2.625	5.250	6.300
	道木	m^3	3660.04	0.014	0.014	0.028	0.275	0.550	0.688	0.688
	石棉橡胶板 低压 δ0.8～6.0	kg	19.35	0.15	0.20	0.30	0.30	0.40	0.50	0.65
	普碳钢重轨 38kg/m	t	4332.81	—	—	—	0.056	0.080	0.120	0.160
	零星材料费	元	—	21.13	24.57	28.39	45.28	59.04	76.95	100.71
机械	交流弧焊机 21kV·A	台班	60.37	0.2	0.3	0.3	0.5	0.5	1.0	1.0
	载货汽车 8t	台班	521.59	0.5	1.0	1.0	1.0	1.5	1.5	2.0
	汽车式起重机 8t	台班	767.15	0.5	0.5	0.5	0.5	0.5	1.0	1.5
	汽车式起重机 16t	台班	971.12	—	—	—	1.5	2.0	2.0	2.0
	汽车式起重机 30t	台班	1141.87	1.0	—	—	0.5	1.5	1.5	—
	汽车式起重机 50t	台班	2492.74	—	1.0	—	1.0	—	—	1.0
	汽车式起重机 75t	台班	3175.79	—	—	1.0	—	0.5	—	—
	汽车式起重机 100t	台班	4689.49	—	—	—	—	—	0.5	0.5
	卷扬机 单筒慢速 50kN	台班	211.29	3.5	4.0	5.5	2.5	2.0	2.5	2.5
	卷扬机 单筒慢速 80kN	台班	254.54	—	—	—	5.0	6.5	9.5	11.5

九、超声波加工及电加工机床

单位：台

编号				1-119	1-120	1-121	1-122	1-123
项目				设备质量(t以内)				
				1	2	3	5	8
预算基价	总价(元)			**842.83**	**1110.55**	**1494.89**	**2452.95**	**4852.73**
	人工费(元)			592.65	791.10	1066.50	1813.05	3325.05
	材料费(元)			145.26	165.09	224.59	386.66	557.96
	机械费(元)			104.92	154.36	203.80	253.24	969.72
组成内容		**单位**	**单价**	**数量**				
人工	综合工	工日	135.00	4.39	5.86	7.90	13.43	24.63
材料	钩头成对斜垫铁 Q195～Q235 1#	kg	11.22	3.144	3.144	4.716	7.860	—
	钩头成对斜垫铁 Q195～Q235 2#	kg	11.22	—	—	—	—	13.240
	平垫铁 Q195～Q235 1#	kg	7.42	2.032	2.032	3.048	5.080	—
	平垫铁 Q195～Q235 2#	kg	7.42	—	—	—	—	9.680
	普碳钢板 Q195～Q235 δ1.6～1.9	t	3997.33	0.00020	0.00020	0.00045	0.00065	0.00100
	木板	m^3	1672.03	0.009	0.013	0.015	0.031	0.036
	硅酸盐水泥 42.5级	kg	0.41	52.20	62.35	76.85	153.70	204.45
	砂子	t	87.03	0.127	0.153	0.192	0.382	0.509
	碎石 0.5～3.2	t	82.73	0.139	0.166	0.209	0.418	0.556
	黄铜皮 δ0.08～0.30	kg	76.77	0.10	0.10	0.25	0.30	0.40
	镀锌钢丝 D2.8～4.0	kg	6.91	0.56	0.56	0.56	0.84	0.84

续前

单位：台

编号				1-119	1-120	1-121	1-122	1-123
项目				设备质量(t以内)				
				1	2	3	5	8
组成内容		单位	单价	数量				
材料	电焊条 E4303 $D3.2$	kg	7.59	0.21	0.21	0.21	0.21	0.42
	聚酯乙烯泡沫塑料	kg	10.96	0.033	0.033	0.055	0.110	0.110
	天那水	kg	12.07	0.07	0.07	0.07	0.07	0.10
	汽油 60#～70#	kg	6.67	0.204	0.204	0.204	0.306	0.510
	煤油	kg	7.49	1.575	2.100	2.625	3.675	4.725
	机油	kg	7.21	0.101	0.152	0.152	0.202	0.303
	黄干油	kg	15.77	0.101	0.101	0.152	0.202	0.202
	棉纱	kg	16.11	0.165	0.165	0.165	0.220	0.330
	白布	m	3.68	0.102	0.102	0.102	0.102	0.153
	破布	kg	5.07	0.158	0.158	0.158	0.210	0.315
	零星材料费	元	—	1.44	1.63	2.22	3.83	5.52
机械	交流弧焊机 21kV·A	台班	60.37	0.1	0.1	0.1	0.1	0.2
	叉式起重机 5t	台班	494.40	0.2	0.3	0.4	0.5	—
	载货汽车 8t	台班	521.59	—	—	—	—	0.5
	汽车式起重机 16t	台班	971.12	—	—	—	—	0.5
	卷扬机 单筒慢速 50kN	台班	211.29	—	—	—	—	1.0

十、其他机床及金属材料试验设备

单位：台

编号				1-124	1-125	1-126	1-127	1-128	1-129	1-130
项目				设备质量(t以内)						
				1	3	5	7	9	12	15
预算基价	总价(元)			**1228.68**	**1987.73**	**2604.91**	**4777.82**	**6362.81**	**7470.02**	**9392.04**
	人工费(元)			958.50	1552.50	2020.95	3114.45	4588.65	5385.15	6921.45
	材料费(元)			165.26	231.43	330.72	482.36	593.15	903.86	1098.56
	机械费(元)			104.92	203.80	253.24	1181.01	1181.01	1181.01	1372.03
组成内容		单位	单价	数量						
人工	综合工	工日	135.00	7.10	11.50	14.97	23.07	33.99	39.89	51.27
材料	钩头成对斜垫铁 Q195～Q235 1#	kg	11.22	3.144	4.716	4.716	—	—	—	—
	钩头成对斜垫铁 Q195～Q235 2#	kg	11.22	—	—	—	7.944	10.592	—	—
	钩头成对斜垫铁 Q195～Q235 3#	kg	11.22	—	—	—	—	—	15.656	23.484
	平垫铁 Q195～Q235 1#	kg	7.42	2.032	3.048	3.048	—	—	—	—
	平垫铁 Q195～Q235 2#	kg	7.42	—	—	—	5.808	7.744	—	—
	平垫铁 Q195～Q235 3#	kg	7.42	—	—	—	—	—	16.016	24.024
	普碳钢板 Q195～Q235 δ1.6～1.9	t	3997.33	0.00020	0.00045	0.00065	0.00100	0.00100	0.00160	0.00160
	木板	m^3	1672.03	0.013	0.018	0.031	0.049	0.054	0.086	0.094
	硅酸盐水泥 42.5级	kg	0.41	62.35	76.85	153.70	204.45	255.20	356.70	356.70
	砂子	t	87.03	0.153	0.192	0.382	0.509	0.638	0.892	0.892
	碎石 0.5～3.2	t	82.73	0.166	0.209	0.418	0.556	0.695	0.972	0.972
	黄铜皮 δ0.08～0.30	kg	76.77	0.10	0.25	0.30	0.40	0.40	0.60	0.60
	镀锌钢丝 D2.8～4.0	kg	6.91	0.56	0.56	0.84	0.84	1.12	1.80	2.40

续前

单位：台

编号				1-124	1-125	1-126	1-127	1-128	1-129	1-130
项目				设备质量(t以内)						
				1	3	5	7	9	12	15
组成内容		单位	单价	数量						
材料	电焊条 E4303 $D3.2$	kg	7.59	0.210	0.210	0.210	0.420	0.420	0.420	0.420
	聚酯乙烯泡沫塑料	kg	10.96	0.055	0.055	0.110	0.110	0.110	0.110	0.110
	天那水	kg	12.07	0.07	0.07	0.07	0.10	0.10	0.10	0.10
	汽油 60#～70#	kg	6.67	0.020	0.061	0.102	0.143	0.184	0.245	0.306
	煤油	kg	7.49	2.100	2.940	3.150	4.200	5.250	6.825	8.400
	机油	kg	7.21	0.152	0.152	0.202	0.202	0.303	0.303	0.404
	黄干油	kg	15.77	0.101	0.101	0.202	0.202	0.303	0.303	0.404
	棉纱	kg	16.11	0.220	0.220	0.220	0.275	0.330	0.330	0.440
	白布	m	3.68	0.102	0.102	0.102	0.102	0.153	0.153	0.204
	破布	kg	5.07	0.210	0.210	0.263	0.263	0.315	0.315	0.420
	道木	m^3	3660.04	—	—	—	—	—	0.004	0.007
	零星材料费	元	—	1.64	2.29	3.27	4.78	5.87	8.95	10.88
机械	交流弧焊机 21kV·A	台班	60.37	0.1	0.1	0.1	0.2	0.2	0.2	0.2
	叉式起重机 5t	台班	494.40	0.2	0.4	0.5	—	—	—	—
	载货汽车 8t	台班	521.59	—	—	—	0.5	0.5	0.5	0.5
	汽车式起重机 16t	台班	971.12	—	—	—	0.5	0.5	0.5	—
	汽车式起重机 30t	台班	1141.87	—	—	—	—	—	—	0.5
	卷扬机 单筒慢速 50kN	台班	211.29	—	—	—	2.0	2.0	2.0	2.5

单位：台

编号				1-131	1-132	1-133	1-134	1-135	1-136
项目				设备质量(t以内)					
				20	25	30	35	40	45
预算基价	总价(元)			**14053.48**	**16678.61**	**20963.03**	**24458.28**	**27796.75**	**30696.63**
	人工费(元)			9088.20	11268.45	13720.05	16222.95	19078.20	21577.05
	材料费(元)			2321.81	2661.04	3037.35	3657.22	3929.15	4330.18
	机械费(元)			2643.47	2749.12	4205.63	4578.11	4789.40	4789.40
组成内容		单位	单价	数量					
人工	综合工	工日	135.00	67.32	83.47	101.63	120.17	141.32	159.83
材料	钩头成对斜垫铁 Q195～Q235 4#	kg	11.22	53.900	61.600	69.300	77.000	84.700	92.400
	平垫铁 Q195～Q235 4#	kg	7.42	110.768	126.592	142.416	158.240	174.064	189.888
	普碳钢板 Q195～Q235 δ1.6～1.9	t	3997.33	0.00160	0.00250	0.00250	0.00250	0.00250	0.00250
	木板	m^3	1672.03	0.121	0.134	0.159	0.225	0.238	0.278
	硅酸盐水泥 42.5级	kg	0.41	508.95	508.95	611.90	916.40	916.40	1017.90
	砂子	t	87.03	1.158	1.274	1.529	2.298	2.298	2.548
	碎石 0.5～3.2	t	82.73	1.390	1.390	1.667	2.510	2.510	2.780
	黄铜皮 δ0.08～0.30	kg	76.77	0.60	1.00	1.00	1.00	1.00	1.00
	镀锌钢丝 *D*2.8～4.0	kg	6.91	4.00	4.50	6.00	6.00	8.00	8.00
	电焊条 E4303 *D*3.2	kg	7.59	0.420	0.525	0.525	0.525	0.525	0.525
	聚酯乙烯泡沫塑料	kg	10.96	0.165	0.165	0.220	0.220	0.275	0.275

续前

单位：台

编号				1-131	1-132	1-133	1-134	1-135	1-136
项目				设备质量(t以内)					
				20	25	30	35	40	45
组成内容		单位	单价	数量					
材料	天那水	kg	12.07	0.30	0.30	0.30	0.50	0.50	0.50
	汽油 60# ～70#	kg	6.67	0.408	0.510	0.714	0.755	0.857	1.020
	煤油	kg	7.49	12.600	14.700	17.850	19.950	23.100	26.250
	机油	kg	7.21	0.404	0.505	0.505	0.606	0.707	0.808
	黄干油	kg	15.77	0.505	0.606	0.707	0.808	0.909	1.010
	棉纱	kg	16.11	0.550	0.660	0.770	0.880	0.990	1.100
	白布	m	3.68	0.306	0.408	0.510	0.612	0.714	0.816
	破布	kg	5.07	0.420	0.525	0.525	0.630	0.735	0.840
	道木	m^3	3660.04	0.010	0.021	0.021	0.025	0.025	0.028
	零星材料费	元	—	22.99	26.35	30.07	36.21	38.90	42.87
机械	交流弧焊机 21kV•A	台班	60.37	0.2	0.2	0.2	0.3	0.3	0.3
	载货汽车 8t	台班	521.59	0.5	0.5	0.5	1.0	1.0	1.0
	汽车式起重机 8t	台班	767.15	0.5	0.5	0.5	0.5	0.5	0.5
	汽车式起重机 30t	台班	1141.87	1.0	1.0	—	—	—	—
	汽车式起重机 50t	台班	2492.74	—	—	1.0	1.0	1.0	1.0
	卷扬机 单筒慢速 50kN	台班	211.29	4.0	4.5	5.0	5.5	6.5	6.5

十一、木 工 机 械

单位：台

编号				1-137	1-138	1-139	1-140	1-141
项目				设备质量(t以内)				
				1	3	5	7	10
预算基价	总价(元)			**1109.94**	**1916.06**	**2626.91**	**5368.03**	**7690.55**
	人工费(元)			837.00	1512.00	1984.50	3715.20	5525.55
	材料费(元)			168.02	249.70	389.17	471.82	878.35
	机械费(元)			104.92	154.36	253.24	1181.01	1286.65
组成内容		**单位**	**单价**	**数量**				
人工	综合工	工日	135.00	6.20	11.20	14.70	27.52	40.93
材料	钩头成对斜垫铁 Q195～Q235 1#	kg	11.22	3.144	4.716	6.288	6.288	—
	钩头成对斜垫铁 Q195～Q235 2#	kg	11.22	—	—	—	—	15.888
	平垫铁 Q195～Q235 1#	kg	7.42	2.032	3.048	4.064	4.064	—
	平垫铁 Q195～Q235 2#	kg	7.42	—	—	—	—	11.616
	普碳钢板 Q195～Q235 δ1.6～1.9	t	3997.33	0.00020	0.00045	0.00065	0.00100	0.00100
	木板	m^3	1672.03	0.013	0.018	0.031	0.036	0.069
	硅酸盐水泥 42.5级	kg	0.41	62.35	76.85	153.70	204.45	356.70
	砂子	t	87.03	0.153	0.192	0.382	0.509	0.892
	碎石 0.5～3.2	t	82.73	0.166	0.209	0.418	0.556	0.972
	黄铜皮 δ0.08～0.30	kg	76.77	0.10	0.25	0.30	0.40	0.40
	镀锌钢丝 D2.8～4.0	kg	6.91	0.56	0.56	0.84	0.84	1.80

续前

单位：台

编号				1-137	1-138	1-139	1-140	1-141
项目				设备质量(t以内)				
				1	3	5	7	10
组成内容		单位	单价	数量				
材料	电焊条 E4303 $D3.2$	kg	7.59	0.21	0.21	0.21	0.42	0.42
	聚酯乙烯泡沫塑料	kg	10.96	0.033	0.055	0.110	0.110	0.165
	天那水	kg	12.07	0.07	0.07	0.07	0.10	0.10
	汽油 60#～70#	kg	6.67	0.102	0.153	0.204	0.306	0.306
	煤油	kg	7.49	2.625	5.250	7.350	9.450	11.550
	机油	kg	7.21	0.152	0.202	0.253	0.303	0.404
	黄干油	kg	15.77	0.152	0.202	0.253	0.303	0.404
	棉纱	kg	16.11	0.110	0.110	0.165	0.220	0.330
	白布	m	3.68	0.102	0.102	0.102	0.153	0.204
	破布	kg	5.07	0.105	0.210	0.315	0.420	0.525
	道木	m^3	3660.04	—	—	—	—	0.007
	零星材料费	元	—	1.66	2.47	3.85	4.67	8.70
机械	叉式起重机 5t	台班	494.40	0.2	0.3	0.5	—	—
	交流弧焊机 21kV•A	台班	60.37	0.1	0.1	0.1	0.2	0.2
	载货汽车 8t	台班	521.59	—	—	—	0.5	0.5
	汽车式起重机 16t	台班	971.12	—	—	—	0.5	0.5
	卷扬机 单筒慢速 50kN	台班	211.29	—	—	—	2.0	2.5

十二、其 他 机 床

单位：组

编 号				1-142	1-143	1-144
项 目				气动拨料器	气动踢木器	
				0.1t以内	单面卸木	双面卸木
预算基价	总 价(元)			**917.38**	**1937.27**	**2411.27**
	人 工 费(元)			804.60	1737.45	2209.95
	材 料 费(元)			13.90	100.94	102.44
	机 械 费(元)			98.88	98.88	98.88
组 成 内 容		**单位**	**单价**	**数 量**		
人工	综合工	工日	135.00	5.96	12.87	16.37
材料	木板	m^3	1672.03	0.001	0.007	0.007
	煤油	kg	7.49	1.000	1.500	0.800
	机油	kg	7.21	0.100	0.150	0.150
	黄干油	kg	15.77	0.100	0.150	0.150
	棉纱	kg	16.11	0.100	0.150	0.150
	白布	m	3.68	0.050	0.100	0.100
	破布	kg	5.07	0.100	0.150	0.150
	硅酸盐水泥 42.5级	kg	0.41	—	36.00	43.00
	砂子	t	87.03	—	0.094	0.113
	碎石 0.5～3.2	t	82.73	—	0.103	0.123
	钢板垫板	t	4954.18	—	0.007	0.007
	镀锌钢丝 $D2.8$～4.0	kg	6.91	—	0.56	0.56
	聚酯乙烯泡沫塑料	kg	10.96	—	—	0.050
	零星材料费	元	—	0.14	1.00	1.01
机械	叉式起重机 5t	台班	494.40	0.2	0.2	0.2

十三、跑车带锯机

单位：台

编号				1-145	1-146	1-147	1-148	1-149
项目				设备质量(t以内)				
				3	5	7	10	15
预算基价	总价(元)			**3497.45**	**5797.07**	**10749.87**	**13558.84**	**20017.01**
	人工费(元)			2857.95	4988.25	8479.35	10975.50	16518.60
	材料费(元)			435.70	555.58	983.87	1191.04	1809.45
	机械费(元)			203.80	253.24	1286.65	1392.30	1688.96
组成内容		单位	单价	数量				
人工	综合工	工日	135.00	21.17	36.95	62.81	81.30	122.36
材料	钩头成对斜垫铁 Q195～Q235 1#	kg	11.22	6.288	6.288	3.144	3.144	—
	钩头成对斜垫铁 Q195～Q235 2#	kg	11.22	—	—	15.888	18.536	—
	钩头成对斜垫铁 Q195～Q235 3#	kg	11.22	—	—	—	—	39.14
	平垫铁 Q195～Q235 1#	kg	7.42	4.064	4.064	2.032	2.032	—
	平垫铁 Q195～Q235 2#	kg	7.42	—	—	11.616	13.552	—
	平垫铁 Q195～Q235 3#	kg	7.42	—	—	—	—	40.04
	普碳钢板 Q195～Q235 δ1.6～1.9	t	3997.33	0.00045	0.00065	0.00100	0.00100	0.00160
	木板	m^3	1672.03	0.026	0.031	0.051	0.069	0.094
	硅酸盐水泥 42.5级	kg	0.41	255.20	356.70	508.95	611.90	764.15
	砂子	t	87.03	0.638	0.892	1.274	1.529	1.912
	碎石 0.5～3.2	t	82.73	0.695	0.972	1.390	1.667	2.085
	黄铜皮 δ0.08～0.30	kg	76.77	0.25	0.30	0.40	0.40	0.60
	电焊条 E4303 D3.2	kg	7.59	0.21	0.21	0.42	0.42	0.42

续前

单位：台

编号			1-145	1-146	1-147	1-148	1-149
项目			设备质量(t以内)				
			3	5	7	10	15
组成内容	单位	单价	数量				
材料 镀锌钢丝 $D2.8\sim4.0$	kg	6.91	0.56	0.84	2.67	3.00	4.00
聚酯乙烯泡沫塑料	kg	10.96	0.055	0.110	0.110	0.110	0.165
天那水	kg	12.07	0.07	0.07	0.10	0.10	0.10
汽油 60#～70#	kg	6.67	0.204	0.204	0.510	0.510	0.714
煤油	kg	7.49	4.2	6.3	8.4	10.5	12.6
机油	kg	7.21	0.202	0.202	0.303	0.303	0.505
黄干油	kg	15.77	0.152	0.202	0.303	0.303	0.505
棉纱	kg	16.11	0.22	0.22	0.33	0.33	0.55
白布	m	3.68	0.102	0.102	0.153	0.153	0.204
破布	kg	5.07	0.210	0.210	0.315	0.315	0.525
道木	m^3	3660.04	—	—	—	0.007	0.010
零星材料费	元	—	4.31	5.50	9.74	11.79	17.92
机械 交流弧焊机 21kV·A	台班	60.37	0.1	0.1	0.2	0.2	0.2
叉式起重机 5t	台班	494.40	0.4	0.5	—	—	—
载货汽车 8t	台班	521.59	—	—	0.5	0.5	0.5
汽车式起重机 16t	台班	971.12	—	—	0.5	0.5	—
汽车式起重机 30t	台班	1141.87	—	—	—	—	0.5
卷扬机 单筒慢速 50kN	台班	211.29	—	—	2.5	3.0	4.0

十四、带锯机保护罩制作、安装

单位：个

编号				1-150	1-151
项目				铁架圆形罩	
				直径	
				1050	1200
预算基价	总价(元)			**1690.69**	**1959.55**
	人工费(元)			839.70	1007.10
	材料费(元)			824.06	917.73
	机械费(元)			26.93	34.72
	组成内容	**单位**	**单价**	**数量**	
人工	综合工	工日	135.00	6.22	7.46
材料	热轧角钢 60	t	3767.43	0.090	0.100
	热轧扁钢 ＜59	t	3665.80	0.0335	0.0360
	木板	m^3	1672.03	0.167	0.190
	精制六角带帽螺栓 M12×75以内	套	1.04	20	20
	木螺钉 M6×100以内	个	0.18	180	210
	电焊条 E4303 *D*4	kg	7.58	1.35	1.62
	合页 ＜75	个	2.84	4	4
	零星材料费	元	—	8.16	9.09
机械	立式钻床 *D*25	台班	6.78	1.30	1.56
	交流弧焊机 21kV·A	台班	60.37	0.3	0.4

第二章　锻压设备安装

说　明

一、本章适用范围：

1.机械压力机：包括固定台压力机、可倾压力机、传动开式压力机、闭式单（双）点压力机、闭式侧滑块压力机、单动（双动）机械压力机、切边压力机、切边机、拉伸压力机、摩擦压力机、精压机、模锻曲轴压力机、热模锻压力机、金属挤压机、冷挤压机、冲模回转头压力机、数控冲模回转压力机。

2.液压机：包括薄板液压机、万能液压机、上移式液压机、校正压装液压机、校直液压机、手动液压机、粉末制品液压机、塑料制品液压机、金属打包液压机、粉末热压机、轮轴压装液压机、轮轴压装机、单臂油压机、电缆包覆液压机、油压机、电极挤压机、油压装配机、热切边液压机、拉伸矫正机、冷拔管机、金属挤压机。

3.自动锻压机及锻机操作机：包括自动冷（热）镦机、自动切边机、自动搓丝机、滚丝机、滚圆机、自动冷成型机、自动卷簧机、多功位自动压力机、自动制订机、平锻机、辊锻机、锻管机、扩孔机、锻轴机、镦轴机、镦机及镦机组、辊轧机、多工位自动锻造机、锻造操作机、无轨操作机。

4.模锻锤、空气锤：包括模锻锤，蒸汽、空气两用模锻锤，无砧座模锻锤，液压模锻锤。

5.自由锻锤及蒸汽锤：包括蒸汽、空气两用自由锻锤，单臂自由锻锤，气动薄板落锤。

6.剪切机：包括剪板机、剪切机、联合冲剪机、剪断机、切割机、拉剪机、热锯机、热剪机。

7.弯曲校正机：包括滚板机、弯板机、弯曲机、弯管机、校直机、校正机、校平机、校正弯曲压力机、切断机、折边机、滚坡纹机、折弯压力机、扩口机、卷圆机、滚圆机、滚形机、整形机、扭拧机、轮缘焊渣切割机。

8.锻造水压机：水压机。

二、本章基价子目包括的工作内容：

1.机械压力机、液压机、水压机的拉紧螺栓及立柱热装。

2.液压机及水压机液压系统钢管的酸洗。

3.水压机本体安装：包括底座、立柱、横梁等全部设备部件安装，润滑装置和管道安装，缓冲器、充液罐等附属设备安装，分配阀、充液阀、接力电机操纵台装置安装，梯子、栏杆、基础盖板安装，立柱、横梁等主要部件安装前的精度预检，活动横梁导套的检查和刮研，分配器、充液阀、安全阀等主要阀件的试压和研磨，机体补漆，操纵台、梯子、栏杆、盖板、支撑梁、立式液罐和低压缓冲器表面刷漆。

4.水压机本体管道安装：包括设备本体至第一个法兰以内的高低压水管、压缩空气管等本体管道安装、试压、刷漆、高压阀门试压、高压管道焊口预热和应力消除、高低压管道的酸洗、公称直径 70mm 以内的管道揻弯。

5.锻锤砧座周围敷设油毡、沥青、砂子等防腐层以及垫木排找正时表面精修。

三、本章基价子目不包括的工作内容及项目：

1.机械压力机、液压机、水压机的拉紧螺栓及立柱如需热装时所需的加热材料（如硅碳棒、电阻丝、石棉布、石棉绳等）。

2.除水压机、液压机外，其他设备的管道酸洗。

3.锻锤试运转中锤头和锤杆的加热以及试冲击所需的枕木。

4.水压机工作缸、高压阀等的垫料、填料。

5.设备所需灌注的冷却液、液压油、乳化液等。

6.蓄势站安装及水压机与蓄势站的联动试运转。

7.锻锤砧座垫木排的制作、防腐、干燥等。

8.设备润滑、液压和空气压缩管路系统的管子和管路附件的加工、焊接、揻弯和阀门的研磨。

9.设备和管路的保温。

10.水压机管道安装中的支架、法兰、紫铜垫圈、密封垫圈等管路附件的制作及管子和焊口的探伤、透视和机械强度试验。

四、设备本体至第一个法兰以外的管道系统执行本基价第六册《工业管道工程》DBD 29-306-2020 相应项目。

五、液压机和锻造水压机的管道支架制作、安装及除锈刷油执行本基价第六册《工业管道工程》DBD 29-306-2020 和第十一册《刷油、防腐蚀、绝热工程》DBD 29-311-2020 相应项目。

工程量计算规则

锻压设备安装依据不同型号和其质量分别按设计图示数量计算。

一、机械压力机

单位：台

编号				1-152	1-153	1-154	1-155	1-156	1-157	1-158	1-159
项目				设备质量(t以内)							
				1	3	5	7	10	15	20	30
预算基价	总价(元)			**1560.15**	**2425.11**	**3676.04**	**6009.81**	**7037.61**	**10669.66**	**13405.86**	**18479.31**
	人工费(元)			1140.75	1633.50	2539.35	3928.50	4777.65	7603.20	8999.10	12295.80
	材料费(元)			311.72	354.91	488.32	775.88	795.50	1414.83	2057.11	2271.70
	机械费(元)			107.68	436.70	648.37	1305.43	1464.46	1651.63	2349.65	3911.81
组成内容		单位	单价	数量							
人工	综合工	工日	135.00	8.45	12.10	18.81	29.10	35.39	56.32	66.66	91.08
材料	钩头成对斜垫铁 Q195～Q235 1#	kg	11.22	—	—	—	3.144	3.144	3.144	3.144	3.144
	钩头成对斜垫铁 Q195～Q235 5#	kg	11.22	8.164	8.164	12.246	—	—	—	—	—
	钩头成对斜垫铁 Q195～Q235 6#	kg	11.22	—	—	—	14.916	14.916	—	—	—
	钩头成对斜垫铁 Q195～Q235 7#	kg	11.22	—	—	—	—	—	38.718	—	—
	钩头成对斜垫铁 Q195～Q235 8#	kg	11.22	—	—	—	—	—	—	61.38	61.38
	平垫铁 Q195～Q235 1#	kg	7.42	—	—	—	2.540	2.540	2.540	2.540	2.540
	平垫铁 Q195～Q235 5#	kg	7.42	11.870	11.870	17.805	—	—	—	—	—
	平垫铁 Q195～Q235 6#	kg	7.42	—	—	—	19.340	19.340	—	—	—
	平垫铁 Q195～Q235 7#	kg	7.42	—	—	—	—	—	44.085	—	—
	平垫铁 Q195～Q235 8#	kg	7.42	—	—	—	—	—	—	63.585	63.585
	木板	m^3	1672.03	0.013	0.020	0.029	0.043	0.048	0.063	0.089	0.125
	硅酸盐水泥 42.5级	kg	0.41	94.25	123.25	152.25	246.50	246.50	304.50	362.50	485.75
	砂子	t	87.03	0.193	0.270	0.329	0.522	0.522	0.638	0.772	1.024
	碎石 0.5～3.2	t	82.73	0.213	0.290	0.347	0.561	0.561	0.695	0.849	1.120
	镀锌钢丝 *D*2.8～4.0	kg	6.91	0.65	0.80	0.80	2.00	2.00	3.00	3.00	4.50
	电焊条 E4303 *D*3.2	kg	7.59	0.263	0.263	0.263	0.263	0.263	0.525	0.525	0.525

续前

单位：台

编号			1-152	1-153	1-154	1-155	1-156	1-157	1-158	1-159
项目			设备质量(t以内)							
			1	3	5	7	10	15	20	30
组成内容	单位	单价	数量							
材料 聚酯乙烯泡沫塑料	kg	10.96	0.022	0.022	0.033	0.033	0.055	0.055	0.088	0.110
汽油 60#～70#	kg	6.67	0.102	0.153	0.153	0.204	0.204	0.255	0.306	0.510
煤油	kg	7.49	2.100	2.625	3.150	3.675	4.725	5.250	8.400	11.550
机油	kg	7.21	0.505	0.505	0.505	0.808	0.808	1.010	1.515	2.020
黄干油	kg	15.77	0.152	0.202	0.202	0.253	0.253	0.303	0.404	0.606
白布	m	3.68	0.102	0.102	0.102	0.102	0.102	0.102	0.102	0.153
棉纱	kg	16.11	0.220	0.220	0.275	0.275	0.330	0.330	0.550	0.770
破布	kg	5.07	0.210	0.210	0.315	0.368	0.420	0.420	0.630	1.260
道木	m^3	3660.04	—	—	—	0.021	0.021	0.041	0.069	0.069
天那水	kg	12.07	—	—	—	—	0.15	0.15	0.20	0.20
石棉橡胶板 低压 δ0.8～6.0	kg	19.35	—	—	—	—	—	0.2	0.3	0.4
红钢纸 δ0.2～0.5	kg	12.30	—	—	—	—	—	—	0.5	1.0
零星材料费	元	—	3.09	3.51	4.83	7.68	7.88	14.01	20.37	22.49
机械 交流弧焊机 32kV·A	台班	87.97	0.1	0.1	0.2	0.2	0.2	0.4	0.4	0.4
叉式起重机 5t	台班	494.40	0.2	0.4	0.5	—	—	—	—	—
载货汽车 8t	台班	521.59	—	—	—	0.5	0.5	0.5	0.5	0.5
汽车式起重机 8t	台班	767.15	—	0.3	0.5	0.5	0.5	0.5	0.5	0.5
汽车式起重机 12t	台班	864.36	—	—	—	0.5	—	—	—	—
汽车式起重机 16t	台班	971.12	—	—	—	—	0.5	—	—	—
汽车式起重机 25t	台班	1098.98	—	—	—	—	—	0.5	—	—
汽车式起重机 30t	台班	1141.87	—	—	—	—	—	—	1.0	—
汽车式起重机 50t	台班	2492.74	—	—	—	—	—	—	—	1.0
卷扬机 单筒慢速 50kN	台班	211.29	—	—	—	1.0	1.5	2.0	2.5	3.5

单位：台

编号			1-160	1-161	1-162	1-163	1-164	1-165	1-166	1-167
项目			设备质量(t以内)							
			40	50	70	100	150	200	250	300
预算基价 总价(元)			**23222.40**	**27563.91**	**36527.62**	**48753.71**	**65625.29**	**78556.28**	**96163.73**	**113435.15**
人工费(元)			14858.10	18540.90	25238.25	33659.55	46570.95	55674.00	71111.25	83631.15
材料费(元)			3010.62	3285.76	3718.24	4815.85	6387.01	7712.54	8911.62	11186.54
机械费(元)			5353.68	5737.25	7571.13	10278.31	12667.33	15169.74	16140.86	18617.46
组成内容	**单位**	**单价**	**数量**							
人工 综合工	工日	135.00	110.06	137.34	186.95	249.33	344.97	412.40	526.75	619.49
材料 钩头成对斜垫铁 Q195～Q235 1#	kg	11.22	3.144	3.144	3.144	3.144	3.144	3.144	3.144	6.288
钩头成对斜垫铁 Q195～Q235 8#	kg	11.22	81.84	81.84	81.84	102.30	122.76	143.22	143.22	204.60
平垫铁 Q195～Q235 1#	kg	7.42	2.540	2.540	2.540	2.540	2.540	2.540	3.048	4.572
平垫铁 Q195～Q235 8#	kg	7.42	84.780	84.780	84.780	105.975	127.170	148.365	161.082	203.472
木板	m^3	1672.03	0.150	0.188	0.079	0.094	0.118	0.125	0.133	0.164
硅酸盐水泥 42.5级	kg	0.41	485.750	545.200	604.650	725.000	907.700	968.600	1028.050	1270.200
砂子	t	87.03	1.024	1.158	1.274	1.544	1.912	2.046	2.162	2.684
碎石 0.5～3.2	t	82.73	1.120	1.256	1.390	1.680	2.124	2.239	2.355	2.916
镀锌钢丝 D2.8～4.0	kg	6.91	4.50	4.50	4.50	5.00	5.00	5.00	5.00	5.50
电焊条 E4303 D3.2	kg	7.59	0.525	0.525	0.525	0.840	0.840	0.840	0.840	1.050
聚酯乙烯泡沫塑料	kg	10.96	0.165	0.165	0.165	0.220	0.550	0.550	0.825	1.210
汽油 60#～70#	kg	6.67	1.020	1.530	2.040	2.550	3.060	4.080	5.100	6.120
煤油	kg	7.49	14.700	16.800	21.000	26.250	37.800	42.000	57.225	66.150
机油	kg	7.21	3.030	3.030	4.040	5.050	8.080	8.080	11.615	13.130
黄干油	kg	15.77	1.010	1.515	2.020	3.030	4.040	5.050	6.565	7.777

续前 单位：台

编号				1-160	1-161	1-162	1-163	1-164	1-165	1-166	1-167
项目				设备质量(t以内)							
				40	50	70	100	150	200	250	300
组成内容		单位	单价	数量							
材料	棉纱	kg	16.11	0.880	1.100	1.650	2.200	4.400	4.400	5.830	7.150
	白布	m	3.68	0.153	0.204	0.255	0.255	0.408	0.408	0.612	0.714
	道木	m^3	3660.04	0.138	0.172	0.241	0.344	0.516	0.688	0.859	1.031
	破布	kg	5.07	2.100	2.625	3.150	3.675	4.725	5.250	7.140	8.295
	天那水	kg	12.07	0.30	0.40	0.50	0.70	1.00	1.50	1.80	2.20
	石棉橡胶板 低压 δ0.8～6.0	kg	19.35	0.5	0.5	0.7	1.0	1.2	1.2	1.8	2.1
	红钢纸 δ0.2～0.5	kg	12.30	1.0	1.2	1.2	1.5	1.5	1.5	2.2	2.5
	普碳钢重轨 43kg/m	t	4383.19	—	—	0.056	0.080	0.120	0.160	0.200	0.240
	零星材料费	元	—	29.81	32.53	36.81	47.68	63.24	76.36	88.23	110.76
机械	交流弧焊机 32kV•A	台班	87.97	0.5	0.5	1.0	1.0	1.0	1.5	1.5	1.5
	载货汽车 8t	台班	521.59	1.0	1.0	1.0	2.0	2.0	2.0	2.0	2.0
	汽车式起重机 8t	台班	767.15	1.0	1.5	1.5	2.0	2.5	3.0	3.0	3.5
	汽车式起重机 16t	台班	971.12	—	—	2.0	2.0	2.0	2.5	3.5	5.0
	汽车式起重机 30t	台班	1141.87	—	—	—	1.5	1.5	—	—	—
	汽车式起重机 50t	台班	2492.74	—	—	1.0	—	—	1.0	1.0	1.0
	汽车式起重机 75t	台班	3175.79	1.0	1.0	—	0.5	—	—	—	—
	汽车式起重机 100t	台班	4689.49	—	—	—	—	0.5	0.5	0.5	0.5
	卷扬机 单筒慢速 50kN	台班	211.29	4.0	4.0	3.5	7.0	10.5	6.5	6.5	6.5
	卷扬机 单筒慢速 80kN	台班	254.54	—	—	2.5	3.5	5.5	12.0	12.0	14.5

单位：台

编号				1-168	1-169	1-170	1-171	1-172	1-173	1-174
项目				设备质量(t以内)						
				350	450	550	650	750	850	950
预算基价	总价(元)			**127387.52**	**159105.87**	**188940.22**	**217099.76**	**247528.65**	**279166.71**	**310855.42**
	人工费(元)			94967.10	120479.40	144436.50	167535.00	191582.55	215890.65	239303.70
	材料费(元)			12395.72	14605.81	17580.41	19720.11	22689.03	25445.41	27417.34
	机械费(元)			20024.70	24020.66	26923.31	29844.65	33257.07	37830.65	44134.38
组成内容		**单位**	**单价**	**数量**						
人工	综合工	工日	135.00	703.46	892.44	1069.90	1241.00	1419.13	1599.19	1772.62
材料	钩头成对斜垫铁 Q195～Q235 1#	kg	11.22	9.432	9.432	9.432	12.576	12.576	15.720	15.720
	钩头成对斜垫铁 Q195～Q235 8#	kg	11.22	204.60	204.60	245.52	245.52	286.44	286.44	286.44
	平垫铁 Q195～Q235 1#	kg	7.42	5.588	5.588	6.096	7.112	7.620	8.636	8.636
	平垫铁 Q195～Q235 8#	kg	7.42	224.667	224.667	254.340	271.296	300.969	317.925	317.925
	普碳钢重轨 43kg/m	t	4383.19	0.28	0.36	0.44	0.52	0.60	0.68	0.76
	木板	m^3	1672.03	0.164	0.194	0.231	0.231	0.269	0.344	0.344
	硅酸盐水泥 42.5级	kg	0.41	1270.200	1511.625	1813.950	1813.950	2116.275	2720.925	2720.925
	砂子	t	87.03	2.684	3.186	3.822	3.822	4.460	5.734	5.734
	碎石 0.5～3.2	t	82.73	2.916	3.475	4.170	4.170	4.865	6.255	6.255
	镀锌钢丝 *D*2.8～4.0	kg	6.91	5.5	5.5	6.0	6.0	6.0	6.5	6.5
	电焊条 E4303 *D*3.2	kg	7.59	1.050	1.050	1.575	1.575	1.575	2.100	2.100
	道木	m^3	3660.04	1.203	1.547	1.891	2.234	2.578	2.922	3.266
	聚酯乙烯泡沫塑料	kg	10.96	1.320	1.760	2.090	2.530	2.860	3.300	3.630
	石棉橡胶板 低压 δ0.8～6.0	kg	19.35	2.5	3.2	3.9	4.6	5.3	6.0	6.7
	天那水	kg	12.07	2.6	3.7	4.0	4.8	5.5	6.2	6.9

续前　　　　单位：台

编号				1-168	1-169	1-170	1-171	1-172	1-173	1-174
项目				设备质量(t以内)						
				350	450	550	650	750	850	950
组成内容		单位	单价	数量						
材料	汽油 60[#]～70[#]	kg	6.67	7.14	9.18	11.22	13.26	15.30	17.34	19.38
	煤油	kg	7.49	78.540	100.170	122.850	145.005	167.370	189.630	211.995
	机油	kg	7.21	15.756	19.998	24.644	28.987	33.532	37.976	42.420
	黄干油	kg	15.77	9.191	11.716	14.342	16.968	19.594	22.220	24.745
	棉纱	kg	16.11	8.58	10.89	13.42	15.84	18.26	20.68	23.10
	白布	m	3.68	0.847	1.081	1.326	1.561	1.805	2.040	2.285
	破布	kg	5.07	9.870	12.600	15.435	18.165	21.000	23.730	26.565
	红钢纸 δ0.2～0.5	kg	12.30	3.0	3.8	4.7	5.5	6.4	7.2	8.0
	零星材料费	元	—	122.73	144.61	174.06	195.25	224.64	251.93	271.46
机械	交流弧焊机 32kV·A	台班	87.97	1.5	1.5	1.5	2.0	2.0	2.0	2.0
	载货汽车 8t	台班	521.59	2.5	2.5	2.5	2.5	2.5	2.5	2.5
	汽车式起重机 8t	台班	767.15	4.0	4.0	4.5	4.5	4.5	5.0	5.0
	汽车式起重机 16t	台班	971.12	5.5	6.0	6.0	6.5	7.0	8.5	9.5
	汽车式起重机 30t	台班	1141.87	1.0	—	—	—	—	—	—
	汽车式起重机 50t	台班	2492.74	0.5	0.5	1.0	1.5	—	—	—
	汽车式起重机 75t	台班	3175.79	—	—	—	—	1.0	1.5	2.0
	汽车式起重机 100t	台班	4689.49	0.5	1.0	1.0	1.0	1.5	1.5	2.0
	卷扬机 单筒慢速 50kN	台班	211.29	6.5	12.0	12.0	12.0	12.0	12.0	12.0
	卷扬机 单筒慢速 80kN	台班	254.54	16.0	20.5	25.5	30.0	34.5	39.0	44.5

二、液 压 机

单位：台

编号				1-175	1-176	1-177	1-178	1-179	1-180	1-181	1-182	1-183	1-184
项目				设备质量(t以内)									
				1	3	5	7	10	15	20	30	40	50
预算基价	总价(元)			**1658.17**	**2734.20**	**4133.08**	**6692.08**	**7751.85**	**11930.96**	**15695.19**	**21275.76**	**28043.95**	**32916.25**
	人工费(元)			1235.25	1925.10	3003.75	4368.60	5341.95	8483.40	10524.60	14401.80	17768.70	21440.70
	材料费(元)			315.24	372.40	480.96	912.40	945.44	1795.93	2715.29	2962.15	4921.57	5477.50
	机械费(元)			107.68	436.70	648.37	1411.08	1464.46	1651.63	2455.30	3911.81	5353.68	5998.05
组成内容		单位	单价	数量									
人工	综合工	工日	135.00	9.15	14.26	22.25	32.36	39.57	62.84	77.96	106.68	131.62	158.82
材料	钩头成对斜垫铁 Q195～Q235 $1^{\#}$	kg	11.22	—	—	3.144	3.144	3.144	6.288	6.288	6.288	6.288	6.288
	钩头成对斜垫铁 Q195～Q235 $5^{\#}$	kg	11.22	8.164	8.164	8.164	—	—	—	—	—	—	—
	钩头成对斜垫铁 Q195～Q235 $6^{\#}$	kg	11.22	—	—	—	22.374	22.374	—	—	—	—	—
	钩头成对斜垫铁 Q195～Q235 $7^{\#}$	kg	11.22	—	—	—	—	—	51.624	—	—	—	—
	钩头成对斜垫铁 Q195～Q235 $8^{\#}$	kg	11.22	—	—	—	—	—	—	81.84	81.84	122.76	122.76
	平垫铁 Q195～Q235 $1^{\#}$	kg	7.42	—	—	2.540	2.540	2.540	5.080	5.080	5.080	5.080	5.080
	平垫铁 Q195～Q235 $5^{\#}$	kg	7.42	11.87	11.87	11.87	—	—	—	—	—	—	—
	平垫铁 Q195～Q235 $6^{\#}$	kg	7.42	—	—	—	29.01	29.01	—	—	—	—	—
	平垫铁 Q195～Q235 $7^{\#}$	kg	7.42	—	—	—	—	—	58.78	—	—	—	—
	平垫铁 Q195～Q235 $8^{\#}$	kg	7.42	—	—	—	—	—	—	84.780	84.780	127.170	127.170
	木板	m^3	1672.03	0.013	0.020	0.031	0.043	0.048	0.069	0.088	0.125	0.250	0.181
	硅酸盐水泥 42.5级	kg	0.41	94.250	123.250	152.250	246.500	246.500	304.500	362.500	485.750	485.750	545.200
	砂子	t	87.03	0.193	0.290	0.329	0.522	0.522	0.638	0.772	1.024	1.024	1.158
	碎石 0.5～3.2	t	82.73	0.213	0.290	0.347	0.561	0.561	0.695	0.849	1.120	1.120	1.256
	镀锌钢丝 *D*2.8～4.0	kg	6.91	0.65	0.80	0.80	2.00	2.00	3.50	3.60	5.10	5.20	6.70
	电焊条 E4303 *D*3.2	kg	7.59	0.263	0.263	0.525	0.525	0.525	1.050	1.050	1.050	1.050	1.050
	聚酯乙烯泡沫塑料	kg	10.96	0.033	0.055	0.088	0.110	0.143	0.187	0.187	0.220	0.275	0.330
	汽油 $60^{\#}$～$70^{\#}$	kg	6.67	0.408	1.224	1.530	1.836	2.040	3.060	3.570	5.100	8.160	10.200
	煤油	kg	7.49	2.100	2.625	3.150	3.675	5.250	9.450	12.600	16.800	21.000	25.200
	机油	kg	7.21	0.505	1.010	1.515	2.020	3.030	8.080	10.100	12.120	14.140	15.150
	黄干油	kg	15.77	0.202	0.303	0.404	0.505	0.606	0.808	0.808	1.010	1.212	1.515

续前

单位：台

编号				1-175	1-176	1-177	1-178	1-179	1-180	1-181	1-182	1-183	1-184
项目				设备质量(t以内)									
				1	3	5	7	10	15	20	30	40	50
组成内容		**单位**	**单价**	**数量**									
材料	棉纱	kg	16.11	0.220	0.330	0.385	0.440	0.495	0.660	0.880	1.320	1.760	1.980
	白布	m	3.68	0.102	0.102	0.102	0.112	0.112	0.122	0.122	0.153	0.153	0.204
	破布	kg	5.07	0.315	0.420	0.525	0.735	0.945	1.365	1.470	1.890	2.730	2.940
	道木	m^3	3660.04	—	—	—	0.007	0.007	0.007	0.069	0.069	0.138	0.275
	焊接钢管 *DN*15	m	4.84	—	—	—	—	—	0.35	0.35	—	0.63	1.30
	螺纹球阀 *D*15	个	15.37	—	—	—	—	—	0.3	0.3	0.5	—	—
	石棉橡胶板 低压 δ0.8～6.0	kg	19.35	—	—	—	—	—	0.35	0.45	0.55	0.70	0.80
	天那水	kg	12.07	—	—	—	—	—	0.15	0.20	0.40	0.55	0.60
	盐酸 31%	kg	4.27	—	—	—	—	—	10.00	15.00	15.00	18.00	18.00
	红钢纸 δ0.2～0.5	kg	12.30	—	—	—	—	—	0.30	0.40	0.60	0.80	0.90
	普碳钢板 Q195～Q235 δ21～30	t	3614.76	—	—	—	—	—	—	—	—	0.150	0.160
	精制六角带帽螺栓 M12×75以内	套	1.04	—	—	—	—	—	—	—	—	5	6
	螺纹球阀 *D*20	个	24.53	—	—	—	—	—	—	—	—	0.5	0.5
	氧气	m^3	2.88	—	—	—	—	—	—	—	—	6.12	6.12
	乙炔气	kg	14.66	—	—	—	—	—	—	—	—	2.04	2.04
	零星材料费	元	—	3.12	3.69	4.76	9.03	9.36	17.78	26.88	29.33	48.73	54.23
机械	交流弧焊机 32kV·A	台班	87.97	0.1	0.1	0.2	0.2	0.2	0.4	0.4	0.4	0.5	0.5
	叉式起重机 5t	台班	494.40	0.2	0.4	0.5	—	—	—	—	—	—	—
	载货汽车 8t	台班	521.59	—	—	—	0.5	0.5	0.5	0.5	0.5	1.0	1.5
	汽车式起重机 8t	台班	767.15	—	0.3	0.5	0.5	0.5	0.5	0.5	0.5	1.0	1.5
	汽车式起重机 12t	台班	864.36	—	—	—	0.5	—	—	—	—	—	—
	汽车式起重机 16t	台班	971.12	—	—	—	—	0.5	—	—	—	—	—
	汽车式起重机 25t	台班	1098.98	—	—	—	—	—	0.5	—	—	—	—
	汽车式起重机 30t	台班	1141.87	—	—	—	—	—	—	1.0	—	—	—
	汽车式起重机 50t	台班	2492.74	—	—	—	—	—	—	—	1.0	—	—
	汽车式起重机 75t	台班	3175.79	—	—	—	—	—	—	—	—	1.0	1.0
	卷扬机 单筒慢速 50kN	台班	211.29	—	—	—	1.5	1.5	2.0	3.0	3.5	4.0	4.0

单位：台

编号				1-185	1-186	1-187	1-188	1-189	1-190	1-191	1-192	1-193
项目				设备质量(t以内)								
				70	100	150	200	250	350	500	700	950
预算基价	总价(元)			**44700.95**	**56678.80**	**80614.84**	**99376.30**	**119098.51**	**155522.49**	**210510.77**	**283929.20**	**379777.23**
	人工费(元)			29490.75	38065.95	56783.70	70911.45	87727.05	117001.80	161605.80	221429.70	295729.65
	材料费(元)			6974.84	8437.70	11012.43	13676.92	14976.06	18241.45	23883.86	30538.31	39404.12
	机械费(元)			8235.36	10175.15	12818.71	14787.93	16395.40	20279.24	25021.11	31961.19	44643.46
组成内容		**单位**	**单价**	**数量**								
人工	综合工	工日	135.00	218.45	281.97	420.62	525.27	649.83	866.68	1197.08	1640.22	2190.59
材料	钩头成对斜垫铁 Q195～Q235 1#	kg	11.22	6.288	6.288	9.432	9.432	9.432	12.576	12.576	15.720	18.864
	钩头成对斜垫铁 Q195～Q235 8#	kg	11.22	163.68	163.68	204.60	204.60	245.52	245.52	286.44	286.44	327.36
	平垫铁 Q195～Q235 1#	kg	7.42	5.080	5.080	7.112	7.112	7.112	8.128	9.144	11.176	13.208
	平垫铁 Q195～Q235 8#	kg	7.42	169.560	169.560	211.950	211.950	254.340	254.340	296.730	296.730	330.642
	普碳钢重轨 38kg/m	t	4332.81	0.056	0.080	0.120	0.160	0.200	0.280	0.400	0.560	0.760
	焊接钢管 *DN*15	m	4.84	1.30	—	—	—	—	—	—	—	—
	焊接钢管 *DN*20	m	6.32	1.63	2.00	2.00	2.50	2.50	3.00	3.00	3.50	3.50
	木板	m^3	1672.03	0.075	0.090	0.113	0.120	0.128	0.158	0.188	0.263	0.338
	硅酸盐水泥 42.5级	kg	0.41	604.650	726.450	906.975	968.600	1028.050	1269.765	1656.625	2116.275	2720.925
	砂子	t	87.03	1.274	1.544	1.912	2.046	2.162	2.684	3.186	4.460	5.734
	碎石 0.5～3.2	t	82.73	1.390	1.680	2.085	2.221	2.355	2.916	3.475	4.865	6.255
	普碳钢板 Q195～Q235 δ21～30	t	3614.76	0.250	0.380	0.400	0.400	0.420	0.420	0.450	0.480	0.500
	精制六角带帽螺栓 M12×75以内	套	1.04	10	14	14	18	18	22	22	26	26
	螺纹球阀 *D*20	个	24.53	0.5	0.8	0.8	1.0	1.0	1.5	1.5	2.0	2.0
	镀锌钢丝 *D*2.8～4.0	kg	6.91	8.30	8.90	9.00	9.70	10.40	11.10	12.00	14.40	18.00
	电焊条 E4303 *D*3.2	kg	7.59	1.575	2.100	2.100	2.100	2.625	2.625	2.625	3.150	3.150
	聚酯乙烯泡沫塑料	kg	10.96	0.385	0.385	0.682	0.847	1.089	1.507	2.167	3.025	4.114
	汽油 60#～70#	kg	6.67	15.300	24.480	34.823	47.654	59.109	83.038	118.453	165.934	225.134
	煤油	kg	7.49	33.600	47.250	71.337	94.868	118.713	166.110	237.353	332.262	451.259

续前 **单位：**台

编号				1-185	1-186	1-187	1-188	1-189	1-190	1-191	1-192	1-193
项目				设备质量(t以内)								
				70	100	150	200	250	350	500	700	950
组成内容		**单位**	**单价**	**数量**								
材料	机油	kg	7.21	18.180	24.240	37.421	49.328	61.964	86.557	123.765	173.205	235.098
	黄干油	kg	15.77	2.020	2.828	4.282	5.686	7.121	9.959	14.231	19.917	27.038
	棉纱	kg	16.11	2.420	3.080	4.851	6.347	7.997	11.154	15.950	22.319	30.294
	白布	m	3.68	0.255	0.255	0.449	0.561	0.714	0.989	1.418	1.979	2.693
	石棉橡胶板 低压 δ0.8～6.0	kg	19.35	1.06	1.40	2.17	2.86	3.59	5.02	7.17	10.04	13.62
	天那水	kg	12.07	0.80	1.20	1.76	2.37	2.95	5.32	6.89	10.06	13.42
	盐酸 31%	kg	4.27	20.00	25.00	39.70	51.76	65.33	91.07	130.33	182.33	247.52
	红钢纸 δ0.2～0.5	kg	12.30	1.20	1.30	2.21	2.80	3.58	4.96	7.12	9.95	13.51
	道木	m^3	3660.04	0.241	0.344	0.516	0.688	0.859	1.203	1.719	2.406	3.266
	破布	kg	5.07	3.360	3.990	6.489	8.379	14.868	18.081	27.458	37.496	51.419
	氧气	m^3	2.88	8.16	9.18	12.24	15.30	18.36	24.48	33.66	45.90	61.20
	乙炔气	kg	14.66	2.72	3.06	4.08	5.10	6.12	8.16	11.22	15.30	20.40
	型钢	t	3699.72	0.05277	0.07538	0.11308	0.45077	0.18846	0.26385	0.37692	0.52769	0.71615
	零星材料费	元	—	69.06	83.54	109.03	135.42	148.28	180.61	236.47	302.36	390.14
机械	交流弧焊机 32kV•A	台班	87.97	1.0	1.0	1.0	1.5	1.5	1.5	1.5	2.0	2.0
	载货汽车 8t	台班	521.59	1.5	2.0	2.0	2.0	2.0	2.5	2.5	2.5	2.5
	汽车式起重机 8t	台班	767.15	1.5	2.0	2.5	3.0	3.0	4.0	4.5	4.5	5.0
	汽车式起重机 16t	台班	971.12	2.0	2.0	2.0	2.5	3.5	5.5	5.5	6.5	9.5
	汽车式起重机 30t	台班	1141.87	—	1.5	1.5	—	—	1.0	—	—	—
	汽车式起重机 50t	台班	2492.74	1.0	—	—	1.0	1.0	0.5	1.0	1.0	—
	汽车式起重机 75t	台班	3175.79	—	0.5	—	—	—	—	—	—	2.0
	汽车式起重机 100t	台班	4689.49	—	—	0.5	0.5	0.5	0.5	1.0	1.5	2.0
	卷扬机 单筒慢速 50kN	台班	211.29	3.0	3.5	7.0	6.5	6.5	6.5	6.5	12.0	12.0
	卷扬机 单筒慢速 80kN	台班	254.54	4.5	6.0	9.0	10.5	13.0	17.0	24.5	34.0	46.5

三、自动锻压机及锻机操作机

单位：台

编号				1-194	1-195	1-196	1-197	1-198	1-199	1-200
项目				设备质量(t以内)						
				1	3	5	7	10	15	20
预算基价	总价(元)			**1516.91**	**2375.32**	**3032.31**	**6204.54**	**9133.21**	**10733.04**	**15740.34**
	人工费(元)			1094.85	1755.00	2343.60	3847.50	5892.75	7264.35	10183.05
	材料费(元)			314.38	413.76	432.71	945.96	1670.36	1711.42	2612.77
	机械费(元)			107.68	206.56	256.00	1411.08	1570.10	1757.27	2944.52
组成内容		单位	单价	数量						
人工	综合工	工日	135.00	8.11	13.00	17.36	28.50	43.65	53.81	75.43
材料	钩头成对斜垫铁 Q195～Q235 1#	kg	11.22	—	—	—	3.144	3.144	3.144	3.144
	钩头成对斜垫铁 Q195～Q235 5#	kg	11.22	8.164	8.164	8.164	—	—	—	—
	钩头成对斜垫铁 Q195～Q235 6#	kg	11.22	—	—	—	22.374	—	—	—
	钩头成对斜垫铁 Q195～Q235 7#	kg	11.22	—	—	—	—	51.624	51.624	—
	钩头成对斜垫铁 Q195～Q235 8#	kg	11.22	—	—	—	—	—	—	81.84
	平垫铁 Q195～Q235 1#	kg	7.42	—	—	—	2.540	2.540	2.540	2.540
	平垫铁 Q195～Q235 5#	kg	7.42	11.870	11.870	11.870	—	—	—	—
	平垫铁 Q195～Q235 6#	kg	7.42	—	—	—	29.01	—	—	—
	平垫铁 Q195～Q235 7#	kg	7.42	—	—	—	—	58.78	58.78	—
	平垫铁 Q195～Q235 8#	kg	7.42	—	—	—	—	—	—	84.780
	木板	m^3	1672.03	0.014	0.030	0.035	0.058	0.080	0.093	0.143
	硅酸盐水泥 42.5级	kg	0.41	94.250	182.700	182.700	303.050	423.400	423.400	726.450
	砂子	t	87.03	0.193	0.386	0.386	0.579	0.908	0.908	1.544
	碎石 0.5～3.2	t	82.73	0.213	0.425	0.425	0.695	0.985	0.985	1.680
	镀锌钢丝 *D*2.8～4.0	kg	6.91	0.65	0.80	0.80	2.00	2.00	3.00	3.00

续前

单位：台

编号				1-194	1-195	1-196	1-197	1-198	1-199	1-200
项目				设备质量(t以内)						
				1	3	5	7	10	15	20
组成内容		单位	单价	数量						
材料	电焊条 E4303 $D3.2$	kg	7.59	0.263	0.263	0.263	0.525	0.840	0.840	0.840
	聚酯乙烯泡沫塑料	kg	10.96	0.110	0.110	0.110	0.165	0.165	0.220	0.220
	汽油 60#～70#	kg	6.67	0.102	0.102	0.153	0.153	0.255	0.306	0.357
	煤油	kg	7.49	2.100	2.100	3.150	3.675	6.300	7.350	9.450
	机油	kg	7.21	0.505	0.505	0.505	0.808	1.010	1.010	1.515
	黄干油	kg	15.77	0.152	0.152	0.202	0.253	0.404	0.505	0.505
	棉纱	kg	16.11	0.220	0.220	0.275	0.275	0.385	0.440	0.550
	白布	m	3.68	0.102	0.102	0.102	0.153	0.153	0.204	0.204
	破布	kg	5.07	0.210	0.210	0.315	0.420	0.630	0.735	0.735
	道木	m^3	3660.04	—	—	—	0.006	0.006	0.006	0.011
	零星材料费	元	—	3.11	4.10	4.28	9.37	16.54	16.94	25.87
机械	交流弧焊机 32kV·A	台班	87.97	0.1	0.1	0.1	0.2	0.2	0.4	0.4
	叉式起重机 5t	台班	494.40	0.2	0.4	0.5	—	—	—	—
	载货汽车 8t	台班	521.59	—	—	—	0.5	0.5	0.5	0.5
	汽车式起重机 8t	台班	767.15	—	—	—	0.5	0.5	0.5	1.0
	汽车式起重机 12t	台班	864.36	—	—	—	0.5	—	—	—
	汽车式起重机 16t	台班	971.12	—	—	—	—	0.5	—	—
	汽车式起重机 25t	台班	1098.98	—	—	—	—	—	0.5	—
	汽车式起重机 30t	台班	1141.87	—	—	—	—	—	—	1.0
	卷扬机 单筒慢速 50kN	台班	211.29	—	—	—	1.5	2.0	2.5	3.5

单位：台

编号				1-201	1-202	1-203	1-204	1-205	1-206	1-207
项目				设备质量(t以内)						
				25	35	50	70	100	150	200
预算基价	总价(元)			**18831.15**	**24025.67**	**29218.01**	**39678.04**	**51168.25**	**67158.27**	**85087.07**
	人工费(元)			11723.40	14364.00	18767.70	26061.75	33848.55	45963.45	59468.85
	材料费(元)			2706.72	3933.22	4501.77	5791.35	7682.25	9163.86	11001.55
	机械费(元)			4401.03	5728.45	5948.54	7824.94	9637.45	12030.96	14616.67
组成内容		**单位**	**单价**	**数量**						
人工	综合工	工日	135.00	86.84	106.40	139.02	193.05	250.73	340.47	440.51
材料	钩头成对斜垫铁 Q195～Q235 1#	kg	11.22	6.288	6.288	6.288	6.288	6.288	6.288	9.432
	钩头成对斜垫铁 Q195～Q235 8#	kg	11.22	81.84	122.76	122.76	122.76	163.68	184.14	204.60
	平垫铁 Q195～Q235 1#	kg	7.42	5.080	5.080	5.080	5.080	5.080	5.080	7.112
	平垫铁 Q195～Q235 8#	kg	7.42	84.780	127.170	127.170	127.170	169.560	190.755	211.950
	木板	m^3	1672.03	0.155	0.225	0.315	0.225	0.285	0.300	0.338
	硅酸盐水泥 42.5级	kg	0.41	726.450	1088.950	1512.350	1815.400	2298.250	2420.050	2720.925
	砂子	t	87.03	1.544	2.298	3.186	3.822	4.846	5.097	5.734
	碎石 0.5～3.2	t	82.73	1.680	2.510	3.475	4.170	5.290	5.580	6.255
	镀锌钢丝 *D*2.8～4.0	kg	6.91	3.00	4.50	6.50	8.90	12.60	18.90	25.20
	电焊条 E4303 *D*3.2	kg	7.59	1.050	1.050	1.050	1.050	1.050	1.313	1.890
	聚酯乙烯泡沫塑料	kg	10.96	0.220	0.275	0.330	0.330	0.440	0.550	0.825
	汽油 60#～70#	kg	6.67	0.408	0.612	0.918	1.224	1.428	2.040	2.856
	煤油	kg	7.49	10.500	12.600	16.800	23.100	31.500	42.000	58.800

续前 单位：台

编号			1-201	1-202	1-203	1-204	1-205	1-206	1-207
项目			设备质量(t以内)						
			25	35	50	70	100	150	200
组成内容	单位	单价	数量						
材料 机油	kg	7.21	1.515	2.020	3.030	4.040	5.050	6.060	8.888
黄干油	kg	15.77	0.707	0.909	1.515	2.525	3.535	4.040	6.060
棉纱	kg	16.11	0.880	1.100	1.650	2.750	3.850	4.400	6.600
白布	m	3.68	0.204	0.255	0.306	0.306	0.357	0.408	0.612
破布	kg	5.07	0.840	1.260	2.100	2.625	3.675	4.200	6.300
道木	m^3	3660.04	0.011	0.011	0.012	0.241	0.344	0.516	0.688
普碳钢重轨 38kg/m	t	4332.81	—	—	—	0.056	0.080	0.120	0.160
零星材料费	元	—	26.80	38.94	44.57	57.34	76.06	90.73	108.93
机械 交流弧焊机 32kV·A	台班	87.97	0.4	0.4	0.5	0.5	0.5	0.5	1.0
载货汽车 8t	台班	521.59	0.5	1.0	1.0	1.0	1.5	2.0	2.0
汽车式起重机 8t	台班	767.15	1.0	1.5	1.5	1.5	2.0	2.0	3.0
汽车式起重机 16t	台班	971.12	—	—	—	2.0	2.0	2.0	2.5
汽车式起重机 30t	台班	1141.87	—	—	—	—	1.5	1.5	—
汽车式起重机 50t	台班	2492.74	1.0	—	—	1.0	—	—	1.0
汽车式起重机 75t	台班	3175.79	—	1.0	1.0	—	0.5	—	—
汽车式起重机 100t	台班	4689.49	—	—	—	—	—	0.5	0.5
卷扬机 单筒慢速 50kN	台班	211.29	4.0	4.0	5.0	2.5	3.0	6.5	6.5
卷扬机 单筒慢速 80kN	台班	254.54	—	—	—	4.5	5.5	8.0	10.0

四、空 气 锤

单位：台

编号				1-208	1-209	1-210	1-211	1-212
项目				落锤质量(kg以内)				
				150	250	400	560	750
预算基价	总价(元)			**6509.61**	**9046.37**	**14194.45**	**17836.27**	**21965.44**
	人工费(元)			4764.15	6330.15	10187.10	12552.30	14967.45
	材料费(元)			1066.80	1128.52	2135.63	2714.23	2971.73
	机械费(元)			678.66	1587.70	1871.72	2569.74	4026.26
组成内容		**单位**	**单价**	**数量**				
人工	综合工	工日	135.00	35.29	46.89	75.46	92.98	110.87
材料	钩头成对斜垫铁 Q195～Q235 1#	kg	11.22	3.144	3.144	6.288	6.288	6.288
	钩头成对斜垫铁 Q195～Q235 6#	kg	11.22	22.374	22.374	—	—	—
	钩头成对斜垫铁 Q195～Q235 8#	kg	11.22	—	—	61.380	81.840	81.840
	平垫铁 Q195～Q235 1#	kg	7.42	2.54	2.54	5.08	5.08	5.08
	平垫铁 Q195～Q235 6#	kg	7.42	29.010	29.010	—	—	—
	平垫铁 Q195～Q235 8#	kg	7.42	—	—	63.585	84.780	84.780
	圆钢 *D*10～14	t	3926.88	0.0025	0.0030	0.0040	0.0045	0.0050
	木板	m^3	1672.03	0.045	0.051	0.078	0.093	0.128
	硅酸盐水泥 42.5级	kg	0.41	242.15	242.15	303.05	363.95	484.30
	砂子	t	87.03	0.483	0.483	0.638	0.772	1.120
	碎石 0.5～3.2	t	82.73	0.561	0.561	0.695	0.849	1.120
	镀锌钢丝 *D*2.8～4.0	kg	6.91	2.00	2.67	3.00	6.00	8.00
	电焊条 E4303 *D*3.2	kg	7.59	0.630	0.630	0.735	0.840	0.840
	道木	m^3	3660.04	0.004	0.004	0.006	0.006	0.006
	聚酯乙烯泡沫塑料	kg	10.96	0.11	0.11	0.11	0.11	0.11
	石棉橡胶板 低压 δ0.8～6.0	kg	19.35	2.5	3.0	6.0	8.0	8.0

续前

单位：台

编号				1-208	1-209	1-210	1-211	1-212
项目				落锤质量(kg以内)				
				150	250	400	560	750
组成内容		单位	单价	数量				
材料	石棉编绳 $D11\sim25$	kg	17.84	1.4	1.6	2.2	2.5	3.0
	汽油 $60^{\#}\sim70^{\#}$	kg	6.67	2.04	2.55	4.08	4.59	6.12
	煤油	kg	7.49	7.350	8.925	12.600	16.800	21.000
	汽缸油	kg	11.46	1.3	1.5	2.0	2.0	2.5
	机油	kg	7.21	4.040	4.545	6.565	7.575	8.585
	黄干油	kg	15.77	2.020	2.525	3.030	3.030	3.535
	棉纱	kg	16.11	0.33	0.44	0.66	0.66	0.88
	白布	m	3.68	0.306	0.306	0.510	0.816	0.816
	破布	kg	5.07	0.525	0.525	0.630	0.735	0.945
	红钢纸 $\delta0.2\sim0.5$	kg	12.30	0.13	0.16	0.18	0.20	0.25
	天那水	kg	12.07	—	—	—	—	0.15
	零星材料费	元	—	10.56	11.17	21.14	26.87	29.42
机械	交流弧焊机 32kV·A	台班	87.97	0.4	0.4	0.5	0.5	0.5
	载货汽车 8t	台班	521.59	—	0.5	0.5	0.5	0.5
	汽车式起重机 8t	台班	767.15	—	0.5	0.5	0.5	0.5
	汽车式起重机 12t	台班	864.36	0.5	—	—	—	—
	汽车式起重机 16t	台班	971.12	—	0.5	—	—	—
	汽车式起重机 25t	台班	1098.98	—	—	0.5	—	—
	汽车式起重机 30t	台班	1141.87	—	—	—	1.0	—
	汽车式起重机 50t	台班	2492.74	—	—	—	—	1.0
	卷扬机 单筒慢速 50kN	台班	211.29	1.0	2.0	3.0	3.5	4.0

五、模 锻 锤

单位：台

编号				1-213	1-214	1-215	1-216	1-217	1-218
项目				落锤质量(t以内)					
				1	2	3	5	10	16
预算基价	总价(元)			**20776.65**	**33655.49**	**45517.82**	**72920.42**	**107504.89**	**154082.86**
	人工费(元)			15024.15	24602.40	32686.20	56122.20	85391.55	123722.10
	材料费(元)			1435.53	1863.17	3227.54	5739.70	9169.29	12010.79
	机械费(元)			4316.97	7189.92	9604.08	11058.52	12944.05	18349.97
组成内容		单位	单价	数量					
人工	综合工	工日	135.00	111.29	182.24	242.12	415.72	632.53	916.46
材料	木板	m^3	1672.03	0.050	0.065	0.073	0.118	0.164	0.194
	砂子	t	87.03	0.965	0.965	1.544	1.544	1.930	1.930
	道木	m^3	3660.04	0.012	0.015	0.275	0.540	1.073	1.455
	聚酯乙烯泡沫塑料	kg	10.96	0.165	0.220	0.220	0.220	0.275	0.275
	石棉橡胶板 低压 δ0.8～6.0	kg	19.35	5.00	6.35	7.06	8.47	10.58	14.00
	油浸石棉盘根 D6～10 450℃	kg	31.14	2.0	2.5	3.0	3.0	5.0	8.0
	石棉编绳 D6～10	kg	19.22	3.0	3.4	3.6	4.4	5.8	8.0
	天那水	kg	12.07	0.25	0.40	0.50	0.60	1.00	2.00
	石油沥青 10#	kg	4.04	150	200	240	280	350	450
	煤焦油	kg	1.15	30	45	50	65	85	120
	油毛毡 400g	m^2	2.57	10	15	20	20	25	25
	汽油 60#～70#	kg	6.67	8.16	10.20	12.24	15.30	18.36	25.50
	煤油	kg	7.49	21.00	26.25	31.50	39.90	57.75	73.50

续前

单位：台

编号				1-213	1-214	1-215	1-216	1-217	1-218
项目				落锤质量(t以内)					
				1	2	3	5	10	16
组成内容		单位	单价	数量					
材料	汽缸油	kg	11.46	2.2	2.4	3.0	3.5	4.5	6.0
	机油	kg	7.21	2.020	3.030	4.040	5.050	6.565	8.080
	黄干油	kg	15.77	3.03	5.05	8.08	10.10	12.12	15.15
	棉纱	kg	16.11	0.66	0.88	1.10	1.32	1.65	2.20
	白布	m	3.68	0.306	0.510	0.612	0.816	0.918	1.020
	破布	kg	5.07	1.260	1.575	1.680	2.100	3.150	4.725
	红钢纸 $\delta 0.2 \sim 0.5$	kg	12.30	0.38	0.64	0.77	0.90	1.79	3.00
	普碳钢重轨 38kg/m	t	4332.81	—	—	—	0.250	0.400	0.500
	零星材料费	元	—	14.21	18.45	31.96	56.83	90.79	118.92
机械	平板拖车组 15t	台班	1007.72	—	—	—	—	—	0.5
	载货汽车 8t	台班	521.59	1.0	1.0	1.5	2.0	2.0	3.0
	汽车式起重机 8t	台班	767.15	2.0	2.0	2.0	2.0	2.0	3.0
	汽车式起重机 16t	台班	971.12	—	1.5	2.0	2.0	2.5	3.0
	汽车式起重机 25t	台班	1098.98	1.0	—	—	—	—	—
	汽车式起重机 30t	台班	1141.87	—	1.0	—	—	—	—
	汽车式起重机 50t	台班	2492.74	—	—	1.0	1.0	1.0	—
	汽车式起重机 75t	台班	3175.79	—	—	—	—	—	1.0
	卷扬机 单筒慢速 50kN	台班	211.29	5.5	12.0	13.5	6.5	6.5	—
	卷扬机 单筒慢速 80kN	台班	254.54	—	—	—	10.5	16.0	31.0

六、自由锻锤及蒸汽锤

单位：台

编号				1-219	1-220	1-221	1-222
项目				落锤质量(t以内)			
				1	2	3	5
预算基价	总价(元)			**17295.72**	**31224.16**	**45113.68**	**67840.84**
	人工费(元)			12456.45	21513.60	32094.90	49380.30
	材料费(元)			1804.02	2855.81	3632.59	5345.72
	机械费(元)			3035.25	6854.75	9386.19	13114.82
组成内容		**单位**	**单价**	**数量**			
人工	综合工	工日	135.00	92.27	159.36	237.74	365.78
材料	普碳钢重轨 38kg/m	t	4332.81	—	0.048	0.064	0.112
	木板	m^3	1672.03	0.063	0.070	0.078	0.116
	砂子	t	87.03	0.965	0.965	1.544	1.544
	圆钢 D10～14	t	3926.88	0.016	0.030	0.030	0.050
	道木	m^3	3660.04	0.096	0.199	0.275	0.527
	聚酯乙烯泡沫塑料	kg	10.96	0.165	0.220	0.220	0.220
	石棉橡胶板 低压 δ0.8～6.0	kg	19.35	4.23	5.62	6.35	7.76
	油浸石棉盘根 D6～10 450℃	kg	31.14	2.0	2.5	3.0	3.0
	石棉编绳 D6～10	kg	19.22	2.8	3.2	3.4	4.0
	天那水	kg	12.07	0.15	0.35	0.40	0.60
	石油沥青 10#	kg	4.04	150	200	240	280
	煤焦油	kg	1.15	25	34	45	60
	油毛毡 400g	m^2	2.57	10	15	20	20

续前

单位：台

编号				1-219	1-220	1-221	1-222
项目				落锤质量(t以内)			
				1	2	3	5
组成内容		单位	单价	数量			
材料	汽油 60$^{\#}$～70$^{\#}$	kg	6.67	7.65	11.22	15.30	28.56
	煤油	kg	7.49	21.00	26.25	31.50	39.90
	汽缸油	kg	11.46	2.2	2.4	3.0	3.5
	机油	kg	7.21	2.020	3.030	4.040	5.050
	黄干油	kg	15.77	3.03	5.05	8.08	10.10
	棉纱	kg	16.11	0.77	0.88	1.10	1.10
	白布	m	3.68	0.102	0.153	0.153	0.204
	破布	kg	5.07	1.050	1.260	1.575	2.100
	红钢纸 δ0.2～0.5	kg	12.30	0.26	0.51	0.64	0.96
	镀锌钢丝 D2.8～4.0	kg	6.91	0.5	0.6	0.8	0.9
	零星材料费	元	—	17.86	28.28	35.97	52.93
机械	载货汽车 8t	台班	521.59	0.5	1.0	1.0	1.5
	汽车式起重机 8t	台班	767.15	1.0	2.0	2.0	2.5
	汽车式起重机 16t	台班	971.12	0.5	0.5	0.5	0.5
	汽车式起重机 30t	台班	1141.87	0.5	—	—	—
	汽车式起重机 50t	台班	2492.74	—	0.5	1.0	1.0
	汽车式起重机 75t	台班	3175.79	—	0.5	—	—
	汽车式起重机 100t	台班	4689.49	—	—	0.5	1.0
	卷扬机 单筒慢速 50kN	台班	211.29	4.5	7.0	9.5	13.0

七、剪切机、弯曲矫正机

单位：台

编号				1-223	1-224	1-225	1-226	1-227	1-228	1-229
项目				设备质量(t以内)						
				1	3	5	7	10	15	20
预算基价	总价(元)			**1534.24**	**2348.24**	**3146.09**	**6170.57**	**6762.77**	**11021.68**	**14377.83**
	人工费(元)			1109.70	1729.35	2323.35	3773.25	4347.00	7335.90	8646.75
	材料费(元)			308.07	403.54	557.95	915.27	933.72	2025.35	2777.76
	机械费(元)			116.47	215.35	264.79	1482.05	1482.05	1660.43	2953.32
组成内容		单位	单价	数量						
人工	综合工	工日	135.00	8.22	12.81	17.21	27.95	32.20	54.34	64.05
材料	钩头成对斜垫铁 Q195～Q235 1#	kg	11.22	—	—	3.144	3.144	3.144	3.930	3.930
	钩头成对斜垫铁 Q195～Q235 5#	kg	11.22	8.164	8.164	12.246	—	—	—	—
	钩头成对斜垫铁 Q195～Q235 6#	kg	11.22	—	—	—	22.374	22.374	—	—
	钩头成对斜垫铁 Q195～Q235 7#	kg	11.22	—	—	—	—	—	68.832	—
	钩头成对斜垫铁 Q195～Q235 8#	kg	11.22	—	—	—	—	—	—	81.84
	平垫铁 Q195～Q235 1#	kg	7.42	—	—	2.540	2.540	2.540	3.302	3.302
	平垫铁 Q195～Q235 5#	kg	7.42	11.870	11.870	16.618	—	—	—	—
	平垫铁 Q195～Q235 6#	kg	7.42	—	—	—	27.076	27.076	—	—
	平垫铁 Q195～Q235 7#	kg	7.42	—	—	—	—	—	80.541	—
	平垫铁 Q195～Q235 8#	kg	7.42	—	—	—	—	—	—	84.780
	木板	m^3	1672.03	0.013	0.026	0.031	0.050	0.055	0.075	0.125
	硅酸盐水泥 42.5级	kg	0.41	94.25	182.70	182.70	303.05	303.05	423.40	726.45
	砂子	t	87.03	0.193	0.386	0.386	0.638	0.638	0.908	1.544
	碎石 0.5～3.2	t	82.73	0.213	0.425	0.425	0.695	0.695	0.985	1.680

续前

单位：台

编号				1-223	1-224	1-225	1-226	1-227	1-228	1-229
项目				设备质量（t以内）						
				1	3	5	7	10	15	20
组成内容		单位	单价	数量						
材料	镀锌钢丝 $D2.8 \sim 4.0$	kg	6.91	0.65	0.80	0.80	2.00	2.00	3.00	3.00
	电焊条 E4303 $D3.2$	kg	7.59	0.263	0.263	0.263	0.263	0.263	0.525	0.525
	聚酯乙烯泡沫塑料	kg	10.96	0.110	0.110	0.110	0.165	0.165	0.165	0.220
	汽油 60#～70#	kg	6.67	0.051	0.102	0.102	0.153	0.153	0.204	0.255
	煤油	kg	7.49	2.10	2.10	3.15	3.15	4.20	5.25	6.30
	机油	kg	7.21	0.152	0.152	0.202	0.253	0.303	0.404	0.606
	黄干油	kg	15.77	0.101	0.152	0.152	0.202	0.253	0.253	0.455
	棉纱	kg	16.11	0.165	0.165	0.220	0.275	0.330	0.330	0.660
	白布	m	3.68	0.102	0.102	0.102	0.102	0.102	0.102	0.204
	破布	kg	5.07	0.210	0.210	0.263	0.315	0.315	0.368	0.525
	道木	m^3	3660.04	—	—	—	0.007	0.007	0.007	0.069
	零星材料费	元	—	3.05	4.00	5.52	9.06	9.24	20.05	27.50
机械	交流弧焊机 32kV•A	台班	87.97	0.2	0.2	0.2	0.4	0.4	0.5	0.5
	叉式起重机 5t	台班	494.40	0.2	0.4	0.5	—	—	—	—
	载货汽车 8t	台班	521.59	—	—	—	0.5	0.5	0.5	0.5
	汽车式起重机 8t	台班	767.15	—	—	—	0.5	0.5	0.5	1.0
	汽车式起重机 16t	台班	971.12	—	—	—	0.5	0.5	—	—
	汽车式起重机 25t	台班	1098.98	—	—	—	—	—	0.5	—
	汽车式起重机 30t	台班	1141.87	—	—	—	—	—	—	1.0
	卷扬机 单筒慢速 50kN	台班	211.29	—	—	—	1.5	1.5	2.0	3.5

单位：台

编号				1-230	1-231	1-232	1-233	1-234	1-235	1-236
项目				设备质量(t以内)						
				30	40	50	70	100	140	180
预算基价	总价(元)			**19698.34**	**24211.90**	**27977.52**	**38292.80**	**50618.04**	**64589.13**	**71916.70**
	人工费(元)			12402.45	14910.75	17910.45	25574.40	34223.85	45264.15	50743.80
	材料费(元)			3225.65	3903.49	4563.76	5254.68	6712.75	7588.10	8401.55
	机械费(元)			4070.24	5397.66	5503.31	7463.72	9681.44	11736.88	12771.35
组成内容		**单位**	**单价**	**数量**						
人工	综合工	工日	135.00	91.87	110.45	132.67	189.44	253.51	335.29	375.88
材料	钩头成对斜垫铁 Q195～Q235 1#	kg	11.22	3.930	4.716	4.716	4.716	5.502	5.502	6.288
	钩头成对斜垫铁 Q195～Q235 8#	kg	11.22	81.84	102.30	102.30	102.30	122.76	122.76	143.22
	平垫铁 Q195～Q235 1#	kg	7.42	3.302	4.064	4.064	4.064	4.826	4.826	5.080
	平垫铁 Q195～Q235 8#	kg	7.42	84.780	97.497	101.736	101.736	118.692	118.692	144.126
	普碳钢重轨 38kg/m	t	4332.81	—	—	—	0.056	0.080	0.112	0.128
	木板	m^3	1672.03	0.188	0.213	0.288	0.229	0.289	0.305	0.305
	硅酸盐水泥 42.5级	kg	0.41	1088.95	1088.95	1512.35	1813.95	2298.25	2418.60	2418.60
	砂子	t	87.03	2.298	2.298	3.186	3.822	4.846	5.097	5.097
	碎石 0.5～3.2	t	82.73	2.510	2.510	3.475	4.170	5.290	5.560	5.560
	镀锌钢丝 *D*2.8～4.0	kg	6.91	4.50	4.50	5.50	5.50	7.00	7.00	8.50
	电焊条 E4303 *D*3.2	kg	7.59	0.525	0.525	0.525	0.525	0.840	0.840	0.840
	聚酯乙烯泡沫塑料	kg	10.96	0.330	0.330	0.440	0.440	0.550	0.550	0.550
	汽油 60#～70#	kg	6.67	0.306	0.357	0.408	0.408	0.510	0.510	0.510

续前

单位：台

编号				1-230	1-231	1-232	1-233	1-234	1-235	1-236
项目				设备质量(t以内)						
				30	40	50	70	100	140	180
组成内容		单位	单价	数量						
材料	煤油	kg	7.49	10.50	13.65	15.75	19.95	25.20	33.60	37.80
	机油	kg	7.21	0.808	1.010	1.515	2.020	4.040	6.060	6.060
	黄干油	kg	15.77	0.707	1.010	1.515	2.020	3.030	4.040	4.040
	棉纱	kg	16.11	0.880	1.100	1.320	1.650	2.750	3.300	3.850
	白布	m	3.68	0.255	0.255	0.306	0.306	0.357	0.408	0.408
	破布	kg	5.07	1.050	1.260	1.575	2.100	3.675	4.200	4.725
	道木	m^3	3660.04	0.069	0.138	0.172	0.241	0.344	0.481	0.550
	天那水	kg	12.07	—	0.30	0.35	0.35	0.50	0.60	0.70
	零星材料费	元	—	31.94	38.65	45.19	52.03	66.46	75.13	83.18
机械	交流弧焊机 32kV•A	台班	87.97	1.0	1.0	1.0	1.0	1.0	1.5	1.5
	载货汽车 8t	台班	521.59	0.5	1.0	1.0	1.0	1.5	1.5	1.5
	汽车式起重机 8t	台班	767.15	0.5	1.0	1.0	1.0	2.0	3.0	3.0
	汽车式起重机 16t	台班	971.12	—	—	—	2.0	2.0	2.0	2.0
	汽车式起重机 30t	台班	1141.87	—	—	—	—	1.5	1.5	—
	汽车式起重机 50t	台班	2492.74	1.0	—	—	1.0	—	—	1.0
	汽车式起重机 75t	台班	3175.79	—	1.0	1.0	—	0.5	—	—
	汽车式起重机 100t	台班	4689.49	—	—	—	—	—	0.5	0.5
	卷扬机 单筒慢速 50kN	台班	211.29	4.0	4.0	4.5	3.0	3.0	3.5	3.5
	卷扬机 单筒慢速 80kN	台班	254.54	—	—	—	4.0	5.5	7.0	8.0

八、锻造水压机

单位：台

编号				1-237	1-238	1-239	1-240	1-241	1-242
项目				公称压力(kN以内)					
				5000	8000	16000	20000	25000	31500
预算基价	总价(元)			**99620.18**	**126243.59**	**236421.76**	**288699.45**	**338825.53**	**489569.86**
	人工费(元)			67174.65	82825.20	169564.05	203627.25	236474.10	354375.00
	材料费(元)			15728.97	22478.76	32231.96	41351.40	49961.46	63497.60
	机械费(元)			16716.56	20939.63	34625.75	43720.80	52389.97	71697.26
组成内容		单位	单价	数量					
人工	综合工	工日	135.00	497.59	613.52	1256.03	1508.35	1751.66	2625.00
材料	热轧一般无缝钢管 *D*42.5×3.5	m	17.27	6	8	12	15	18	20
	热轧一般无缝钢管 *D*57×4	m	26.23	1.5	2.0	3.0	4.5	5.0	5.0
	焊接钢管 *DN*20	m	6.32	3	4	8	8	10	10
	钩头成对斜垫铁 Q195～Q235 5#	kg	11.22	81.640	81.640	93.886	102.050	122.460	—
	钩头成对斜垫铁 Q195～Q235 6#	kg	11.22	—	—	—	—	—	261.030
	平垫铁 Q195～Q235 5#	kg	7.42	118.700	118.700	135.318	148.375	178.050	—
	平垫铁 Q195～Q235 6#	kg	7.42	—	—	—	—	—	328.780
	钢板垫板	t	4954.18	0.400	0.700	1.100	1.200	1.400	1.600
	圆钢 *D*10～14	t	3926.88	0.100	0.150	0.200	0.250	0.300	0.450
	型钢	t	3699.72	0.060	0.200	0.300	0.500	0.600	0.700
	普碳钢板 Q195～Q235 δ1.6～1.9	t	3997.33	0.005	0.005	0.005	0.010	0.010	0.015
	普碳钢板 Q195～Q235 δ4.5～7.0	t	3843.28	0.010	0.015	0.015	0.020	0.020	0.025
	普碳钢板 Q195～Q235 δ8～20	t	3843.31	0.015	0.020	0.025	0.030	0.035	0.040
	普碳钢板 Q195～Q235 δ21～30	t	3614.76	0.040	0.060	0.075	0.085	0.100	0.130
	普碳钢板 Q195～Q235 δ>31	t	4001.15	0.085	0.120	0.180	0.300	0.400	0.480
	木板	m^3	1672.03	0.306	0.375	0.856	1.031	1.156	1.348
	硅酸盐水泥 42.5级	kg	0.41	544.185	568.255	665.115	1027.905	1027.905	2751.158
	页岩标砖 240×115×53	千块	513.60	0.05	0.06	0.08	0.09	0.10	0.10
	砂子	t	87.03	1.158	1.274	2.182	3.186	3.186	7.086
	碎石 0.5～3.2	t	82.73	1.256	1.390	2.491	3.668	3.668	8.108
	精制六角带帽螺栓 M8×75以内	套	0.59	94	118	153	188	212	235
	螺纹球阀 *D*50	个	111.21	1	2	3	4	4	5
	黄铜皮 δ0.08～0.30	kg	76.77	1.5	2.0	2.5	2.5	3.0	3.0

续前

单位：台

编号				1-237	1-238	1-239	1-240	1-241	1-242
项目				公称压力(kN以内)					
				5000	8000	16000	20000	25000	31500
组成内容		单位	单价	数量					
材料	镀锌钢丝 $D2.8\sim4.0$	kg	6.91	60	75	100	120	140	150
	道木	m^3	3660.04	0.880	1.265	1.650	2.035	2.420	2.833
	白灰	kg	0.30	90	120	140	200	240	400
	橡胶板 $\delta4\sim10$	kg	10.66	15	18	30	40	40	45
	聚酯乙烯泡沫塑料	kg	10.96	0.220	0.275	0.550	0.770	0.880	1.100
	石棉橡胶板 中压 $\delta0.8\sim6.0$	kg	20.02	8	10	15	22	26	28
	电焊条 E4303 $D3.2$	kg	7.59	78.75	126.00	204.75	294.00	378.00	472.50
	铜焊条 铜107 $D3.2$	kg	51.27	1.0	1.0	2.0	2.5	3.0	3.5
	气焊条 $D<2$	kg	7.96	12	15	20	30	35	40
	铜焊粉 气剂301	kg	39.05	0.10	0.10	0.20	0.25	0.30	0.35
	铅油	kg	11.17	2.0	2.5	3.0	5.0	6.0	6.0
	调和漆	kg	14.11	13.0	32.5	50.0	70.0	80.0	99.0
	防锈漆 C53-1	kg	13.20	12	15	20	25	30	40
	银粉漆	kg	22.81	1.0	1.5	2.0	2.5	3.0	3.5
	天那水	kg	12.07	4	4	7	10	12	20
	石墨粉	kg	7.01	3	3	8	8	10	10
	汽油 $60^{\#}\sim70^{\#}$	kg	6.67	12.24	15.30	22.44	30.60	36.72	40.80
	煤油	kg	7.49	73.50	89.25	126.00	189.00	252.00	294.00
	溶剂汽油 $200^{\#}$	kg	6.90	4	6	8	9	12	15
	机油	kg	7.21	30.30	45.45	60.60	101.00	121.20	141.40
	黄干油	kg	15.77	18.18	25.25	35.35	40.40	60.60	85.85
	盐酸 31%	kg	4.27	70	80	100	150	180	200
	纯碱 99%	kg	8.16	15.09	18.00	20.00	30.00	36.00	40.00
	亚硝酸钠 一级	kg	4.05	65	70	80	120	145	160
	氧气	m^3	2.88	122.4	153.0	204.0	255.0	357.0	459.0
	乌洛托品	kg	12.37	1.5	2.0	2.1	3.2	4.0	4.0
	乙炔气	kg	14.66	40.8	51.0	68.0	85.0	119.0	153.0
	骑马钉 20×2	kg	9.15	10	10	15	20	25	40
	棉纱	kg	16.11	4.4	4.4	5.5	6.6	8.8	11.0

续前 单位：台

编号				1-237	1-238	1-239	1-240	1-241	1-242
项目				公称压力(kN以内)					
				5000	8000	16000	20000	25000	31500
组成内容		单位	单价	数量					
材料	白布	m	3.68	4.08	6.12	10.20	12.24	14.28	18.36
	破布	kg	5.07	12.6	16.8	21.0	21.0	29.4	31.5
	铁砂布 0#～2#	张	1.15	40	50	60	80	100	120
	锯条	根	0.42	35	40	45	75	80	80
	红钢纸 δ0.2～0.5	kg	12.30	1.5	2.0	3.0	3.0	3.6	4.0
	焦炭	kg	1.25	500	800	1000	1200	1500	2000
	木柴	kg	1.03	180	200	250	380	480	500
	面粉	kg	1.90	1.0	2.0	3.0	3.5	4.0	5.0
	研磨膏	盒	14.39	2	2	3	3	4	4
	普碳钢重轨 43kg/m	t	4383.19	—	0.056	0.184	0.320	0.400	0.520
	水	m^3	7.62	—	0.6	1.0	1.2	1.4	1.6
	硅酸盐膨胀水泥	kg	0.85	—	181.395	362.790	483.720	483.720	604.650
	零星材料费	元	—	155.73	222.56	319.13	409.42	494.67	628.69
机械	载货汽车 8t	台班	521.59	1.0	1.5	2.0	3.0	8.5	8.5
	交流弧焊机 32kV·A	台班	87.97	26	31	62	69	81	110
	电动空气压缩机 $6m^3$	台班	217.48	6	8	14	18	20	27
	试压泵 60MPa	台班	24.94	6	8	14	18	20	26
	鼓风机 $18m^3$	台班	41.24	3	5	10	12	14	18
	摇臂钻床 *D*50	台班	21.45	6	9	16	20	24	—
	摇臂钻床 *D*63	台班	42.00	—	—	—	—	—	30
	汽车式起重机 8t	台班	767.15	4.5	6.5	8.5	10.5	12.5	16.5
	轮胎式起重机 10t	台班	638.56	—	—	—	—	—	10
	汽车式起重机 16t	台班	971.12	1.5	2.0	2.0	3.5	3.5	3.5
	汽车式起重机 30t	台班	1141.87	0.5	1.5	1.5	1.5	1.5	2.0
	汽车式起重机 50t	台班	2492.74	1.0	—	1.0	1.0	1.5	—
	汽车式起重机 75t	台班	3175.79	—	0.5	—	—	—	1.0
	汽车式起重机 100t	台班	4689.49	—	—	0.5	1.0	1.0	1.5
	卷扬机 单筒慢速 50kN	台班	211.29	17	20	34	35	40	50
	卷扬机 单筒慢速 80kN	台班	254.54	2.5	2.5	7.0	12.0	13.0	14.0

第三章　铸造设备安装

说　明

一、本章适用范围：

1.砂处理设备：包括混砂机、碾砂机、松砂机、筛砂机。

2.造型及造芯设备：包括震压式造型机、震实式造型机、吹芯机、射芯机。

3.落砂及清理设备：包括震动落砂机、型心落砂机、圆形清理滚筒、喷砂机、喷丸器、喷丸清理转台、抛丸机。

4.金属型铸造设备：包括卧式冷式压铸机、立式冷式压铸机、卧式离心铸造机。

5.材料准备设备：包括C246及C246A球磨机、碾砂机、蜡模成型机械、生铁裂断机、涂料搅拌机。

6.抛丸清理室：包括室体组焊,电动台车及旋转台安装,抛丸喷丸器安装,铁丸分配、输送及回收装置安装,悬挂链轨道及吊钩安装,除尘风管和铁丸输送管敷设,平台、梯子、栏杆等安装,设备单机试运转。

7.铸铁平台。

二、本章基价子目不包括的工作内容及项目：

1.大型设备安装所需的专用机具,负荷试运转、联合试运转、生产准备试运转,专用垫铁、特殊垫铁(如螺栓调整垫铁、球形垫铁等)和地脚螺栓。如果上述内容或者还有其他内容发生时,应增加工程量内容列项,组成完整的工程实体项。

2.地轨安装。

3.抛丸清理室的除尘机及除尘器与风机间的风管安装。

三、抛丸清理室安装的子目单位为室,是指除设备基础等土建工程及电气箱、开关、敷设电气管线等电气工程外,成套供应的抛丸室、回转台、斗式提升机、螺旋输送机、电动小车等设备以及框架、平台、梯子、栏杆、漏斗、漏管等金属结构件安装。设备质量是指上述全套设备加金属结构件的总质量。

四、垫木排仅包括安装,不包括制作、防腐等工作。

工程量计算规则

一、锻造设备依据不同型号和其质量分别按设计图示数量计算。

二、铸铁平台安装按设计图示尺寸以质量计算。

一、砂处理设备

单位：台

编号				1-243	1-244	1-245	1-246	1-247	1-248	1-249
项目				设备质量(t以内)						
				2	4	6	8	10	15	20
预算基价	总价(元)			**1463.32**	**2085.46**	**3177.59**	**4217.69**	**6366.28**	**9603.66**	**12498.19**
	人工费(元)			1205.55	1706.40	2353.05	3087.45	4850.55	7398.00	9046.35
	材料费(元)			158.89	230.74	341.76	532.33	602.73	1134.85	1986.24
	机械费(元)			98.88	148.32	482.78	597.91	913.00	1070.81	1465.60
组成内容		**单位**	**单价**	**数量**						
人工	综合工	工日	135.00	8.93	12.64	17.43	22.87	35.93	54.80	67.01
材料	钩头成对斜垫铁 Q195～Q235 1#	kg	11.22	3.458	5.188	6.917	—	—	—	—
	钩头成对斜垫铁 Q195～Q235 2#	kg	11.22	—	—	—	11.651	14.564	—	—
	钩头成对斜垫铁 Q195～Q235 3#	kg	11.22	—	—	—	—	—	23.484	—
	钩头成对斜垫铁 Q195～Q235 4#	kg	11.22	—	—	—	—	—	—	46.200
	平垫铁 Q195～Q235 1#	kg	7.42	2.235	3.353	4.470	—	—	—	—
	平垫铁 Q195～Q235 2#	kg	7.42	—	—	—	8.518	10.648	—	—
	平垫铁 Q195～Q235 3#	kg	7.42	—	—	—	—	—	24.024	—
	平垫铁 Q195～Q235 4#	kg	7.42	—	—	—	—	—	—	94.944
	普碳钢板 Q195～Q235 δ1.6～1.9	t	3997.33	0.00110	0.00143	0.00143	0.00165	0.00165	0.00220	0.00250
	木板	m^3	1672.03	0.012	0.020	0.022	0.054	0.059	0.083	0.090
	硅酸盐水泥 42.5级	kg	0.41	61.584	83.977	167.954	223.938	223.938	254.475	261.000

续前

单位：台

编号				1-243	1-244	1-245	1-246	1-247	1-248	1-249
项目				设备质量(t以内)						
				2	4	6	8	10	15	20
组成内容		单位	单价	数量						
材料	砂子	t	87.03	0.156	0.210	0.420	0.561	0.561	0.638	0.676
	碎石 0.5～3.2	t	82.73	0.169	0.230	0.459	0.612	0.612	0.695	0.772
	镀锌钢丝 $D2.8\sim4.0$	kg	6.91	0.616	0.616	0.924	0.924	1.232	2.400	3.000
	聚酯乙烯泡沫塑料	kg	10.96	0.036	0.061	0.121	0.121	0.182	0.220	0.275
	煤油	kg	7.49	2.137	3.003	3.465	3.511	4.620	6.825	7.350
	机油	kg	7.21	0.144	0.222	0.222	0.333	0.333	0.707	0.707
	黄干油	kg	15.77	0.089	0.167	0.167	0.222	0.333	0.354	0.354
	棉纱	kg	16.11	0.061	0.121	0.182	0.242	0.242	0.440	0.550
	破布	kg	5.07	0.116	0.174	0.174	0.231	0.231	0.420	0.525
	道木	m^3	3660.04	—	—	—	—	—	0.062	0.069
	零星材料费	元	—	1.57	2.28	3.38	5.27	5.97	11.24	19.67
机械	叉式起重机 5t	台班	494.40	0.2	0.3	0.3	—	—	—	—
	载货汽车 8t	台班	521.59	—	—	0.2	0.3	0.3	0.4	0.5
	汽车式起重机 8t	台班	767.15	—	—	0.3	0.3	—	—	—
	汽车式起重机 25t	台班	1098.98	—	—	—	—	0.4	0.4	—
	汽车式起重机 30t	台班	1141.87	—	—	—	—	—	—	0.5
	卷扬机 单筒慢速 50kN	台班	211.29	—	—	—	1.0	1.5	2.0	3.0

二、造型设备、造芯设备

单位：台

编号				1-250	1-251	1-252	1-253
项目				设备质量(t以内)			
				2	4	6	8
预算基价	总价(元)			**2233.40**	**3072.80**	**5766.41**	**7359.59**
	人工费(元)			1922.40	2716.20	4804.65	6153.30
	材料费(元)			212.12	257.72	217.27	250.51
	机械费(元)			98.88	98.88	744.49	955.78
组成内容		单位	单价	数量			
人工	综合工	工日	135.00	14.24	20.12	35.59	45.58
材料	普碳钢板 Q195～Q235 δ1.6～1.9	t	3997.33	0.0010	0.0014	0.0014	0.0016
	木板	m^3	1672.03	0.026	0.031	0.049	0.054
	硅酸盐水泥 42.5级	kg	0.41	50.895	50.895	61.074	61.074
	砂子	t	87.03	0.127	0.127	0.153	0.153
	碎石 0.5～3.2	t	82.73	0.139	0.139	0.166	0.166
	橡胶板 δ4～10	kg	10.66	7	9	—	—
	聚酯乙烯泡沫塑料	kg	10.96	0.055	0.110	0.165	0.165
	汽油 60#～70#	kg	6.67	0.51	0.51	0.51	1.02
	煤油	kg	7.49	3.675	4.725	6.300	8.400
	机油	kg	7.21	0.202	0.303	0.303	0.404
	黄干油	kg	15.77	0.202	0.303	0.303	0.404
	镀锌钢丝 D2.8～4.0	kg	6.91	0.56	0.80	1.20	1.20
	棉纱	kg	16.11	0.165	0.220	0.330	0.440
	白布	m	3.68	0.204	0.204	0.255	0.255
	破布	kg	5.07	0.210	0.315	0.315	0.420
	零星材料费	元	—	2.10	2.55	2.15	2.48
机械	叉式起重机 5t	台班	494.40	0.2	0.2	—	—
	载货汽车 8t	台班	521.59	—	—	0.5	0.5
	汽车式起重机 8t	台班	767.15	—	—	0.3	0.3
	卷扬机 单筒慢速 50kN	台班	211.29	—	—	1.2	2.2

单位：台

编号				1-254	1-255	1-256	1-257
项目				设备质量(t以内)			
				10	15	20	25
预算基价	总价(元)			**9018.04**	**10833.78**	**11689.33**	**16063.43**
	人工费(元)			7326.45	8958.60	9418.95	13467.60
	材料费(元)			556.83	592.07	720.58	834.74
	机械费(元)			1134.76	1283.11	1549.80	1761.09
组成内容		单位	单价	数量			
人工	综合工	工日	135.00	54.27	66.36	69.77	99.76
材料	普碳钢板 Q195～Q235 δ1.6～1.9	t	3997.33	0.0016	0.0020	0.0020	0.0025
	木板	m^3	1672.03	0.075	0.083	0.103	0.134
	硅酸盐水泥 42.5级	kg	0.41	76.343	76.343	152.685	152.685
	砂子	t	87.03	0.192	0.192	0.379	0.379
	碎石 0.5～3.2	t	82.73	0.209	0.209	0.418	0.418
	聚酯乙烯泡沫塑料	kg	10.96	0.220	0.275	0.275	0.330
	汽油 60#～70#	kg	6.67	1.02	1.02	2.04	2.04
	煤油	kg	7.49	10.500	12.600	10.500	17.850
	机油	kg	7.21	0.606	0.808	1.010	1.010
	黄干油	kg	15.77	0.404	0.505	0.505	0.505
	镀锌钢丝 D2.8～4.0	kg	6.91	2.40	2.40	3.60	3.60
	棉纱	kg	16.11	0.550	0.550	0.660	0.880
	白布	m	3.68	0.306	0.306	0.357	0.357
	破布	kg	5.07	0.420	0.525	0.630	0.630
	道木	m^3	3660.04	0.062	0.062	0.069	0.069
	零星材料费	元	—	5.51	5.86	7.13	8.26
机械	载货汽车 8t	台班	521.59	0.5	0.5	0.5	0.5
	汽车式起重机 12t	台班	864.36	0.4	—	—	—
	汽车式起重机 16t	台班	971.12	—	0.4	—	—
	汽车式起重机 25t	台班	1098.98	—	—	0.5	0.5
	卷扬机 单筒慢速 50kN	台班	211.29	2.5	3.0	3.5	4.5

三、落砂设备、清理设备

单位：台

编号				1-258	1-259	1-260	1-261	1-262
项目				设备质量(t以内)				
				1	3	5	8	12
预算基价	总价(元)			**1175.25**	**1663.84**	**1973.33**	**5598.40**	**9354.54**
	人工费(元)			936.90	1323.00	1413.45	4156.65	7607.25
	材料费(元)			139.47	192.52	266.35	609.32	675.47
	机械费(元)			98.88	148.32	293.53	832.43	1071.82
组成内容		单位	单价	数量				
人工	综合工	工日	135.00	6.94	9.80	10.47	30.79	56.35
材料	钩头成对斜垫铁 Q195~Q235 1#	kg	11.22	3.144	4.716	6.288	7.860	7.860
	钩头成对斜垫铁 Q195~Q235 2#	kg	11.22	—	—	—	5.296	5.296
	平垫铁 Q195~Q235 1#	kg	7.42	2.032	3.048	4.064	5.080	5.080
	平垫铁 Q195~Q235 2#	kg	7.42	—	—	—	3.872	3.872
	普碳钢板 Q195~Q235 δ1.6~1.9	t	3997.33	0.0010	0.0013	0.0013	0.0018	0.0030
	木板	m^3	1672.03	0.014	0.018	0.031	0.054	0.063
	硅酸盐水泥 42.5级	kg	0.41	50.895	61.074	76.343	254.475	254.475
	砂子	t	87.03	0.127	0.153	0.192	0.638	0.638
	碎石 0.5~3.2	t	82.73	0.139	0.166	0.209	0.695	0.695
	镀锌钢丝 D2.8~4.0	kg	6.91	0.56	0.56	0.84	1.12	1.80
	聚酯乙烯泡沫塑料	kg	10.96	0.033	0.055	0.110	0.165	0.220
	煤油	kg	7.49	1.05	2.10	3.15	6.30	8.40
	机油	kg	7.21	0.101	0.202	0.202	0.505	0.808
	黄干油	kg	15.77	0.101	0.152	0.303	0.404	0.606
	棉纱	kg	16.11	0.110	0.165	0.165	0.330	0.550
	白布	m	3.68	0.051	0.051	0.102	0.204	0.204
	破布	kg	5.07	0.105	0.158	0.158	0.315	0.525
	道木	m^3	3660.04	—	—	—	—	0.004
	零星材料费	元	—	1.38	1.91	2.64	6.03	6.69
机械	叉式起重机 5t	台班	494.40	0.2	0.3	—	—	—
	载货汽车 8t	台班	521.59	—	—	—	0.4	0.5
	汽车式起重机 8t	台班	767.15	—	—	0.3	0.4	—
	汽车式起重机 16t	台班	971.12	—	—	—	—	0.4
	卷扬机 单筒慢速 50kN	台班	211.29	—	—	0.3	1.5	2.0

四、金属型铸造设备

单位：台

	编号			1-263	1-264	1-265	1-266	1-267	1-268	1-269
	项目			设备质量(t以内)						
				1	2	5	9	12	15	20
预算基价	总价(元)			**2201.78**	**1635.35**	**4088.66**	**8217.83**	**11609.02**	**13742.59**	**16518.80**
	人工费(元)			1822.50	1287.90	3171.15	6743.25	9375.75	11103.75	12055.50
	材料费(元)			268.33	248.57	509.88	795.35	1107.96	1304.58	2786.41
	机械费(元)			110.95	98.88	407.63	679.23	1125.31	1334.26	1676.89
	组成内容	**单位**	**单价**	**数量**						
人工	综合工	工日	135.00	13.50	9.54	23.49	49.95	69.45	82.25	89.30
材料	钩头成对斜垫铁 Q195～Q235 1#	kg	11.22	6.288	3.144	6.288	—	—	—	—
	钩头成对斜垫铁 Q195～Q235 2#	kg	11.22	—	—	—	13.240	—	—	—
	钩头成对斜垫铁 Q195～Q235 3#	kg	11.22	—	—	—	—	19.570	23.484	—
	钩头成对斜垫铁 Q195～Q235 4#	kg	11.22	—	—	—	—	—	—	61.600
	平垫铁 Q195～Q235 1#	kg	7.42	4.064	2.032	4.064	—	—	—	—
	平垫铁 Q195～Q235 2#	kg	7.42	—	—	—	9.680	—	—	—
	平垫铁 Q195～Q235 3#	kg	7.42	—	—	—	—	20.020	24.024	—
	平垫铁 Q195～Q235 4#	kg	7.42	—	—	—	—	—	—	126.592
	普碳钢板 Q195～Q235 δ8～20	t	3843.31	0.018	—	—	—	—	—	—
	普碳钢板 Q195～Q235 δ>31	t	4001.15	—	0.020	0.040	0.045	0.050	0.050	0.060
	木板	m^3	1672.03	0.001	0.015	0.031	0.053	0.075	0.083	0.121
	硅酸盐水泥 42.5级	kg	0.41	50.895	61.074	152.685	254.475	356.265	356.265	508.950
	砂子	t	87.03	0.127	0.153	0.382	0.638	0.892	0.892	1.274
	碎石 0.5～3.2	t	82.73	0.139	0.166	0.418	0.695	0.972	0.972	1.390
	紫铜皮	kg	86.14	—	0.1	0.2	0.2	0.2	0.3	0.5
	镀锌钢丝 D2.8～4.0	kg	6.91	1.50	0.56	0.84	0.84	1.80	2.40	3.60

续前

单位：台

编号			1-263	1-264	1-265	1-266	1-267	1-268	1-269
项目			设备质量(t以内)						
			1	2	5	9	12	15	20
组成内容	单位	单价	数量						
材料 电焊条 E4303 $D3.2$	kg	7.59	0.21	—	—	—	—	—	—
橡胶板 $\delta 4 \sim 10$	kg	10.66	—	0.2	0.2	—	—	—	—
聚酯乙烯泡沫塑料	kg	10.96	0.033	0.055	0.110	0.165	0.220	0.220	0.220
汽油 $60^{\#} \sim 70^{\#}$	kg	6.67	—	0.102	0.306	0.714	1.020	1.020	1.020
煤油	kg	7.49	3.15	2.31	3.15	5.25	6.30	8.40	10.50
机油	kg	7.21	0.505	0.152	0.202	0.303	0.303	0.404	0.505
黄干油	kg	15.77	0.505	0.101	0.202	0.202	0.202	0.303	0.303
天那水	kg	12.07	0.05	—	—	—	—	—	—
棉纱	kg	16.11	0.110	0.110	0.220	0.275	0.330	0.330	0.440
白布	m	3.68	—	0.102	0.153	0.204	0.255	0.255	0.306
破布	kg	5.07	0.158	0.105	0.210	0.315	0.315	0.315	0.420
道木	m^3	3660.04	—	—	—	—	—	0.021	0.021
零星材料费	元	—	2.66	2.46	5.05	7.87	10.97	12.92	27.59
机械 交流弧焊机 21kV•A	台班	60.37	0.2	—	—	—	—	—	—
叉式起重机 5t	台班	494.40	0.2	0.2	0.3	—	—	—	—
载货汽车 8t	台班	521.59	—	—	—	0.4	0.4	0.5	0.5
汽车式起重机 12t	台班	864.36	—	—	0.3	0.3	—	—	—
汽车式起重机 16t	台班	971.12	—	—	—	—	0.4	—	—
汽车式起重机 25t	台班	1098.98	—	—	—	—	—	0.4	—
汽车式起重机 30t	台班	1141.87	—	—	—	—	—	—	0.5
卷扬机 单筒慢速 50kN	台班	211.29	—	—	—	1.0	2.5	3.0	4.0

单位：台

编号				1-270	1-271	1-272	1-273
项目				设备质量(t以内)			
				25	30	40	55
预算基价	总价(元)			**20175.59**	**23872.79**	**32046.34**	**46145.39**
	人工费(元)			15385.95	17749.80	24494.40	35650.80
	材料费(元)			2901.46	3098.81	3645.85	4002.86
	机械费(元)			1888.18	3024.18	3906.09	6491.73
组成内容		**单位**	**单价**	**数量**			
人工	综合工	工日	135.00	113.97	131.48	181.44	264.08
材料	钩头成对斜垫铁 Q195～Q235 4#	kg	11.22	61.6	61.6	69.3	77.0
	平垫铁 Q195～Q235 4#	kg	7.42	126.592	126.592	142.416	158.240
	普碳钢板 Q195～Q235 $\delta>31$	t	4001.15	0.060	0.060	0.080	0.080
	木板	m^3	1672.03	0.134	0.156	0.163	0.188
	硅酸盐水泥 42.5级	kg	0.41	508.950	610.740	630.750	652.500
	砂子	t	87.03	1.529	1.642	1.737	1.930
	碎石 0.5～3.2	t	82.73	1.390	1.667	1.737	1.930
	紫铜皮	kg	86.14	0.8	0.8	1.0	1.0
	镀锌钢丝 $D2.8$～4.0	kg	6.91	3.6	4.0	5.0	6.0
	道木	m^3	3660.04	0.021	0.028	0.069	0.069
	聚酯乙烯泡沫塑料	kg	10.96	0.220	0.330	0.440	0.550
	汽油 60#～70#	kg	6.67	1.02	2.04	2.04	3.06
	煤油	kg	7.49	15.75	21.00	26.25	31.50
	机油	kg	7.21	0.707	1.010	1.212	1.515
	黄干油	kg	15.77	0.404	0.404	0.606	0.909
	棉纱	kg	16.11	0.55	0.88	1.10	1.32
	白布	m	3.68	0.306	0.408	0.510	0.612
	破布	kg	5.07	0.420	0.525	0.630	0.840
	零星材料费	元	—	28.73	30.68	36.10	39.63
机械	载货汽车 8t	台班	521.59	0.5	0.5	1.0	1.0
	汽车式起重机 30t	台班	1141.87	0.5	—	—	—
	汽车式起重机 50t	台班	2492.74	—	0.6	—	—
	汽车式起重机 75t	台班	3175.79	—	—	0.6	—
	汽车式起重机 100t	台班	4689.49	—	—	—	0.8
	卷扬机 单筒慢速 50kN	台班	211.29	5.0	6.0	7.0	10.5

五、材料准备设备

单位：台

编号				1-274	1-275	1-276	1-277
项目				设备质量(t以内)			
				2	3	5	8
预算基价	总价(元)			**2979.54**	**4488.74**	**6366.96**	**8401.62**
	人工费(元)			2467.80	3699.00	4984.20	6759.45
	材料费(元)			345.31	398.80	812.91	880.59
	机械费(元)			166.43	390.94	569.85	761.58
	组成内容	**单位**	**单价**	**数量**			
人工	综合工	工日	135.00	18.28	27.40	36.92	50.07
材料	钩头成对斜垫铁 Q195～Q235 $1^{\#}$	kg	11.22	6.288	6.288	12.576	12.576
	钩头成对斜垫铁 Q195～Q235 $2^{\#}$	kg	11.22	—	—	10.592	10.592
	平垫铁 Q195～Q235 $1^{\#}$	kg	7.42	4.064	4.064	8.128	8.128
	平垫铁 Q195～Q235 $2^{\#}$	kg	7.42	—	—	7.744	7.744
	普碳钢板 Q195～Q235 δ8～20	t	3843.31	0.025	0.030	0.035	0.040
	木板	m^3	1672.03	0.015	0.018	0.031	0.036
	硅酸盐水泥 42.5级	kg	0.41	61.074	76.343	152.685	181.250
	砂子	t	87.03	0.153	0.192	0.382	0.425
	碎石 0.5～3.2	t	82.73	0.166	0.209	0.418	0.483
	镀锌钢丝 *D*2.8～4.0	kg	6.91	2.0	2.5	3.0	3.0
	电焊条 E4303 *D*3.2	kg	7.59	0.210	0.263	0.263	0.315
	聚酯乙烯泡沫塑料	kg	10.96	0.055	0.055	0.110	0.165
	天那水	kg	12.07	0.05	0.10	0.10	0.13
	煤油	kg	7.49	4.20	5.25	6.30	7.35
	机油	kg	7.21	1.010	1.010	1.010	1.212
	黄干油	kg	15.77	0.505	0.707	1.010	1.010
	棉纱	kg	16.11	0.22	0.22	0.33	0.33
	破布	kg	5.07	0.210	0.210	0.315	0.315
	氧气	m^3	2.88	—	—	1.02	2.04
	乙炔气	kg	14.66	—	—	0.34	0.68
	零星材料费	元	—	3.42	3.95	8.05	8.72
机械	交流弧焊机 21kV·A	台班	60.37	0.3	0.4	0.5	0.5
	叉式起重机 5t	台班	494.40	0.3	0.4	0.4	—
	载货汽车 8t	台班	521.59	—	—	—	0.5
	汽车式起重机 12t	台班	864.36	—	—	0.2	0.3
	卷扬机 单筒慢速 50kN	台班	211.29	—	0.8	0.8	1.0

六、抛丸清理室

单位：台

编号				1-278	1-279	1-280	1-281	1-282	1-283
项目				设备质量(t以内)					
				5	15	20	35	40	50
预算基价	总价(元)			**8658.99**	**22334.53**	**29941.40**	**48119.57**	**58677.04**	**73581.20**
	人工费(元)			6816.15	18346.50	25120.80	40479.75	49736.70	61824.60
	材料费(元)			648.04	1328.58	1591.20	2201.39	2710.00	2911.33
	机械费(元)			1194.80	2659.45	3229.40	5438.43	6230.34	8845.27
组成内容		单位	单价	数量					
人工	综合工	工日	135.00	50.49	135.90	186.08	299.85	368.42	457.96
材料	钩头成对斜垫铁 Q195～Q235 1#	kg	11.22	6.288	12.576	12.576	18.864	18.864	20.436
	平垫铁 Q195～Q235 1#	kg	7.42	5.080	10.160	10.160	15.240	15.240	16.764
	热轧角钢 60	t	3767.43	0.002	0.004	0.005	0.006	0.010	0.012
	普碳钢板 Q195～Q235 δ1.6～1.9	t	3997.33	0.002	0.004	0.005	0.007	0.014	0.016
	普碳钢板 Q195～Q235 δ8～20	t	3843.31	0.004	0.010	0.010	0.016	0.024	0.028
	木板	m^3	1672.03	0.020	0.048	0.061	0.121	0.169	0.169
	硅酸盐水泥 42.5级	kg	0.41	76.850	152.685	356.700	508.950	508.950	551.000
	砂子	t	87.03	0.193	0.382	0.382	0.892	1.274	1.274
	碎石 0.5～3.2	t	82.73	0.209	0.418	0.972	1.390	1.390	1.544
	镀锌钢丝 D2.8～4.0	kg	6.91	2.0	3.0	3.0	5.0	8.5	10.0
	电焊条 E4303 D3.2	kg	7.59	5.25	12.60	13.65	14.70	16.80	18.90
	电焊条 E4303 D4	kg	7.58	16.80	46.20	47.25	50.40	56.70	57.75
	道木	m^3	3660.04	0.007	0.007	0.007	0.007	0.007	0.007
	橡胶板 δ4～10	kg	10.66	1.5	2.6	4.6	6.7	8.2	8.5
	聚酯乙烯泡沫塑料	kg	10.96	0.055	0.110	0.110	0.165	0.275	0.275
	石棉橡胶板 低压 δ0.8～6.0	kg	19.35	2.0	2.2	3.4	5.5	7.0	7.3

续前 **单位**：台

编号			1-278	1-279	1-280	1-281	1-282	1-283
项目			设备质量(t以内)					
			5	15	20	35	40	50
组成内容	**单位**	**单价**	**数量**					
材料 石棉松绳 *D*13～19	kg	14.60	1.1	2.0	2.5	3.5	4.4	4.6
铅油	kg	11.17	1.0	2.0	2.2	2.5	3.0	3.0
调和漆	kg	14.11	0.30	0.50	0.60	0.75	1.00	1.20
防锈漆 C53-1	kg	13.20	0.30	0.50	0.60	0.75	1.00	1.20
黑铅粉	kg	0.44	0.5	1.0	1.2	1.5	1.6	1.6
汽油 60#～70#	kg	6.67	1.53	3.06	3.57	4.08	6.12	8.16
煤油	kg	7.49	3.15	5.25	6.30	8.40	21.00	23.10
机油	kg	7.21	1.010	1.515	1.515	2.020	3.535	4.040
黄干油	kg	15.77	0.404	0.505	0.505	0.808	1.212	1.616
凡士林	kg	11.12	0.5	0.7	0.8	1.0	1.2	1.2
氧气	m^3	2.88	6.12	12.24	14.28	21.42	24.48	26.52
乙炔气	kg	14.66	2.04	4.08	4.76	7.14	8.16	8.84
破布	kg	5.07	1.050	1.575	1.575	2.100	3.150	3.675
零星材料费	元	—	6.42	13.15	15.75	21.80	26.83	28.83
机械 交流弧焊机 21kV•A	台班	60.37	5.0	8.0	8.5	11.5	14.0	16.0
载货汽车 8t	台班	521.59	—	0.3	0.5	0.5	0.8	0.8
汽车式起重机 8t	台班	767.15	0.2	—	—	—	—	—
汽车式起重机 25t	台班	1098.98	—	0.3	—	—	—	—
汽车式起重机 30t	台班	1141.87	—	—	0.3	—	—	—
汽车式起重机 50t	台班	2492.74	—	—	—	0.4	—	—
汽车式起重机 75t	台班	3175.79	—	—	—	—	0.4	—
汽车式起重机 100t	台班	4689.49	—	—	—	—	—	0.6
卷扬机 单筒慢速 50kN	台班	211.29	3.5	8.0	10.0	16.5	17.5	22.0

七、铸 铁 平 台

单位：10t

编号		单位	单价	1-284	1-285	1-286	1-287	1-288
项目				方形平台			铸梁式平台	
				基础上（灌浆）	基础上（不灌浆）	支架上	基础上（灌浆）	基础上（不灌浆）
预算基价	总价(元)			**8418.22**	**4543.69**	**3908.59**	**22626.74**	**13377.88**
	人工费(元)			5988.60	3496.50	2781.00	13594.50	8019.00
	材料费(元)			1779.55	449.28	296.49	7915.78	4579.93
	机械费(元)			650.07	597.91	831.10	1116.46	778.95
组成内容		**单位**	**单价**	**数量**				
人工	综合工	工日	135.00	44.36	25.90	20.60	100.70	59.40
材料	钩头成对斜垫铁 Q195～Q235 1#	kg	11.22	—	—	—	50	80
	平垫铁 Q195～Q235 1#	kg	7.42	—	—	—	50	80
	木板	m^3	1672.03	0.273	0.080	0.070	1.106	0.465
	硅酸盐水泥 42.5级	kg	0.41	1053	237	25	4145	1852
	砂子	t	87.03	5.354	1.201	0.127	21.085	9.418
	碎石 0.5～3.2	t	82.73	4.633	1.040	0.110	18.235	8.145
	煤油	kg	7.49	2.36	2.36	1.79	1.32	1.32
	机油	kg	7.21	0.50	0.34	0.35	0.16	0.16
	白布	m	3.68	0.1	0.1	0.1	0.1	0.1
	破布	kg	5.07	0.56	0.56	0.59	0.33	0.33
	道木 250×200×2500	根	452.90	—	—	0.28	—	—
	零星材料费	元	—	17.62	4.45	2.94	78.37	45.35
机械	载货汽车 8t	台班	521.59	0.4	0.3	0.6	1.0	0.5
	汽车式起重机 8t	台班	767.15	0.3	0.3	0.4	0.5	0.4
	卷扬机 单筒慢速 50kN	台班	211.29	1	1	1	1	1

第四章　起重设备安装

说　明

一、本章适用范围：

1.工业用的起重设备安装。

2.起重质量为0.5～400t。

3.适用于不同结构、不同用途的手动、电动起重机安装。

二、本章基价子目包括下列工作内容：

1.起重机静负荷、动负荷和超负荷试运转。

2.解体供货的起重机现场组装。

三、本章基价子目不包括的工作内容及项目：

大型设备安装所需的专用机具，试运转重物的准备与运输，试运转所用的动力、燃料等。

四、本章基价子目不包括脚手架搭拆费用。使用本章基价子目时，每安装一台起重机，应按下表增加脚手架搭拆费用。

应增加的脚手架搭拆费用表

起重机主钩起重质量(t)			5～30	50～100	150～400
应增加脚手架搭拆费用		元	3133.05	5815.37	7049.39
其中	人工费	元	1144.80	2124.90	2575.80
	材料费	元	1882.19	3493.61	4234.96
	机械费	元	106.06	196.86	238.63
人工		工日	8.48	15.74	19.08

注：1.双小车起重机按一个小车的起重质量计算。

2.采用简易计税方法计取增值税时，材料费乘以调整系数1.1086，机械费乘以调整系数1.0902。

工程量计算规则

起重设备安装依据不同型号和其起重质量、跨距分别按设计图示数量计算。

一、电动双梁桥式起重机

单位：台

编号			1-289	1-290	1-291	1-292	1-293	1-294	1-295	1-296	1-297	1-298
起重量(t以内)			5		10		15/3		20/5		30/5	
跨距(m以内)			19.5	31.5	19.5	31.5	19.5	31.5	19.5	31.5	19.5	31.5
预算基价 总价(元)			**16869.65**	**19494.97**	**17968.63**	**21537.55**	**19692.42**	**23582.42**	**20710.69**	**26419.86**	**22983.37**	**28153.47**
预算基价 人工费(元)			12946.50	14733.90	13792.95	16468.65	15229.35	17849.70	16047.45	18993.15	17076.15	20812.95
预算基价 材料费(元)			1604.81	1681.95	1687.77	1777.32	1825.53	1907.93	1898.61	1990.26	1977.93	2101.57
预算基价 机械费(元)			2318.34	3079.12	2487.91	3291.58	2637.54	3824.79	2764.63	5436.45	3929.29	5238.95
组成内容	**单位**	**单价**	**数量**									
人工 综合工	工日	135.00	95.90	109.14	102.17	121.99	112.81	132.22	118.87	140.69	126.49	154.17
材料 普碳钢板 Q195～Q235 δ4.5～7.0	t	3843.28	0.00040	0.00040	0.00050	0.00050	0.00050	0.00050	0.00060	0.00060	0.00080	0.00080
木板	m^3	1672.03	0.048	0.080	0.053	0.090	0.071	0.080	0.075	0.113	0.093	0.138
道木	m^3	3660.04	0.344	0.344	0.344	0.344	0.344	0.344	0.344	0.344	0.344	0.344
电焊条 E4303 D4	kg	7.58	4.988	5.513	5.985	6.615	7.329	7.802	8.022	8.075	9.083	9.324
汽油 60#～70#	kg	6.67	1.693	1.877	2.428	2.683	3.397	3.754	3.825	4.019	4.121	4.600
煤油	kg	7.49	6.300	6.941	8.978	9.933	12.579	13.755	13.955	14.910	15.194	16.548
机油	kg	7.21	2.404	2.656	3.363	3.717	4.798	5.303	5.757	6.363	6.717	7.424
黄干油	kg	15.77	5.555	5.959	7.070	7.373	9.292	10.100	11.110	11.716	12.120	13.433
氧气	m^3	2.88	2.978	3.295	3.029	3.315	3.488	7.405	3.978	4.396	4.417	4.498
乙炔气	kg	14.66	0.992	1.099	1.010	1.105	1.163	2.468	1.326	1.466	1.472	1.499
棉纱	kg	16.11	0.858	0.935	1.210	1.342	1.705	1.881	2.024	2.024	2.057	2.277
破布	kg	5.07	1.953	2.142	2.741	3.035	3.875	4.295	4.337	4.568	4.652	5.051
零星材料费	元	—	15.89	16.65	16.71	17.60	18.07	18.89	18.80	19.71	19.58	20.81
机械 交流弧焊机 32kV•A	台班	87.97	1.5	1.5	1.5	1.5	2.0	2.0	2.0	2.0	2.0	2.0
载货汽车 8t	台班	521.59	0.5	0.5	0.5	0.5	0.5	0.5	0.5	1.0	0.5	0.5
汽车式起重机 8t	台班	767.15	0.5	0.5	0.5	0.5	0.5	1.0	0.5	1.0	1.0	1.0
汽车式起重机 16t	台班	971.12	0.5	0.5	—	—	—	—	—	—	—	—
汽车式起重机 25t	台班	1098.98	—	0.5	0.5	—	0.5	—	—	—	—	—
汽车式起重机 30t	台班	1141.87	—	—	—	1.0	—	1.0	0.5	—	—	—
汽车式起重机 50t	台班	2492.74	—	—	—	—	—	—	—	1.0	0.5	—
汽车式起重机 100t	台班	4689.49	—	—	—	—	—	—	—	—	—	0.5
卷扬机 单筒慢速 50kN	台班	211.29	5.0	6.0	5.5	6.5	6.0	7.0	6.5	7.0	7.0	8.0

单位：台

编号				1-299	1-300	1-301	1-302	1-303	1-304	1-305	1-306
起重量(t以内)				50/10		75/20		100/20		150/30	
跨距(m以内)				19.5	31.5	19.5	31.5	22	31	22	31
预算基价	总价(元)			**30293.80**	**38691.28**	**46514.09**	**54446.27**	**60369.20**	**72152.30**	**92625.99**	**106778.42**
	人工费(元)			21263.85	26716.50	32996.70	37800.00	42832.80	47244.60	65804.40	74062.35
	材料费(元)			3431.71	3545.92	3727.30	3877.57	5399.51	5567.21	5902.62	6093.08
	机械费(元)			5598.24	8428.86	9790.09	12768.70	12136.89	19340.49	20918.97	26622.99
组成内容		**单位**	**单价**	**数量**							
人工	综合工	工日	135.00	157.51	197.90	244.42	280.00	317.28	349.96	487.44	548.61
材料	普碳钢板 Q195～Q235 δ4.5～7.0	t	3843.28	0.00130	0.00130	0.00165	0.00170	0.00180	0.00185	0.00220	0.00220
	木板	m^3	1672.03	0.125	0.163	0.175	0.225	0.288	0.363	0.400	0.488
	道木	m^3	3660.04	0.688	0.688	0.688	0.688	1.031	1.031	1.031	1.031
	电焊条 E4303 D4	kg	7.58	9.482	10.479	11.498	12.212	13.472	13.881	15.089	15.330
	汽油 60#～70#	kg	6.67	4.845	5.355	6.926	7.354	8.160	8.405	9.282	9.455
	煤油	kg	7.49	23.688	26.187	32.235	35.963	39.900	41.412	44.888	46.232
	机油	kg	7.21	8.636	9.545	10.777	11.443	14.140	14.564	17.170	17.685
	黄干油	kg	15.77	14.140	14.847	19.190	20.200	22.624	23.230	34.340	35.350
	氧气	m^3	2.88	4.519	4.600	6.089	6.467	9.486	9.690	12.750	13.464
	乙炔气	kg	14.66	1.507	1.533	2.030	2.155	3.162	3.230	4.250	4.488
	棉纱	kg	16.11	2.332	2.332	2.255	2.310	3.300	3.850	4.224	4.334
	破布	kg	5.07	5.145	5.450	6.825	7.665	8.505	8.768	9.566	9.849
	零星材料费	元	—	33.98	35.11	36.90	38.39	53.46	55.12	58.44	60.33
机械	交流弧焊机 32kV·A	台班	87.97	2.0	2.0	2.5	2.5	3.0	3.0	3.5	3.5
	载货汽车 8t	台班	521.59	0.5	0.5	1.0	1.0	1.0	1.0	1.0	1.0
	载货汽车 10t	台班	574.62	—	—	—	—	—	—	0.5	0.5
	汽车式起重机 8t	台班	767.15	1.0	1.0	1.0	1.0	1.0	1.0	1.0	1.0
	汽车式起重机 50t	台班	2492.74	1.0	—	—	—	0.5	1.0	1.0	1.5
	汽车式起重机 100t	台班	4689.49	—	1.0	1.0	1.5	1.0	2.0	1.5	2.0
	卷扬机 单筒慢速 50kN	台班	211.29	9.0	12.0	17.0	20.0	22.0	28.0	45.0	55.0

单位：台

编号				1-307	1-308	1-309	1-310	1-311	1-312	1-313
起重量(t以内)				200/30		250/30		300/50		400/80
跨距(m以内)				22	31	22	31	22	31	
预算基价	总价(元)			**132713.64**	**149295.22**	**166099.09**	**181560.48**	**199622.24**	**217197.41**	**310492.85**
	人工费(元)			92998.80	101197.35	114135.75	125878.05	138690.90	153922.95	219974.40
	材料费(元)			6731.30	7012.45	8525.57	8788.00	9081.10	9267.34	16443.95
	机械费(元)			32983.54	41085.42	43437.77	46894.43	51850.24	54007.12	74074.50
组成内容		**单位**	**单价**	**数量**						
人工	综合工	工日	135.00	688.88	749.61	845.45	932.43	1027.34	1140.17	1629.44
材料	普碳钢板 Q195～Q235 δ4.5～7.0	t	3843.28	0.00220	0.00220	0.00230	0.00230	0.00300	0.00300	0.00500
	木板	m^3	1672.03	0.425	0.525	0.500	0.625	0.563	0.625	1.000
	道木	m^3	3660.04	1.031	1.031	1.375	1.375	1.375	1.375	2.750
	电焊条 E4303 *D*4	kg	7.58	16.706	17.210	18.323	18.869	20.475	21.945	36.750
	汽油 $60^{\#}$～$70^{\#}$	kg	6.67	10.200	10.506	11.220	11.557	12.240	12.607	25.500
	煤油	kg	7.49	49.875	51.377	54.863	56.511	59.294	61.646	65.100
	机油	kg	7.21	20.200	20.806	23.230	23.927	25.250	26.008	30.300
	黄干油	kg	15.77	38.380	43.430	48.480	49.490	62.620	64.640	105.040
	氧气	m^3	2.88	26.143	26.928	28.234	29.080	29.284	30.161	33.150
	乙炔气	kg	14.66	8.714	8.976	9.412	9.693	9.761	10.054	11.050
	棉纱	kg	16.11	4.675	4.818	5.148	5.324	5.500	5.665	10.450
	破布	kg	5.07	10.637	10.962	11.687	12.033	12.716	13.251	14.700
	焦炭	kg	1.25	405	405	500	500	600	600	950
	木柴	kg	1.03	14	14	20	20	24	24	25
	零星材料费	元	—	66.65	69.43	84.41	87.01	89.91	91.76	162.81
机械	交流弧焊机 32kV•A	台班	87.97	4.0	4.0	4.5	4.5	5.0	5.5	10.0
	载货汽车 8t	台班	521.59	1.5	1.5	1.5	1.5	2.0	2.0	8.5
	载货汽车 10t	台班	574.62	0.5	0.5	—	0.5	0.5	0.5	0.5
	载货汽车 15t	台班	809.06	—	—	—	—	—	—	2
	电动空气压缩机 $10m^3$	台班	375.37	12.0	12.0	13.0	13.0	16.0	16.0	17.5
	鼓风机 $18m^3$	台班	41.24	12.0	12.0	13.0	13.0	16.0	16.0	17.5
	轮胎式起重机 10t	台班	638.56	—	1.5	—	—	—	—	—
	轮胎式起重机 16t	台班	788.30	—	—	2.0	2.0	2.0	2.0	5.0
	平板拖车组 15t	台班	1007.72	—	—	0.5	0.5	0.5	0.5	2.0
	汽车式起重机 8t	台班	767.15	1.0	1.5	1.5	1.5	1.5	1.5	1.5
	汽车式起重机 50t	台班	2492.74	1.5	2.0	2.0	2.0	2.0	2.0	2.5
	汽车式起重机 100t	台班	4689.49	2.0	2.5	2.5	2.5	3.0	3.0	4.0
	卷扬机 单筒慢速 50kN	台班	211.29	60.0	75.0	80.0	95.0	100.0	110.0	130.0

二、吊钩抓斗电磁铁三用桥式起重机

单位：台

编号				1-314	1-315	1-316	1-317	1-318	1-319	1-320	1-321
起重量(t以内)				5		10		15		20	
跨距(m以内)				19.5	31.5	19.5	31.5	19.5	31.5	19.5	31.5
预算基价	总　　价(元)			**18162.68**	**22278.45**	**21711.41**	**24373.30**	**24261.37**	**28925.72**	**29579.86**	**35884.54**
	人　工　费(元)			14176.35	16717.05	16298.55	18505.80	18218.25	22060.35	21527.10	26144.10
	材　料　费(元)			1711.98	1817.97	1843.35	1931.55	1945.38	2084.26	2026.42	2136.39
	机　械　费(元)			2274.35	3743.43	3569.51	3935.95	4097.74	4781.11	6026.34	7604.05
组成内容		**单位**	**单价**	**数量**							
人工	综合工	工日	135.00	105.01	123.83	120.73	137.08	134.95	163.41	159.46	193.66
材料	普碳钢板 Q195～Q235 δ4.5～7.0	t	3843.28	0.00085	0.00085	0.00100	0.00100	0.00110	0.00110	0.00110	0.00110
	木板	m^3	1672.03	0.063	0.105	0.088	0.125	0.120	0.175	0.150	0.200
	道木	m^3	3660.04	0.344	0.344	0.344	0.344	0.344	0.344	0.344	0.344
	电焊条 E4303 D4	kg	7.58	4.494	4.967	5.492	6.017	6.027	6.615	6.720	6.825
	汽油 60#～70#	kg	6.67	2.183	2.407	2.662	2.948	3.070	3.203	3.325	3.478
	煤油	kg	7.49	8.831	9.765	10.374	11.466	11.666	12.905	12.915	12.915
	机油	kg	7.21	3.939	4.343	4.798	5.303	5.333	5.838	5.858	6.060
	黄干油	kg	15.77	8.151	9.019	11.039	11.100	12.474	13.787	12.928	13.938
	氧气	m^3	2.88	2.978	3.295	3.050	3.499	3.397	3.601	3.570	3.876
	乙炔气	kg	14.66	0.992	1.099	1.017	1.166	1.132	1.201	1.190	1.292
	棉纱	kg	16.11	1.210	1.342	1.595	1.771	1.705	1.881	1.760	1.881
	破布	kg	5.07	2.573	2.856	3.927	4.022	3.875	4.295	3.990	4.337
	零星材料费	元	—	16.95	18.00	18.25	19.12	19.26	20.64	20.06	21.15
机械	交流弧焊机 32kV•A	台班	87.97	1.0	1.0	1.5	1.5	1.5	1.5	1.5	1.5
	载货汽车 8t	台班	521.59	0.5	1.0	0.5	1.0	0.5	1.0	1.0	1.5
	汽车式起重机 8t	台班	767.15	0.5	1.0	1.0	1.0	1.0	1.0	1.0	1.0
	汽车式起重机 16t	台班	971.12	0.5	—	—	—	—	—	—	—
	汽车式起重机 25t	台班	1098.98	—	1.0	—	—	—	—	—	—
	汽车式起重机 30t	台班	1141.87	—	—	1.0	1.0	1.0	1.0	—	—
	汽车式起重机 50t	台班	2492.74	—	—	—	—	—	—	1.0	—
	汽车式起重机 75t	台班	3175.79	—	—	—	—	—	—	—	1.0
	卷扬机 单筒慢速 50kN	台班	211.29	5.0	6.0	6.0	6.5	8.5	10.5	10.0	13.0

三、双小车吊钩桥式起重机

单位：台

编号				1-322	1-323	1-324	1-325	1-326	1-327
起重量(t以内)				5+5		10+10		2×50/10	2×75/10
跨距(m以内)				19.5	31.5	19.5	31.5	22	
预算基价	总价(元)			**19459.72**	**22117.30**	**21234.35**	**26014.33**	**58944.98**	**62725.43**
	人工费(元)			15273.90	17150.40	16239.15	19437.30	38500.65	39694.05
	材料费(元)			1720.45	1720.45	1809.26	1828.93	4292.51	4385.19
	机械费(元)			2465.37	3246.45	3185.94	4748.10	16151.82	18646.19
组成内容		**单位**	**单价**	**数量**					
人工	综合工	工日	135.00	113.14	127.04	120.29	143.98	285.19	294.03
材料	普碳钢板 Q195～Q235 δ4.5～7.0	t	3843.28	0.00080	0.00080	0.00080	0.00090	0.00165	0.00170
	木板	m^3	1672.03	0.050	0.050	0.080	0.068	0.250	0.275
	道木	m^3	3660.04	0.344	0.344	0.344	0.344	0.688	0.688
	电焊条 E4303 *D*4	kg	7.58	4.494	4.494	4.967	5.492	48.248	50.705
	汽油 60#～70#	kg	6.67	2.428	2.428	2.683	2.907	6.926	7.140
	煤油	kg	7.49	8.988	8.988	9.933	10.773	33.863	34.913
	机油	kg	7.21	4.323	4.323	4.777	5.757	10.777	11.110
	黄干油	kg	15.77	9.605	9.605	10.615	11.514	28.442	29.290
	氧气	m^3	2.88	2.978	2.978	3.295	3.040	6.089	6.273
	乙炔气	kg	14.66	0.992	0.992	1.099	1.013	2.030	2.091
	棉纱	kg	16.11	1.243	1.243	1.375	1.672	1.980	2.200
	破布	kg	5.07	2.825	2.825	3.140	3.801	7.214	7.434
	零星材料费	元	—	17.03	17.03	17.91	18.11	42.50	43.42
机械	交流弧焊机 32kV·A	台班	87.97	1.0	1.0	1.5	1.5	9.5	10.0
	载货汽车 8t	台班	521.59	0.5	0.5	0.5	0.5	1.0	1.0
	汽车式起重机 8t	台班	767.15	0.5	0.5	0.5	0.5	1.0	1.0
	汽车式起重机 30t	台班	1141.87	0.5	—	1.0	—	—	—
	汽车式起重机 50t	台班	2492.74	—	0.5	—	1.0	—	—
	汽车式起重机 100t	台班	4689.49	—	—	—	—	2.0	2.5
	卷扬机 单筒慢速 50kN	台班	211.29	5.5	6.0	6.0	7.0	22.0	22.5

单位：台

编号				1-328	1-329	1-330	1-331	1-332	1-333
起重量(t以内)				2×100/20	2×125/25	2×150/25	2×200/40	2×250/40	2×300/50
跨距(m以内)				22	25				
预算基价	总价(元)			**75642.28**	**86331.64**	**100422.16**	**129593.89**	**152249.48**	**178223.30**
	人工费(元)			49798.80	67671.45	74201.40	92713.95	108210.60	121590.45
	材料费(元)			5961.01	6452.69	6601.06	7267.79	9039.39	9683.36
	机械费(元)			19882.47	12207.50	19619.70	29612.15	34999.49	46949.49
组成内容		**单位**	**单价**	**数量**					
人工	综合工	工日	135.00	368.88	501.27	549.64	686.77	801.56	900.67
材料	普碳钢板 Q195～Q235 δ4.5～7.0	t	3843.28	0.00250	0.00290	0.00400	0.00450	0.00470	0.00550
	木板	m^3	1672.03	0.320	0.375	0.388	0.500	0.563	0.588
	道木	m^3	3660.04	1.031	1.031	1.031	1.031	1.375	1.375
	电焊条 E4303 *D*4	kg	7.58	55.472	62.895	68.460	17.325	19.005	22.050
	汽油 60#～70#	kg	6.67	8.160	9.455	10.200	10.710	12.240	13.056
	煤油	kg	7.49	39.900	46.305	47.775	51.765	56.700	62.759
	机油	kg	7.21	14.140	17.776	18.180	20.907	23.937	26.260
	黄干油	kg	15.77	32.320	43.430	44.440	61.206	70.700	92.940
	氧气	m^3	2.88	12.240	20.400	25.500	27.030	29.172	30.600
	乙炔气	kg	14.66	4.080	6.800	8.500	9.010	9.724	10.200
	棉纱	kg	16.11	3.740	4.334	4.510	4.950	5.390	5.665
	破布	kg	5.07	8.505	9.702	9.996	11.130	12.033	13.356
	焦炭	kg	1.25	—	—	—	400	500	600
	木柴	kg	1.03	—	—	—	16	20	24
	零星材料费	元	—	59.02	63.89	65.36	71.96	89.50	95.87
机械	交流弧焊机 32kV·A	台班	87.97	11.0	12.0	13.5	3.5	4.0	5.5
	鼓风机 $18m^3$	台班	41.24	—	—	—	10.5	12.0	16.0
	电动空气压缩机 $10m^3$	台班	375.37	—	—	—	10.5	12.0	16.0
	载货汽车 8t	台班	521.59	1.5	1.5	1.5	2.0	2.5	3.0
	汽车式起重机 8t	台班	767.15	1.0	2.5	4.5	2.0	2.0	2.5
	汽车式起重机 50t	台班	2492.74	1.0	—	—	2.0	2.0	2.5
	汽车式起重机 100t	台班	4689.49	2.0	—	1.0	1.0	1.5	2.0
	卷扬机 单筒慢速 50kN	台班	211.29	26.0	40.0	45.0	60.0	70.0	98.0

四、锻造桥式起重机

单位：台

编号				1-334	1-335	1-336	1-337	1-338
起重量(t以内)				20/5	80/30	150/50	200/60	300/100
跨距(m以内)				22.5		28		32
预算基价	总价(元)			**40603.64**	**80514.24**	**148530.59**	**194018.97**	**281661.18**
	人工费(元)			32485.05	61160.40	112822.20	153596.25	223831.35
	材料费(元)			2048.27	5748.79	7175.64	7969.54	10665.92
	机械费(元)			6070.32	13605.05	28532.75	32453.18	47163.91
组成内容		单位	单价	数量				
人工	综合工	工日	135.00	240.63	453.04	835.72	1137.75	1658.01
材料	普碳钢板 Q195～Q235 δ4.5～7.0	t	3843.28	0.0012	0.0035	0.0042	0.0046	0.0060
	木板	m^3	1672.03	0.113	0.375	0.625	0.750	1.125
	道木	m^3	3660.04	0.344	1.031	1.031	1.031	1.375
	电焊条 E4303 $D4$	kg	7.58	7.560	13.545	16.800	18.900	25.200
	汽油 60# ～70#	kg	6.67	3.876	8.160	10.200	11.628	15.300
	煤油	kg	7.49	14.280	39.900	50.925	56.595	67.620
	机油	kg	7.21	6.060	14.140	20.200	23.937	28.482
	黄干油	kg	15.77	16.160	32.320	50.500	65.650	89.385
	氧气	m^3	2.88	4.182	13.770	20.808	26.010	35.802
	乙炔气	kg	14.66	1.394	4.590	6.936	8.670	11.934
	棉纱	kg	16.11	1.98	3.74	4.40	5.28	5.61
	破布	kg	5.07	4.410	8.505	10.605	11.865	13.020
	焦炭	kg	1.25	—	—	360	500	600
	木柴	kg	1.03	—	—	14.4	20.0	24.0
	零星材料费	元	—	20.28	56.92	71.05	78.91	105.60
机械	交流弧焊机 32kV·A	台班	87.97	2.0	3.0	4.0	4.0	5.5
	电动空气压缩机 10m^3	台班	375.37	—	—	9.5	13.0	19.0
	鼓风机 18m^3	台班	41.24	—	—	9.5	13.0	19.0
	轮胎式起重机 10t	台班	638.56	—	—	1.5	—	1.5
	轮胎式起重机 16t	台班	788.30	—	—	—	2	4
	平板拖车组 15t	台班	1007.72	—	—	—	0.5	1.0
	载货汽车 8t	台班	521.59	1.0	1.5	1.5	1.5	2.0
	载货汽车 10t	台班	574.62	—	—	0.5	—	0.5
	汽车式起重机 8t	台班	767.15	1.0	1.5	2.0	2.0	2.0
	汽车式起重机 50t	台班	2492.74	1.0	1.0	2.5	—	—
	汽车式起重机 100t	台班	4689.49	—	1.0	1.5	2.5	3.5
	卷扬机 单筒慢速 50kN	台班	211.29	10	20	35	50	68

五、淬火桥式起重机

单位：台

编号				1-339	1-340	1-341	1-342	1-343	1-344	1-345
起重量(t以内)				10	15/3	30/5	40/10	75/20	100/20	150/30
跨距(m以内)				22.5				29.5	28	
预算基价	总价(元)			**22473.63**	**25764.64**	**31165.91**	**36365.98**	**62341.72**	**88308.13**	**123070.27**
	人工费(元)			16012.35	18551.70	22920.30	26994.60	45507.15	62229.60	89448.30
	材料费(元)			1818.83	1931.64	2175.61	2406.72	4263.66	5987.72	7056.92
	机械费(元)			4642.45	5281.30	6070.00	6964.66	12570.91	20090.81	26565.05
组成内容		单位	单价	数量						
人工	综合工	工日	135.00	118.61	137.42	169.78	199.96	337.09	460.96	662.58
材料	普碳钢板 Q195～Q235 δ4.5～7.0	t	3843.28	0.0010	0.0010	0.0016	0.0026	0.0033	0.0035	0.0038
	木板	m^3	1672.03	0.075	0.100	0.138	0.175	0.338	0.450	0.625
	道木	m^3	3660.04	0.344	0.344	0.344	0.344	0.688	1.031	1.031
	电焊条 E4303 *D*4	kg	7.58	6.300	7.455	7.875	9.975	12.390	13.881	15.750
	汽油 60#～70#	kg	6.67	3.264	3.468	4.488	6.120	9.180	10.200	11.220
	煤油	kg	7.49	11.550	13.860	16.800	27.300	36.750	41.895	46.830
	机油	kg	7.21	4.141	4.545	8.080	10.100	12.120	15.150	17.675
	黄干油	kg	15.77	10.100	12.120	18.180	20.200	29.290	33.330	43.632
	氧气	m^3	2.88	3.672	3.774	4.590	4.896	6.630	19.380	24.480
	乙炔气	kg	14.66	1.224	1.258	1.530	1.632	2.210	6.460	8.160
	棉纱	kg	16.11	1.320	1.650	2.200	2.420	3.377	4.400	5.390
	破布	kg	5.07	3.465	3.780	5.250	6.300	7.875	9.030	10.185
	焦炭	kg	1.25	—	—	—	—	—	—	360
	木柴	kg	1.03	—	—	—	—	—	—	14.4
	零星材料费	元	—	18.01	19.13	21.54	23.83	42.21	59.28	69.87
机械	交流弧焊机 32kV•A	台班	87.97	1.5	2.0	2.0	2.0	2.5	3.0	3.5
	电动空气压缩机 $10m^3$	台班	375.37	—	—	—	—	—	—	9.5
	鼓风机 $18m^3$	台班	41.24	—	—	—	—	—	—	9.5
	平板拖车组 15t	台班	1007.72	—	—	—	—	—	0.5	—
	载货汽车 8t	台班	521.59	0.5	0.5	0.5	1.0	1.0	1.5	1.0
	载货汽车 10t	台班	574.62	—	—	—	—	0.5	—	1.0
	轮胎式起重机 10t	台班	638.56	—	—	—	—	1.5	—	1.5
	轮胎式起重机 16t	台班	788.30	—	—	—	—	—	2.0	—
	汽车式起重机 8t	台班	767.15	0.5	1.0	1.0	1.0	—	—	1.0
	汽车式起重机 50t	台班	2492.74	1.0	1.0	—	—	0.5	0.5	1.0
	汽车式起重机 75t	台班	3175.79	—	—	1.0	1.0	—	—	—
	汽车式起重机 100t	台班	4689.49	—	—	—	—	1.0	2.0	2.0
	卷扬机 单筒慢速 50kN	台班	211.29	6.5	7.5	8.0	11.0	22.0	30.0	36.0

六、加料及双钩挂梁桥式起重机

单位：台

编号				1-346	1-347	1-348	1-349	1-350	1-351
起重机名称				加料桥式起重机		双钩挂梁桥式起重机			
起重量(t以内)				3/10	5/20	5+5		20+20	
跨距(m以内)				16.5	19	19.5	31.5	19	28
预算基价	总价(元)			**53673.90**	**63726.66**	**25038.43**	**29219.22**	**36888.68**	**42910.94**
	人工费(元)			35803.35	40821.30	20104.20	22542.30	30022.65	34227.90
	材料费(元)			3960.31	4094.34	1703.77	1840.31	2218.20	2367.40
	机械费(元)			13910.24	18811.02	3230.46	4836.61	4647.83	6315.64
组成内容		**单位**	**单价**	**数量**					
人工	综合工	工日	135.00	265.21	302.38	148.92	166.98	222.39	253.54
材料	普碳钢板 Q195～Q235 δ4.5～7.0	t	3843.28	0.0033	0.0034	0.0008	0.0008	0.0013	0.0014
	木板	m^3	1672.03	0.200	0.250	0.070	0.100	0.250	0.275
	道木	m^3	3660.04	0.688	0.688	0.344	0.344	0.344	0.344
	电焊条 E4303 *D*4	kg	7.58	11.498	12.600	4.410	4.935	6.510	6.825
	汽油 60#～70#	kg	6.67	7.140	7.650	2.346	2.652	3.468	4.386
	煤油	kg	7.49	36.120	36.225	2.730	9.849	12.390	19.121
	机油	kg	7.21	11.110	11.514	4.242	4.747	5.858	7.575
	黄干油	kg	15.77	27.573	29.088	9.595	10.605	14.140	15.655
	氧气	m^3	2.88	6.120	6.528	2.958	3.264	3.468	3.978
	乙炔气	kg	14.66	2.040	2.176	0.986	1.088	1.156	1.326
	棉纱	kg	16.11	3.190	3.410	1.210	1.320	1.870	2.200
	破布	kg	5.07	7.245	7.770	2.730	3.119	5.250	5.460
	零星材料费	元	—	39.21	40.54	16.87	18.22	21.96	23.44
机械	交流弧焊机 32kV•A	台班	87.97	2.5	2.5	1.0	1.5	1.5	1.5
	载货汽车 8t	台班	521.59	1.0	1.0	1.0	1.0	1.0	1.0
	汽车式起重机 8t	台班	767.15	1.0	1.0	—	—	—	—
	汽车式起重机 30t	台班	1141.87	—	—	1.0	—	1.0	—
	汽车式起重机 50t	台班	2492.74	—	—	—	1.0	—	1.0
	汽车式起重机 100t	台班	4689.49	1.0	2.0	—	—	—	—
	卷扬机 单筒慢速 50kN	台班	211.29	36.5	37.5	7.0	8.0	13.5	15.0

七、吊钩门式起重机

单位：台

编号				1-352	1-353	1-354	1-355	1-356	1-357	1-358	1-359
起重量(t以内)				5		10		15/3		20/5	
跨距(m以内)				26	35	26	35	26	35	26	35
预算基价	总价(元)			**32984.77**	**35861.63**	**36773.78**	**40724.81**	**40972.51**	**46944.85**	**48312.71**	**56204.68**
	人工费(元)			26784.00	29312.55	29590.65	31887.00	31380.75	35734.50	36575.55	41318.10
	材料费(元)			1920.48	2014.61	2014.79	2107.31	2134.22	2239.11	2237.70	2364.52
	机械费(元)			4280.29	4534.47	5168.34	6730.50	7457.54	8971.24	9499.46	12522.06
组成内容		单位	单价	数量							
人工	综合工	工日	135.00	198.40	217.13	219.19	236.20	232.45	264.70	270.93	306.06
材料	普碳钢板 Q195～Q235 δ4.5～7.0	t	3843.28	0.0005	0.0005	0.0006	0.0006	0.0008	0.0008	0.0012	0.0012
	木板	m^3	1672.03	0.094	0.125	0.113	0.146	0.140	0.173	0.151	0.190
	道木	m^3	3660.04	0.344	0.344	0.344	0.344	0.344	0.344	0.344	0.344
	电焊条 E4303 $D4$	kg	7.58	14.658	15.603	14.910	16.149	17.073	18.648	18.963	20.475
	汽油 60$^{\#}$～70$^{\#}$	kg	6.67	3.397	3.754	3.825	4.019	4.121	4.600	4.845	5.304
	煤油	kg	7.49	12.579	13.755	13.860	14.847	17.241	17.514	19.488	22.565
	机油	kg	7.21	4.798	5.303	5.757	6.363	6.717	7.424	8.080	9.090
	黄干油	kg	15.77	9.292	10.100	11.110	11.716	12.120	13.433	14.140	14.847
	氧气	m^3	2.88	3.488	3.703	3.978	4.396	4.039	4.498	4.182	4.600
	乙炔气	kg	14.66	1.163	1.234	1.326	1.466	1.346	1.499	1.394	1.533
	棉纱	kg	16.11	1.705	1.881	2.024	2.024	2.255	2.255	2.332	2.332
	破布	kg	5.07	3.875	4.295	4.337	4.568	4.652	5.072	5.145	5.366
	零星材料费	元	—	19.01	19.95	19.95	20.86	21.13	22.17	22.16	23.41
机械	交流弧焊机 32kV•A	台班	87.97	3.5	3.5	3.5	3.5	4.0	4.0	4.0	4.5
	载货汽车 8t	台班	521.59	1.0	1.0	1.0	1.0	1.0	1.0	1.0	1.0
	汽车式起重机 8t	台班	767.15	1.0	1.0	1.0	1.0	1.0	1.0	1.0	1.0
	汽车式起重机 25t	台班	1098.98	1.0	—	—	—	—	—	—	—
	汽车式起重机 30t	台班	1141.87	—	1.0	1.0	—	—	—	—	—
	汽车式起重机 50t	台班	2492.74	—	—	—	1.0	—	—	—	—
	汽车式起重机 75t	台班	3175.79	—	—	—	—	1.0	—	—	—
	汽车式起重机 100t	台班	4689.49	—	—	—	—	—	1.0	1.0	1.5
	卷扬机 单筒慢速 50kN	台班	211.29	7.5	8.5	11.5	12.5	12.5	12.5	15.0	18.0

八、梁式起重机

单位：台

编号				1-360	1-361	1-362	1-363	1-364	1-365	1-366	1-367	1-368	1-369
起重机名称				电动梁式起重机		手动单梁起重机		电动单梁悬挂起重机	手动单梁悬挂起重机	手动双梁起重机			
起重量(t以内)				3	5	3	10	3		10		20	
跨距(m以内)				17		14		12		13	17	13	17
预算基价	总价(元)			**4959.56**	**6101.86**	**3384.53**	**4270.05**	**4605.38**	**4110.26**	**4886.61**	**6076.91**	**6086.56**	**6376.63**
	人工费(元)			3859.65	4800.60	2343.60	3136.05	3562.65	3072.60	3622.05	4320.00	4700.70	4963.95
	材料费(元)			612.02	656.89	605.20	646.11	607.00	601.93	620.19	626.98	639.50	666.32
	机械费(元)			487.89	644.37	435.73	487.89	435.73	435.73	644.37	1129.93	746.36	746.36
组成内容		**单位**	**单价**	**数量**									
人工	综合工	工日	135.00	28.59	35.56	17.36	23.23	26.39	22.76	26.83	32.00	34.82	36.77
材料	木板	m^3	1672.03	0.010	0.019	0.004	0.006	0.008	0.005	0.013	0.015	0.016	0.025
	道木	m^3	3660.04	0.138	0.138	0.138	0.138	0.138	0.138	0.138	0.138	0.138	0.138
	汽油 60#～70#	kg	6.67	0.826	1.020	1.020	1.428	0.816	0.816	1.122	1.142	1.234	1.326
	煤油	kg	7.49	3.098	4.305	3.339	4.767	3.150	3.150	4.620	4.694	4.851	5.775
	机油	kg	7.21	1.162	1.515	1.111	1.515	0.859	0.859	0.980	1.010	1.616	1.616
	黄干油	kg	15.77	2.222	3.030	2.222	3.030	2.273	2.273	1.212	1.313	1.515	1.616
	棉纱	kg	16.11	0.429	0.550	0.440	0.737	0.407	0.407	0.671	0.693	0.759	0.847
	破布	kg	5.07	1.008	1.365	1.082	1.733	0.966	0.966	1.607	1.712	1.775	1.964
	零星材料费	元	—	6.06	6.50	5.99	6.40	6.01	5.96	6.14	6.21	6.33	6.60
机械	载货汽车 8t	台班	521.59	0.2	0.5	0.1	0.2	0.1	0.1	0.5	0.5	0.5	0.5
	汽车式起重机 8t	台班	767.15	0.5	0.5	0.5	0.5	0.5	0.5	0.5	0.5	—	—
	汽车式起重机 16t	台班	971.12	—	—	—	—	—	—	—	0.5	0.5	0.5

九、电动壁行及悬臂式起重机

单位：台

编号				1-370	1-371	1-372	1-373	1-374	1-375	1-376	1-377	1-378	1-379
起重机名称(臂长6m以内)				电动壁行悬挂式起重机		电动悬臂壁式起重机		手动悬臂壁式起重机		电动悬臂立柱式起重机		手动悬臂立柱式起重机	
起重量(t以内)				1	5	1	5	0.5	3	1	5	0.5	3
预算基价	总价(元)			**4208.27**	**6288.17**	**2938.22**	**4261.66**	**2385.86**	**3009.70**	**3355.06**	**4817.72**	**2637.32**	**3788.31**
	人工费(元)			3709.80	5402.70	2450.25	3410.10	1998.00	2297.70	2855.25	3852.90	2253.15	3073.95
	材料费(元)			292.88	345.42	282.38	311.51	258.99	300.82	294.22	320.45	255.30	303.18
	机械费(元)			205.59	540.05	205.59	540.05	128.87	411.18	205.59	644.37	128.87	411.18
组成内容		单位	单价	数量									
人工	综合工	工日	135.00	27.48	40.02	18.15	25.26	14.80	17.02	21.15	28.54	16.69	22.77
材料	木板	m^3	1672.03	0.014	0.030	0.005	0.006	0.003	0.005	0.005	0.009	0.005	0.008
	道木	m^3	3660.04	0.055	0.055	0.055	0.055	0.055	0.055	0.055	0.055	0.055	0.055
	汽油 60#～70#	kg	6.67	1.530	2.040	0.969	1.326	0.867	1.224	0.969	0.969	0.612	1.275
	煤油	kg	7.49	1.785	2.741	1.995	3.150	1.260	2.741	2.625	3.570	1.092	2.625
	机油	kg	7.21	1.010	1.212	1.111	1.515	0.606	1.515	1.283	1.747	0.606	1.515
	黄干油	kg	15.77	1.818	2.525	2.121	2.525	1.111	2.020	2.444	2.909	1.162	2.222
	棉纱	kg	16.11	0.198	0.275	0.253	0.616	0.440	0.660	0.275	0.363	0.308	0.352
	破布	kg	5.07	0.504	0.672	0.588	0.788	1.166	1.197	0.651	0.672	0.630	1.124
	零星材料费	元	—	2.90	3.42	2.80	3.08	2.56	2.98	2.91	3.17	2.53	3.00
机械	载货汽车 8t	台班	521.59	0.1	0.3	0.1	0.3	0.1	0.2	0.1	0.5	0.1	0.2
	汽车式起重机 8t	台班	767.15	0.2	0.5	0.2	0.5	0.1	0.4	0.2	0.5	0.1	0.4

十、电动葫芦及单轨小车

单位：台

编号			1-380	1-381	1-382	1-383
起重机名称			电动葫芦		单轨小车	
起重量(t以内)			2	10	5	10
预算基价 总价(元)			**772.12**	**3356.25**	**736.20**	**1027.58**
人工费(元)			714.15	2594.70	679.05	966.60
材料费(元)			57.97	75.52	57.15	60.98
机械费(元)			—	686.03	—	—
组成内容	**单位**	**单价**	**数量**			
人工 综合工	工日	135.00	5.29	19.22	5.03	7.16
材料 木板	m^3	1672.03	0.002	0.004	0.005	0.004
汽油 60#～70#	kg	6.67	0.600	0.745	0.510	0.700
煤油	kg	7.49	1.580	1.743	1.544	1.800
机油	kg	7.21	0.850	0.899	0.707	0.800
黄干油	kg	15.77	1.450	1.515	1.313	1.400
棉纱	kg	16.11	0.050	0.561	0.264	0.270
破布	kg	5.07	1.66	2.10	0.63	0.66
零星材料费	元	—	0.57	0.75	0.57	0.60
机械 载货汽车 8t	台班	521.59	—	0.1	—	—
卷扬机 单筒慢速 50kN	台班	211.29	—	3.0	—	—

第五章　起重机轨道安装

说　明

一、本章适用范围：

1.工业用起重输送设备的轨道安装。

2.地轨安装。

二、本章基价子目包括下列工作内容：

1.测量、领料、下料、矫直、钻孔。

2.车挡制作、安装的领料、下料、调直、组装、焊接、刷漆等。

三、本章基价子目不包括的工作内容及项目：

1.轨道安装所需的专用机具、专用垫铁、特殊垫铁的费用。

2.吊车梁调整及轨道枕木干燥、加工、制作。

3. 8字形轨道加工、制作。

4. 8字形轨道工字钢轨的立柱、吊架、支架、辅助梁等的制作与安装。

四、本章基价子目不包括脚手架搭拆费用。凡在高空行车梁上安装的轨道，按轨道长度计取脚手架费67.41元/m，其中人工费为23.60元/m。电动葫芦及单轨小车工字钢轨道、悬挂工字钢轨道、8字形轨道按轨道长度计取脚手架费33.76元/m，其中人工费为11.82元/m。

工程量计算规则

一、起重机轨道安装依据设计图示尺寸，按单根轨道长度计算。按轨道的标准图号、型号、固定形式和纵、横向孔距，安装部位分列基价子目。

二、车挡制作按设计图示尺寸以质量计算。车挡安装依据每个单重(t)，以每组4个，按设计图示数量计算。

一、钢梁上安装轨道(G1001)

单位：10m

编号				1-384	1-385	1-386	1-387	1-388	1-389
固定形式				焊接式		弯钩螺栓式			
纵向孔距(*A*)横向孔距(*B*)				每750mm焊120mm		纵向孔距675			
轨道型号				□50×50	□60×60	24kg/m	38kg/m	43kg/m	50kg/m
预算基价	总价(元)			**1357.10**	**1432.18**	**1455.41**	**1825.95**	**1876.85**	**1986.23**
	人工费(元)			1175.85	1233.90	1155.60	1351.35	1394.55	1452.60
	材料费(元)			39.28	40.08	189.30	328.66	329.07	357.11
	机械费(元)			141.97	158.20	110.51	145.94	153.23	176.52
组成内容		**单位**	**单价**	**数量**					
人工	综合工	工日	135.00	8.71	9.14	8.56	10.01	10.33	10.76
材料	普碳方钢	t	—	(0.21)	(0.30)	—	—	—	—
	普通钢轨 24kg/m	t	—	—	—	(0.26)	—	—	—
	普碳钢重轨	t	—	—	—	—	(0.41)	(0.47)	(0.54)
	普碳钢板 Q195～Q235 δ1.6～1.9	t	3997.33	0.00135	0.00135	0.00200	0.00270	0.00270	0.00270
	弹簧垫圈 M18～22	个	0.20	—	—	31.0	31.0	31.0	31.0
	钢轨鱼尾板 24kg	套	40.87	—	—	1.01	—	—	—
	钢轨鱼尾板 38kg	套	118.68	—	—	—	1.01	1.01	—
	钢轨鱼尾板 50kg	套	144.99	—	—	—	—	—	1.01
	粗制六角螺母 M20～24	个	1.11	—	—	32	32	32	32
	钩头螺栓 M18×300	个	2.99	—	—	30.56	—	—	—
	钩头螺栓 M22×400	个	4.79	—	—	—	30.56	30.56	30.56
	电焊条 E4303 *D*4	kg	7.58	4.00	4.00	0.25	0.25	0.25	0.25
	氧气	m^3	2.88	0.408	0.510	0.408	0.612	0.663	0.816
	乙炔气	kg	14.66	0.136	0.170	0.136	0.204	0.221	0.272
	零星材料费	元	—	0.39	0.40	1.87	3.25	3.26	3.54
机械	卷扬机 单筒慢速 50kN	台班	211.29	0.13	0.13	0.12	0.13	0.13	0.14
	立式铣床 320×1250	台班	242.96	0.18	0.23	0.18	0.25	0.28	0.30
	摩擦压力机 3000kN	台班	407.82	0.07	0.08	0.08	0.12	0.12	0.16
	交流弧焊机 32kV·A	台班	87.97	0.48	0.48	0.10	0.10	0.10	0.10

单位：10m

编号				1-390	1-391	1-392	1-393	1-394	1-395
固定形式				压板螺栓式					
纵向孔距(*A*)横向孔距(*B*)				*A*=600 *B*=220				*A*=600 *B*=260	
轨道型号				38kg/m	43kg/m	QU70	QU80	QU100	QU120
预算基价	总价(元)			**2837.69**	**2930.27**	**2939.87**	**3068.90**	**3850.54**	**4135.95**
	人工费(元)			1486.35	1528.20	1564.65	1656.45	1845.45	2025.00
	材料费(元)			1132.21	1175.65	1154.03	1161.11	1710.50	1788.27
	机械费(元)			219.13	226.42	221.19	251.34	294.59	322.68
组成内容		单位	单价	数量					
人工	综合工	工日	135.00	11.01	11.32	11.59	12.27	13.67	15.00
材料	普碳钢重轨	t	—	(0.41)	(0.47)	—	—	—	—
	起重钢轨	t	—	—	—	(0.56)	(0.67)	(0.94)	(1.24)
	普碳钢板 Q195～Q235 δ1.6～1.9	t	3997.33	0.00270	0.00270	0.00270	0.00270	0.00392	0.00392
	弹簧垫圈 M12～22	个	0.14	70.9	70.9	70.9	70.9	70.9	70.9
	钢轨鱼尾板 38kg	套	118.68	1.01	1.01	—	—	—	—
	双孔固定板 Q235 1#	块	7.74	34.37	—	34.37	34.37	—	—
	双孔固定板 Q235 2#	块	8.98	—	34.37	—	—	—	—
	双孔固定板 Q235 8#	块	12.46	—	—	—	—	34.37	—
	双孔固定板 Q235 9#	块	14.36	—	—	—	—	—	34.37
	钢轨连接板 QU70	套	137.71	—	—	1.01	—	—	—
	钢轨连接板 QU80	套	143.87	—	—	—	1.01	—	—
	钢轨连接板 QU100	套	200.97	—	—	—	—	1.01	—
	钢轨连接板 QU120	套	210.20	—	—	—	—	—	1.01
	压板(一) Q235 1#	块	10.94	34.37	34.37	34.37	34.37	—	—
	压板(一) Q235 2#	块	19.79	—	—	—	—	34.37	34.37
	精制螺栓 M22×160	个	3.31	68.7	68.7	68.7	68.7	68.7	68.7
	精制六角螺母 M18～22	个	0.68	69.5	69.5	69.5	69.5	69.5	69.5
	电焊条 E4303 *D*4	kg	7.58	7.78	7.78	7.78	7.78	9.55	9.55
	氧气	m^3	2.88	0.612	0.663	0.918	1.020	1.224	1.530
	乙炔气	kg	14.66	0.204	0.221	0.306	0.340	0.408	0.510
	零星材料费	元	—	11.21	11.64	11.43	11.50	16.94	17.71
机械	卷扬机 单筒慢速 30kN	台班	205.84	0.13	0.13	0.14	0.16	0.17	0.18
	立式铣床 320×1250	台班	242.96	0.25	0.28	0.25	0.29	0.32	0.36
	摩擦压力机 3000kN	台班	407.82	0.12	0.12	0.12	0.16	0.20	0.24
	交流弧焊机 32kV·A	台班	87.97	0.94	0.94	0.94	0.94	1.14	1.14

二、混凝土梁上安装轨道(G325)

单位：10m

编号			1-396	1-397	1-398	1-399	1-400	1-401	1-402	1-403	1-404	1-405
标准图号			DGL-1～3			DGL-4～6	DGL-7～10	DGL-11～15	DGL-16～18	DGL-19～23	DGL-24、25	DGL-26、27
固定形式(纵向孔距A=600)			钢底板螺栓焊接式			压板螺栓式		弹性(分段)垫压板螺栓式				
横向孔距(B)			240以内			240以内	260以内	280以内				
轨道型号			□40×40	□50×50	24kg/m	24kg/m	38kg/m		43kg/m	50kg/m	QU100	QU120
预算基价 总价(元)			**2988.13**	**3036.73**	**3158.27**	**3049.06**	**3819.04**	**4128.94**	**4274.42**	**4831.47**	**5177.57**	**5440.48**
预算基价 人工费(元)			1939.95	1972.35	2025.00	1875.15	2263.95	2340.90	2393.55	2506.95	2767.50	2964.60
预算基价 材料费(元)			859.18	866.44	931.25	1040.51	1376.40	1609.35	1688.73	2098.53	2160.80	2198.47
预算基价 机械费(元)			189.00	197.94	202.02	133.40	178.69	178.69	192.14	225.99	249.27	277.41
组成内容	**单位**	**单价**	**数量**									
人工 综合工	工日	135.00	14.37	14.61	15.00	13.89	16.77	17.34	17.73	18.57	20.50	21.96
材料 普碳方钢	t	—	(0.13)	(0.21)	—	—	—	—	—	—	—	—
普通钢轨 24kg/m	t	—	—	—	(0.26)	(0.26)	—	—	—	—	—	—
普碳钢重轨	t	—	—	—	—	—	(0.41)	(0.41)	(0.47)	(0.53)	—	—
起重钢轨 QU100～120	t	—	—	—	—	—	—	—	—	—	(0.94)	(1.24)
普碳钢板 Q195～Q235 δ4.5～7.0	t	3843.28	0.01073	0.01260	0.02046	0.02046	0.02991	0.04099	0.04099	0.04099	0.05238	0.05893
钢垫板(一) Q235 6$^{\#}$	块	14.58	17.85	17.85	17.85	—	—	—	—	—	—	—
钢垫板挡板槽钢连接板 Q235 1$^{\#}$	块	3.95	2.06	2.06	—	—	—	—	—	—	—	—
钢轨鱼尾板 24kg	套	40.87	—	—	1.01	1.01	—	—	—	—	—	—
钢轨鱼尾板 38kg	套	118.68	—	—	—	—	1.01	1.01	1.01	—	—	—
钢轨鱼尾板 50kg	套	144.99	—	—	—	—	—	—	—	1.01	—	—
铁片 1$^{\#}$	块	1.43	—	—	—	12	12	—	—	—	—	—
铁片 2$^{\#}$	块	1.39	—	—	—	—	—	12	12	—	—	—
接头钢垫板 Q235 14$^{\#}$	块	30.76	1.02	1.02	1.02	1.02	—	—	—	—	—	—
接头钢垫板 Q235 16$^{\#}$	块	31.66	—	—	—	—	1.02	—	—	—	—	—
接头钢垫板 Q235 19$^{\#}$	块	29.28	—	—	—	—	—	1.02	1.02	1.02	1.02	1.02
硬木插片 1$^{\#}$	块	0.47	—	—	—	12	12	—	—	—	—	—
压板(三) Q235 9$^{\#}$	块	12.08	—	—	—	34.37	—	—	—	—	—	—
压板(三) Q235 14$^{\#}$	块	17.66	—	—	—	—	34.37	34.37	—	—	—	—
压板(三) Q235 15$^{\#}$	块	18.84	—	—	—	—	—	—	34.37	—	—	—
压板(三) Q235 16$^{\#}$	块	20.60	—	—	—	—	—	—	—	34.37	34.37	34.37
硬木插片 2$^{\#}$	块	0.61	—	—	—	—	—	12	12	—	—	—
垫圈 M20	个	0.20	—	—	—	—	—	35.5	35.5	—	—	—

续前

单位：10m

组成内容		单位	单价	1-396	1-397	1-398	1-399	1-400	1-401	1-402	1-403	1-404	1-405
标准图号				DGL-1～3			DGL-4～6	DGL-7～10	DGL-11～15	DGL-16～18	DGL-19～23	DGL-24、25	DGL-26、27
固定形式(纵向孔距$A=600$)				钢底板螺栓焊接式			压板螺栓式		弹性(分段)垫压板螺栓式				
横向孔距(B)				240以内			240以内	260以内	280以内				
轨道型号				□40×40	□50×50	24kg/m	24kg/m	38kg/m		43kg/m	50kg/m	QU100	QU120
组成内容		**单位**	**单价**	**数量**									
材料	弹性垫板(一) 橡胶9#	块	5.98	—	—	—	—	—	17.74	—	—	—	—
	弹性垫板(一) 橡胶12#	块	7.76	—	—	—	—	—	—	17.74	—	—	—
	弹性垫板(一) 橡胶16#	块	15.50	—	—	—	—	—	—	—	17.74	—	—
	弹性垫板(一) 橡胶21#	块	13.00	—	—	—	—	—	—	—	—	17.74	17.74
	垫圈 M16	个	0.10	37.2	37.2	37.2	35.5	35.5	—	—	—	—	—
	垫圈 M24	个	0.31	—	—	—	—	—	—	—	35.5	35.5	35.5
	钢轨连接板 QU100	套	200.97	—	—	—	—	—	—	—	—	1.01	—
	钢轨连接板 QU120	套	210.20	—	—	—	—	—	—	—	—	—	1.01
	木板	m^3	1672.03	0.02	0.02	0.02	0.02	0.02	0.02	0.02	0.02	0.02	0.02
	硅酸盐水泥 42.5级	kg	0.41	73	73	75	75	101	102	102	113	116	117
	砂子	t	87.03	0.172	0.172	0.172	0.172	0.229	0.229	0.229	0.257	0.272	0.272
	碎石 0.5～3.2	t	82.73	0.172	0.172	0.172	0.172	0.229	0.229	0.229	0.257	0.257	0.257
	粗制六角螺栓 M16×(160～260)	kg	8.42	10.83	10.83	10.83	10.32	10.32	—	—	—	—	—
	粗制六角螺栓 M20×(180～300)	个	4.61	—	—	—	—	—	34.4	34.4	—	—	—
	粗制六角螺栓 M24×350	个	8.35	—	—	—	—	—	—	—	34.4	34.4	34.4
	六角毛螺母 M16	个	0.42	36.5	36.5	36.5	34.7	34.7	—	—	—	—	—
	六角毛螺母 M20	个	0.74	—	—	—	—	—	34.7	34.7	—	—	—
	六角毛螺母 M24	个	1.17	—	—	—	—	—	—	—	34.7	34.7	34.7
	弹簧垫圈 M16	个	0.10	37.2	37.2	37.2	35.5	35.5	—	—	—	—	—
	专用螺母垫圈 Q235 2#	块	3.26	72.17	72.17	72.17	68.74	68.74	68.74	68.74	—	—	—
	专用螺母垫圈 Q235 4#	块	3.95	—	—	—	—	—	—	—	68.74	68.74	68.74
	电焊条 E4303 *D4*	kg	7.58	7.49	7.49	7.49	0.50	0.90	0.90	1.70	1.70	1.70	1.70
	氧气	m^3	2.88	1.428	1.428	1.428	1.428	1.632	1.632	1.683	1.836	2.244	2.550
	乙炔气	kg	14.66	0.476	0.476	0.476	0.476	0.544	0.544	0.561	0.612	0.748	0.850
	零星材料费	元	—	8.51	8.58	9.22	10.30	13.63	15.93	16.72	20.78	21.39	21.77
机械	卷扬机 单筒慢速 50kN	台班	211.29	0.22	0.22	0.22	0.22	0.26	0.26	0.26	0.32	0.33	0.34
	立式铣床 320×1250	台班	242.96	0.16	0.18	0.18	0.18	0.25	0.25	0.28	0.30	0.32	0.36
	摩擦压力机 3000kN	台班	407.82	0.06	0.07	0.08	0.08	0.12	0.12	0.12	0.16	0.20	0.24
	交流弧焊机 32kV•A	台班	87.97	0.90	0.90	0.90	0.12	0.16	0.16	0.23	0.23	0.23	0.23

三、GB110鱼腹式混凝土梁上安装轨道

单位：10m

编号				1-406	1-407	1-408	1-409	1-410	1-411	1-412
标准图号				DGL-1	DGL-2	DGL-3	DGL-4	DGL-5	DGL-6	DGL-7
固定形式(纵向孔距$A=750$)				弹性(分段)垫压板螺栓式		弹性(全长)垫压板螺栓式			弹性(分段)垫压板螺栓式	
横向孔距(B)				230以内		230以内		250以内	250以内	
轨道型号				38kg/m	43kg/m	38kg/m	43kg/m	50kg/m	QU100	QU120
预算基价	总价(元)			**3508.00**	**3565.24**	**3715.24**	**3796.89**	**4060.70**	**4275.75**	**4514.73**
	人工费(元)			2128.95	2176.20	2120.85	2176.20	2277.45	2521.80	2721.60
	材料费(元)			1199.89	1218.90	1431.54	1450.55	1585.60	1528.79	1539.83
	机械费(元)			179.16	170.14	162.85	170.14	197.65	225.16	253.30
组成内容		单位	单价	数量						
人工	综合工	工日	135.00	15.77	16.12	15.71	16.12	16.87	18.68	20.16
材料	普碳钢重轨	t	—	(0.41)	(0.47)	(0.41)	(0.47)	(0.54)	—	—
	起重钢轨 QU100～120	t	—	—	—	—	—	—	(0.94)	(1.24)
	普碳钢板 Q195～Q235 δ1.6～1.9	t	3997.33	0.04592	0.04592	0.05126	0.05126	0.05884	0.04592	0.04592
	弹性垫板(一) 橡胶4#	块	9.09	14.18	14.18	—	—	—	—	—
	弹性垫板(一) 橡胶7#	块	15.70	—	—	—	—	—	14.18	14.18
	弹性垫板(二) 橡胶1#	块	279.17	—	—	1.06	1.06	1.06	—	—
	接头钢垫板 Q235 5#	块	24.25	1.02	1.02	1.02	1.02	—	—	—
	钢轨鱼尾板 38kg	套	118.68	1.01	1.01	1.01	1.01	—	—	—
	钢轨鱼尾板 50kg	套	144.99	—	—	—	—	1.01	—	—
	钢垫板挡板槽钢连接板 Q235 1#	块	3.95	27.50	—	27.50	—	—	—	—
	止退垫片 Q235 1#	块	2.21	28.4	28.4	28.4	28.4	28.4	28.4	28.4
	接头钢垫板 Q235 11#	块	27.68	—	—	—	—	1.02	—	—
	压板(二) Q235 3#	块	4.87	27.50	27.50	27.50	27.50	—	—	—
	压板(二) Q235 4#	块	5.44	—	—	—	—	27.50	—	—
	压板(二) Q235 8#	块	6.76	—	—	—	—	—	27.50	27.50
	弹性垫块 橡胶2#	块	1.43	—	—	28.38	28.38	28.38	—	—

续前 **单位：** 10m

编号				1-406	1-407	1-408	1-409	1-410	1-411	1-412
标准图号				DGL-1	DGL-2	DGL-3	DGL-4	DGL-5	DGL-6	DGL-7
固定形式（纵向孔距A=750）				弹性（分段）垫压板螺栓式		弹性（全长）垫压板螺栓式			弹性（分段）垫压板螺栓式	
横向孔距（B）				230以内		230以内		250以内	250以内	
轨道型号				38kg/m	43kg/m	38kg/m	43kg/m	50kg/m	QU100	QU120
组成内容		**单位**	**单价**	**数量**						
材料	单孔固定板钢底板 Q235 3#	块	4.62	—	27.5	—	27.5	—	—	—
	单孔固定板钢底板 Q235 4#	块	4.93	—	—	—	—	27.5	—	—
	单孔固定板钢底板 Q235 5#	块	5.42	—	—	—	—	—	27.5	—
	单孔固定板钢底板 Q235 6#	块	6.00	—	—	—	—	—	—	27.5
	接头钢垫板 Q235 12#	块	28.68	—	—	—	—	—	1.02	1.02
	钢轨连接板 QU120	套	210.20	—	—	—	—	—	—	1.01
	钢轨连接板 QU100	套	200.97	—	—	—	—	—	1.01	—
	木板	m^3	1672.03	0.02	0.02	0.02	0.02	0.02	0.02	0.01
	硅酸盐水泥 42.5级	kg	0.41	67	67	68	68	77	74	74
	砂子	t	87.03	0.157	0.157	0.157	0.157	0.172	0.172	0.172
	碎石 0.5～3.2	t	82.73	0.143	0.143	0.143	0.143	0.157	0.157	0.157
	粗制六角螺栓 M20×（180～300）	个	4.61	27.5	27.5	27.5	27.5	—	—	—
	粗制六角螺栓 M22×（180～300）	个	6.13	—	—	—	—	27.5	27.5	27.5
	六角毛螺母 M18～22	个	0.63	27.8	27.8	27.8	27.8	27.8	27.8	27.8
	专用螺母垫圈 Q235 2#	块	3.26	54.98	54.98	54.98	54.98	54.98	54.98	54.98
	电焊条 E4303 *D*4	kg	7.58	0.4	0.4	0.4	0.4	0.4	0.4	0.4
	氧气	m^3	2.88	1.632	1.683	1.632	1.683	1.836	2.244	2.550
	乙炔气	kg	14.66	0.544	0.561	0.544	0.561	0.612	0.748	0.850
	零星材料费	元	—	11.88	12.07	14.17	14.36	15.70	15.14	15.25
机械	卷扬机 单筒慢速 50kN	台班	211.29	0.21	0.21	0.21	0.21	0.24	0.27	0.28
	立式铣床 320×1250	台班	242.96	0.25	0.28	0.25	0.28	0.30	0.32	0.36
	摩擦压力机 3000kN	台班	407.82	0.16	0.12	0.12	0.12	0.16	0.20	0.24
	交流弧焊机 32kV·A	台班	87.97	0.10	0.10	0.10	0.10	0.10	0.10	0.10

四、鱼腹式混凝土梁上安装轨道(C7224)

单位：10m

编号				1-413	1-414	1-415	1-416	1-417	1-418
标准图号				DGL-1、2、3	DGL-4	DGL-5、6	DGL-7	DGL-8	DGL-9
固定形式(纵向孔距A=600)				弹性(分段)垫压板螺栓式			弹性(全长)垫压板螺栓式	弹性(分段)垫压板螺栓式	
横向孔距(B)				250以内	220以内	250以内	250以内		
轨道型号				38kg/m	43kg/m	50kg/m	50kg/m	QU100	QU120
预算基价	总　价(元)			**3966.04**	**4131.38**	**4805.84**	**4990.46**	**5119.26**	**5357.66**
	人 工 费(元)			2139.75	2196.45	2297.70	2297.70	2531.25	2732.40
	材 料 费(元)			1658.17	1753.36	2299.06	2483.68	2351.42	2362.64
	机 械 费(元)			168.12	181.57	209.08	209.08	236.59	262.62
组成内容		**单位**	**单价**	**数　量**					
人工	综合工	工日	135.00	15.85	16.27	17.02	17.02	18.75	20.24
材料	普碳钢重轨	t	—	(0.41)	(0.47)	(0.54)	(0.54)	—	—
	起重钢轨 QU100～120	t	—	—	—	—	—	(0.94)	(1.24)
	普碳钢板 Q195～Q235 δ1.6～1.9	t	3997.33	0.04592	0.04592	0.05884	0.05884	0.04592	0.04592
	钢轨鱼尾板 38kg	套	118.68	1.01	1.01	—	—	—	—
	钢轨鱼尾板 50kg	套	144.99	—	—	1.01	1.01	—	—
	木板	m^3	1672.03	0.02	0.02	0.02	0.02	0.02	0.02
	硅酸盐水泥 42.5级	kg	0.41	67	68	77	77	74	74
	砂子	t	87.03	0.129	0.157	0.157	0.172	0.172	0.172
	碎石 0.5～3.2	t	82.73	0.143	0.143	0.157	0.157	0.157	0.157
	粗制六角螺栓 M20×(180～300)	个	4.61	34.4	34.4	—	—	—	—
	粗制六角螺栓 M24×350	个	8.35	—	—	34.4	34.4	34.4	34.4
	六角毛螺母 M20	个	0.74	34.7	34.7	—	—	—	—
	专用螺母垫圈 Q235 2#	块	3.26	103.13	103.13	103.13	103.13	103.13	103.13
	圆钢 D5.5～9.0	t	3896.14	0.01262	0.01262	0.01262	0.01262	0.01262	0.01262
	垫圈 M20	个	0.20	35.5	35.5	—	—	—	—
	垫圈 M24	个	0.31	—	—	35.5	35.5	35.5	35.5

续前 **单位：**10m

编号				1-413	1-414	1-415	1-416	1-417	1-418
标准图号				DGL-1、2、3	DGL-4	DGL-5、6	DGL-7	DGL-8	DGL-9
固定形式（纵向孔距$A=600$）				弹性（分段）垫压板螺栓式			弹性（全长）垫压板螺栓式	弹性（分段）垫压板螺栓式	
横向孔距（B）				250以内	220以内	250以内	250以内		
轨道型号				38kg/m	43kg/m	50kg/m	50kg/m	QU100	QU120
组成内容		**单位**	**单价**	**数量**					
材料	弹性垫板（一） 橡胶$13^{\#}$	块	6.45	17.74	—	—	—	—	—
	弹性垫板（一） 橡胶$18^{\#}$	块	6.72	—	17.74	—	—	—	—
	弹性垫板（一） 橡胶$19^{\#}$	块	9.31	—	—	17.74	—	—	—
	弹性垫板（一） 橡胶$20^{\#}$	块	11.74	—	—	—	—	17.74	17.74
	弹性垫板（二） 橡胶$1^{\#}$	块	279.17	—	—	—	1.06	—	—
	压板（二） Q235 $7^{\#}$	块	6.42	1.02	1.02	—	—	—	—
	压板（三） Q235 $11^{\#}$	块	15.62	34.37	—	—	—	—	—
	压板（三） Q235 $13^{\#}$	块	17.10	—	34.37	—	—	—	—
	压板（三） Q235 $18^{\#}$	块	24.55	—	—	34.37	34.37	34.37	34.37
	挡板 角钢 75×75×6 $L=100$	根	4.30	—	6.88	6.88	6.88	6.88	6.88
	六角毛螺母 M24	个	1.17	—	—	34.7	34.7	34.7	34.7
	钢垫板挡板槽钢连接板 Q235 $5^{\#}$	块	12.85	—	—	1.02	1.02	1.02	1.02
	弹性垫块 橡胶$2^{\#}$	块	1.43	—	—	—	35.47	—	—
	钢轨连接板 QU100	套	200.97	—	—	—	—	1.01	—
	钢轨连接板 QU120	套	210.20	—	—	—	—	—	1.01
	电焊条 E4303 $D4$	kg	7.58	0.9	1.7	1.7	1.7	1.7	1.7
	氧气	m^3	2.88	1.632	1.683	1.836	1.836	2.244	2.550
	乙炔气	kg	14.66	0.564	0.561	0.612	0.612	0.788	0.850
	零星材料费	元	—	16.42	17.36	22.76	24.59	23.28	23.39
机械	立式铣床 320×1250	台班	242.96	0.25	0.28	0.30	0.30	0.32	0.36
	摩擦压力机 3000kN	台班	407.82	0.12	0.12	0.16	0.16	0.20	0.24
	交流弧焊机 32kV·A	台班	87.97	0.16	0.23	0.23	0.23	0.23	0.23
	卷扬机 单筒慢速 50kN	台班	211.29	0.21	0.21	0.24	0.24	0.27	0.27

五、混凝土梁上安装轨道(DJ46)

单位：10m

编号				1-419	1-420	1-421	1-422	1-423	1-424	1-425	1-426	1-427
标准图号				DGN-1、2	DGN-3		DGN-4		DGN-5		DGN-6	DGN-7
固定形式(纵向孔距A=600)				弹性(分段)垫压板螺栓式								
横向孔距(B)				240以内	260以内		280以内		280以内			
轨道型号				38kg/m	43kg/m	QU70	50kg/m	QU80	50kg/m	QU80	QU100	QU120
预算基价	总价(元)			**4297.13**	**4917.38**	**4988.15**	**4835.62**	**4917.79**	**5256.79**	**5334.73**	**5284.56**	**5657.56**
	人工费(元)			2339.55	2385.45	2428.65	2511.00	2594.70	2511.00	2594.70	2758.05	2957.85
	材料费(元)			1766.77	2333.83	2366.58	2096.90	2093.57	2513.84	2510.51	2276.14	2416.33
	机械费(元)			190.81	198.10	192.92	227.72	229.52	231.95	229.52	250.37	283.38
组成内容		单位	单价	数量								
人工	综合工	工日	135.00	17.33	17.67	17.99	18.60	19.22	18.60	19.22	20.43	21.91
材料	普碳钢重轨	t	—	(0.41)	(0.47)	—	(0.54)	—	(0.54)	—	—	—
	起重钢轨	t	—	—	—	(0.56)	—	(0.67)	—	(0.67)	(0.94)	(1.24)
	圆钢 D5.5~9.0	t	3896.14	0.01262	0.01262	0.01262	0.01262	0.01262	0.01262	0.01262	0.01262	0.01262
	普碳钢板 Q195~Q235 δ1.6~1.9	t	3997.33	0.05659	0.05659	0.05940	0.06502	0.06408	0.06502	0.06408	0.07344	0.08280
	止退垫片 Q235 $2^{\#}$	块	2.52	35.47	—	—	—	—	—	—	—	—
	止退垫片 Q235 $5^{\#}$	块	2.66	—	35.47	35.47	35.47	35.47	35.47	35.47	35.47	35.47
	接头钢垫板 Q235 $4^{\#}$	块	22.39	1.02	—	—	—	—	—	—	—	—
	接头钢垫板 Q235 $8^{\#}$	块	26.46	—	1.02	1.02	—	—	—	—	—	—
	接头钢垫板 Q235 $13^{\#}$	块	29.74	—	—	—	1.02	1.02	1.02	1.02	1.02	1.02
	弹性垫板(一) 橡胶$6^{\#}$	块	12.20	17.74	—	—	—	—	—	—	—	—
	弹性垫板(一) 橡胶$8^{\#}$	块	35.25	—	17.74	17.74	—	—	—	—	—	—
	弹性垫板(一) 橡胶$15^{\#}$	块	12.53	—	—	—	—	—	—	—	17.74	—
	钢轨鱼尾板 38kg	套	118.68	1.01	1.01	—	—	—	—	—	—	—
	钢轨鱼尾板 50kg	套	144.99	—	—	—	1.01	—	1.01	—	—	—
	粗制六角螺栓 M20×(180~300)	个	4.61	34.4	—	—	—	—	—	—	—	—
	粗制六角螺栓 M24×(180~300)	个	6.36	—	34.4	34.4	—	—	—	—	—	—
	粗制六角螺栓 M24×350	个	8.35	—	—	—	34.4	34.4	34.4	34.4	34.4	34.4
	弹性垫板(一) 橡胶$10^{\#}$	块	12.35	—	—	—	17.74	17.74	—	—	—	—
	弹性垫板(一) 橡胶$11^{\#}$	块	35.62	—	—	—	—	—	17.74	17.74	—	—
	弹性垫板(一) 橡胶$17^{\#}$	块	14.99	—	—	—	—	—	—	—	—	17.74

续前 **单位**：10m

编号				1-419	1-420	1-421	1-422	1-423	1-424	1-425	1-426	1-427
标准图号				DGN-1、2	DGN-3		DGN-4		DGN-5		DGN-6	DGN-7
固定形式（纵向孔距A=600）				弹性（分段）垫压板螺栓式								
横向孔距（B）				240以内	260以内		280以内		280以内			
轨道型号				38kg/m	43kg/m	QU70	50kg/m	QU80	50kg/m	QU80	QU100	QU120
组成内容		**单位**	**单价**	**数量**								
材料	压板（四） Q235 2#	块	8.68	34.37	—	—	—	—	—	—	—	—
	压板（四） Q235 3#	块	9.74	—	34.37	34.37	—	—	—	—	—	—
	压板（四） Q235 4#	块	10.55	—	—	—	34.37	34.37	34.37	34.37	—	—
	压板（四） Q235 5#	块	12.88	—	—	—	—	—	—	—	34.37	—
	压板（四） Q235 6#	块	14.22	—	—	—	—	—	—	—	—	34.37
	钢轨连接板 QU70	套	137.71	—	—	1.01	—	—	—	—	—	—
	钢轨连接板 QU80	套	143.87	—	—	—	—	1.01	—	1.01	—	—
	钢轨连接板 QU100	套	200.97	—	—	—	—	—	—	—	1.01	—
	钢轨连接板 QU120	套	210.20	—	—	—	—	—	—	—	—	1.01
	木板	m^3	1672.03	0.02	0.02	0.02	0.02	0.02	0.02	0.02	0.02	0.02
	硅酸盐水泥 42.5级	kg	0.41	108	108	108	119	119	119	119	121	121
	砂子	t	87.03	0.243	0.243	0.243	0.286	0.286	0.286	0.286	0.286	0.286
	碎石 0.5～3.2	t	82.73	0.229	0.229	0.229	0.257	0.257	0.257	0.257	0.257	0.257
	六角毛螺母 M20	个	0.74	69.5	—	—	—	—	—	—	—	—
	六角毛螺母 M24	个	1.17	—	69.5	69.5	69.5	69.5	69.5	69.5	69.5	69.5
	专用螺母垫圈 Q235 2#	块	3.26	68.74	—	—	—	—	—	—	—	—
	专用螺母垫圈 Q235 3#	块	3.50	—	68.74	68.74	68.74	68.74	68.74	68.74	68.74	68.74
	电焊条 E4303 $D4$	kg	7.58	0.9	0.9	0.9	0.9	0.9	0.9	0.9	0.9	0.9
	氧气	m^3	2.88	1.632	1.683	1.938	1.836	2.040	1.836	2.040	2.244	2.550
	乙炔气	kg	14.66	0.544	0.561	0.646	0.612	0.680	0.612	0.680	0.748	0.850
	脚手架材料费	元	—	155.64	155.64	155.64	155.64	155.64	155.64	155.64	155.64	155.64
	零星材料费	元	—	17.49	23.11	23.43	20.76	20.73	24.89	24.86	22.54	23.92
机械	卷扬机 单筒慢速 50kN	台班	211.29	0.26	0.26	0.27	0.30	0.32	0.32	0.32	0.33	0.34
	立式铣床 320×1250	台班	242.96	0.25	0.28	0.25	0.30	0.29	0.30	0.29	0.30	0.36
	摩擦压力机 3000kN	台班	407.82	0.12	0.12	0.12	0.16	0.16	0.16	0.16	0.20	0.24
	交流弧焊机 32kV·A	台班	87.97	0.16	0.16	0.16	0.16	0.16	0.16	0.16	0.16	0.16
	脚手架机械使用费	元	—	12.12	12.12	12.12	12.12	12.12	12.12	12.12	12.12	12.12

六、电动壁行及旋臂起重机轨道安装

单位：10m

编号				1-428	1-429	1-430	1-431	1-432	1-433
安装部位				在上部钢梁上安装侧轨		在下部混凝土梁上安装平轨		在下部混凝土梁上安装侧轨	
固定形式				角钢焊接螺栓式		Π形钢垫板焊接式		钢垫板焊接式	
轨道型号				□50×50	□60×60	□50×50	□60×60	□50×50	□60×60
预算基价	总价(元)			**1962.97**	**2086.14**	**3069.29**	**3205.68**	**2861.07**	**3004.21**
	人工费(元)			1340.55	1417.50	1744.20	1827.90	1749.60	1840.05
	材料费(元)			381.92	395.20	1031.45	1049.44	817.83	835.82
	机械费(元)			240.50	273.44	293.64	328.34	293.64	328.34
组成内容		**单位**	**单价**	**数量**					
人工	综合工	工日	135.00	9.93	10.50	12.92	13.54	12.96	13.63
材料	普碳方钢	t	—	(0.21)	(0.30)	(0.21)	(0.30)	(0.21)	(0.30)
	热轧不等边角钢 63×40×6 L=80	根	1.37	41.24	41.24	—	—	—	—
	普碳钢板 Q195～Q235 δ1.6～1.9	t	3997.33	0.00103	0.00128	—	—	—	—
	普碳钢板 Q195～Q235 δ4.5～7.0	t	3843.28	—	—	0.00216	0.00326	0.00216	0.00326
	Π形垫板 Q235	块	22.24	—	—	13.74	13.74	—	—
	接头钢垫板 Q235 6#	块	25.20	—	—	13.74	13.74	13.74	13.74
	粗制六角螺栓 M18×(40～100)	个	1.60	41.2	41.2	—	—	—	—
	粗制六角螺栓 M20×(320～400)	个	6.27	—	—	13.7	13.7	—	—
	弹簧垫圈 M12～22	个	0.14	42.6	42.6	14.2	14.2	28.4	28.4
	六角毛螺母 M18	个	0.59	41.7	41.7	13.9	13.9	—	—
	专用螺母垫圈 Q235 1#	块	2.80	41.24	41.24	27.50	27.50	27.50	27.50
	木板	m^3	1672.03	—	—	0.01	0.01	0.01	0.01
	钢垫板(一) Q235 1#	块	13.55	—	—	—	—	13.74	13.74
	硅酸盐水泥 42.5级	kg	0.41	—	—	44	44	44	44
	砂子	t	87.03	—	—	0.100	0.100	0.100	0.100
	碎石 0.5～3.2	t	82.73	—	—	0.114	0.114	0.114	0.114
	电焊条 E4303 D4	kg	7.58	13.30	14.85	17.20	18.94	17.20	18.94
	氧气	m^3	2.88	0.612	0.663	0.612	0.663	0.612	0.663
	乙炔气	kg	14.66	0.204	0.221	0.204	0.221	0.204	0.221
	零星材料费	元	—	3.78	3.91	10.21	10.39	8.10	8.28
机械	卷扬机 单筒慢速 50kN	台班	211.29	0.13	0.13	0.19	0.19	0.19	0.19
	立式铣床 320×1250	台班	242.96	0.18	0.23	0.18	0.23	0.18	0.23
	摩擦压力机 3000kN	台班	407.82	0.07	0.08	0.07	0.08	0.07	0.08
	交流弧焊机 32kV·A	台班	87.97	1.60	1.79	2.06	2.27	2.06	2.27

七、地平面上安装轨道

单位：10m

编号				1-434	1-435	1-436	1-437	1-438	1-439
固定形式				预埋钢底板焊接式			预埋螺栓式		
轨道型号				24kg/m	38kg/m	43kg/m	24kg/m	38kg/m	43kg/m
预算基价	总价(元)			**2245.34**	**2965.93**	**3014.11**	**2946.05**	**3836.26**	**3815.32**
	人工费(元)			1883.25	2424.60	2465.10	2170.80	2756.70	2798.55
	材料费(元)			243.51	389.43	389.82	698.89	969.88	899.80
	机械费(元)			118.58	151.90	159.19	76.36	109.68	116.97
组成内容		**单位**	**单价**	**数量**					
人工	综合工	工日	135.00	13.95	17.96	18.26	16.08	20.42	20.73
材料	普通钢轨 24kg/m	t	—	(0.26)	—	—	(0.26)	—	—
	普碳钢重轨	t	—	—	(0.41)	(0.47)	—	(0.41)	(0.47)
	普碳钢板 Q195～Q235 δ4.5～7.0	t	3843.28	0.0045	0.0045	0.0045	0.0045	0.0045	0.0045
	钢轨鱼尾板 24kg	套	40.87	1.01	—	—	1.01	—	1.01
	钢轨鱼尾板 38kg	套	118.68	—	1.01	1.01	—	1.01	—
	硅酸盐水泥 42.5级	kg	0.41	183	263	263	267	357	357
	砂子	t	87.03	0.415	0.601	0.601	0.601	0.801	0.801
	碎石 0.5～3.2	t	82.73	0.458	0.643	0.643	0.658	0.887	0.887
	电焊条 E4303 *D*4	kg	7.58	4	4	4	—	—	—
	氧气	m^3	2.88	0.408	0.612	0.663	0.408	0.612	0.663
	乙炔气	kg	14.66	0.136	0.204	0.221	0.136	0.204	0.221
	六角毛螺母 M18～22	个	0.63	—	—	—	27.8	27.8	27.8
	钢垫板(一) Q235 5#	块	15.91	—	—	—	13.6	—	—
	钢垫板(一) Q235 7#	块	19.06	—	—	—	—	13.6	13.6
	压板(二) Q235 1#	块	3.32	—	—	—	27.5	—	—
	压板(二) Q235 3#	块	4.87	—	—	—	—	27.5	27.5
	单孔固定板钢底板 Q235 1#	块	3.23	—	—	—	27.5	—	—
	单孔固定板钢底板 Q235 2#	块	4.30	—	—	—	—	27.5	—
	单孔固定板钢底板 Q235 3#	块	4.62	—	—	—	—	—	27.5
	零星材料费	元	—	2.41	3.86	3.86	6.92	9.60	8.91
机械	立式铣床 320×1250	台班	242.96	0.18	0.25	0.28	0.18	0.25	0.28
	摩擦压力机 3000kN	台班	407.82	0.08	0.12	0.12	0.08	0.12	0.12
	交流弧焊机 32kV·A	台班	87.97	0.48	0.48	0.48	—	—	—

八、电动葫芦及单轨小车工字钢轨道安装

单位：10m

编号				1-440	1-441	1-442	1-443	1-444	1-445	1-446	1-447
项目				轨道型号							
				I12.6	I14	I16	I18	I20	I22	I25	I28
预算基价	总价(元)			**1289.19**	**1396.71**	**1493.37**	**1601.91**	**1678.03**	**1857.01**	**1977.47**	**2130.06**
	人工费(元)			1112.40	1198.80	1252.80	1328.40	1375.65	1483.65	1560.60	1663.20
	材料费(元)			78.83	88.48	107.32	123.83	140.47	180.59	202.19	231.53
	机械费(元)			97.96	109.43	133.25	149.68	161.91	192.77	214.68	235.33
组成内容		单位	单价	数量							
人工	综合工	工日	135.00	8.24	8.88	9.28	9.84	10.19	10.99	11.56	12.32
材料	工字钢 12.6～28.0	t	—	(0.15)	(0.18)	(0.22)	(0.26)	(0.30)	(0.35)	(0.40)	(0.46)
	工字钢连接板 Q235	t	3945.20	0.00381	0.00449	0.00673	0.00800	0.00880	0.01215	0.01497	0.01667
	普碳钢板 Q195～Q235 δ4.5～7.0	t	3843.28	0.00072	0.00072	0.00072	0.00103	0.00103	0.00103	0.00103	0.00154
	电焊条 E4303 *D*4	kg	7.58	1.32	1.69	2.41	2.67	2.81	3.92	4.55	4.95
	调和漆	kg	14.11	0.83	0.90	1.01	1.11	1.20	1.32	1.44	1.53
	防锈漆 C53-1	kg	13.20	1.23	1.34	1.50	1.66	1.79	1.97	2.15	2.35
	天那水	kg	12.07	0.12	0.15	0.15	0.18	0.18	0.22	0.22	0.27
	氧气	m^3	2.88	2.683	2.846	2.938	3.488	4.682	6.426	6.610	8.262
	乙炔气	kg	14.66	0.895	0.949	0.979	1.163	1.561	2.142	2.203	2.754
	零星材料费	元	—	0.78	0.88	1.06	1.23	1.39	1.79	2.00	2.29
机械	卷扬机 单筒慢速 50kN	台班	211.29	0.19	0.20	0.22	0.23	0.23	0.25	0.25	0.28
	摩擦压力机 3000kN	台班	407.82	0.09	0.10	0.12	0.14	0.17	0.19	0.22	0.24
	交流弧焊机 32kV·A	台班	87.97	0.24	0.30	0.43	0.50	0.50	0.71	0.82	0.89

单位：10m

编号				1-448	1-449	1-450	1-451	1-452	1-453	1-454
项目				轨道型号						
				I32	I36	I40	I45	I50	I56	I63
预算基价	总价(元)			**2438.50**	**2559.07**	**2820.17**	**3207.83**	**3565.88**	**4106.10**	**4575.76**
	人工费(元)			1868.40	1908.90	2114.10	2361.15	2616.30	2961.90	3310.20
	材料费(元)			278.69	333.33	356.02	437.59	488.81	595.68	653.25
	机械费(元)			291.41	316.84	350.05	409.09	460.77	548.52	612.31
组成内容		**单位**	**单价**	**数量**						
人工	综合工	工日	135.00	13.84	14.14	15.66	17.49	19.38	21.94	24.52
材料	工字钢 32～63	t	—	(0.56)	(0.63)	(0.71)	(0.85)	(0.97)	(1.12)	(1.28)
	工字钢连接板 Q235	t	3945.20	0.02346	0.02807	0.03031	0.03877	0.04634	0.06217	0.06905
	普碳钢板 Q195～Q235 δ4.5～7.0	t	3843.28	0.00154	0.00260	0.00260	0.00360	0.00360	0.00450	0.00450
	电焊条 E4303 *D*4	kg	7.58	7.08	7.84	8.55	11.12	12.94	17.05	19.79
	调和漆	kg	14.11	1.44	1.92	2.10	2.31	2.52	2.76	3.03
	防锈漆 C53-1	kg	13.20	2.60	2.87	3.14	3.45	3.76	4.12	4.52
	天那水	kg	12.07	0.27	0.30	0.30	0.35	0.35	0.40	0.40
	氧气	m^3	2.88	8.486	10.465	10.741	12.852	12.852	12.852	12.852
	乙炔气	kg	14.66	2.828	3.488	3.580	4.284	4.284	4.284	4.284
	零星材料费	元	—	2.76	3.30	3.52	4.33	4.84	5.90	6.47
机械	卷扬机 单筒慢速 50kN	台班	211.29	0.31	0.31	0.34	0.37	0.40	0.43	0.47
	摩擦压力机 3000kN	台班	407.82	0.28	0.31	0.35	0.38	0.42	0.46	0.49
	交流弧焊机 32kV·A	台班	87.97	1.27	1.42	1.54	2.00	2.33	3.07	3.56

九、悬挂工字钢轨道及8字形轨道安装

单位：10m

编号				1-455	1-456	1-457	1-458	1-459	1-460	1-461	1-462
名称				悬挂输送链钢轨安装				单梁悬挂起重机钢轨安装			
轨道型号				I10	I12.6	I14	I16	I16	I18	I20	I22
预算基价	总价(元)			**1476.45**	**1521.36**	**1632.96**	**1726.92**	**1365.12**	**1484.01**	**1545.49**	**1744.96**
	人工费(元)			1324.35	1348.65	1435.05	1486.35	1124.55	1212.30	1243.35	1371.60
	材料费(元)			67.93	78.83	88.48	107.32	107.32	123.79	140.23	180.59
	机械费(元)			84.17	93.88	109.43	133.25	133.25	147.92	161.91	192.77
组成内容		**单位**	**单价**	**数量**							
人工	综合工	工日	135.00	9.81	9.99	10.63	11.01	8.33	8.98	9.21	10.16
材料	工字钢 10～22	t	—	(0.12)	(0.15)	(0.18)	(0.22)	(0.22)	(0.25)	(0.29)	(0.35)
	工字钢连接板 Q235	t	3945.20	0.00280	0.00381	0.00449	0.00673	0.00673	0.00799	0.00874	0.01215
	普碳钢板 Q195～Q235 δ4.5～7.0	t	3843.28	0.00072	0.00072	0.00072	0.00072	0.00072	0.00103	0.00103	0.00103
	电焊条 E4303 D4	kg	7.58	1.14	1.32	1.69	2.41	2.41	2.67	2.81	3.92
	调和漆	kg	14.11	0.66	0.83	0.90	1.01	1.01	1.11	1.20	1.32
	防锈漆 C53-1	kg	13.20	1.00	1.23	1.34	1.50	1.50	1.66	1.79	1.97
	天那水	kg	12.07	0.12	0.12	0.15	0.15	0.15	0.18	0.18	0.22
	氧气	m^3	2.88	2.683	2.683	2.846	2.938	2.938	3.488	4.682	6.426
	乙炔气	kg	14.66	0.895	0.895	0.949	0.979	0.979	1.163	1.561	2.142
	零星材料费	元	—	0.67	0.78	0.88	1.06	1.06	1.23	1.39	1.79
机械	卷扬机 单筒慢速 50kN	台班	211.29	0.18	0.19	0.20	0.22	0.22	0.23	0.23	0.25
	摩擦压力机 3000kN	台班	407.82	0.07	0.08	0.10	0.12	0.12	0.14	0.17	0.19
	交流弧焊机 32kV·A	台班	87.97	0.20	0.24	0.30	0.43	0.43	0.48	0.50	0.71

单位：10m

编号				1-463	1-464	1-465	1-466	1-467	1-468	1-469	1-470
名称				单梁悬挂起重机钢轨安装						浇铸8字形轨道安装	
轨道型号				I25	I28	I32	I36	I40	I45	单排	双排
预算基价	总价(元)			**1858.67**	**2044.38**	**2346.93**	**2506.42**	**2761.41**	**3207.83**	**1034.71**	**1546.79**
	人工费(元)			1441.80	1576.80	1772.55	1856.25	2056.05	2361.15	966.60	1444.50
	材料费(元)			202.19	232.25	282.97	333.33	355.31	437.59	17.23	34.33
	机械费(元)			214.68	235.33	291.41	316.84	350.05	409.09	50.88	67.96
组成内容		**单位**	**单价**	**数量**							
人工	综合工	工日	135.00	10.68	11.68	13.13	13.75	15.23	17.49	7.16	10.70
材料	工字钢 25～45	t	—	(0.40)	(0.46)	(0.56)	(0.63)	(0.71)	(0.85)	—	—
	工字钢连接板 Q235	t	3945.20	0.01497	0.01667	0.02346	0.02807	0.03013	0.03877	—	—
	普碳钢板 Q195～Q235 δ4.5～7.0	t	3843.28	0.00103	0.00154	0.00154	0.00260	0.00260	0.00360	—	—
	电焊条 E4303 *D*4	kg	7.58	4.55	4.95	7.08	7.84	8.55	11.12	0.16	0.32
	调和漆	kg	14.11	1.44	1.58	1.74	1.92	2.10	2.31	0.55	1.10
	防锈漆 C53-1	kg	13.20	2.15	2.35	2.60	2.87	3.14	3.45	—	—
	天那水	kg	12.07	0.22	0.27	0.27	0.30	0.30	0.35	0.11	0.22
	氧气	m^3	2.88	6.610	8.262	8.486	10.465	10.741	12.852	0.602	1.193
	乙炔气	kg	14.66	2.203	2.754	2.828	3.488	3.580	4.284	0.201	0.398
	普碳钢板 Q195～Q235 δ1.6～1.9	t	3997.33	—	—	—	—	—	—	0.00052	0.00103
	零星材料费	元	—	2.00	2.30	2.80	3.30	3.52	4.33	0.17	0.34
机械	卷扬机 单筒慢速 50kN	台班	211.29	0.25	0.28	0.31	0.31	0.34	0.37	0.22	0.28
	摩擦压力机 3000kN	台班	407.82	0.22	0.24	0.28	0.31	0.35	0.38	—	—
	交流弧焊机 32kV•A	台班	87.97	0.82	0.89	1.27	1.42	1.54	2.00	0.05	0.10

十、车挡制作与安装

编号				1-471	1-472	1-473	1-474	1-475	1-476
项目				车挡安装(每组4个)					车挡制作
				每个单重(t)					
				0.1 (组)	0.25 (组)	0.65 (组)	1 (组)	1.5 (组)	(t)
预算基价	总价(元)			**1922.88**	**2380.94**	**2984.75**	**3382.65**	**3900.28**	**9731.65**
	人工费(元)			1548.45	2000.70	2416.50	2763.45	3218.40	4054.05
	材料费(元)			374.43	380.24	407.69	417.48	430.76	5294.95
	机械费(元)			—	—	160.56	201.72	251.12	382.65
组成内容		**单位**	**单价**	**数量**					
人工	综合工	工日	135.00	11.47	14.82	17.90	20.47	23.84	30.03
材料	普碳钢板 Q195～Q235 δ1.6～1.9	t	3997.33	0.00052	0.00124	0.00222	0.00309	0.00412	—
	普碳钢板 Q195～Q235 δ8～20	t	3843.31	—	—	—	—	—	0.77800
	木板	m^3	1672.03	0.02	0.02	0.02	0.02	0.02	—
	硅酸盐水泥 42.5级	kg	0.41	60	60	60	60	60	—
	砂子	t	87.03	0.071	0.071	0.071	0.071	0.071	—
	碎石 0.5～3.2	t	82.73	0.086	0.086	0.086	0.086	0.086	—
	粗制六角螺栓 M16×(70～140)	kg	8.07	—	—	—	—	—	9.9
	粗制六角螺栓 M24×380	个	9.41	16.5	16.5	—	—	—	—
	粗制六角螺栓 M27×450	个	10.58	—	—	16.5	16.5	16.5	—
	六角毛螺母 M16	个	0.42	—	—	—	—	—	33.3
	六角毛螺母 M24～27	个	1.25	16.7	16.7	16.7	16.7	16.7	—
	专用螺母垫圈 Q235 $3^{\#}$	块	3.50	32.99	32.99	32.99	32.99	32.99	—
	调和漆	kg	14.11	0.31	0.48	0.70	1.03	1.55	8.91
	天那水	kg	12.07	0.11	0.15	0.22	0.35	0.49	3.98
	热轧槽钢 $5^{\#}$～$16^{\#}$	t	3587.47	—	—	—	—	—	0.23
	热轧角钢 60	t	3767.43	—	—	—	—	—	0.092
	电焊条 E4303 *D*4	kg	7.58	—	—	—	—	—	19.81
	橡胶板 δ4～10	kg	10.66	—	—	—	—	—	41.58
	防锈漆 C53-1	kg	13.20	—	—	—	—	—	13.31
	氧气	m^3	2.88	—	—	—	—	—	5.661
	乙炔气	kg	14.66	—	—	—	—	—	1.887
	零星材料费	元	—	3.71	3.76	4.04	4.13	4.26	52.43
机械	卷扬机 单筒慢速 30kN	台班	205.84	—	—	0.78	0.98	1.22	—
	立式钻床 *D*35	台班	10.91	—	—	—	—	—	0.85
	剪板机 20×2500	台班	329.03	—	—	—	—	—	0.06
	交流弧焊机 32kV•A	台班	87.97	—	—	—	—	—	4.02

第六章　输送设备安装

说　明

一、本章适用范围：

1.斗式提升机。

2.刮板输送机。

3.板式(裙式)输送机。

4.螺旋输送机。

5.悬挂输送机。

6.固定式胶带输送机(增加2m)。

7.卸矿车及皮带秤。

二、本章基价子目包括下列工作内容：

机头、机尾、机架、轨道、托辊、拉紧装置、传动装置等安装及皮带敷设。

三、本章基价子目不包括的工作内容及项目：

1.钢制外壳,刮板,漏斗的制作、安装。

2.特殊实验。

3.负荷试运转、联合试运转、生产准备试运转,无负荷试运转所用的动力、燃料等。

四、刮板输送机子目的单位是按一组驱动装置计算的。如超过一组时,则将输送长度除以驱动装置组数(即"m/组"数),以所得"m/组"数来选用相应的子目,再以组数乘以该子目的基价,即得其费用。

例如：某刮板输送机,宽为420mm,输送长度为250m,其中共有4组驱动装置,则其"m/组"数为250m除以4组,等于62.5m/组,应选用"420mm宽以内、80m/组以内"的子目,现该机有四组驱动装置,因此,该子目的基价乘以系数4.00,即得该台刮板输送机的费用。

工程量计算规则

一、斗式提升机安装依据其型号和提升高度,按设计图示数量计算。
二、刮板输送机安装依据其型号、输送槽宽、输送机长度、驱动装置组数,按设计图示数量计算。
三、板(裙)式输送机安装依据其型号、链板宽度、链轮中心距分别按设计图示数量计算。
四、悬挂输送机安装依据其型号、质量、链条类型、节距等分别按设计图示数量计算。
五、固定式胶带输送机安装依据其型号、输送机长度和胶带宽度分别按设计图示数量计算。
六、螺旋输送机安装依据其公称直径、机身长度分别按设计图示数量计算。
七、卸矿车和皮带秤安装依据其型号、质量和设备宽度等分别按设计图示数量计算。

一、斗式提升机

单位：台

编号				1-477	1-478	1-479	1-480	1-481	1-482
型号				胶带式（D160、D250）			胶带式（D350、D450）		
公称高度（m以内）				12	22	32	12	22	32
预算基价	总价（元）			**5066.03**	**6963.27**	**8957.87**	**6397.22**	**8975.60**	**12210.78**
	人工费（元）			4614.30	6407.10	8291.70	5821.20	8067.60	10941.75
	材料费（元）			217.17	246.64	277.27	265.61	306.07	354.87
	机械费（元）			234.56	309.53	388.90	310.41	601.93	914.16
组成内容		**单位**	**单价**	**数量**					
人工	综合工	工日	135.00	34.18	47.46	61.42	43.12	59.76	81.05
材料	平垫铁 Q195～Q235 $1^{\#}$	kg	7.42	3.048	3.048	3.048	3.048	3.048	3.048
	斜垫铁 Q195～Q235 $1^{\#}$	kg	10.34	3.06	3.06	3.06	3.06	3.06	3.06
	普碳钢板 Q195～Q235 δ0.50～0.65	t	4097.25	0.00050	0.00060	0.00070	0.00055	0.00065	0.00075
	木板	m^3	1672.03	0.010	0.011	0.014	0.016	0.021	0.028
	硅酸盐水泥 42.5级	kg	0.41	17.40	17.40	17.40	26.10	26.10	26.10
	砂子	t	87.03	0.039	0.039	0.039	0.077	0.077	0.077
	碎石 0.5～3.2	t	82.73	0.039	0.039	0.039	0.077	0.077	0.077
	镀锌钢丝 D2.8～4.0	kg	6.91	2	2	2	2	2	2
	电焊条 E4303 D4	kg	7.58	0.672	0.777	0.882	0.777	0.882	0.987
	道木	m^3	3660.04	0.007	0.007	0.007	0.007	0.007	0.007
	石棉编绳 D6～10	kg	19.22	0.59	1.13	1.55	0.78	1.46	2.18
	铅油	kg	11.17	0.56	1.13	1.55	0.75	1.46	2.18
	汽油 $60^{\#}$～$70^{\#}$	kg	6.67	0.612	0.714	0.816	0.765	0.847	0.969
	煤油	kg	7.49	3.833	4.463	5.093	5.040	5.534	6.300
	机油	kg	7.21	1.010	1.263	1.414	1.515	1.697	1.919
	黄干油	kg	15.77	1.212	1.293	1.465	1.515	1.697	1.970
	破布	kg	5.07	1.365	1.575	1.995	1.890	2.100	2.310
	零星材料费	元	—	2.15	2.44	2.75	2.63	3.03	3.51
机械	交流弧焊机 32kV•A	台班	87.97	0.50	0.55	0.65	0.56	0.70	0.80
	叉式起重机 5t	台班	494.40	0.3	0.4	0.5	0.4	0.5	0.5
	载货汽车 8t	台班	521.59	—	—	—	—	0.4	0.5
	汽车式起重机 8t	台班	767.15	—	—	—	—	—	0.3
	卷扬机 单筒慢速 50kN	台班	211.29	0.2	0.3	0.4	0.3	0.4	0.5

单位：台

编号			1-483	1-484	1-485	1-486	1-487	1-488
型号			链式(ZL25、ZL35)			链式(ZL45、ZL60)		
公称高度(m以内)			12	22	32	12	22	32
预算基价 总价(元)			**6196.91**	**8438.14**	**11495.84**	**7490.82**	**11030.71**	**14452.59**
人工费(元)			5840.10	8005.50	10419.30	6929.55	9919.80	13078.80
材料费(元)			228.31	283.01	319.04	305.99	353.41	415.79
机械费(元)			128.50	149.63	757.50	255.28	757.50	958.00
组成内容	**单位**	**单价**	**数量**					
人工 综合工	工日	135.00	43.26	59.30	77.18	51.33	73.48	96.88
材料 平垫铁 Q195～Q235 1#	kg	7.42	3.048	3.048	3.048	3.048	3.048	3.048
斜垫铁 Q195～Q235 1#	kg	10.34	3.06	3.06	3.06	3.06	3.06	3.06
普碳钢板 Q195～Q235 δ0.50～0.65	t	4097.25	0.00050	0.00060	0.00070	0.00055	0.00060	0.00075
木板	m^3	1672.03	0.004	0.018	0.021	0.024	0.031	0.040
硅酸盐水泥 42.5级	kg	0.41	23.20	23.20	23.20	33.35	33.35	33.35
砂子	t	87.03	0.059	0.059	0.059	0.077	0.077	0.077
碎石 0.5～3.2	t	82.73	0.059	0.059	0.059	0.097	0.097	0.097
镀锌钢丝 D2.8～4.0	kg	6.91	2	2	2	2	2	2
电焊条 E4303 D4	kg	7.58	0.735	0.840	0.924	0.798	0.924	1.029
道木	m^3	3660.04	0.007	0.007	0.007	0.007	0.007	0.007
石棉编绳 D6～10	kg	19.22	0.69	1.30	1.91	0.91	1.68	2.80
铅油	kg	11.17	0.69	1.30	1.78	0.92	1.68	2.50
汽油 60#～70#	kg	6.67	0.663	0.765	0.867	0.826	0.908	1.020
煤油	kg	7.49	4.410	5.040	5.670	5.891	6.258	6.983
机油	kg	7.21	1.212	1.364	1.616	1.848	1.929	2.172
黄干油	kg	15.77	1.465	1.667	1.919	1.919	2.273	2.576
破布	kg	5.07	1.628	1.890	2.153	2.258	2.520	2.898
零星材料费	元	—	2.26	2.80	3.16	3.03	3.50	4.12
机械 交流弧焊机 32kV•A	台班	87.97	0.50	0.50	0.50	0.50	0.50	0.50
载货汽车 8t	台班	521.59	—	—	0.3	—	0.3	0.4
汽车式起重机 12t	台班	864.36	—	—	0.4	—	0.4	—
汽车式起重机 16t	台班	971.12	—	—	—	—	—	0.4
卷扬机 单筒慢速 50kN	台班	211.29	0.4	0.5	1.0	1.0	1.0	1.5

二、刮板输送机

单位：组

编号				1-489	1-490	1-491	1-492	1-493	1-494
槽宽(mm以内)				420			530		
输送机长度/驱动装置组数(m/组以内)				30	50	80	50	80	120
预算基价	总价(元)			**10602.01**	**17282.17**	**24510.30**	**19834.21**	**27596.25**	**34401.34**
	人工费(元)			9066.60	14786.55	20808.90	17101.80	23500.80	29629.80
	材料费(元)			1201.97	1829.07	2761.32	1888.25	2843.91	3556.35
	机械费(元)			333.44	666.55	940.08	844.16	1251.54	1215.19
组成内容		单位	单价	数量					
人工	综合工	工日	135.00	67.16	109.53	154.14	126.68	174.08	219.48
材料	平垫铁 Q195～Q235 $1^{\#}$	kg	7.42	48.768	75.184	115.824	75.184	115.824	144.272
	斜垫铁 Q195～Q235 $1^{\#}$	kg	10.34	48.96	75.48	116.28	75.48	116.28	144.84
	普碳钢板 Q195～Q235 δ0.50～0.65	t	4097.25	0.0007	0.0009	0.0011	0.0009	0.0011	0.0013
	木板	m^3	1672.03	0.005	0.015	0.033	0.015	0.033	0.051
	硅酸盐水泥 42.5级	kg	0.41	114.55	165.30	255.20	165.30	255.20	319.00
	砂子	t	87.03	0.290	0.406	0.638	0.406	0.638	0.792
	碎石 0.5～3.2	t	82.73	0.309	0.445	0.695	0.445	0.695	0.869
	石棉编绳 D6～10	kg	19.22	3.8	6.6	9.4	8.3	11.9	15.5
	电焊条 E4303 D4	kg	7.58	1.029	1.281	1.533	1.491	1.764	2.037
	铅油	kg	11.17	1.6	2.6	3.6	3.0	4.1	5.2
	汽油 $60^{\#}$～$70^{\#}$	kg	6.67	1.224	1.530	1.836	1.734	2.142	2.550
	煤油	kg	7.49	5.618	6.248	7.088	7.203	8.159	9.114
	机油	kg	7.21	2.172	2.879	3.586	3.192	4.111	5.030
	黄干油	kg	15.77	2.172	2.778	3.283	3.192	3.909	4.626
	破布	kg	5.07	2.783	3.308	3.833	3.812	4.358	4.904
	零星材料费	元	—	11.90	18.11	27.34	18.70	28.16	35.21
机械	交流弧焊机 32kV·A	台班	87.97	0.5	1.0	1.0	1.0	1.0	1.0
	叉式起重机 5t	台班	494.40	0.5	0.3	—	0.3	—	—
	载货汽车 8t	台班	521.59	—	—	0.4	0.3	0.5	0.5
	汽车式起重机 12t	台班	864.36	—	0.4	0.5	0.4	0.8	—
	汽车式起重机 25t	台班	1098.98	—	—	—	—	—	0.5
	卷扬机 单筒慢速 50kN	台班	211.29	0.2	0.4	1.0	0.5	1.0	1.5

单位：组

编号				1-495	1-496	1-497	1-498	1-499	1-500
槽宽(mm以内)				620				800	
输送机长度/驱动装置组数(m/组以内)				80	120	170	250	170	250
预算基价	总价(元)			**30597.77**	**39759.21**	**43664.44**	**69879.38**	**57665.09**	**76800.29**
	人工费(元)			27044.55	35147.25	36926.55	60385.50	50001.30	66189.15
	材料费(元)			2955.42	3759.70	5279.33	6978.60	5480.94	7283.52
	机械费(元)			597.80	852.26	1458.56	2515.28	2182.85	3327.62
组成内容		单位	单价	数量					
人工	综合工	工日	135.00	200.33	260.35	273.53	447.30	370.38	490.29
材料	平垫铁 Q195～Q235 1#	kg	7.42	115.824	144.272	201.168	262.128	201.168	262.128
	斜垫铁 Q195～Q235 1#	kg	10.34	116.28	144.84	201.96	263.16	201.96	263.16
	普碳钢板 Q195～Q235 δ0.50～0.65	t	4097.25	0.0011	0.0013	0.0015	0.0018	0.0015	0.0018
	木板	m^3	1672.03	0.040	0.098	0.199	0.335	0.204	0.366
	硅酸盐水泥 42.5级	kg	0.41	255.20	319.00	536.50	667.00	536.50	667.00
	砂子	t	87.03	0.638	0.792	1.333	1.680	1.333	1.680
	碎石 0.5～3.2	t	82.73	0.695	0.869	1.449	1.835	1.449	1.835
	石棉编绳 *D*6～10	kg	19.22	15.1	19.6	24.1	33.1	31.1	42.7
	电焊条 E4303 *D*4	kg	7.58	2.037	2.352	2.646	3.108	2.982	3.486
	铅油	kg	11.17	4.7	6.0	7.3	9.3	8.4	10.6
	汽油 60#～70#	kg	6.67	2.448	2.958	3.468	4.284	3.978	4.896
	煤油	kg	7.49	9.387	10.437	11.487	13.115	13.157	15.005
	机油	kg	7.21	4.787	5.808	6.807	8.373	7.807	9.585
	黄干油	kg	15.77	4.484	5.292	6.100	7.363	6.999	8.373
	破布	kg	5.07	4.998	5.670	6.342	7.403	7.245	8.442
	零星材料费	元	—	29.26	37.22	52.27	69.10	54.27	72.11
机械	交流弧焊机 32kV·A	台班	87.97	1.0	1.2	1.3	1.5	1.5	1.8
	载货汽车 8t	台班	521.59	0.2	0.2	0.3	0.3	0.4	0.4
	汽车式起重机 16t	台班	971.12	0.2	—	—	—	—	—
	汽车式起重机 25t	台班	1098.98	—	0.2	—	—	—	—
	汽车式起重机 30t	台班	1141.87	—	—	0.3	—	—	—
	汽车式起重机 50t	台班	2492.74	—	—	—	0.3	0.4	—
	汽车式起重机 75t	台班	3175.79	—	—	—	—	—	0.4
	卷扬机 单筒慢速 50kN	台班	211.29	1.0	2.0	4.0	7.0	4.0	8.0

三、板(裙)式输送机

单位：台

	编号			1-501	1-502	1-503	1-504	1-505	1-506	1-507	1-508	1-509
	链板宽度(mm以内)			800		1000	1200	1500		1800	2400	
	链轮中心距(m以内)			6	10	3	5	10	15	12	5	12
预算基价	总价(元)			**4611.79**	**5983.29**	**4198.29**	**5089.65**	**12347.55**	**19347.17**	**20724.62**	**15927.22**	**26707.61**
	人工费(元)			3758.40	4858.65	3469.50	4256.55	9850.95	15190.20	16420.05	13428.45	21651.30
	材料费(元)			569.39	747.21	543.67	626.85	1183.41	1636.60	2004.13	981.05	2291.30
	机械费(元)			284.00	377.43	185.12	206.25	1313.19	2520.37	2300.44	1517.72	2765.01
	组成内容	**单位**	**单价**	**数量**								
人工	综合工	工日	135.00	27.84	35.99	25.70	31.53	72.97	112.52	121.63	99.47	160.38
材料	平垫铁 Q195～Q235 1#	kg	7.42	13.208	16.256	12.192	13.208	15.240	19.304	19.304	15.240	21.336
	斜垫铁 Q195～Q235 1#	kg	10.34	13.26	16.32	12.24	13.26	15.30	19.38	19.38	15.30	21.42
	普碳钢板 Q195～Q235 δ0.50～0.65	t	4097.25	0.00110	0.00160	0.00100	0.00116	0.00165	0.00217	0.00305	0.00216	0.00315
	木板	m^3	1672.03	0.016	0.020	0.015	0.026	0.120	0.210	0.404	0.014	0.408
	硅酸盐水泥 42.5级	kg	0.41	168.20	272.60	153.70	187.05	491.55	614.80	642.35	332.05	813.45
	砂子	t	87.03	0.425	0.676	0.386	0.463	1.236	1.544	1.603	0.831	2.028
	碎石 0.5～3.2	t	82.73	0.463	0.754	0.425	0.502	1.351	1.680	1.757	0.908	2.221
	镀锌钢丝 D2.8～4.0	kg	6.91	2	2	2	2	2	3	3	4	4
	电焊条 E4303 D4	kg	7.58	1.218	2.573	1.985	2.069	9.450	17.220	14.700	9.450	17.745
	汽油 60#～70#	kg	6.67	1.020	1.020	1.081	1.142	1.142	1.224	1.530	1.530	1.683
	煤油	kg	7.49	6.332	6.993	5.964	6.699	8.442	11.256	12.957	11.897	15.141
	机油	kg	7.21	3.868	4.202	4.222	4.949	6.787	7.999	8.737	8.565	10.130
	黄干油	kg	15.77	2.020	2.020	2.222	2.424	2.626	3.232	3.838	4.000	4.202
	氧气	m^3	2.88	0.612	1.224	0.408	0.612	1.020	1.836	1.836	1.020	2.040
	乙炔气	kg	14.66	0.204	0.408	0.136	0.204	0.340	0.612	0.612	0.340	0.680
	破布	kg	5.07	2.237	2.625	2.153	2.531	3.465	4.872	5.376	5.376	6.395
	道木	m^3	3660.04	—	—	—	—	—	—	—	0.007	0.007
	零星材料费	元	—	5.64	7.40	5.38	6.21	11.72	16.20	19.84	9.71	22.69
机械	交流弧焊机 32kV•A	台班	87.97	0.5	1.0	0.5	0.5	9.0	16.5	14.0	9.0	10.5
	叉式起重机 5t	台班	494.40	0.4	0.5	0.2	0.2	0.2	—	—	0.4	—
	载货汽车 8t	台班	521.59	—	—	—	—	—	0.3	0.3	—	0.4
	汽车式起重机 12t	台班	864.36	—	—	—	—	—	0.2	0.2	—	0.3
	卷扬机 单筒慢速 50kN	台班	211.29	0.2	0.2	0.2	0.3	2.0	3.5	3.5	2.5	6.5

四、螺旋输送机

单位：台

	编号			1-510	1-511	1-512	1-513	1-514	1-515	1-516	1-517
	公称直径(mm以内)			300				600			
	机身长度(m以内)			6	11	16	21	8	14	20	26
预算基价	总价(元)			**2110.30**	**2739.30**	**3594.95**	**4427.26**	**3461.20**	**4331.58**	**5485.37**	**6695.48**
	人工费(元)			1767.15	2235.60	2889.00	3528.90	2953.80	3653.10	4594.05	5553.90
	材料费(元)			237.39	318.58	423.87	528.11	309.94	401.66	517.54	637.38
	机械费(元)			105.76	185.12	282.08	370.25	197.46	276.82	373.78	504.20
	组成内容	**单位**	**单价**	**数量**							
人工	综合工	工日	135.00	13.09	16.56	21.40	26.14	21.88	27.06	34.03	41.14
材料	平垫铁 Q195～Q235 1#	kg	7.42	6.096	9.144	13.208	17.272	6.096	9.144	13.208	17.272
	斜垫铁 Q195～Q235 1#	kg	10.34	6.12	9.18	13.26	17.34	6.12	9.18	13.26	17.34
	普碳钢板 Q195～Q235 δ0.50～0.65	t	4097.25	0.00028	0.00041	0.00060	0.00078	0.00045	0.00063	0.00087	0.00111
	木板	m^3	1672.03	0.006	0.006	0.008	0.008	0.021	0.024	0.026	0.029
	硅酸盐水泥 42.5级	kg	0.41	30.45	34.80	39.15	43.50	40.60	44.95	49.30	53.65
	砂子	t	87.03	0.077	0.097	0.097	0.116	0.097	0.116	0.116	0.136
	碎石 0.5～3.2	t	82.73	0.077	0.097	0.097	0.116	0.116	0.116	0.136	0.154
	镀锌钢丝 *D*2.8～4.0	kg	6.91	2	2	2	2	3	3	3	3
	电焊条 E4303 *D*4	kg	7.58	0.462	0.735	1.113	1.449	0.630	1.008	1.512	2.016
	石棉编绳 *D*6～10	kg	19.22	0.43	0.75	1.19	1.61	0.65	1.07	1.63	2.19
	铅油	kg	11.17	0.48	0.80	1.24	1.66	0.65	1.07	1.63	2.19
	汽油 60#～70#	kg	6.67	0.663	0.663	0.663	0.663	1.020	1.020	1.020	1.020
	煤油	kg	7.49	2.919	3.549	4.169	4.799	3.728	4.526	5.324	6.227
	机油	kg	7.21	0.869	0.990	1.162	1.323	1.212	1.394	1.636	1.879
	黄干油	kg	15.77	1.343	1.475	1.636	1.808	1.970	2.151	2.404	2.646
	破布	kg	5.07	1.008	1.197	1.460	1.701	1.365	1.680	2.090	2.510
	零星材料费	元	—	2.35	3.15	4.20	5.23	3.07	3.98	5.12	6.31
机械	交流弧焊机 32kV·A	台班	87.97	0.4	0.5	0.8	1.0	0.4	0.5	0.8	1.0
	叉式起重机 5t	台班	494.40	0.1	0.2	0.3	0.4	0.2	0.3	0.4	0.5
	卷扬机 单筒慢速 50kN	台班	211.29	0.1	0.2	0.3	0.4	0.3	0.4	0.5	0.8

五、悬挂输送机

单位：台

编号				1-518	1-519	1-520	1-521	1-522	1-523	1-524	1-525	1-526
名称				驱动装置			转向装置			拉紧装置		
质量(kg以内)				200	700	1500	150	220	320	200	500	1000
预算基价	总价(元)			**651.44**	**1015.72**	**1496.91**	**295.87**	**427.87**	**561.52**	**384.74**	**666.93**	**1009.82**
	人工费(元)			530.55	804.60	1132.65	210.60	268.65	326.70	299.70	490.05	797.85
	材料费(元)			53.86	64.72	76.72	18.24	21.62	26.65	18.01	39.28	53.24
	机械费(元)			67.03	146.40	287.54	67.03	137.60	208.17	67.03	137.60	158.73
组成内容		**单位**	**单价**	**数量**								
人工	综合工	工日	135.00	3.93	5.96	8.39	1.56	1.99	2.42	2.22	3.63	5.91
材料	普碳钢板 Q195～Q235 δ0.50～0.65	t	4097.25	0.0040	0.0050	0.0060	0.0015	0.0018	0.0021	0.0012	0.0020	0.0024
	电焊条 E4303 D4	kg	7.58	0.315	0.336	0.378	0.336	0.483	0.630	—	—	—
	煤油	kg	7.49	1.575	2.100	2.625	0.158	0.210	0.263	0.420	0.630	1.260
	机油	kg	7.21	0.354	0.404	0.051	0.051	0.071	0.091	0.101	0.202	0.404
	黄干油	kg	15.77	0.202	0.202	0.202	0.253	0.273	0.293	0.303	0.505	0.606
	镀锌钢丝 D2.8～4.0	kg	6.91	2.0	2.0	2.0	0.5	0.5	0.5	0.5	2.0	2.0
	破布	kg	5.07	0.630	0.735	0.945	0.074	0.105	0.126	0.158	0.210	0.420
	木板	m^3	1672.03	—	0.001	0.004	—	—	0.001	—	0.001	0.003
	零星材料费	元	—	0.53	0.64	0.76	0.18	0.21	0.26	0.18	0.39	0.53
机械	叉式起重机 5t	台班	494.40	0.1	0.2	0.4	0.1	0.2	0.3	0.1	0.2	0.2
	交流弧焊机 32kV·A	台班	87.97	0.2	0.3	0.3	0.2	0.2	0.2	0.2	0.2	0.2
	卷扬机 单筒慢速 50kN	台班	211.29	—	0.1	0.3	—	0.1	0.2	—	0.1	0.2

单位：台

编号				1-527	1-528	1-529	1-530	1-531	1-532
名称				链条安装				试运转	抓取器
分类				链片式		链板式	链环式		
节距(mm以内)				100	160				
预算基价	总价(元)			**5993.33**	**4590.90**	**7481.13**	**8472.57**	**628.94**	**472.25**
	人工费(元)			4878.90	3700.35	6095.25	6663.60	535.95	376.65
	材料费(元)			1064.99	841.11	1265.87	1688.96	92.99	3.90
	机械费(元)			49.44	49.44	120.01	120.01	—	91.70
组成内容		单位	单价	数量					
人工	综合工	工日	135.00	36.14	27.41	45.15	49.36	3.97	2.79
材料	木板	m^3	1672.03	0.001	0.001	0.004	0.006	—	—
	煤油	kg	7.49	39.375	31.500	47.250	63.000	2.940	0.105
	机油	kg	7.21	9.090	6.060	9.090	12.120	2.424	0.051
	黄干油	kg	15.77	37.875	30.300	45.450	60.600	3.030	—
	破布	kg	5.07	12.705	10.500	15.750	21.000	0.945	0.032
	汽油 60#～70#	kg	6.67	4.59	3.06	4.59	6.12	—	—
	电焊条 E4303 *D*4	kg	7.58	—	—	—	—	—	0.336
	零星材料费	元	—	10.54	8.33	12.53	16.72	0.92	0.04
机械	叉式起重机 5t	台班	494.40	0.1	0.1	0.2	0.2	—	0.1
	卷扬机 单筒慢速 50kN	台班	211.29	—	—	0.1	0.1	—	0.2

六、固定式胶带输送机

单位：台

编号			1-533	1-534	1-535	1-536	1-537	1-538	1-539
带宽(mm以内)			650						
输送长度(m以内)			20	50	80	110	150	200	250
预算基价 总价(元)			**8759.73**	**13103.62**	**19496.06**	**22671.94**	**27323.72**	**33069.51**	**41121.91**
人工费(元)			7026.75	10717.65	16488.90	19387.35	23454.90	28335.15	34735.50
材料费(元)			1193.93	1398.09	1812.51	1999.42	2469.18	3084.85	3470.96
机械费(元)			539.05	987.88	1194.65	1285.17	1399.64	1649.51	2915.45
组成内容	**单位**	**单价**	**数量**						
人工 综合工	工日	135.00	52.05	79.39	122.14	143.61	173.74	209.89	257.30
材料 平垫铁 Q195～Q235 1#	kg	7.42	26.924	29.972	33.020	34.544	37.084	40.640	44.196
斜垫铁 Q195～Q235 1#	kg	10.34	27.03	30.09	33.15	34.68	37.23	40.80	44.37
普碳钢板 Q195～Q235 δ0.50～0.65	t	4097.25	0.00250	0.00324	0.00500	0.00627	0.00807	0.01072	0.01348
木板	m^3	1672.03	0.019	0.026	0.034	0.043	0.054	0.071	0.079
硅酸盐水泥 42.5级	kg	0.41	87.0	116.0	153.7	188.5	223.3	313.2	382.8
砂子	t	87.03	0.213	0.290	0.386	0.463	0.561	0.772	0.965
碎石 0.5～3.2	t	82.73	0.232	0.309	0.425	0.522	0.618	0.849	1.042
镀锌钢丝 D2.8～4.0	kg	6.91	4	4	4	4	4	4	4
电焊条 E4303 D4	kg	7.58	3.959	4.379	4.862	5.208	5.712	6.437	7.193
道木	m^3	3660.04	0.014	0.014	0.014	0.014	0.014	0.014	0.014
熟胶	kg	9.76	0.93	0.93	1.75	1.75	2.63	3.50	3.50
汽油 60#～70#	kg	6.67	1.397	2.285	3.611	4.947	6.824	9.588	12.444
煤油	kg	7.49	7.875	11.025	15.015	19.320	25.410	34.230	43.470

续前　　　　　　　　　　　　　　　　　　　　　　　　　　　　　　　　**单位：**台

编号				1-533	1-534	1-535	1-536	1-537	1-538	1-539
带宽（mm以内）				650						
输送长度（m以内）				20	50	80	110	150	200	250
组成内容		**单位**	**单价**	**数量**						
材料	橡胶溶剂 120#	kg	47.84	4.04	4.04	7.63	7.63	11.44	15.25	15.25
	机油	kg	7.21	4.323	5.858	7.070	8.716	11.049	14.473	18.059
	黄干油	kg	15.77	5.303	8.333	10.353	12.251	14.938	18.897	22.978
	氧气	m^3	2.88	6.548	7.058	7.640	8.140	9.078	10.220	11.108
	乙炔气	kg	14.66	2.183	2.353	2.547	2.713	3.026	3.407	3.703
	生胶	kg	25.09	0.69	0.69	1.30	1.30	1.95	2.60	2.60
	棉纱	kg	16.11	0.638	1.177	2.057	2.904	4.103	5.874	7.722
	破布	kg	5.07	2.888	3.675	4.725	5.828	7.497	9.681	12.075
	零星材料费	元	—	11.82	13.84	17.95	19.80	24.45	30.54	34.37
机械	交流弧焊机 32kV·A	台班	87.97	0.2	1.5	2.0	2.0	2.0	2.5	2.5
	叉式起重机 5t	台班	494.40	0.2	0.2	0.3	0.3	0.4	0.5	0.6
	载货汽车 8t	台班	521.59	—	0.2	0.3	0.4	0.5	0.5	0.8
	汽车式起重机 8t	台班	767.15	—	0.3	—	—	—	—	—
	汽车式起重机 16t	台班	971.12	—	—	0.3	—	—	—	—
	汽车式起重机 25t	台班	1098.98	—	—	—	0.3	—	—	—
	汽车式起重机 30t	台班	1141.87	—	—	—	—	0.3	0.4	—
	汽车式起重机 50t	台班	2492.74	—	—	—	—	—	—	0.6
	卷扬机 单筒慢速 50kN	台班	211.29	2.0	2.0	2.0	2.0	2.0	2.2	2.3

单位：台

编号				1-540	1-541	1-542	1-543	1-544	1-545	1-546
带宽(mm以内)				1000						
输送长度(m以内)				20	50	80	110	150	200	250
预算基价	总价(元)			**11741.45**	**16986.75**	**24915.18**	**30090.50**	**37237.73**	**45451.63**	**55654.98**
	人工费(元)			8923.50	13705.20	20695.50	25787.70	31575.15	37335.60	46369.80
	材料费(元)			1739.25	2021.19	2780.83	2851.09	3660.02	4930.62	5450.30
	机械费(元)			1078.70	1260.36	1438.85	1451.71	2002.56	3185.41	3834.88
组成内容		单位	单价	数量						
人工	综合工	工日	135.00	66.10	101.52	153.30	191.02	233.89	276.56	343.48
材料	平垫铁 Q195～Q235 1#	kg	7.42	30.480	33.528	37.084	39.116	41.656	45.720	50.292
	斜垫铁 Q195～Q235 1#	kg	10.34	30.600	33.660	37.230	39.270	41.820	45.900	50.490
	普碳钢板 Q195～Q235 δ0.50～0.65	t	4097.25	0.00405	0.00585	0.00785	0.00985	0.01275	0.01665	0.02106
	木板	m^3	1672.03	0.020	0.029	0.038	0.048	0.061	0.084	0.103
	硅酸盐水泥 42.5级	kg	0.41	87.0	116.0	153.7	188.5	223.3	313.2	382.8
	砂子	t	87.03	0.213	0.290	0.386	0.463	0.561	0.772	0.965
	碎石 0.5～3.2	t	82.73	0.232	0.309	0.425	0.522	0.618	0.849	1.042
	镀锌钢丝 D2.8～4.0	kg	6.91	4.0	4.0	4.0	4.0	4.0	4.0	4.0
	电焊条 E4303 D4	kg	7.58	7.109	7.707	8.306	8.904	9.744	10.983	12.285
	道木	m^3	3660.04	0.014	0.014	0.014	0.014	0.014	0.014	0.014
	熟胶	kg	9.76	1.66	1.66	4.50	4.50	6.75	9.00	9.00
	汽油 60#～70#	kg	6.67	1.948	3.580	5.008	5.845	9.476	13.321	17.340
	煤油	kg	7.49	8.925	13.230	18.585	2.394	3.140	41.895	53.865
	橡胶溶剂 120#	kg	47.84	10.15	10.15	19.25	19.25	28.88	38.50	38.50

续前

单位：台

编号				1-540	1-541	1-542	1-543	1-544	1-545	1-546
带宽(mm以内)				1000						
输送长度(m以内)				20	50	80	110	150	200	250
组成内容		单位	单价	数量						
材料	机油	kg	7.21	5.626	7.424	9.444	11.605	14.665	19.160	23.897
	黄干油	kg	15.77	9.444	12.777	16.019	18.948	23.109	29.219	35.582
	氧气	m^3	2.88	7.895	13.280	14.321	15.320	16.646	19.788	21.461
	乙炔气	kg	14.66	2.632	4.427	4.774	5.107	5.549	6.596	7.153
	生胶	kg	25.09	2.38	2.38	3.15	3.15	4.73	6.30	6.30
	棉纱	kg	16.11	0.847	1.672	2.717	3.839	5.423	7.766	10.197
	破布	kg	5.07	3.444	5.261	6.248	6.846	8.694	12.464	14.249
	零星材料费	元	—	17.22	20.01	27.53	28.23	36.24	48.82	53.96
机械	交流弧焊机 32kV•A	台班	87.97	1.0	1.5	2.5	2.5	3.0	3.0	3.5
	叉式起重机 5t	台班	494.40	0.2	0.2	0.2	0.2	0.3	1.0	1.0
	载货汽车 8t	台班	521.59	0.2	0.2	0.3	0.3	0.4	0.8	0.8
	汽车式起重机 12t	台班	864.36	0.3	—	—	—	—	—	—
	汽车式起重机 16t	台班	971.12	—	0.3	—	—	—	—	—
	汽车式起重机 25t	台班	1098.98	—	—	0.3	—	—	—	—
	汽车式起重机 30t	台班	1141.87	—	—	—	0.3	—	—	—
	汽车式起重机 50t	台班	2492.74	—	—	—	—	0.3	—	—
	汽车式起重机 75t	台班	3175.79	—	—	—	—	—	0.4	—
	汽车式起重机 100t	台班	4689.49	—	—	—	—	—	—	0.4
	卷扬机 单筒慢速 50kN	台班	211.29	2.5	3.0	3.0	3.0	3.0	3.5	3.5

单位：台

编号				1-547	1-548	1-549	1-550	1-551	1-552	1-553	1-554	1-555	1-556
带宽(mm以内)				1400							1600		
输送长度(m以内)				20	50	80	110	150	200	250	20	50	80
预算基价	总价(元)			**15791.63**	**22423.74**	**33193.74**	**39629.26**	**49344.61**	**59662.32**	**72847.08**	**24660.40**	**33464.36**	**47567.60**
	人工费(元)			11745.00	17865.90	27056.70	32730.75	40012.65	48234.15	59722.65	17594.55	25521.75	36998.10
	材料费(元)			2698.77	3019.41	4349.55	4656.35	6199.94	7880.55	8624.60	4075.47	4531.73	6296.20
	机械费(元)			1347.86	1538.43	1787.49	2242.16	3132.02	3547.62	4499.83	2990.38	3410.88	4273.30
组成内容		单位	单价	数量									
人工	综合工	工日	135.00	87.00	132.34	200.42	242.45	296.39	357.29	442.39	130.33	189.05	274.06
材料	斜垫铁 Q195～Q235 1#	kg	10.34	38.250	40.800	42.330	44.370	47.940	52.530	57.630	—	—	—
	斜垫铁 Q195～Q235 2#	kg	10.34	—	—	—	—	—	—	—	88.140	94.016	97.632
	平垫铁 Q195～Q235 1#	kg	7.42	38.100	40.640	42.164	44.196	47.752	52.324	57.404	24.892	26.416	27.432
	平垫铁 Q195～Q235 2#	kg	7.42	—	—	—	—	—	—	—	46.948	50.336	52.272
	普碳钢板 Q195～Q235 δ0.50～0.65	t	4097.25	0.00550	0.00841	0.01171	0.01412	0.01820	0.02420	0.03031	0.00715	0.01093	0.01520
	木板	m^3	1672.03	0.024	0.034	0.043	0.054	0.071	0.094	0.119	0.031	0.044	0.055
	硅酸盐水泥 42.5级	kg	0.41	87.00	116.00	153.70	188.50	223.30	313.20	382.80	113.10	150.80	200.10
	砂子	t	87.03	0.213	0.290	0.386	0.463	0.561	0.772	0.965	0.270	0.386	0.502
	碎石 0.5～3.2	t	82.73	0.232	0.309	0.425	0.522	0.618	0.849	1.042	0.309	0.406	0.561
	镀锌钢丝 D2.8～4.0	kg	6.91	4.0	4.0	4.0	4.0	4.0	4.0	4.0	5.2	5.2	5.2
	电焊条 E4303 D4	kg	7.58	9.240	11.361	12.527	13.419	14.700	16.653	18.533	12.012	14.805	16.275
	道木	m^3	3660.04	0.014	0.014	0.014	0.014	0.014	0.014	0.014	0.018	0.018	0.018
	熟胶	kg	9.76	5.15	5.15	9.80	9.80	14.70	19.60	19.60	6.70	6.70	13.00
	汽油 60#～70#	kg	6.67	2.611	4.712	6.752	9.231	12.709	17.952	23.256	3.366	6.120	9.180
	煤油	kg	7.49	12.075	16.391	22.995	29.505	38.745	41.895	66.675	15.750	21.000	30.450

续前

单位：台

编号				1-547	1-548	1-549	1-550	1-551	1-552	1-553	1-554	1-555	1-556
带宽（mm以内）				1400							1600		
输送长度（m以内）				20	50	80	110	150	200	250	20	50	80
组成内容		单位	单价	数量									
材料	橡胶溶剂 120#	kg	47.84	21.70	21.70	41.00	41.00	61.50	82.00	82.00	28.20	28.20	53.00
	机油	kg	7.21	7.676	9.908	11.373	15.211	19.190	25.048	31.078	9.999	13.130	15.150
	黄干油	kg	15.77	15.958	18.241	22.927	27.169	33.128	41.814	50.904	20.705	23.735	30.300
	氧气	m^3	2.88	10.098	20.604	22.950	24.602	27.030	30.600	34.109	13.158	26.826	29.886
	乙炔气	kg	14.66	3.366	6.868	7.650	8.201	9.010	10.200	11.370	4.386	8.942	9.962
	生胶	kg	25.09	3.55	3.55	5.75	5.75	8.63	11.50	11.50	4.62	4.62	7.50
	棉纱	kg	16.11	1.100	2.211	3.520	4.950	7.040	10.010	13.244	1.430	2.860	4.950
	破布	kg	5.07	4.022	4.935	6.573	8.117	10.290	13.545	16.842	5.250	6.300	8.400
	零星材料费	元	—	26.72	29.90	43.06	46.10	61.39	78.03	85.39	40.35	44.87	62.34
机械	交流弧焊机 32kV•A	台班	87.97	1.0	2.0	3.0	3.5	3.5	3.5	4.0	4.0	4.5	5.0
	载货汽车 8t	台班	521.59	0.2	0.2	0.3	0.3	0.4	0.8	0.8	0.3	0.4	0.5
	叉式起重机 5t	台班	494.40	1.3	1.4	1.5	1.8	2.0	1.0	1.0	3.0	3.3	3.5
	汽车式起重机 12t	台班	864.36	0.3	—	—	—	—	—	—	0.3	—	—
	汽车式起重机 16t	台班	971.12	—	0.3	—	—	—	—	—	—	—	—
	汽车式起重机 25t	台班	1098.98	—	—	0.3	—	—	—	—	—	0.3	—
	汽车式起重机 30t	台班	1141.87	—	—	—	0.5	—	—	—	—	—	—
	汽车式起重机 50t	台班	2492.74	—	—	—	—	0.5	—	—	—	—	0.4
	汽车式起重机 75t	台班	3175.79	—	—	—	—	—	0.6	—	—	—	—
	汽车式起重机 100t	台班	4689.49	—	—	—	—	—	—	0.6	—	—	—
	卷扬机 单筒慢速 50kN	台班	211.29	1.2	1.3	1.4	1.5	1.8	2.0	2.0	3.5	4.0	4.0

单位：台

编号				1-557	1-558	1-559	1-560	1-561	1-562	1-563	1-564	1-565
带宽(mm以内)				1600				2000				
输送长度(m以内)				110	150	200	250	20	100	150	250	500
预算基价	总价(元)			**56105.04**	**69322.27**	**84241.09**	**99521.75**	**25930.77**	**58034.47**	**70084.24**	**100402.62**	**86515.84**
	人工费(元)			44400.15	53747.55	65620.80	78979.05	19280.70	47912.85	57844.80	84393.90	68750.10
	材料费(元)			6709.38	8783.21	11061.88	12111.68	4075.47	6709.38	8783.21	12111.68	13208.57
	机械费(元)			4995.51	6791.51	7558.41	8431.02	2574.60	3412.24	3456.23	3897.04	4557.17
组成内容		**单位**	**单价**	**数量**								
人工	综合工	工日	135.00	328.89	398.13	486.08	585.03	142.82	354.91	428.48	625.14	509.26
材料	平垫铁 Q195～Q235 1#	kg	7.42	28.702	30.988	34.036	37.338	24.892	28.702	30.988	37.338	45.200
	平垫铁 Q195～Q235 2#	kg	7.42	54.692	59.048	64.856	71.148	46.948	54.692	59.048	71.148	79.430
	斜垫铁 Q195～Q235 2#	kg	10.34	102.152	110.288	121.136	132.888	88.140	102.152	110.288	132.888	141.000
	木板	m^3	1672.03	0.070	0.093	0.123	0.150	0.031	0.070	0.093	0.150	0.200
	硅酸盐水泥 42.5级	kg	0.41	245.10	290.00	407.50	497.40	113.10	245.10	290.00	497.40	525.00
	砂子	t	87.03	0.599	0.734	1.004	1.256	0.270	0.599	0.734	1.256	0.950
	碎石 0.5～3.2	t	82.73	0.676	0.811	1.101	1.351	0.309	0.676	0.811	1.351	1.150
	普碳钢板 Q195～Q235 δ0.50～0.65	t	4097.25	0.01800	0.02400	0.03200	0.03900	0.00715	0.01800	0.02400	0.03900	—
	普碳钢板 Q195～Q235 δ8～20	t	3843.31	—	—	—	—	—	—	—	—	0.03850
	镀锌钢丝 D2.8～4.0	kg	6.91	5.2	5.2	5.2	5.2	5.2	5.2	5.2	5.2	6.3
	电焊条 E4303 D4	kg	7.58	17.850	18.900	22.050	24.150	12.012	17.850	18.900	24.150	29.460
	道木	m^3	3660.04	0.018	0.018	0.018	0.018	0.018	0.018	0.018	0.018	0.020
	熟胶	kg	9.76	13.0	19.0	25.5	26.0	6.7	13.0	19.0	26.0	30.5

续前

单位：台

编号				1-557	1-558	1-559	1-560	1-561	1-562	1-563	1-564	1-565
带宽(mm以内)				1600				2000				
输送长度(m以内)				110	150	200	250	20	100	150	250	500
组成内容		单位	单价	数量								
材料	汽油 60#～70#	kg	6.67	12.240	16.320	23.460	30.600	3.366	12.240	16.320	30.600	39.400
	煤油	kg	7.49	38.850	50.400	54.600	87.150	15.750	38.850	50.400	87.150	90.100
	橡胶溶剂 120#	kg	47.84	53.0	80.0	107.0	107.0	28.2	53.0	80.0	107.0	113.5
	机油	kg	7.21	20.200	25.250	32.320	40.400	9.999	20.200	25.250	40.400	45.650
	黄干油	kg	15.77	35.350	43.430	54.540	66.660	20.705	35.350	43.430	66.660	75.420
	氧气	m^3	2.88	31.620	35.700	39.780	44.880	13.158	31.620	35.700	44.880	51.090
	乙炔气	kg	14.66	10.540	11.900	13.260	14.960	4.386	10.540	11.900	14.960	17.030
	生胶	kg	25.09	7.50	11.00	15.00	15.00	4.62	7.50	11.00	15.00	18.50
	棉纱	kg	16.11	6.600	9.350	13.200	17.600	1.430	6.600	9.350	17.600	19.400
	破布	kg	5.07	10.500	13.650	17.850	22.050	5.250	10.500	13.650	22.050	24.150
	零星材料费	元	—	66.43	86.96	109.52	119.92	40.35	66.43	86.96	119.92	130.78
机械	交流弧焊机 32kV•A	台班	87.97	5.5	6.0	6.5	7.0	4.0	5.5	6.0	7.0	47.0
	载货汽车 8t	台班	521.59	0.6	1.0	1.0	1.5	—	—	—	—	—
	叉式起重机 5t	台班	494.40	4.0	4.0	4.3	4.5	3.0	4.0	4.0	4.5	—
	汽车式起重机 75t	台班	3175.79	0.4	—	—	—	—	—	—	—	—
	汽车式起重机 100t	台班	4689.49	—	0.6	0.7	0.8	—	—	—	—	—
	卷扬机 单筒慢速 50kN	台班	211.29	4.5	4.5	5.0	5.0	3.5	4.5	4.5	5.0	2.0

七、卸 矿 车

单位：台

编号				1-566	1-567	1-568
项目				带宽(mm以内)		
				650	1000	1400
预算基价	总价(元)			**2092.44**	**3211.62**	**6457.69**
	人工费(元)			1837.35	2876.85	5614.65
	材料费(元)			108.69	109.00	178.71
	机械费(元)			146.40	225.77	664.33
组成内容		**单位**	**单价**	**数量**		
人工	综合工	工日	135.00	13.61	21.31	41.59
材料	普碳钢板 Q195～Q235 δ0.50～0.65	t	4097.25	0.0007	0.0007	0.0009
	木板	m^3	1672.03	0.006	0.006	0.023
	电焊条 E4303 *D*4	kg	7.58	0.378	0.420	0.525
	汽油 60#～70#	kg	6.67	0.612	0.612	0.816
	煤油	kg	7.49	4.200	4.200	5.250
	机油	kg	7.21	0.808	0.808	0.202
	黄干油	kg	15.77	1.818	1.818	2.222
	镀锌钢丝 *D*2.8～4.0	kg	6.91	2	2	2
	破布	kg	5.07	1.575	1.575	1.995
	道木	m^3	3660.04	—	—	0.007
	零星材料费	元	—	1.08	1.08	1.77
机械	交流弧焊机 32kV·A	台班	87.97	0.3	0.4	0.5
	叉式起重机 5t	台班	494.40	0.2	0.3	0.4
	卷扬机 单筒慢速 50kN	台班	211.29	0.1	0.2	2.0

八、皮　带　秤

单位：台

编　号				1-569	1-570	1-571
项　目				带宽(mm以内)		
				650	1000	1400
预算基价	总　价(元)			**1953.34**	**2446.92**	**2957.36**
	人　工　费(元)			1772.55	2203.20	2652.75
	材　料　费(元)			83.83	97.32	99.97
	机　械　费(元)			96.96	146.40	204.64
组成内容		**单位**	**单价**	**数　量**		
人工	综合工	工日	135.00	13.13	16.32	19.65
材料	普碳钢板 Q195～Q235 δ0.50～0.65	t	4097.25	0.0005	0.0006	0.0006
	木板	m^3	1672.03	0.004	0.005	0.006
	电焊条 E4303 *D*4	kg	7.58	0.378	0.504	0.630
	汽油 60#～70#	kg	6.67	0.408	0.510	0.510
	煤油	kg	7.49	3.150	3.675	3.675
	机油	kg	7.21	0.505	0.707	0.707
	黄干油	kg	15.77	1.414	1.616	1.616
	镀锌钢丝 *D*2.8～4.0	kg	6.91	2	2	2
	破布	kg	5.07	1.050	1.260	1.260
	零星材料费	元	—	0.83	0.96	0.99
机械	交流弧焊机 32kV·A	台班	87.97	0.3	0.3	0.4
	叉式起重机 5t	台班	494.40	0.1	0.2	0.3
	卷扬机 单筒慢速 50kN	台班	211.29	0.1	0.1	0.1

第七章　风 机 安 装

说　明

一、本章适用范围：

1.离心式通(引)风机：包括中低压离心通风机、排尘离心通风机、耐腐蚀离心通风机、防爆离心通风机、高压离心通风机、锅炉离心通风机、煤粉离心通风机、矿井离心通风机、抽烟通风机、多翼式离心通风机、化铁炉风机、硫酸鼓风机、恒温冷暖风机、暖风机、低噪声离心通风机、低噪声屋顶离心通风机。

2.轴流通风机：包括矿井轴流通风机、冷却塔轴流通风机、化工轴流通风机、纺织轴流通风机、隧道轴流通风机、防爆轴流通风机、可调轴流通风机、屋顶轴流通风机、一般轴流通风机、隔爆型轴流式局部扇风机。

3.离心式鼓风机、回转式鼓风机(罗茨鼓风机、HGY 型鼓风机、叶式鼓风机)。

4.其他风机：包括塑料风机、耐酸陶瓷风机。

二、本章基价子目包括下列工作内容：

1.设备本体及与本体联体的附件、管道、润滑冷却装置等的清洗、刮研、组装、调试。

2.离心式鼓风机(带增速机)的垫铁研磨。

3.联轴器或皮带以及安全防护罩安装。

4.设备带有的电动机及减震器安装。

三、本章基价子目不包括下列工作内容：

1.支架、底座及防护罩、减震器的制作、修改。

2.联轴器及键和键槽的加工、制作。

3.电动机的抽芯检查、干燥、配线、调试。

四、关于本章风机拆装检查基价子目：

1.风机拆装检查基价包括下列工作内容：设备本体及部件以及第一个阀门以内的管道等拆卸、清洗、检查、刮研、换油、调间隙及调配重、找正、找平、找中心、记录、组装复原。

2.风机拆装检查不包括下列工作内容：

(1)设备本体的整(解)体安装。

(2)电动机安装及拆装、检查、调整、试验。

(3)设备本体以外的各种管道的检查、试验等工作。

3.凡施工技术验收规范或技术资料规定,在实际施工中进行拆装检查工作时,可执行本册基价。

五、塑料风机及耐酸陶瓷风机执行离心式通(引)风机子目。

六、设备质量计算方法如下：

1.直联式风机按风机本体及电动机和底座的总质量计算。

2.非直联式风机按风机本体和底座的总质量计算。

工程量计算规则

风机安装和拆装检查依据型号、质量按设计图示数量计算。

一、离心式通(引)风机安装

单位：台

编 号				1-572	1-573	1-574	1-575	1-576	1-577
项 目				离心式通(引)风机安装					
				设备质量(t以内)					
				0.3	0.5	0.8	1.1	1.5	2.2
预算基价	总 价(元)			**1063.26**	**1319.79**	**1775.95**	**2253.55**	**2907.77**	**4058.30**
	人 工 费(元)			827.55	1051.65	1417.50	1804.95	2338.20	3208.95
	材 料 费(元)			180.23	212.66	253.53	295.39	384.78	607.62
	机 械 费(元)			55.48	55.48	104.92	153.21	184.79	241.73
组 成 内 容		**单位**	**单价**	**数 量**					
人工	综合工	工日	135.00	6.13	7.79	10.50	13.37	17.32	23.77
材料	平垫铁 Q195～Q235 1#	kg	7.42	3.048	3.048	4.064	4.064	4.064	—
	平垫铁 Q195～Q235 2#	kg	7.42	—	—	—	—	—	11.616
	斜垫铁 Q195～Q235 1#	kg	10.34	3.060	3.060	4.080	4.080	4.080	—
	斜垫铁 Q195～Q235 2#	kg	10.34	—	—	—	—	—	10.848
	普碳钢板 Q195～Q235 δ1.6～1.9	t	3997.33	0.0003	0.0003	0.0004	0.0004	0.0004	0.0006
	木板	m^3	1672.03	0.006	0.008	0.008	0.009	0.010	0.015
	硅酸盐水泥 42.5级	kg	0.41	52.20	65.25	65.25	87.00	101.50	124.70
	砂子	t	87.03	0.126	0.164	0.164	0.233	0.255	0.313
	碎石 0.5～3.2	t	82.73	0.137	0.180	0.180	0.252	0.276	0.330
	紫铜皮 0.25～0.50	kg	86.77	0.10	0.20	0.25	0.30	0.40	0.50
	电焊条 E4303 D3.2	kg	7.59	0.210	0.210	0.315	0.315	0.315	0.525
	石棉橡胶板 低压 δ0.8～6.0	kg	19.35	0.3	0.3	0.4	0.4	0.4	0.6
	石棉编绳 D11～25	kg	17.84	0.3	0.3	0.4	0.4	0.5	1.0

续前 **单位**：台

编号				1-572	1-573	1-574	1-575	1-576	1-577
项目				离心式通(引)风机安装					
				设备质量(t以内)					
				0.3	0.5	0.8	1.1	1.5	2.2
组成内容		**单位**	**单价**	**数量**					
材料	汽油 60#～70#	kg	6.67	1.020	1.020	1.224	1.530	2.040	3.060
	煤油	kg	7.49	2.10	3.15	4.20	4.20	5.25	6.30
	机油	kg	7.21	1.010	1.010	1.010	1.515	2.020	3.030
	黄干油	kg	15.77	0.202	0.202	0.303	0.303	0.404	0.505
	氧气	m^3	2.88	1.02	1.02	1.02	1.02	1.53	1.53
	乙炔气	kg	14.66	0.34	0.34	0.34	0.34	0.51	0.51
	棉纱	kg	16.11	0.33	0.33	0.44	0.44	0.55	0.88
	破布	kg	5.07	0.315	0.315	0.420	0.420	0.525	1.050
	镀锌钢丝 $D2.8$～4.0	kg	6.91	—	—	—	0.8	1.0	1.5
	铅油	kg	11.17	—	—	—	0.30	0.30	0.30
	道木	m^3	3660.04	—	—	—	—	0.011	0.011
	羊毛毡 $\delta12$～15	m^2	70.61	—	—	—	—	0.03	0.05
	亚麻子油	kg	11.63	—	—	—	—	—	0.6
	零星材料费	元	—	1.78	2.11	2.51	2.92	3.81	6.02
机械	叉式起重机 5t	台班	494.40	0.1	0.1	0.2	0.2	0.2	0.3
	交流弧焊机 21kV•A	台班	60.37	0.1	0.1	0.1	0.2	—	—
	卷扬机 单筒慢速 50kN	台班	211.29	—	—	—	0.2	0.3	0.3
	直流弧焊机 20kW	台班	75.06	—	—	—	—	0.3	0.4

单位：台

编号				1-578	1-579	1-580	1-581	1-582	1-583
项目				离心式通(引)风机安装					
				设备质量(t以内)					
				3	5	7	10	15	20
预算基价	总价(元)			**5316.08**	**7297.02**	**11020.66**	**13416.35**	**16571.42**	**20377.89**
	人工费(元)			4321.35	5938.65	9072.00	11071.35	13679.55	16891.20
	材料费(元)			668.81	967.99	1244.86	1535.56	1891.41	2343.05
	机械费(元)			325.92	390.38	703.80	809.44	1000.46	1143.64
组成内容		**单位**	**单价**	**数量**					
人工	综合工	工日	135.00	32.01	43.99	67.20	82.01	101.33	125.12
材料	平垫铁 Q195~Q235 2#	kg	7.42	11.616	—	—	—	5.808	7.744
	平垫铁 Q195~Q235 3#	kg	7.42	—	24.024	32.032	40.040	40.040	48.048
	斜垫铁 Q195~Q235 2#	kg	10.34	10.848	—	—	—	5.424	7.232
	斜垫铁 Q195~Q235 3#	kg	10.34	—	16.608	22.144	27.680	27.680	33.216
	普碳钢板 Q195~Q235 δ1.6~1.9	t	3997.33	0.0010	0.0015	0.0020	0.0030	0.0035	0.0040
	木板	m^3	1672.03	0.015	0.019	0.029	0.031	0.033	0.035
	硅酸盐水泥 42.5级	kg	0.41	146.45	194.30	266.80	300.15	388.60	468.35
	砂子	t	87.03	0.369	0.465	0.695	0.739	1.062	1.178
	碎石 0.5~3.2	t	82.73	0.406	0.529	0.772	0.831	1.158	1.274
	紫铜皮 0.25~0.50	kg	86.77	0.60	0.70	0.80	0.80	1.20	1.50
	镀锌钢丝 D2.8~4.0	kg	6.91	2.0	3.0	4.0	5.0	6.0	8.0
	电焊条 E4303 D3.2	kg	7.59	0.525	0.840	1.050	1.575	1.890	2.100
	石棉橡胶板 低压 δ0.8~6.0	kg	19.35	1.0	1.5	2.0	3.0	3.0	4.0

续前

单位：台

编号				1-578	1-579	1-580	1-581	1-582	1-583
项目				离心式通(引)风机安装					
				设备质量(t以内)					
				3	5	7	10	15	20
组成内容		单位	单价	数量					
材料	石棉编绳 D11～25	kg	17.84	1.2	1.5	2.0	2.5	3.0	4.0
	汽油 60#～70#	kg	6.67	3.060	4.080	5.100	6.120	8.160	10.200
	煤油	kg	7.49	6.30	7.35	8.40	10.50	12.60	16.80
	机油	kg	7.21	3.030	5.050	6.060	8.080	10.100	12.120
	黄干油	kg	15.77	0.808	1.010	1.212	1.515	2.020	3.030
	氧气	m^3	2.88	2.04	3.06	3.06	4.08	6.12	9.18
	乙炔气	kg	14.66	0.68	1.02	1.02	1.36	2.04	3.06
	棉纱	kg	16.11	1.10	1.32	1.65	2.20	3.30	5.50
	破布	kg	5.07	1.260	1.575	2.100	3.675	4.200	5.250
	铅油	kg	11.17	0.30	0.50	0.50	0.75	0.75	1.00
	道木	m^3	3660.04	0.011	0.014	0.014	0.021	0.025	0.028
	羊毛毡 δ12～15	m^2	70.61	0.08	0.10	0.10	0.12	0.13	0.15
	亚麻子油	kg	11.63	0.6	1.0	1.0	1.5	1.5	2.0
	零星材料费	元	—	6.62	9.58	12.33	15.20	18.73	23.20
机械	叉式起重机 5t	台班	494.40	0.4	0.5	—	—	—	—
	卷扬机 单筒慢速 50kN	台班	211.29	0.5	0.5	0.5	1.0	1.5	2.0
	直流弧焊机 20kW	台班	75.06	0.3	0.5	1.5	1.5	1.5	2.0
	汽车式起重机 16t	台班	971.12	—	—	0.5	0.5	—	—
	汽车式起重机 30t	台班	1141.87	—	—	—	—	0.5	0.5

二、离心式通(引)风机拆装检查

单位：台

编号				1-584	1-585	1-586	1-587	1-588	1-589
项目				离心式通(引)风机拆装检查					
				设备质量(t以内)					
				0.3	0.5	0.8	1.1	1.5	2.2
预算基价	总价(元)			**265.66**	**421.19**	**644.33**	**850.34**	**1150.27**	**1666.87**
	人工费(元)			243.00	391.50	607.50	796.50	1086.75	1566.00
	材料费(元)			22.66	29.69	36.83	53.84	63.52	100.87
组成内容		单位	单价	数量					
人工	综合工	工日	135.00	1.80	2.90	4.50	5.90	8.05	11.60
材料	红丹粉	kg	12.42	0.1	0.1	0.2	0.2	0.3	0.4
	汽油 60#～70#	kg	6.67	0.3	0.4	0.5	0.6	0.8	1.2
	煤油	kg	7.49	1.0	1.0	1.2	1.6	2.0	2.5
	机油	kg	7.21	0.2	0.3	0.4	0.5	0.8	1.0
	黄干油	kg	15.77	0.2	0.3	0.4	0.4	0.5	0.7
	棉纱	kg	16.11	0.2	0.3	0.3	0.5	0.5	1.0
	破布	kg	5.07	0.3	0.5	0.5	0.6	0.6	1.5
	铁砂布 0#～2#	张	1.15	1.0	1.0	1.0	1.5	1.5	2.0
	研磨膏	盒	14.39	0.1	0.2	0.3	0.5	0.5	1.0
	紫铜皮 0.25～0.50	kg	86.77	—	—	—	0.05	0.05	0.10
	白布	m	3.68	—	—	—	0.3	0.4	0.5

单位：台

编号				1-590	1-591	1-592	1-593	1-594	1-595
项目				离心式通(引)风机拆装检查					
				设备质量(t以内)					
				3	5	7	10	15	20
预算基价	总价(元)			**2297.74**	**3522.03**	**4927.10**	**6740.59**	**9233.46**	**12144.10**
	人工费(元)			2173.50	3348.00	4698.00	5967.00	8208.00	10827.00
	材料费(元)			124.24	174.03	229.10	351.01	507.80	672.67
	机械费(元)			—	—	—	422.58	517.66	644.43
组成内容		**单位**	**单价**	**数量**					
人工	综合工	工日	135.00	16.10	24.80	34.80	44.20	60.80	80.20
材料	红丹粉	kg	12.42	0.5	0.6	0.7	1.0	1.5	1.8
	汽油 60#～70#	kg	6.67	1.5	2.5	3.5	5.0	7.5	10.0
	煤油	kg	7.49	3.0	5.0	7.0	10.0	15.0	20.0
	机油	kg	7.21	1.5	2.0	3.0	4.0	6.0	8.0
	黄干油	kg	15.77	0.8	1.0	1.4	2.0	3.0	4.0
	棉纱	kg	16.11	1.2	1.5	1.8	2.5	3.5	4.5
	破布	kg	5.07	2.0	2.5	3.0	4.0	6.0	8.0
	铁砂布 0#～2#	张	1.15	2.0	3.0	4.0	5.0	7.0	10.0
	研磨膏	盒	14.39	1.0	1.0	1.0	1.5	1.5	2.0
	紫铜皮 0.25～0.50	kg	86.77	0.15	0.25	0.35	0.50	0.75	1.00
	白布	m	3.68	0.8	1.6	2.0	3.0	3.6	4.8
	镀锌钢丝 *D*2.8～4.0	kg	6.91	—	—	—	4	6	8
机械	卷扬机 单筒慢速 50kN	台班	211.29	—	—	—	2.00	2.45	3.05

三、轴流式通风机安装

单位：台

编号				1-596	1-597	1-598	1-599	1-600	1-601	1-602	1-603	1-604
项目				轴流式通风机安装								
				设备质量(t以内)								
				0.2	0.5	1	1.5	2	3	4	5	6
预算基价	总价(元)			**741.53**	**1012.16**	**2016.65**	**1510.77**	**2691.64**	**3767.89**	**5336.21**	**6953.31**	**8660.23**
	人工费(元)			552.15	816.75	1674.00	1205.55	2174.85	3075.30	4453.65	5913.00	7296.75
	材料费(元)			133.90	139.93	210.57	200.30	378.67	434.46	582.17	684.45	763.22
	机械费(元)			55.48	55.48	132.08	104.92	138.12	258.13	300.39	355.86	600.26
组成内容		**单位**	**单价**	**数量**								
人工	综合工	工日	135.00	4.09	6.05	12.40	8.93	16.11	22.78	32.99	43.80	54.05
材料	平垫铁 Q195～Q235 1#	kg	7.42	3.048	3.048	4.064	4.064	—	—	—	—	—
	平垫铁 Q195～Q235 2#	kg	7.42	—	—	—	—	11.616	11.616	11.616	15.488	15.488
	斜垫铁 Q195～Q235 1#	kg	10.34	3.060	3.060	4.080	4.080	—	—	—	—	—
	斜垫铁 Q195～Q235 2#	kg	10.34	—	—	—	—	10.848	10.848	10.848	14.464	14.464
	普碳钢板 Q195～Q235 δ1.6～1.9	t	3997.33	0.0003	0.0003	0.0005	0.0005	0.0008	0.0010	0.0010	0.0010	0.0010
	木板	m^3	1672.03	0.006	0.006	0.010	0.010	0.010	0.010	0.014	0.014	0.019
	硅酸盐水泥 42.5级	kg	0.41	47.85	50.75	65.25	65.25	65.25	101.50	145.00	145.00	194.30
	砂子	t	87.03	0.117	0.123	0.164	0.164	0.164	0.255	0.369	0.369	0.465
	碎石 0.5～3.2	t	82.73	0.132	0.136	0.180	0.180	0.180	0.276	0.406	0.406	0.529
	电焊条 E4303 D3.2	kg	7.59	0.210	0.210	0.420	0.420	0.525	0.630	0.630	0.630	0.630
	煤油	kg	7.49	1.050	1.575	3.150	2.100	4.200	5.250	5.250	6.300	6.300

续前

单位：台

编号				1-596	1-597	1-598	1-599	1-600	1-601	1-602	1-603	1-604
项目				轴流式通风机安装								
				设备质量(t以内)								
				0.2	0.5	1	1.5	2	3	4	5	6
组成内容		单位	单价	数量								
材料	机油	kg	7.21	0.606	0.606	1.010	1.010	1.515	2.020	3.030	4.040	5.050
	氧气	m^3	2.88	1.02	1.02	1.02	1.02	2.04	2.04	3.06	3.06	4.08
	乙炔气	kg	14.66	0.34	0.34	0.34	0.34	0.68	0.68	1.02	1.02	1.36
	棉纱	kg	16.11	0.22	0.22	0.44	0.33	0.88	1.10	1.10	1.10	1.10
	破布	kg	5.07	0.210	0.210	0.420	0.315	0.840	1.050	1.050	1.050	1.575
	镀锌钢丝 $D2.8\sim4.0$	kg	6.91	—	—	0.8	0.8	1.0	1.0	2.0	3.0	4.0
	黄干油	kg	15.77	—	—	0.303	0.303	0.404	0.404	0.505	0.505	0.606
	汽油 $60^{\#}\sim70^{\#}$	kg	6.67	—	—	—	—	1.02	2.04	2.55	3.06	3.57
	道木	m^3	3660.04	—	—	—	—	—	—	0.014	0.014	0.014
	石棉橡胶板 低压 $\delta0.8\sim6.0$	kg	19.35	—	—	—	—	—	—	1.0	1.5	1.5
	铅油	kg	11.17	—	—	—	—	—	—	0.3	0.3	0.4
	零星材料费	元	—	1.33	1.39	2.08	1.98	3.75	4.30	5.76	6.78	7.56
机械	叉式起重机 5t	台班	494.40	0.1	0.1	0.2	0.2	0.2	0.4	0.4	0.5	—
	交流弧焊机 21kV•A	台班	60.37	0.1	0.1	0.2	0.1	0.3	0.3	0.3	0.4	0.5
	卷扬机 单筒慢速 50kN	台班	211.29	—	—	0.1	—	0.1	0.2	0.4	0.4	0.4
	汽车式起重机 16t	台班	971.12	—	—	—	—	—	—	—	—	0.5

单位：台

编 号				1-605	1-606	1-607	1-608	1-609	1-610	1-611	1-612	1-613
项 目				轴流式通风机安装								
				设备质量(t以内)								
				8	10	15	20	30	40	50	60	70
预算基价	总 价(元)			**10824.19**	**13192.02**	**17495.91**	**21469.65**	**26831.94**	**32650.46**	**37052.38**	**43713.75**	**49783.31**
	人 工 费(元)			9072.00	11041.65	14538.15	17910.45	21560.85	26158.95	29301.75	34369.65	38749.05
	材 料 费(元)			1112.69	1393.15	1979.33	2339.30	2914.05	3968.46	4490.63	5316.96	6448.71
	机 械 费(元)			639.50	757.22	978.43	1219.90	2357.04	2523.05	3260.00	4027.14	4585.55
组 成 内 容		**单位**	**单价**	**数 量**								
人工	综合工	工日	135.00	67.20	81.79	107.69	132.67	159.71	193.77	217.05	254.59	287.03
材料	斜垫铁 Q195～Q235 2#	kg	10.34	—	—	9.040	14.464	21.696	32.544	36.160	45.200	54.240
	斜垫铁 Q195～Q235 3#	kg	10.34	22.144	27.680	33.216	33.216	33.216	49.824	55.360	69.200	83.040
	平垫铁 Q195～Q235 2#	kg	7.42	—	—	9.680	15.488	23.232	34.848	38.720	48.400	58.080
	平垫铁 Q195～Q235 3#	kg	7.42	32.032	40.040	48.048	48.048	48.048	72.072	80.080	100.100	120.120
	普碳钢板 Q195～Q235 δ1.6～1.9	t	3997.33	0.0015	0.0020	0.0030	0.0040	0.0050	0.0050	0.0060	0.0070	0.0070
	普碳钢板 Q195～Q235 δ>31	t	4001.15	0.004	0.005	0.008	0.010	0.015	0.020	0.025	0.030	0.040
	木板	m^3	1672.03	0.023	0.028	0.044	0.044	0.075	0.088	0.115	0.115	0.125
	硅酸盐水泥 42.5级	kg	0.41	232.00	268.25	384.25	508.95	611.90	764.15	764.15	764.15	916.40
	砂子	t	87.03	0.502	0.695	1.062	1.274	1.529	1.912	1.912	1.912	2.298
	碎石 0.5～3.2	t	82.73	0.599	0.792	1.158	1.390	1.667	2.085	2.085	2.085	2.491
	镀锌钢丝 D2.8～4.0	kg	6.91	5.0	6.0	7.0	10.0	12.0	15.0	18.0	20.0	24.0

单位：台

编号			1-605	1-606	1-607	1-608	1-609	1-610	1-611	1-612	1-613
项目			轴流式通风机安装								
			设备质量(t以内)								
			8	10	15	20	30	40	50	60	70
组成内容	单位	单价	数量								
材料 电焊条 E4303 $D3.2$	kg	7.59	1.050	2.100	3.150	4.200	6.300	8.400	10.500	12.600	14.700
煤油	kg	7.49	8.400	10.500	13.650	15.750	21.000	26.250	31.500	36.750	42.000
机油	kg	7.21	6.060	8.080	10.100	12.120	15.150	18.180	20.200	25.250	30.300
氧气	m^3	2.88	4.08	6.12	9.18	9.18	12.24	18.36	18.36	24.48	24.48
乙炔气	kg	14.66	1.36	2.04	3.06	3.06	4.08	6.12	6.12	8.16	8.16
棉纱	kg	16.11	2.20	3.30	3.85	4.40	8.80	11.00	13.20	15.40	17.60
破布	kg	5.07	2.100	3.150	3.990	5.250	8.400	10.500	12.600	14.700	16.800
黄干油	kg	15.77	1.010	1.212	2.020	3.030	3.535	4.040	4.545	5.050	6.060
汽油 $60^{\#}$ ～ $70^{\#}$	kg	6.67	4.08	5.10	6.12	7.14	8.16	10.20	12.24	15.30	20.40
道木	m^3	3660.04	0.021	0.021	0.028	0.041	0.055	0.083	0.110	0.138	0.206
石棉橡胶板 低压 $\delta 0.8$～6.0	kg	19.35	1.8	2.0	2.5	3.0	3.2	3.5	3.8	4.0	4.5
铅油	kg	11.17	0.4	0.5	0.6	0.8	1.0	1.2	1.4	1.7	2.0
零星材料费	元	—	11.02	13.79	19.60	23.16	28.85	39.29	44.46	52.64	63.85
机械 交流弧焊机 21kV•A	台班	60.37	0.8	1.0	1.5	2.0	3.0	4.0	5.0	6.5	7.0
卷扬机 单筒慢速 50kN	台班	211.29	0.5	1.0	1.5	2.5	3.0	3.5	4.0	4.5	7.0
汽车式起重机 16t	台班	971.12	0.5	0.5	—	—	1.0	1.0	1.0	1.0	1.0
汽车式起重机 30t	台班	1141.87	—	—	0.5	0.5	0.5	0.5	1.0	1.5	1.5

四、轴流式通风机拆装检查

单位：台

编号				1-614	1-615	1-616	1-617	1-618	1-619	1-620	1-621	1-622
项目				轴流式通风机拆装检查								
				设备质量(t以内)								
				0.2	0.5	1	1.5	2	3	4	5	6
预算基价	总价(元)			**143.44**	**425.84**	**776.14**	**1167.70**	**1629.12**	**2274.89**	**2773.34**	**3405.86**	**4035.76**
	人工费(元)			121.50	391.50	729.00	1093.50	1525.50	2133.00	2592.00	3186.00	3780.00
	材料费(元)			21.94	34.34	47.14	74.20	103.62	141.89	181.34	219.86	255.76
组成内容		单位	单价	数量								
人工	综合工	工日	135.00	0.90	2.90	5.40	8.10	11.30	15.80	19.20	23.60	28.00
材料	红丹粉	kg	12.42	0.1	0.2	0.3	0.4	0.4	0.5	0.5	0.6	0.7
	汽油 60# ~70#	kg	6.67	0.3	0.5	0.8	1.5	2.0	2.5	3.0	3.5	4.0
	煤油	kg	7.49	1.0	1.5	2.0	3.0	4.0	5.0	6.0	8.0	10.0
	机油	kg	7.21	0.3	0.4	0.4	0.5	0.8	1.2	1.6	2.0	2.5
	黄干油	kg	15.77	0.2	0.3	0.4	0.5	0.6	0.9	1.2	1.5	1.8
	棉纱	kg	16.11	0.2	0.3	0.4	0.5	0.7	1.0	1.2	1.5	1.7
	破布	kg	5.07	0.3	0.5	0.8	1.0	1.5	2.0	2.5	3.0	3.5
	铁砂布 0# ~2#	张	1.15	1	2	2	3	4	4	5	5	6
	白布	m	3.68	—	—	0.3	0.4	0.6	0.9	1.2	1.5	1.8
	紫铜皮 0.25~0.50	kg	86.77	—	—	—	0.05	0.10	0.20	0.30	0.30	0.30
	研磨膏	盒	14.39	—	—	—	0.2	0.4	0.5	0.8	1.0	1.0

单位：台

编号				1-623	1-624	1-625	1-626	1-627	1-628	1-629	1-630	1-631
项目				轴流式通风机拆装检查								
				设备质量(t以内)								
				8	10	15	20	30	40	50	60	70
预算基价	总价(元)			**5286.93**	**6741.45**	**9207.40**	**11096.50**	**16364.05**	**21444.08**	**26607.47**	**31846.16**	**37156.70**
	人工费(元)			4549.50	5845.50	8167.50	9720.00	14418.00	19008.00	23625.00	28350.00	33075.00
	材料费(元)			314.85	367.72	448.29	630.65	919.18	1170.45	1480.20	1721.32	2023.74
	机械费(元)			422.58	528.23	591.61	745.85	1026.87	1265.63	1502.27	1774.84	2057.96
组成内容		**单位**	**单价**	**数量**								
人工	综合工	工日	135.00	33.70	43.30	60.50	72.00	106.80	140.80	175.00	210.00	245.00
材料	红丹粉	kg	12.42	0.8	0.8	1.0	1.5	1.8	1.8	2.0	2.0	2.0
	汽油 60#～70#	kg	6.67	5.0	6.0	7.5	10.0	17.0	22.0	30.0	35.0	40.0
	煤油	kg	7.49	10.0	12.0	15.0	20.0	35.0	45.0	60.0	70.0	80.0
	机油	kg	7.21	3.0	3.5	4.0	8.0	12.0	16.0	20.0	24.0	30.0
	黄干油	kg	15.77	2.0	2.5	3.0	4.0	6.0	8.0	10.0	12.0	15.0
	棉纱	kg	16.11	2.0	2.0	2.0	2.0	3.0	4.0	5.0	6.0	7.0
	破布	kg	5.07	4.0	4.0	4.0	5.0	7.0	8.0	10.0	12.0	15.0
	铁砂布 0#～2#	张	1.15	6	8	10	15	20	25	30	35	40
	白布	m	3.68	2.0	2.5	3.0	4.0	4.6	5.0	5.5	6.0	6.5
	紫铜皮 0.25～0.50	kg	86.77	0.40	0.50	0.60	1.00	1.20	1.50	1.80	2.00	2.50
	研磨膏	盒	14.39	1.0	1.0	2.0	3.0	3.0	4.0	5.0	6.0	7.0
	镀锌钢丝 D2.8～4.0	kg	6.91	4	5	6	8	10	12	13	14	15
机械	卷扬机 单筒慢速 50kN	台班	211.29	2.00	2.50	2.80	3.53	4.86	5.99	7.11	8.40	9.74

五、回转式鼓风机安装

单位：台

编号				1-632	1-633	1-634	1-635	1-636	1-637	1-638	1-639
项目				回转式鼓风机安装							
				设备质量(t以内)							
				0.5	1	2	3	5	8	12	15
预算基价	总价(元)			**2019.90**	**2853.89**	**3727.28**	**4888.83**	**6513.01**	**9440.56**	**12200.56**	**16407.42**
	人工费(元)			1668.60	2403.00	3173.85	4140.45	5486.40	7831.35	10188.45	13497.30
	材料费(元)			225.25	318.81	400.22	539.69	691.87	948.25	1218.98	1354.04
	机械费(元)			126.05	132.08	153.21	208.69	334.74	660.96	793.13	1556.08
组成内容		单位	单价	数量							
人工	综合工	工日	135.00	12.36	17.80	23.51	30.67	40.64	58.01	75.47	99.98
材料	钩头成对斜垫铁 Q195～Q235 2#	kg	11.22	—	—	—	—	—	7.944	10.592	10.592
	斜垫铁 Q195～Q235 1#	kg	10.34	4.080	5.100	6.120	6.120	9.180	9.180	—	—
	斜垫铁 Q195～Q235 2#	kg	10.34	—	—	—	—	—	—	10.848	10.848
	平垫铁 Q195～Q235 1#	kg	7.42	4.064	5.080	6.096	6.096	9.144	9.144	—	—
	平垫铁 Q195～Q235 2#	kg	7.42	—	—	—	—	—	5.808	19.360	19.360
	普碳钢板 Q195～Q235 δ1.6～1.9	t	3997.33	0.0004	0.0005	0.0008	0.0008	0.0010	0.0010	0.0018	0.0023
	木板	m^3	1672.03	0.006	0.010	0.015	0.024	0.028	0.031	0.034	0.038
	硅酸盐水泥 42.5级	kg	0.41	34.80	79.75	107.30	218.95	268.25	281.30	384.25	435.00
	砂子	t	87.03	0.097	0.200	0.259	0.548	0.676	0.734	1.062	1.178
	碎石 0.5～3.2	t	82.73	0.104	0.220	0.277	0.599	0.754	0.849	1.158	1.274
	水	m^3	7.62	0.1	0.1	0.2	0.3	0.5	0.8	1.0	2.0
	镀锌钢丝 D2.8～4.0	kg	6.91	1.0	1.1	1.4	1.8	2.0	3.0	4.0	5.0
	电焊条 E4303 D3.2	kg	7.59	0.368	0.578	0.578	0.945	1.313	1.890	2.625	3.150

续前 单位：台

编号			1-632	1-633	1-634	1-635	1-636	1-637	1-638	1-639
项目			回转式鼓风机安装							
			设备质量(t以内)							
			0.5	1	2	3	5	8	12	15
组成内容	单位	单价	数量							
材料 石棉橡胶板 低压 δ0.8～6.0	kg	19.35	0.5	0.7	1.0	1.0	1.5	1.5	1.8	2.4
石棉编绳 D11～25	kg	17.84	0.5	0.8	0.8	1.0	1.0	1.4	1.5	2.0
铅油	kg	11.17	0.2	0.3	0.4	0.5	0.8	0.8	1.0	1.2
汽油 60#～70#	kg	6.67	0.510	0.816	1.020	1.020	1.530	2.040	3.060	4.080
煤油	kg	7.49	4.20	4.83	6.09	7.14	8.40	10.50	11.55	13.65
机油	kg	7.21	1.010	1.515	2.020	2.020	2.525	3.030	4.040	5.050
黄干油	kg	15.77	0.505	0.808	1.010	1.010	1.364	1.515	1.818	2.020
氧气	m^3	2.88	1.02	1.02	1.02	1.53	2.04	3.06	4.08	5.10
乙炔气	kg	14.66	0.34	0.34	0.34	0.51	0.68	1.02	1.36	1.70
棉纱	kg	16.11	0.44	0.44	0.55	0.55	0.55	2.20	3.30	3.30
破布	kg	5.07	1.050	1.575	2.100	2.625	2.625	3.150	4.200	4.200
阻燃防火保温草袋片	个	6.00	1	1	1	1	1	2	2	2
亚麻子油	kg	11.63	—	—	—	—	—	0.8	1.0	1.2
零星材料费	元	—	2.23	3.16	3.96	5.34	6.85	9.39	12.07	13.41
机械 叉式起重机 5t	台班	494.40	0.2	0.2	0.2	0.3	0.5	0.5	0.5	1.0
交流弧焊机 21kV·A	台班	60.37	0.1	0.2	0.2	0.3	0.4	0.5	1.0	1.5
汽车式起重机 8t	台班	767.15	—	—	—	—	—	0.5	—	—
汽车式起重机 16t	台班	971.12	—	—	—	—	—	—	0.5	1.0
卷扬机 单筒慢速 50kN	台班	211.29	0.1	0.1	0.2	0.2	0.3	—	—	—

六、回转式鼓风机拆装检查

单位：台

编号				1-640	1-641	1-642	1-643	1-644	1-645	1-646	1-647
项目				回转式鼓风机拆装检查							
				设备质量(t以内)							
				0.5	1	2	3	5	8	12	15
预算基价	总价(元)			**434.19**	**812.26**	**1480.12**	**2213.31**	**3554.38**	**5835.83**	**8286.29**	**10446.40**
	人工费(元)			405.00	756.00	1377.00	2079.00	3375.00	5130.00	7330.50	9301.50
	材料费(元)			29.19	56.26	103.12	134.31	179.38	283.25	406.44	525.82
	机械费(元)			—	—	—	—	—	422.58	549.35	619.08
组成内容		**单位**	**单价**	**数量**							
人工	综合工	工日	135.00	3.00	5.60	10.20	15.40	25.00	38.00	54.30	68.90
材料	红丹粉	kg	12.42	0.1	0.2	0.3	0.5	0.6	0.8	1.0	1.2
	汽油 60#～70#	kg	6.67	0.5	1.0	2.0	2.5	3.0	5.0	7.0	10.0
	煤油	kg	7.49	1.5	2.0	4.0	5.0	6.0	10.0	15.0	20.0
	机油	kg	7.21	0.3	0.5	0.8	1.2	2.0	3.0	4.0	5.0
	黄干油	kg	15.77	0.2	0.3	0.5	0.6	1.0	1.5	2.0	3.0
	棉纱	kg	16.11	0.2	0.5	0.8	1.0	1.2	1.5	2.0	2.5
	破布	kg	5.07	0.5	1.0	1.5	2.0	2.5	3.0	4.0	5.0
	铁砂布 0#～2#	张	1.15	2	3	4	5	5	6	8	10
	紫铜皮 0.25～0.50	kg	86.77	—	0.05	0.10	0.15	0.25	0.40	0.60	0.75
	研磨膏	盒	14.39	—	0.2	0.5	0.6	1.0	1.0	2.0	2.0
	白布	m	3.68	—	—	0.4	0.6	0.8	1.0	1.2	1.5
	镀锌钢丝 *D*2.8～4.0	kg	6.91	—	—	—	—	—	3	4	5
机械	卷扬机 单筒慢速 50kN	台班	211.29	—	—	—	—	—	2.00	2.60	2.93

七、离心式鼓风机安装

单位：台

编号				1-648	1-649	1-650	1-651	1-652	1-653
项目				离心式鼓风机安装					
				带增速机					
				设备质量(t以内)					
				5	7	10	15	20	25
预算基价	总价(元)			**19589.33**	**25702.15**	**35013.06**	**47417.49**	**57648.35**	**66425.13**
	人工费(元)			17593.20	23193.00	30963.60	41941.80	50668.20	56805.30
	材料费(元)			1219.85	1496.69	1928.02	2742.52	3688.57	5588.70
	机械费(元)			776.28	1012.46	2121.44	2733.17	3291.58	4031.13
组成内容		**单位**	**单价**	**数量**					
人工	综合工	工日	135.00	130.32	171.80	229.36	310.68	375.32	420.78
材料	钩头成对斜垫铁 Q195～Q235 1#	kg	11.22	12.576	—	—	—	—	—
	钩头成对斜垫铁 Q195～Q235 2#	kg	11.22	—	21.184	26.480	—	—	—
	钩头成对斜垫铁 Q195～Q235 3#	kg	11.22	—	—	—	39.140	46.968	—
	钩头成对斜垫铁 Q195～Q235 4#	kg	11.22	—	—	—	—	—	92.400
	平垫铁 Q195～Q235 1#	kg	7.42	8.128	—	—	—	6.096	6.096
	平垫铁 Q195～Q235 2#	kg	7.42	7.744	23.232	27.104	7.744	—	—
	平垫铁 Q195～Q235 3#	kg	7.42	—	—	—	40.040	72.072	24.024
	平垫铁 Q195～Q235 4#	kg	7.42	—	—	—	—	—	189.888
	斜垫铁 Q195～Q235 1#	kg	10.34	—	—	—	—	6.12	6.12
	斜垫铁 Q195～Q235 2#	kg	10.34	7.232	7.232	7.232	7.232	—	—
	斜垫铁 Q195～Q235 3#	kg	10.34	—	—	—	—	16.608	16.608
	普碳钢板 Q195～Q235 δ1.6～1.9	t	3997.33	0.0003	0.0003	0.0004	0.0006	0.0006	0.0006
	木板	m^3	1672.03	0.018	0.036	0.064	0.083	0.099	0.125
	硅酸盐水泥 42.5级	kg	0.41	310.30	310.30	462.55	611.90	639.45	771.40
	砂子	t	87.03	0.772	0.772	1.158	1.544	1.576	1.930
	碎石 0.5～3.2	t	82.73	0.849	0.849	1.274	1.660	1.745	2.105
	水	m^3	7.62	0.47	0.47	0.69	0.94	0.98	1.20
	紫铜皮 0.25～0.50	kg	86.77	0.206	0.206	0.210	0.210	0.260	0.260
	镀锌钢丝 *D*2.8～4.0	kg	6.91	1.1	1.2	2.3	3.0	3.5	4.0
	电焊条 E4303 *D*4	kg	7.58	1.313	1.470	1.470	4.410	8.610	9.975
	道木	m^3	3660.04	0.041	0.055	0.066	0.083	0.110	0.117
	石棉橡胶板 低压 δ0.8～6.0	kg	19.35	1.2	1.2	1.2	1.5	2.5	3.0
	气焊条 *D*<2	kg	7.96	0.45	0.60	0.21	3.75	4.82	5.40

续前　　　　单位：台

编　号				1-648	1-649	1-650	1-651	1-652	1-653
项　目				离心式鼓风机安装					
				带增速机					
				设备质量(t以内)					
				5	7	10	15	20	25
组成内容		单位	单价	数　量					
材料	铅油	kg	11.17	0.5	0.6	0.6	1.1	1.5	1.7
	漆片	kg	42.65	0.15	0.25	0.25	0.30	0.40	0.40
	红丹粉	kg	12.42	0.60	0.72	0.90	1.65	2.70	3.00
	黑铅粉	kg	0.44	0.60	0.72	0.90	1.20	2.00	2.00
	汽油 60#～70#	kg	6.67	1.836	2.550	3.570	8.160	12.240	13.260
	煤油	kg	7.49	14.175	15.750	24.045	31.500	45.150	48.300
	亚麻子油	kg	11.63	1.5	1.8	2.3	2.9	3.5	4.0
	机油	kg	7.21	3.030	3.081	4.040	4.545	6.060	8.080
	黄干油	kg	15.77	0.808	1.111	1.313	1.515	2.020	2.525
	氧气	m^3	2.88	1.02	1.02	3.57	7.14	9.18	9.18
	乙醇	kg	9.69	0.5	0.5	0.5	1.0	1.0	1.0
	乙炔气	kg	14.66	0.34	0.34	1.19	2.38	3.06	3.06
	铜丝布 16目	m	117.37	0.4	0.4	0.4	0.5	0.6	0.8
	棉纱	kg	16.11	1.54	1.54	1.87	4.95	4.95	5.50
	白布	m	3.68	1.836	2.142	2.142	3.366	4.590	5.100
	破布	kg	5.07	3.885	4.725	4.935	6.300	10.710	11.550
	阻燃防火保温草袋片	个	6.00	2	2	2	2	2	2
	青壳纸 δ0.1～1.0	kg	4.80	0.4	0.5	0.5	1.5	2.0	2.5
	面粉	kg	1.90	0.8	0.8	1.0	2.0	2.0	2.0
	研磨膏	盒	14.39	3	3	3	3	4	4
	凡尔砂	盒	5.13	0.5	0.6	0.6	—	—	—
	零星材料费	元	—	12.08	14.82	19.09	27.15	36.52	55.33
机械	叉式起重机 5t	台班	494.40	0.5	0.5	0.2	0.3	0.3	—
	交流弧焊机 21kV•A	台班	60.37	0.3	0.4	0.6	1.5	2.0	2.0
	电动空气压缩机 $6m^3$	台班	217.48	0.1	0.1	0.1	0.1	0.1	0.1
	汽车式起重机 8t	台班	767.15	0.5	0.8	—	—	—	—
	汽车式起重机 16t	台班	971.12	—	—	0.5	—	—	—
	汽车式起重机 30t	台班	1141.87	—	—	—	0.5	0.5	1.0
	卷扬机 单筒慢速 50kN	台班	211.29	0.5	0.5	7.0	9.0	11.5	13.0

单位：台

编号				1-654	1-655	1-656	1-657	1-658	1-659	1-660	1-661
项目				离心式鼓风机安装							
				不带增速机							
				设备质量(t以内)							
				0.5	1.0	2.0	3.0	4.0	5.0	7.0	10
预算基价	总价(元)			**3385.99**	**4558.15**	**6160.26**	**8183.88**	**11218.58**	**15760.11**	**21347.35**	**27305.59**
	人工费(元)			3078.00	4089.15	5653.80	7489.80	9968.40	14062.95	19074.15	23994.90
	材料费(元)			203.07	342.95	380.41	490.81	920.86	1346.71	1490.88	1823.11
	机械费(元)			104.92	126.05	126.05	203.27	329.32	350.45	782.32	1487.58
组成内容		**单位**	**单价**	**数量**							
人工	综合工	工日	135.00	22.80	30.29	41.88	55.48	73.84	104.17	141.29	177.74
材料	钩头成对斜垫铁 Q195～Q235 2#	kg	11.22	—	10.592	10.592	10.592	15.888	21.184	21.184	26.480
	平垫铁 Q195～Q235 1#	kg	7.42	3.048	—	—	1.016	2.032	2.032	5.080	—
	平垫铁 Q195～Q235 2#	kg	7.42	3.872	7.744	7.744	9.680	15.488	15.488	19.360	23.230
	斜垫铁 Q195～Q235 1#	kg	10.34	2.040	—	—	2.040	4.080	4.080	4.080	—
	斜垫铁 Q195～Q235 2#	kg	10.34	—	—	—	—	—	—	—	7.232
	普碳钢板 Q195～Q235 δ1.6～1.9	t	3997.33	0.00016	0.00016	0.00021	0.00026	0.00031	0.00042	0.00042	0.00052
	普碳钢板 Q195～Q235 δ>31	t	4001.15	—	—	—	—	—	0.003	0.005	0.008
	木板	m^3	1672.03	0.003	0.006	0.010	0.015	0.015	0.015	0.038	0.063
	硅酸盐水泥 42.5级	kg	0.41	26.825	41.760	57.130	93.380	216.050	217.500	234.900	339.300
	砂子	t	87.03	0.097	0.104	0.143	0.232	0.541	0.545	0.586	0.849
	碎石 0.5～3.2	t	82.73	0.097	0.114	0.156	0.259	0.585	1.560	0.641	0.927
	水	m^3	7.62	0.508	1.009	1.599	2.026	2.540	3.940	4.840	4.840
	镀锌钢丝 D2.8～4.0	kg	6.91	1.0	1.1	1.1	1.1	1.1	1.1	1.1	2.2
	电焊条 E4303 D4	kg	7.58	0.315	0.315	0.315	0.630	1.260	1.365	1.365	1.680
	石棉橡胶板 低压 δ0.8～6.0	kg	19.35	0.50	0.60	0.66	0.84	0.90	1.20	1.20	1.20
	铅油	kg	11.17	0.2	0.2	0.3	0.3	0.4	0.5	0.5	0.6
	汽油 60#～70#	kg	6.67	0.306	0.306	0.306	0.510	1.020	1.530	2.244	2.448
	煤油	kg	7.49	5.145	5.775	6.300	6.825	11.655	14.175	15.225	19.950
	机油	kg	7.21	0.505	1.111	1.414	1.616	2.828	4.040	4.545	5.252
	黄干油	kg	15.77	0.303	0.646	0.768	0.920	1.121	1.242	1.242	1.242
	棉纱	kg	16.11	0.660	0.660	0.715	0.968	0.990	1.430	1.540	1.870

续前

单位：台

编号				1-654	1-655	1-656	1-657	1-658	1-659	1-660	1-661
项目				离心式鼓风机安装							
				不带增速机							
				设备质量(t以内)							
				0.5	1.0	2.0	3.0	4.0	5.0	7.0	10
组成内容		单位	单价	数量							
材料	破布	kg	5.07	0.945	1.050	1.313	1.785	2.100	4.074	4.620	4.620
	阻燃防火保温草袋片	个	6.00	1	1	1	1	1	1	1	2
	白布	m	3.68	—	—	—	0.510	0.510	1.224	1.836	2.040
	面粉	kg	1.90	—	—	—	—	0.8	0.8	0.8	0.8
	紫铜皮 0.25～0.50	kg	86.77	—	—	—	—	0.10	0.10	0.15	0.15
	漆片	kg	42.65	—	—	—	—	0.15	0.15	0.25	0.25
	红丹粉	kg	12.42	—	—	—	—	0.5	0.5	0.6	0.8
	黑铅粉	kg	0.44	—	—	—	—	0.5	0.5	0.6	0.6
	汽缸油	kg	11.46	—	—	—	—	1.0	3.5	3.5	4.0
	亚麻子油	kg	11.63	—	—	—	—	0.8	1.5	1.5	2.0
	乙醇	kg	9.69	—	—	—	—	0.3	0.3	0.5	0.5
	铜丝布 16目	m	117.37	—	—	—	—	0.4	0.4	0.4	0.4
	青壳纸 δ0.1～1.0	kg	4.80	—	—	—	—	0.4	0.4	0.5	0.5
	研磨膏	盒	14.39	—	—	—	—	2	2	3	3
	凡尔砂	盒	5.13	—	—	—	—	0.3	0.3	0.6	0.6
	道木	m^3	3660.04	—	—	—	—	—	0.041	0.055	0.061
	气焊条 $D<2$	kg	7.96	—	—	—	—	—	0.4	0.5	0.5
	绝缘清漆	kg	13.35	—	—	—	—	—	0.3	0.3	0.4
	氧气	m^3	2.88	—	—	—	—	—	0.398	0.408	0.408
	乙炔气	kg	14.66	—	—	—	—	—	0.133	0.136	0.136
	零星材料费	元	—	2.01	3.40	3.77	4.86	9.12	13.33	14.76	18.05
机械	叉式起重机 5t	台班	494.40	0.2	0.2	0.2	0.3	0.5	0.5	0.5	0.5
	交流弧焊机 21kV·A	台班	60.37	0.1	0.1	0.1	0.2	0.3	0.3	0.4	0.6
	电动空气压缩机 6m^3	台班	217.48	—	—	—	0.1	0.1	0.1	0.1	0.1
	汽车式起重机 8t	台班	767.15	—	—	—	—	—	—	0.5	—
	汽车式起重机 16t	台班	971.12	—	—	—	—	—	—	—	1.0
	卷扬机 单筒慢速 50kN	台班	211.29	—	0.1	0.1	0.1	0.2	0.3	0.5	1.0

单位：台

编号				1-662	1-663	1-664	1-665	1-666	1-667	1-668
项目				离心式鼓风机安装						
				不带增速机						
				设备质量(t以内)						
				15	20	30	40	60	90	120
预算基价	总价(元)			**37850.38**	**48803.57**	**61863.30**	**69825.69**	**80986.52**	**96972.22**	**115597.51**
	人工费(元)			31874.85	39544.20	49504.50	55576.80	63452.70	75647.25	88223.85
	材料费(元)			3407.35	5283.39	6577.88	7625.38	8844.72	11983.81	15182.12
	机械费(元)			2568.18	3975.98	5780.92	6623.51	8689.10	9341.16	12191.54
组成内容		单位	单价	数量						
人工	综合工	工日	135.00	236.11	292.92	366.70	411.68	470.02	560.35	653.51
材料	钩头成对斜垫铁 Q195～Q235 3#	kg	11.22	39.140	—	—	46.968	46.968	78.280	97.850
	钩头成对斜垫铁 Q195～Q235 4#	kg	11.22	—	77.0	92.4	92.4	92.4	154.0	215.6
	平垫铁 Q195～Q235 2#	kg	7.42	7.744	—	7.744	22.264	33.880	43.560	48.400
	平垫铁 Q195～Q235 3#	kg	7.42	52.052	28.028	32.032	44.044	48.048	80.080	100.100
	平垫铁 Q195～Q235 4#	kg	7.42	—	158.240	189.888	189.888	189.888	316.480	443.072
	斜垫铁 Q195～Q235 2#	kg	10.34	7.232	—	—	14.464	27.120	36.160	45.200
	斜垫铁 Q195～Q235 3#	kg	10.34	—	16.608	22.144	—	—	—	—
	普碳钢板 Q195～Q235 δ1.6～1.9	t	3997.33	0.00120	0.00162	0.00300	0.00500	0.00600	0.00800	0.01000
	普碳钢板 Q195～Q235 δ>31	t	4001.15	0.008	0.010	0.012	0.015	0.020	0.030	0.040
	木板	m^3	1672.03	0.075	0.100	0.125	0.150	0.163	0.188	0.250
	硅酸盐水泥 42.5级	kg	0.41	387.15	468.35	678.60	726.45	790.25	899.00	968.60
	砂子	t	87.03	0.965	1.178	1.699	1.737	1.815	1.912	2.046
	碎石 0.5～3.2	t	82.73	1.062	1.274	1.853	1.873	2.046	2.124	2.239
	水	m^3	7.62	97.220	97.670	98.220	99.890	160.021	160.021	166.150
	紫铜皮 0.25～0.50	kg	86.77	0.50	0.50	0.50	1.00	1.20	1.80	2.00
	镀锌钢丝 D2.8～4.0	kg	6.91	3.0	3.0	4.0	5.0	6.0	8.0	10.0
	电焊条 E4303 D4	kg	7.58	4.095	8.610	10.500	12.600	14.700	16.800	21.000
	道木	m^3	3660.04	0.091	0.111	0.138	0.138	0.151	0.165	0.179
	石棉橡胶板 低压 δ0.8～6.0	kg	19.35	1.5	1.5	1.5	2.5	3.0	4.0	5.0
	气焊条 D<2	kg	7.96	0.9	1.5	2.5	3.0	3.5	4.0	5.0
	铅油	kg	11.17	0.7	1.1	1.3	2.0	2.5	3.0	4.0
	漆片	kg	42.65	0.40	0.50	0.80	1.20	1.50	2.00	2.50
	红丹粉	kg	12.42	1.7	2.2	2.5	2.6	2.8	3.0	3.5

续前

单位：台

编号			1-662	1-663	1-664	1-665	1-666	1-667	1-668
项目			离心式鼓风机安装						
			不带增速机						
			设备质量(t以内)						
			15	20	30	40	60	90	120
组成内容	单位	单价	数量						
材料 绝缘清漆	kg	13.35	0.5	0.5	1.0	1.2	1.5	2.0	3.0
黑铅粉	kg	0.44	1.2	1.4	1.8	2.0	2.5	3.0	4.0
汽油 60#～70#	kg	6.67	6.120	6.120	10.200	10.200	15.300	15.300	20.400
煤油	kg	7.49	31.710	38.010	47.250	52.500	63.000	84.000	106.050
汽缸油	kg	11.46	5.0	6.0	10.0	12.0	15.0	20.0	30.0
亚麻子油	kg	11.63	2.5	3.0	4.0	5.0	6.0	8.0	10.0
机油	kg	7.21	4.040	5.050	10.100	10.100	12.120	15.150	20.200
黄干油	kg	15.77	1.515	1.616	2.020	3.030	3.535	4.040	5.050
氧气	m^3	2.88	1.530	3.366	6.120	12.240	18.360	24.480	30.600
乙醇	kg	9.69	0.8	1.0	2.0	3.0	3.5	4.0	5.0
乙炔气	kg	14.66	0.510	1.122	2.040	4.080	6.120	8.160	10.200
铜丝布 16目	m	117.37	0.5	0.6	1.0	1.2	1.2	1.4	2.0
棉纱	kg	16.11	3.30	3.85	5.50	5.50	6.60	7.70	9.90
白布	m	3.68	2.550	3.060	3.570	3.672	4.080	4.590	5.100
破布	kg	5.07	7.56	10.71	12.60	12.60	14.70	15.75	18.90
阻燃防火保温草袋片	个	6.00	2	2	2	2	2	3	3
青壳纸 δ0.1～1.0	kg	4.80	1.0	1.5	2.5	3.0	3.5	4.0	5.0
面粉	kg	1.90	2.0	2.0	2.0	3.0	3.0	4.0	5.0
研磨膏	盒	14.39	3	4	5	5	6	6	7
凡尔砂	盒	5.13	0.8	1.0	2.0	2.0	2.5	3.0	4.0
零星材料费	元	—	33.74	52.31	65.13	75.50	87.57	118.65	150.32
机械 叉式起重机 5t	台班	494.40	0.5	—	—	—	—	—	—
卷扬机 单筒慢速 50kN	台班	211.29	6.0	8.0	13.0	14.0	17.0	19.0	26.0
交流弧焊机 21kV·A	台班	60.37	1.0	2.5	4.0	5.0	8.0	10.0	12.0
电动空气压缩机 $6m^3$	台班	217.48	0.1	0.1	0.5	0.5	1.0	1.5	2.0
汽车式起重机 16t	台班	971.12	1.0	1.0	1.0	1.0	1.0	1.0	1.0
汽车式起重机 30t	台班	1141.87	—	1.0	1.5	2.0	3.0	3.0	4.0

八、离心式鼓风机拆装检查

单位：台

编号				1-669	1-670	1-671	1-672	1-673	1-674
项目				离心式鼓风机拆装检查					
				带增速机					
				设备质量(t以内)					
				5	7	10	15	20	25
预算基价	总价(元)			**6228.95**	**8607.37**	**12149.85**	**16208.27**	**21492.89**	**26350.22**
	人工费(元)			6048.00	8356.50	10786.50	14229.00	18832.50	23017.50
	材料费(元)			180.95	250.87	363.95	540.39	777.80	955.71
	机械费(元)			—	—	999.40	1438.88	1882.59	2377.01
组成内容		单位	单价	数量					
人工	综合工	工日	135.00	44.80	61.90	79.90	105.40	139.50	170.50
材料	紫铜皮 0.25～0.50	kg	86.77	0.25	0.35	0.50	0.75	1.00	1.25
	红丹粉	kg	12.42	0.6	0.7	1.0	1.5	2.0	2.5
	汽油 60#～70#	kg	6.67	2.5	4.0	5.0	8.0	12.0	15.0
	煤油	kg	7.49	5	7	10	15	24	30
	机油	kg	7.21	2	3	4	6	10	13
	黄干油	kg	15.77	1.2	1.5	2.0	3.0	4.0	5.0
	棉纱	kg	16.11	1.5	2.0	2.5	3.5	4.5	5.5
	白布	m	3.68	2.0	2.5	3.0	3.5	4.5	5.0
	破布	kg	5.07	2.5	3.0	4.0	6.0	8.0	10.0
	铁砂布 0#～2#	张	1.15	5	8	10	20	25	30
	研磨膏	盒	14.39	1.0	1.5	2.0	3.0	4.0	4.0
	镀锌钢丝 *D*2.8～4.0	kg	6.91	—	—	4	5	8	10
机械	卷扬机 单筒慢速 50kN	台班	211.29	—	—	4.73	6.81	8.91	11.25

单位：台

编号			1-675	1-676	1-677	1-678	1-679	1-680	1-681	1-682
项目			离心式鼓风机拆装检查							
			不带增速机							
			设备质量(t以内)							
			0.5	1.0	2.0	3.0	4.0	5.0	7.0	10
预算基价 总价(元)			**678.51**	**1289.90**	**2226.25**	**3114.06**	**4115.94**	**4864.92**	**7828.00**	**9663.67**
预算基价 人工费(元)			648.00	1242.00	2133.00	2983.50	3942.00	4671.00	7573.50	8572.50
预算基价 材料费(元)			30.51	47.90	93.25	130.56	173.94	193.92	254.50	372.78
预算基价 机械费(元)			—	—	—	—	—	—	—	718.39
组成内容	**单位**	**单价**	**数量**							
人工 综合工	工日	135.00	4.80	9.20	15.80	22.10	29.20	34.60	56.10	63.50
材料 红丹粉	kg	12.42	0.2	0.3	0.4	0.5	0.6	0.6	0.7	1.0
材料 汽油 60#～70#	kg	6.67	0.4	0.6	1.2	1.5	2.0	2.5	3.5	5.0
材料 煤油	kg	7.49	1.0	1.6	2.5	4.0	5.0	6.0	8.0	12.0
材料 机油	kg	7.21	0.3	0.4	1.0	1.2	2.0	2.0	2.8	4.0
材料 黄干油	kg	15.77	0.2	0.3	0.6	0.9	1.2	1.5	1.8	2.5
材料 棉纱	kg	16.11	0.3	0.3	1.0	1.2	1.5	1.5	2.0	2.0
材料 破布	kg	5.07	0.5	0.5	1.5	2.0	2.5	3.0	3.5	4.0
材料 铁砂布 0#～2#	张	1.15	2	3	3	4	5	6	6	8
材料 研磨膏	盒	14.39	0.2	0.3	0.5	0.8	1.0	1.0	1.5	2.0
材料 紫铜皮 0.25～0.50	kg	86.77	—	0.05	0.10	0.15	0.25	0.25	0.35	0.50
材料 白布	m	3.68	—	0.3	0.5	0.8	1.0	1.2	1.4	2.0
材料 镀锌钢丝 *D*2.8～4.0	kg	6.91	—	—	—	—	—	—	—	4
机械 卷扬机 单筒慢速 50kN	台班	211.29	—	—	—	—	—	—	—	3.40

单位：台

编号				1-683	1-684	1-685	1-686	1-687	1-688	1-689
项目				离心式鼓风机拆装检查						
				不带增速机						
				设备质量(t以内)						
				15	20	30	40	60	90	120
预算基价	总价(元)			**12911.63**	**16115.48**	**21686.42**	**27170.64**	**40556.16**	**57590.63**	**76052.80**
	人工费(元)			11610.00	14445.00	19507.50	24448.50	37192.50	52839.00	69970.50
	材料费(元)			481.82	666.85	883.71	1183.95	1645.87	2089.38	2790.40
	机械费(元)			819.81	1003.63	1295.21	1538.19	1717.79	2662.25	3291.90
组成内容		单位	单价	数量						
人工	综合工	工日	135.00	86.00	107.00	144.50	181.10	275.50	391.40	518.30
材料	紫铜皮 0.25～0.50	kg	86.77	0.75	0.80	1.20	1.80	2.00	2.50	3.00
	红丹粉	kg	12.42	1.2	1.5	1.8	2.0	2.5	3.0	3.5
	汽油 60# ～70#	kg	6.67	8.0	12.0	16.0	20.0	30.0	40.0	50.0
	煤油	kg	7.49	16	25	35	50	80	100	150
	机油	kg	7.21	5.0	8.0	12.0	16.0	25.0	30.0	40.0
	黄干油	kg	15.77	3.0	4.0	5.0	6.0	6.0	9.0	12.0
	棉纱	kg	16.11	2.0	2.5	3.0	4.0	5.0	7.0	9.0
	白布	m	3.68	3.0	3.5	4.0	4.5	7.0	8.0	9.0
	破布	kg	5.07	4.0	5.0	6.0	8.0	10.0	15.0	18.0
	铁砂布 0# ～2#	张	1.15	10	12	15	20	30	40	50
	研磨膏	盒	14.39	2.0	3.0	3.0	4.0	5.0	6.0	7.0
	镀锌钢丝 *D*2.8～4.0	kg	6.91	6	8	10	12	15	16	18
机械	卷扬机 单筒慢速 50kN	台班	211.29	3.88	4.75	6.13	7.28	8.13	12.60	15.58

第八章　泵　安　装

说　明

一、本章适用范围：

1.离心式泵：

(1)离心式清水泵、单级单吸悬臂式离心泵、单级双吸中开式离心泵、立式离心泵、多级离心泵、锅炉给水泵、冷凝水泵、热水循环泵。

(2)离心油泵、卧式离心油泵、高速切线泵、中开式管线输油泵、管道式离心泵、立式筒式离心油泵、离心油浆泵、汽油泵、BY 型流程离心泵。

(3)离心式耐腐蚀泵、耐腐蚀液下泵、塑料耐腐蚀泵、耐腐蚀杂质泵、其他耐腐蚀泵。

(4)离心式杂质泵、污水泵、长轴立式离心泵、砂泵、泥浆泵、灰渣泵、煤水泵、衬胶泵、胶粒泵、糖汁泵、吊泵。

(5)离心式深水泵、深井泵、潜水电泵。

2.旋涡泵、单级旋涡泵、离心旋涡泵、WZ 多级自吸旋涡泵、其他旋涡泵。

3.往复泵：

(1)电动往复泵：一般电动往复泵、高压柱塞泵(3～4 柱塞)、石油化工及其他电动往复泵、柱塞高速泵(6～24 柱塞)。

(2)蒸汽往复泵：一般蒸汽往复泵、蒸汽往复油泵。

(3)计量泵。

4.转子泵：螺杆泵、齿轮油泵。

5.真空泵。

6.潜水泵。

7.手摇泵。

8.屏蔽泵：轴流泵、螺旋泵。

二、本章基价子目包括下列工作内容：

1.设备本体与本体联体的附件、管道、润滑冷却装置的清洗、组装、刮研。

2.深井泵的泵体扬水管及滤水网安装。

3.联轴器或皮带安装。

三、本章基价子目不包括下列工作内容：

1.负荷及无负荷试运转所用的动力。

2.支架、底座、联轴器、键和键槽的加工、制作。

3.深井泵扬水管与平面的垂直度测量。

4.电动机的检查、干燥、配线、调试等。

5.试运转时所需排水的附加工程(如修筑水沟、接排水管等)。

四、设备质量计算方法如下：

1.直联式泵按泵本体、电动机以及底座的总质量计算。

2.非直联式泵按泵本体及底座的总质量计算，不包括电动机质量，但包括电动机安装。

3.深井泵按本体、电动机、底座及设备扬水管的总质量计算。

五、深井泵橡胶轴与连接扬水管的螺栓按设备自带考虑。

六、泵拆装检查：

1.泵拆装检查基价包括下列工作内容：

设备本体及部件以及第一个阀门以内的管道等拆卸、清洗、检查、刮研、换油、调间隙、找正、找平、找中心、记录、组装复原。

2.泵拆装检查基价不包括下列内容：

(1)设备本体的整(解)体安装。

(2)电动机安装及拆装、检查、调整、试验。

(3)设备本体以外的各种管道的检查、试验等工作。

3.凡施工技术验收规范或技术资料规定，在实际施工中进行拆装检查工作时，可执行本册基价。

工程量计算规则

泵安装和拆装检查依据型号、设备质量、输送介质、压力和材质按设计图示数量计算。

一、单级离心泵及离心式耐腐蚀泵安装

工作内容：设备开箱检验、基础处理、垫铁设置、泵设备本体及附件(底座、电动机、联轴器、皮带等)吊装就位、找平找正、垫铁点焊、单机试车、配合检查验收。

单位：台

编号				1-690	1-691	1-692	1-693	1-694	1-695
项目				设备质量(t以内)					
				0.2	0.5	1.0	3.0	5.0	8.0
预算基价	总价(元)			**583.82**	**968.67**	**1514.51**	**3149.11**	**4531.74**	**6659.59**
	人工费(元)			425.25	799.20	1252.80	2697.30	3407.40	5215.05
	材料费(元)			104.29	115.19	157.99	239.54	358.06	499.17
	机械费(元)			54.28	54.28	103.72	212.27	766.28	945.37
组成内容		单位	单价	数量					
人工	综合工	工日	135.00	3.15	5.92	9.28	19.98	25.24	38.63
材料	平垫铁（综合）	kg	7.42	4.500	4.500	5.626	8.460	14.160	19.320
	斜垫铁（综合）	kg	10.34	4.464	4.464	5.580	7.500	12.600	17.150
	普碳钢板 Q195～Q235 δ1.6～1.9	t	3997.33	0.00020	0.00030	0.00040	0.00045	0.00050	0.00060
	木板	m^3	1672.03	0.003	0.006	0.009	0.019	0.025	0.040
	煤油	kg	7.49	0.560	0.788	0.945	1.890	2.625	3.570
	机油	kg	7.21	0.410	0.606	0.859	1.364	1.515	1.818
	黄干油	kg	15.77	0.150	0.202	0.556	0.909	0.909	1.303
	氧气	m^3	2.88	0.133	0.204	0.204	0.408	0.510	0.673
	乙炔气	kg	14.66	0.045	0.068	0.068	0.136	0.170	0.224
	砂纸	张	0.87	2.000	2.000	4.000	5.000	6.000	7.000
	紫铜板（综合）	kg	73.20	0.050	0.060	0.150	0.200	0.250	0.400
	金属滤网	m^2	19.04	0.063	0.065	0.068	0.070	0.090	0.100
	石棉板衬垫 1.6～2.0	kg	8.05	0.125	0.130	0.135	0.140	0.180	0.200
	电焊条 E4303	kg	7.59	0.100	0.126	0.189	0.357	0.441	0.620
机械	载货汽车 10t	台班	574.62	—	—	—	—	0.300	0.500
	叉式起重机 5t	台班	494.40	0.100	0.100	0.200	0.400	0.180	0.300
	汽车式起重机 16t	台班	971.12	—	—	—	—	0.500	0.500
	硅整流弧焊机 15kV·A	台班	48.36	0.100	0.100	0.100	0.300	0.400	0.500

工作内容：设备开箱检验、基础处理、垫铁设置、泵设备本体及附件(底座、电动机、联轴器、皮带等)吊装就位、找平找正、垫铁点焊、单机试车、配合检查验收。

单位：台

编号				1-696	1-697	1-698	1-699
项目				设备质量(t以内)			
				12	17	23	30
预算基价	总价(元)			**8791.46**	**11890.35**	**17571.44**	**21608.72**
	人工费(元)			6986.25	9047.70	12618.45	15303.60
	材料费(元)			680.91	1168.86	1291.46	1520.04
	机械费(元)			1124.30	1673.79	3661.53	4785.08
组成内容		**单位**	**单价**	**数量**			
人工	综合工	工日	135.00	51.75	67.02	93.47	113.36
材料	平垫铁（综合）	kg	7.42	24.840	49.720	54.240	63.280
	斜垫铁（综合）	kg	10.34	22.050	44.440	48.480	56.560
	普碳钢板 Q195～Q235 δ1.6～1.9	t	3997.33	0.00070	0.00076	0.00080	0.00090
	木板	m^3	1672.03	0.056	0.076	0.088	0.100
	道木	m^3	3660.04	0.010	0.010	0.012	0.017
	煤油	kg	7.49	4.095	4.830	5.040	5.460
	机油	kg	7.21	2.172	2.525	2.727	2.929
	黄干油	kg	15.77	1.535	1.697	1.737	1.778
	氧气	m^3	2.88	0.673	0.673	1.020	1.530
	乙炔气	kg	14.66	0.224	0.224	0.340	0.510
	金属滤网	m^2	19.04	0.120	0.150	0.180	0.200
	紫铜板（综合）	kg	73.20	0.600	0.950	1.100	1.500
	石棉板衬垫 1.6～2.0	kg	8.05	0.240	0.300	0.360	0.400
	砂纸	张	0.87	8.000	9.000	10.000	10.000
	电焊条 E4303	kg	7.59	0.620	0.620	0.683	0.683
机械	平板拖车组 20t	台班	1101.26	0.500	0.500	—	—
	平板拖车组 40t	台班	1468.34	—	—	0.700	1.000
	汽车式起重机 25t	台班	1098.98	0.5	1.0	—	—
	汽车式起重机 50t	台班	2492.74	—	—	1.0	—
	汽车式起重机 75t	台班	3175.79	—	—	—	1.0
	硅整流弧焊机 15kV•A	台班	48.36	0.500	0.500	0.500	0.500
	激光轴对中仪	台班	116.77	—	—	1.000	1.000

二、多级离心泵安装

工作内容：设备开箱检验、基础处理、垫铁设置、泵设备本体及附件(底座、电动机、联轴器、皮带等)吊装就位、找平找正、垫铁点焊、单机试车、配合检查验收。

单位：台

编号				1-700	1-701	1-702	1-703	1-704	1-705
项目				设备质量(t以内)					
				0.1	0.3	0.5	1.0	3.0	5.0
预算基价	总价(元)			**681.75**	**1161.36**	**1561.14**	**1950.05**	**3197.91**	**5595.83**
	人工费(元)			544.05	986.85	1378.35	1679.40	2739.15	4249.80
	材料费(元)			83.42	115.40	123.68	162.10	246.49	489.89
	机械费(元)			54.28	59.11	59.11	108.55	212.27	856.14
组成内容		**单位**	**单价**	**数量**					
人工	综合工	工日	135.00	4.03	7.31	10.21	12.44	20.29	31.48
材料	平垫铁（综合）	kg	7.42	3.330	4.500	4.500	5.625	8.460	19.320
	斜垫铁（综合）	kg	10.34	3.320	4.464	4.464	5.580	7.500	17.150
	普碳钢板 Q195～Q235 δ1.6～1.9	t	3997.33	0.00010	0.00012	0.00016	0.00020	0.00026	0.00040
	木板	m^3	1672.03	0.002	0.004	0.006	0.009	0.016	0.030
	煤油	kg	7.49	0.800	1.300	1.418	1.733	3.150	4.410
	机油	kg	7.21	0.400	0.600	0.859	0.980	1.485	1.970
	黄干油	kg	15.77	0.150	0.200	0.232	0.404	0.717	1.101
	氧气	m^3	2.88	0.153	0.204	0.275	0.347	0.765	0.765
	乙炔气	kg	14.66	0.051	0.068	0.092	0.115	0.255	0.255
	金属滤网	m^2	19.04	0.063	0.063	0.065	0.068	0.070	0.090
	砂纸	张	0.87	2.000	2.000	2.000	4.000	5.000	6.000
	紫铜板（综合）	kg	73.20	0.040	0.050	0.060	0.120	0.200	0.250
	石棉板衬垫 1.6～2.0	kg	8.05	0.083	0.125	0.125	0.130	0.135	0.180
	电焊条 E4303	kg	7.59	0.220	0.300	0.326	0.410	0.714	0.735
	道木	m^3	3660.04	—	—	—	—	—	0.004
机械	叉式起重机 5t	台班	494.40	0.1	0.1	0.1	0.2	0.4	—
	硅整流弧焊机 15kV•A	台班	48.36	0.100	0.200	0.200	0.200	0.300	0.400
	载货汽车 10t	台班	574.62	—	—	—	—	—	0.500
	汽车式起重机 25t	台班	1098.98	—	—	—	—	—	0.500

工作内容： 设备开箱检验、基础处理、垫铁设置、泵设备本体及附件（底座、电动机、联轴器、皮带等）吊装就位、找平找正、垫铁点焊、单机试车、配合检查验收。

单位： 台

编号				1-706	1-707	1-708	1-709	1-710
项目				设备质量(t以内)				
				8.0	10	15	20	25
预算基价	总价(元)			**6853.43**	**10377.20**	**12650.09**	**17908.06**	**21397.65**
	人工费(元)			5337.90	8294.40	10195.20	13043.70	15111.90
	材料费(元)			654.55	1080.42	1282.23	1448.14	1868.63
	机械费(元)			860.98	1002.38	1172.66	3416.22	4417.12
	组成内容	**单位**	**单价**	**数量**				
人工	综合工	工日	135.00	39.54	61.44	75.52	96.62	111.94
材料	普碳钢板 Q195～Q235 δ1.6～1.9	t	3997.33	0.00045	0.00080	0.00120	0.00160	0.00200
	平垫铁（综合）	kg	7.42	24.840	45.200	49.720	54.240	67.800
	斜垫铁（综合）	kg	10.34	22.050	40.400	44.400	48.480	60.600
	木板	m^3	1672.03	0.035	0.038	0.044	0.050	0.063
	煤油	kg	7.49	5.880	10.500	15.750	21.000	26.250
	机油	kg	7.21	2.828	3.030	3.535	4.040	6.060
	黄干油	kg	15.77	1.869	2.020	2.222	2.525	2.828
	氧气	m^3	2.88	1.530	3.060	6.120	6.450	6.840
	乙炔气	kg	14.66	0.510	1.020	2.040	2.150	2.280
	金属滤网	m^2	19.04	0.100	0.120	0.150	0.200	0.220
	砂纸	张	0.87	7.000	8.000	9.000	10.000	10.000
	紫铜板（综合）	kg	73.20	0.400	0.600	0.950	1.100	2.000
	石棉板衬垫 1.6～2.0	kg	8.05	0.200	0.240	0.300	0.360	0.040
	电焊条 E4303	kg	7.59	1.050	1.680	2.100	2.625	3.360
	道木	m^3	3660.04	0.008	0.010	0.014	0.017	0.028
机械	硅整流弧焊机 15kV•A	台班	48.36	0.500	1.000	1.500	1.500	2.000
	平板拖车组 20t	台班	1101.26	—	—	0.500	—	—
	平板拖车组 40t	台班	1468.34	—	—	—	0.500	0.700
	载货汽车 10t	台班	574.62	0.500	—	—	—	—
	载货汽车 15t	台班	809.06	—	0.500	—	—	—
	汽车式起重机 25t	台班	1098.98	0.500	0.500	0.500	—	—
	汽车式起重机 50t	台班	2492.74	—	—	—	1.000	—
	汽车式起重机 75t	台班	3175.79	—	—	—	—	1.000
	激光轴对中仪	台班	116.77	—	—	—	1.000	1.000

三、锅炉给水泵、冷凝水泵、热循环水泵安装

工作内容： 设备开箱检验、基础处理、垫铁设置、泵设备本体及附件（底座、电动机、联轴器、皮带等）吊装就位、找平找正、垫铁点焊、单机试车、配合检查验收。

单位： 台

编号				1-711	1-712	1-713	1-714	1-715	1-716	1-717	1-718	1-719
项目				设备质量（t以内）								
				0.5	1.0	3.5	5.0	7.0	10	15	20	25
预算基价	总价（元）			**1246.61**	**1732.43**	**3561.24**	**5043.97**	**5876.84**	**9486.72**	**13043.88**	**12237.61**	**16583.44**
	人工费（元）			1053.00	1478.25	3137.40	3974.40	4789.80	7636.95	10719.00	7636.95	10719.00
	材料费（元）			139.33	150.46	206.74	387.44	404.91	871.57	1176.40	1325.39	1612.45
	机械费（元）			54.28	103.72	217.10	682.13	682.13	978.20	1148.48	3275.27	4251.99
组成内容		**单位**	**单价**	**数量**								
人工	综合工	工日	135.00	7.80	10.95	23.24	29.44	35.48	56.57	79.40	56.57	79.40
材料	平垫铁（综合）	kg	7.42	5.625	5.625	7.050	16.560	16.560	36.160	49.720	54.240	67.800
	斜垫铁（综合）	kg	10.34	5.580	5.580	6.250	14.700	14.700	32.320	44.440	48.480	60.600
	普碳钢板 Q195～Q235 δ1.6～1.9	t	3997.33	0.00008	0.00012	0.00018	0.00019	0.00025	0.00030	0.00040	0.00045	0.00053
	木板	m^3	1672.03	0.006	0.009	0.019	0.025	0.025	0.038	0.038	0.040	0.050
	煤油	kg	7.49	1.103	1.197	1.785	2.100	3.150	3.675	5.250	5.430	6.230
	机油	kg	7.21	0.970	1.212	1.818	2.071	2.424	3.030	3.535	3.920	4.380
	黄干油	kg	15.77	0.131	0.222	0.303	0.404	0.505	0.808	1.010	1.100	1.370
	氧气	m^3	2.88	0.275	0.347	0.561	0.765	0.765	3.060	6.120	6.450	6.840
	乙炔气	kg	14.66	0.092	0.115	0.187	0.255	0.255	1.020	2.040	3.140	4.130

续前

单位：台

编号				1-711	1-712	1-713	1-714	1-715	1-716	1-717	1-718	1-719
项目				设备质量(t以内)								
				0.5	1.0	3.5	5.0	7.0	10	15	20	25
组成内容		单位	单价	数量								
材料	石棉板衬垫 1.6～2.0	kg	8.05	0.125	0.130	0.135	0.140	0.180	0.200	0.240	0.300	0.360
	金属滤网	m^2	19.04	0.063	0.065	0.068	0.070	0.090	0.100	0.120	0.150	0.200
	紫铜板（综合）	kg	73.20	0.050	0.060	0.150	0.200	0.250	0.400	0.600	0.950	1.100
	砂纸	张	0.87	2.000	2.000	4.000	5.000	6.000	7.000	8.000	9.000	10.000
	电焊条 E4303	kg	7.59	0.326	0.420	0.641	0.735	0.735	0.840	1.050	1.270	1.480
	道木	m^3	3660.04	—	—	—	—	—	0.020	0.025	0.030	0.030
机械	叉式起重机 5t	台班	494.40	0.1	0.2	0.4	—	—	—	—	—	—
	硅整流弧焊机 15kV•A	台班	48.36	0.100	0.100	0.400	0.500	0.500	0.500	1.000	1.000	1.000
	汽车式起重机 16t	台班	971.12	—	—	—	0.500	0.500	—	—	—	—
	汽车式起重机 25t	台班	1098.98	—	—	—	—	—	0.500	0.500	—	—
	汽车式起重机 50t	台班	2492.74	—	—	—	—	—	—	—	1.000	—
	汽车式起重机 75t	台班	3175.79	—	—	—	—	—	—	—	—	1.000
	载货汽车 10t	台班	574.62	—	—	—	0.300	0.300	—	—	—	—
	载货汽车 15t	台班	809.06	—	—	—	—	—	0.500	—	—	—
	平板拖车组 20t	台班	1101.26	—	—	—	—	—	—	0.500	—	—
	平板拖车组 40t	台班	1468.34	—	—	—	—	—	—	—	0.500	0.700

四、离心式油泵安装

单位：台

编号				1-720	1-721	1-722	1-723	1-724
项目				设备质量(t以内)				
				0.5	1.0	3.0	5.0	7.0
预算基价	总价(元)			**1564.74**	**2355.88**	**4988.63**	**7402.48**	**9520.88**
	人工费(元)			1301.40	1971.00	4382.10	6207.30	7632.90
	材料费(元)			207.86	279.96	384.62	520.62	760.97
	机械费(元)			55.48	104.92	221.91	674.56	1127.01
组成内容		**单位**	**单价**	**数量**				
人工	综合工	工日	135.00	9.64	14.60	32.46	45.98	56.54
材料	平垫铁 Q195～Q235 1#	kg	7.42	3.048	3.048	4.064	6.096	—
	平垫铁 Q195～Q235 2#	kg	7.42	—	—	—	—	13.552
	斜垫铁 Q195～Q235 1#	kg	10.34	3.060	3.060	4.080	6.120	—
	斜垫铁 Q195～Q235 2#	kg	10.34	—	—	—	—	12.656
	普碳钢板 Q195～Q235 δ1.6～1.9	t	3997.33	0.00018	0.00020	0.00023	0.00026	0.00032
	木板	m^3	1672.03	0.006	0.008	0.011	0.014	0.019
	硅酸盐水泥 42.5级	kg	0.41	50.533	83.462	126.223	161.342	216.819
	砂子	t	87.03	0.127	0.213	0.309	0.406	0.541
	碎石 0.5～3.2	t	82.73	0.330	0.375	0.385	0.440	0.595
	镀锌钢丝 *D*2.8～4.0	kg	6.91	0.8	1.2	1.4	1.6	1.8
	电焊条 E4303 *D*3.2	kg	7.59	0.179	0.210	0.420	0.672	0.882
	聚酯乙烯泡沫塑料	kg	10.96	0.022	0.055	0.110	0.165	0.220
	油浸石棉盘根 *D*6～10 250℃编制	kg	31.14	0.7	1.2	1.8	2.5	3.2
	铜焊条 铜107 *D*3.2	kg	51.27	0.10	0.16	0.20	0.22	0.26

续前　　　　　　　　　　　　　　　　　　　　　　　　　　　　　　　　　　　　**单位：**台

编号				1-720	1-721	1-722	1-723	1-724
项目				设备质量(t以内)				
				0.5	1.0	3.0	5.0	7.0
组成内容		**单位**	**单价**	**数量**				
材料	铜焊粉 气剂301	kg	39.05	0.05	0.08	0.10	0.11	0.13
	黑铅粉	kg	0.44	1.0	1.0	1.2	1.4	1.7
	汽油 60#～70#	kg	6.67	0.337	0.510	0.816	1.683	1.856
	煤油	kg	7.49	1.680	2.562	2.940	3.675	4.410
	机油	kg	7.21	0.879	1.212	1.515	1.919	2.424
	黄干油	kg	15.77	0.465	0.707	1.656	2.091	2.666
	氧气	m^3	2.88	0.224	0.388	0.520	0.612	0.877
	乙炔气	kg	14.66	0.074	0.130	0.173	0.204	0.293
	棉纱	kg	16.11	0.330	0.385	0.550	1.320	1.650
	破布	kg	5.07	1.124	1.764	2.205	2.730	3.245
	青壳纸 δ0.1～1.0	kg	4.80	0.84	0.98	1.10	1.50	1.80
	零星材料费	元	—	2.06	2.77	3.81	5.15	7.53
机械	叉式起重机 5t	台班	494.40	0.1	0.2	0.4	—	—
	交流弧焊机 21kV·A	台班	60.37	0.1	0.1	0.4	0.5	0.5
	载货汽车 8t	台班	521.59	—	—	—	0.5	—
	载货汽车 12t	台班	695.42	—	—	—	—	0.5
	汽车式起重机 8t	台班	767.15	—	—	—	0.5	—
	汽车式起重机 12t	台班	864.36	—	—	—	—	0.5
	卷扬机 单筒慢速 50kN	台班	211.29	—	—	—	—	1.5

五、离心式杂质泵安装

单位：台

编号			1-725	1-726	1-727	1-728	1-729	1-730	1-731
项目			设备质量(t以内)						
			0.5	1.0	2.0	5.0	10	15	20
预算基价	总价(元)		**1208.07**	**1812.02**	**2969.58**	**5337.31**	**8808.31**	**15168.62**	**20864.82**
	人工费(元)		1016.55	1528.20	2515.05	4247.10	6851.25	12368.70	17023.50
	材料费(元)		136.04	178.90	294.14	570.80	863.58	1506.68	1955.70
	机械费(元)		55.48	104.92	160.39	519.41	1093.48	1293.24	1885.62
组成内容	**单位**	**单价**	**数量**						
人工 综合工	工日	135.00	7.53	11.32	18.63	31.46	50.75	91.62	126.10
材料 平垫铁 Q195～Q235 1#	kg	7.42	3.048	3.048	—	—	—	—	—
平垫铁 Q195～Q235 2#	kg	7.42	—	—	5.808	15.488	17.424	23.232	23.232
平垫铁 Q195～Q235 3#	kg	7.42	—	—	—	—	—	16.608	24.912
斜垫铁 Q195～Q235 1#	kg	10.34	3.060	3.060	—	—	—	—	—
斜垫铁 Q195～Q235 2#	kg	10.34	—	—	5.424	14.464	16.272	21.696	21.696
斜垫铁 Q195～Q235 3#	kg	10.34	—	—	—	—	—	16.608	24.912
普碳钢板 Q195～Q235 δ1.6～1.9	t	3997.33	0.00017	0.00019	0.00038	0.00048	0.00066	0.00160	0.00240
电焊条 E4303 D4	kg	7.58	0.189	0.242	0.242	0.714	0.798	1.680	2.520
木板	m^3	1672.03	0.005	0.008	0.015	0.026	0.056	0.088	0.125
硅酸盐水泥 42.5级	kg	0.41	39.194	56.550	113.100	157.775	345.100	387.150	471.250
砂子	t	87.03	0.099	0.142	0.282	0.393	0.869	0.985	1.158
碎石 0.5～3.2	t	82.73	0.106	0.153	0.031	0.425	0.947	1.081	1.274
油浸石棉盘根 D6～10 250℃编制	kg	31.14	0.26	0.34	0.60	0.65	0.80	1.00	1.50

续前　　　　　　　　　　　　　　　　　　　　　　　　　　　　　　　　　　　　　**单位：**台

编号				1-725	1-726	1-727	1-728	1-729	1-730	1-731
项目				设备质量(t以内)						
				0.5	1.0	2.0	5.0	10	15	20
组成内容		**单位**	**单价**	**数量**						
材料	铅油	kg	11.17	0.15	0.20	0.30	0.40	0.40	0.60	1.00
	汽油 60# ～70#	kg	6.67	0.204	0.306	0.408	0.510	0.612	3.060	5.100
	煤油	kg	7.49	0.840	1.575	2.258	2.993	3.675	10.500	16.800
	机油	kg	7.21	1.061	1.465	2.020	2.424	2.828	3.636	5.050
	黄干油	kg	15.77	0.303	0.505	0.808	1.010	1.515	1.818	2.020
	氧气	m^3	2.88	0.184	0.214	0.459	0.765	0.867	3.060	6.120
	乙炔气	kg	14.66	0.061	0.071	0.153	0.255	0.289	1.020	2.040
	棉纱	kg	16.11	0.242	0.297	0.462	0.660	1.155	2.200	3.300
	破布	kg	5.07	0.263	0.305	0.368	0.294	2.100	4.200	6.300
	镀锌钢丝 *D*2.8～4.0	kg	6.91	—	0.80	1.20	2.00	2.67	4.00	6.00
	零星材料费	元	—	1.35	1.77	2.91	5.65	8.55	14.92	19.36
机械	叉式起重机 5t	台班	494.40	0.1	0.2	0.3	—	—	—	—
	交流弧焊机 21kV·A	台班	60.37	0.1	0.1	0.2	0.5	0.5	1.0	1.0
	载货汽车 8t	台班	521.59	—	—	—	—	0.5	0.5	0.5
	汽车式起重机 8t	台班	767.15	—	—	—	0.5	—	—	—
	汽车式起重机 16t	台班	971.12	—	—	—	—	0.5	—	—
	汽车式起重机 25t	台班	1098.98	—	—	—	—	—	0.5	—
	汽车式起重机 30t	台班	1141.87	—	—	—	—	—	—	1.0
	卷扬机 单筒慢速 50kN	台班	211.29	—	—	—	0.5	1.5	2.0	2.0

六、离心式深水泵安装

单位：台

编号				1-732	1-733	1-734	1-735	1-736
项目				设备质量(t以内)				
				1.0	2.0	3.5	5.5	8.0
预算基价	总价(元)			**4268.32**	**4936.60**	**7288.78**	**9333.37**	**14665.54**
	人工费(元)			3909.60	4510.35	6652.80	8374.05	12958.65
	材料费(元)			247.77	265.86	308.43	439.91	742.25
	机械费(元)			110.95	160.39	327.55	519.41	964.64
组成内容		单位	单价	数量				
人工	综合工	工日	135.00	28.96	33.41	49.28	62.03	95.99
材料	平垫铁 Q195～Q235 1#	kg	7.42	4.064	4.064	4.064	—	—
	平垫铁 Q195～Q235 2#	kg	7.42	—	—	—	7.744	15.488
	斜垫铁 Q195～Q235 1#	kg	10.34	4.080	4.080	4.080	—	—
	斜垫铁 Q195～Q235 2#	kg	10.34	—	—	—	7.232	14.464
	普碳钢板 Q195～Q235 δ1.6～1.9	t	3997.33	0.00016	0.00019	0.00026	0.00033	0.00200
	电焊条 E4303 D3.2	kg	7.59	0.326	0.326	0.326	0.357	1.050
	木板	m^3	1672.03	0.004	0.006	0.008	0.009	0.013
	硅酸盐水泥 42.5级	kg	0.41	37.700	39.150	49.300	63.800	161.240
	砂子	t	87.03	0.093	0.097	0.122	0.160	0.406
	碎石 0.5～3.2	t	82.73	0.100	0.106	0.133	0.174	0.440
	镀锌钢丝 D2.8～4.0	kg	6.91	1.70	1.70	1.70	2.20	3.00

续前 　　　　单位：台

编号			1-732	1-733	1-734	1-735	1-736
项目			设备质量(t以内)				
			1.0	2.0	3.5	5.5	8.0
组成内容	单位	单价	数量				
材料 油浸石棉盘根 D6～10 250℃编制	kg	31.14	1.60	1.80	2.20	3.00	3.00
铅油	kg	11.17	0.40	0.45	0.62	0.95	1.20
汽油 60# ～70#	kg	6.67	0.204	0.204	0.306	0.408	3.060
煤油	kg	7.49	3.413	3.780	4.200	4.883	6.300
机油	kg	7.21	1.111	1.212	1.566	2.071	3.535
黄干油	kg	15.77	0.717	0.818	1.111	1.515	1.818
氧气	m^3	2.88	0.275	0.275	0.479	0.898	1.530
乙炔气	kg	14.66	0.092	0.092	0.160	0.299	0.510
棉纱	kg	16.11	0.836	0.891	1.045	1.265	1.430
破布	kg	5.07	0.683	0.735	0.840	0.998	2.100
零星材料费	元	—	2.45	2.63	3.05	4.36	7.35
机械 叉式起重机 5t	台班	494.40	0.2	0.3	0.4	—	—
交流弧焊机 21kV·A	台班	60.37	0.2	0.2	0.4	0.5	1.0
卷扬机 单筒慢速 50kN	台班	211.29	—	—	0.5	0.5	1.0
汽车式起重机 8t	台班	767.15	—	—	—	0.5	—
汽车式起重机 12t	台班	864.36	—	—	—	—	0.5
载货汽车 8t	台班	521.59	—	—	—	—	0.5

七、DB型高硅铁离心泵安装

单位：台

编号				1-737	1-738	1-739	1-740	1-741	1-742
项目				设备型号					
				DB25G-41	DB50G-40	DB65-40	DBG80-60	DBG100-35	DB150-35
预算基价	总价(元)			**1613.32**	**2096.62**	**2534.00**	**2961.81**	**3724.67**	**4602.00**
	人工费(元)			1161.00	1644.30	2077.65	2470.50	3067.20	3931.20
	材料费(元)			167.59	167.59	171.62	206.58	372.74	386.07
	机械费(元)			284.73	284.73	284.73	284.73	284.73	284.73
组成内容		**单位**	**单价**	**数量**					
人工	综合工	工日	135.00	8.60	12.18	15.39	18.30	22.72	29.12
材料	平垫铁 Q195～Q235 $1^{\#}$	kg	7.42	3.048	3.048	3.048	3.048	—	—
	平垫铁 Q195～Q235 $2^{\#}$	kg	7.42	—	—	—	—	11.616	11.616
	斜垫铁 Q195～Q235 $1^{\#}$	kg	10.34	3.060	3.060	3.060	3.060	—	—
	斜垫铁 Q195～Q235 $2^{\#}$	kg	10.34	—	—	—	—	10.848	10.848
	木板	m^3	1672.03	0.006	0.006	0.006	0.008	0.008	0.008
	硅酸盐水泥 42.5级	kg	0.41	50.75	50.75	50.75	65.25	65.25	65.25
	砂子	t	87.03	0.126	0.126	0.126	0.164	0.164	0.164
	碎石 0.5～3.2	t	82.73	0.137	0.137	0.137	0.182	0.182	0.182
	电焊条 E4303 D3.2	kg	7.59	0.525	0.525	1.050	1.050	1.050	1.050
	石棉橡胶板 低压 δ0.8～6.0	kg	19.35	0.2	0.2	0.2	0.3	0.4	0.5
	油浸石棉盘根 D11～25 250℃编制	kg	31.14	0.2	0.2	0.2	0.3	0.4	0.4
	汽油 $60^{\#}$～$70^{\#}$	kg	6.67	1.02	1.02	1.02	1.02	1.02	1.53
	煤油	kg	7.49	1.050	1.050	1.050	1.575	2.100	3.150
	机油	kg	7.21	0.303	0.303	0.303	0.505	1.010	1.010
	黄干油	kg	15.77	0.202	0.202	0.202	0.303	0.505	0.505
	氧气	m^3	2.88	2.55	2.55	2.55	3.06	3.06	3.06
	乙炔气	kg	14.66	0.85	0.85	0.85	1.02	1.02	1.02
	棉纱	kg	16.11	0.22	0.22	0.22	0.33	0.55	0.55
	破布	kg	5.07	0.210	0.210	0.210	0.315	0.525	0.525
	零星材料费	元	—	1.66	1.66	1.70	2.05	3.69	3.82
机械	叉式起重机 5t	台班	494.40	0.5	0.5	0.5	0.5	0.5	0.5
	直流弧焊机 20kW	台班	75.06	0.5	0.5	0.5	0.5	0.5	0.5

八、蒸汽离心泵安装

单位：台

编号				1-743	1-744	1-745	1-746	1-747	1-748	1-749
项目				设备质量(t以内)						
				0.5	0.7	1.0	3.0	5.0	7.0	10
预算基价	总价(元)			**1653.66**	**2033.68**	**2602.62**	**5222.54**	**8867.67**	**11389.71**	**15782.04**
	人工费(元)			1324.35	1640.25	2112.75	4448.25	7206.30	9362.25	13271.85
	材料费(元)			296.11	333.06	429.50	659.59	825.03	1062.82	1356.34
	机械费(元)			33.20	60.37	60.37	114.70	836.34	964.64	1153.85
组成内容		**单位**	**单价**	**数量**						
人工	综合工	工日	135.00	9.81	12.15	15.65	32.95	53.38	69.35	98.31
材料	钩头成对斜垫铁 Q195～Q235 2#	kg	11.22	10.592	10.592	10.592	15.888	15.888	21.184	26.480
	平垫铁 Q195～Q235 2#	kg	7.42	7.744	7.744	7.744	11.616	11.616	15.488	19.360
	普碳钢板 Q195～Q235 δ1.6～1.9	t	3997.33	0.00035	0.00040	0.00045	0.00060	0.00075	0.00085	0.00115
	木板	m^3	1672.03	0.009	0.011	0.018	0.028	0.036	0.044	0.069
	硅酸盐水泥 42.5级	kg	0.41	90.843	122.917	187.036	245.819	283.229	315.288	336.676
	砂子	t	87.03	0.227	0.309	0.463	0.618	0.715	0.792	0.831
	碎石 0.5～3.2	t	82.73	0.249	0.329	0.502	0.656	0.772	0.869	1.351
	石棉橡胶板 中压 δ0.8～6.0	kg	20.02	0.30	0.35	0.50	1.50	2.50	3.50	5.00
	油浸石棉盘根 D6～10 250℃编制	kg	31.14	0.10	0.14	0.20	0.60	1.00	1.40	2.00
	电焊条 E4303 D3.2	kg	7.59	0.315	0.420	0.525	0.840	1.050	1.680	2.520
	汽油 60#～70#	kg	6.67	0.102	0.143	0.204	0.612	1.020	1.428	2.040

续前　　　　　　　　　　　　　　　　　　　　　　　　　　　　　　　　　　**单位：**台

编　　号				1-743	1-744	1-745	1-746	1-747	1-748	1-749
项　　目				设备质量(t以内)						
				0.5	0.7	1.0	3.0	5.0	7.0	10
组 成 内 容		**单位**	**单价**	**数　　量**						
材料	煤油	kg	7.49	0.315	0.420	0.630	1.575	2.100	2.625	3.360
	机油	kg	7.21	0.202	0.283	0.404	1.212	1.515	2.020	2.525
	氧气	m^3	2.88	0.245	0.306	0.612	0.918	1.224	1.836	2.448
	乙炔气	kg	14.66	0.082	0.102	0.204	0.306	0.408	0.612	0.816
	棉纱	kg	16.11	0.143	0.187	0.275	0.825	1.375	1.980	2.530
	破布	kg	5.07	0.420	0.473	0.525	1.575	2.625	3.675	4.200
	青壳纸 δ0.1～1.0	kg	4.80	0.1	0.1	0.1	0.3	0.5	0.7	1.0
	黄干油	kg	15.77	—	—	0.202	0.455	0.758	1.061	1.515
	镀锌钢丝 D2.8～4.0	kg	6.91	—	—	2	2	2	3	4
	道木	m^3	3660.04	—	—	—	—	0.014	0.021	0.023
	零星材料费	元	—	2.93	3.30	4.25	6.53	8.17	10.52	13.43
机械	交流弧焊机 21kV·A	台班	60.37	0.2	0.3	0.3	0.5	0.5	1.0	1.5
	载货汽车 8t	台班	521.59	—	—	—	—	—	0.5	0.5
	汽车式起重机 8t	台班	767.15	—	—	—	—	0.5	—	—
	汽车式起重机 12t	台班	864.36	—	—	—	—	—	0.5	—
	汽车式起重机 16t	台班	971.12	—	—	—	—	—	—	0.5
	卷扬机 单筒慢速 50kN	台班	211.29	0.1	0.2	0.2	0.4	2.0	1.0	1.5

九、单级离心泵及离心式耐腐蚀泵拆装检查

工作内容：设备本体及部件以及第一个阀门以内的管道等拆卸、清洗、检查、刮研、换油、调间隙、找正、找平、找中心、记录、组装复原、配合检查验收。

单位：台

编号				1-750	1-751	1-752	1-753	1-754	1-755	1-756	1-757	1-758
项目				设备质量(t以内)								
				0.5	1.0	3.0	5.0	8.0	12	17	23	30
预算基价	总价(元)			**735.06**	**1459.85**	**2854.66**	**4469.64**	**7280.79**	**9113.20**	**12091.34**	**15823.02**	**19491.46**
	人工费(元)			702.00	1404.00	2727.00	3712.50	6061.50	7587.00	9909.00	13108.50	16065.00
	材料费(元)			33.06	55.85	127.66	174.47	248.17	312.30	423.97	516.56	679.01
	机械费(元)			—	—	—	582.67	971.12	1213.90	1758.37	2197.96	2747.45
组成内容		单位	单价	数量								
人工	综合工	工日	135.00	5.20	10.40	20.20	27.50	44.90	56.20	73.40	97.10	119.00
材料	紫铜板 δ0.25～0.5	kg	73.20	0.050	0.050	0.200	0.250	0.400	0.600	0.950	1.100	1.500
	石棉橡胶板 高压 δ1～6	kg	23.57	0.500	1.000	2.000	2.500	3.000	3.000	3.500	4.000	4.500
	煤油	kg	7.49	1.2	1.5	3.0	5.0	8.0	12.0	18.0	25.0	36.0
	机油	kg	7.21	0.2	0.4	1.2	2.0	3.2	4.0	5.0	6.0	8.0
	黄干油	kg	15.77	0.2	0.5	1.0	1.6	2.4	3.2	4.0	4.5	5.0
	铁砂布 0#～2#	张	1.15	1	2	4	5	5	6	8	10	12
	研磨膏	盒	14.39	0.2	0.3	1.0	1.0	1.5	1.5	2.0	2.0	3.0
机械	汽车式起重机 16t	台班	971.12	—	—	—	0.600	1.000	1.250	—	—	—
	汽车式起重机 25t	台班	1098.98	—	—	—	—	—	—	1.600	2.000	2.500

十、多级离心泵拆装检查

工作内容： 设备本体及部件以及第一个阀门以内的管道等拆卸、清洗、检查、刮研、换油、调间隙、找正、找平、找中心、记录、组装复原、配合检查验收。

单位： 台

编号				1-759	1-760	1-761	1-762	1-763	1-764	1-765	1-766	1-767
项目				设备质量(t以内)								
				0.5	1.0	3.0	5.0	8.0	10	15	20	25
预算基价	总价(元)			**895.56**	**1759.02**	**4079.80**	**5980.59**	**8093.04**	**10073.28**	**12907.96**	**16834.38**	**22994.90**
	人工费(元)			864.00	1701.00	3955.50	5211.00	6912.00	8586.00	10867.50	14148.00	19629.00
	材料费(元)			31.56	58.02	124.30	186.92	209.92	273.38	391.99	488.42	618.45
	机械费(元)			—	—	—	582.67	971.12	1213.90	1648.47	2197.96	2747.45
组成内容		**单位**	**单价**	**数量**								
人工	综合工	工日	135.00	6.40	12.60	29.30	38.60	51.20	63.60	80.50	104.80	145.40
材料	紫铜板 δ0.25～0.5	kg	73.20	0.050	0.050	0.150	0.300	0.050	0.500	0.750	1.000	0.900
	煤油	kg	7.49	1	2	4	6	8	10	16	20	30
	机油	kg	7.21	0.2	0.4	1.2	2.4	3.2	4.0	6.0	8.0	12.0
	黄干油	kg	15.77	0.2	0.4	1.0	1.5	1.8	2.0	2.5	3.0	4.0
	石棉橡胶板 高压 δ1～6	kg	23.57	0.500	1.000	2.000	2.500	3.000	3.000	4.000	5.000	5.000
	铁砂布 0#～2#	张	1.15	1	2	4	5	6	8	10	12	15
	研磨膏	盒	14.39	0.2	0.3	0.5	1.0	1.2	1.5	2.0	2.0	3.0
机械	汽车式起重机 16t	台班	971.12	—	—	—	0.600	1.000	1.250	—	—	—
	汽车式起重机 25t	台班	1098.98	—	—	—	—	—	—	1.500	2.000	2.500

十一、锅炉给水泵、冷凝水泵、热循环水泵拆装检查

工作内容： 设备本体及部件以及第一个阀门以内的管道等拆卸、清洗、检查、刮研、换油、调间隙、找正、找平、找中心、记录、组装复原、配合检查验收。

单位： 台

编号				1-768	1-769	1-770	1-771	1-772	1-773	1-774	1-775	1-776
项目				设备质量(t以内)								
				0.5	1.0	3.5	5.0	7.0	10	15	20	25
预算基价	总价(元)			**1248.65**	**2423.40**	**5666.33**	**8041.69**	**10274.94**	**12787.54**	**15009.76**	**13686.97**	**16144.30**
	人工费(元)			1215.00	2362.50	5535.00	7290.00	9274.50	11272.50	13162.50	11272.50	13162.50
	材料费(元)			33.65	60.90	131.33	169.02	223.54	301.14	390.58	472.23	554.00
	机械费(元)			—	—	—	582.67	776.90	1213.90	1456.68	1942.24	2427.80
组成内容		单位	单价	数量								
人工	综合工	工日	135.00	9.00	17.50	41.00	54.00	68.70	83.50	97.50	83.50	97.50
材料	紫铜板 δ0.25～0.5	kg	73.20	0.030	0.050	0.200	0.250	0.350	0.500	0.700	0.900	1.200
	煤油	kg	7.49	1	2	4	6	8	12	16	18	20
	机油	kg	7.21	0.2	0.4	1.6	2.0	3.0	4.0	6.0	8.0	10.0
	黄干油	kg	15.77	0.2	0.4	1.2	1.6	2.0	2.5	3.0	3.5	4.0
	石棉橡胶板 高压 δ1～6	kg	23.57	0.500	1.000	1.500	2.000	2.500	3.000	3.500	4.000	4.500
	铁砂布 0#～2#	张	1.15	2	2	4	4	5	6	7	8	9
	青壳纸 δ0.1～1.0	kg	4.80	0.5	0.6	1.0	—	1.2	1.5	2.0	2.5	3.0
	研磨膏	盒	14.39	0.2	0.3	0.8	1.0	1.0	1.5	2.0	3.0	3.5
机械	汽车式起重机 16t	台班	971.12	—	—	—	0.600	0.800	1.250	1.500	2.000	2.500

十二、离心式油泵拆装检查

单位：台

编号				1-777	1-778	1-779	1-780	1-781
项目				设备质量(t以内)				
				0.5	1.0	3.0	5.0	7.0
预算基价	总价(元)			**1135.86**	**2265.92**	**4441.83**	**7324.56**	**9450.49**
	人工费(元)			1093.50	2187.00	4306.50	7101.00	9153.00
	材料费(元)			42.36	78.92	135.33	223.56	297.49
组成内容		**单位**	**单价**	**数量**				
人工	综合工	工日	135.00	8.10	16.20	31.90	52.60	67.80
材料	石棉橡胶板 中压 δ0.8～6.0	kg	20.02	0.5	1.0	1.5	2.0	2.0
	铅油	kg	11.17	0.3	0.4	0.5	0.8	1.0
	红丹粉	kg	12.42	0.2	0.5	0.5	0.8	1.0
	汽油 60$^{\#}$～70$^{\#}$	kg	6.67	0.5	0.8	1.5	2.5	4.0
	煤油	kg	7.49	1.0	1.5	3.0	5.0	8.0
	机油	kg	7.21	0.35	0.50	1.00	2.00	3.00
	黄干油	kg	15.77	0.2	0.4	0.8	1.5	1.8
	棉纱	kg	16.11	0.2	0.3	0.5	1.0	1.5
	白布	m	3.68	0.2	0.4	1.2	1.5	2.0
	破布	kg	5.07	0.4	0.6	1.0	2.0	3.0
	铁砂布 0$^{\#}$～2$^{\#}$	张	1.15	1	2	3	4	5
	研磨膏	盒	14.39	0.2	0.4	0.5	1.0	1.0
	紫铜皮 0.25～0.50	kg	86.77	—	0.05	0.15	0.25	0.35

十三、离心式杂质泵拆装检查

单位：台

编号				1-782	1-783	1-784	1-785	1-786	1-787	1-788
项目				设备质量(t以内)						
				0.5	1.0	2.0	5.0	10	15	20
预算基价	总价(元)			**1307.92**	**2587.11**	**4155.87**	**8472.46**	**12198.34**	**14260.87**	**19147.21**
	人工费(元)			1269.00	2511.00	4050.00	8262.00	11164.50	12933.00	17374.50
	材料费(元)			38.92	76.11	105.87	210.46	357.71	482.71	648.65
	机械费(元)			—	—	—	—	676.13	845.16	1124.06
组成内容		**单位**	**单价**	**数量**						
人工	综合工	工日	135.00	9.40	18.60	30.00	61.20	82.70	95.80	128.70
材料	石棉橡胶板 中压 δ0.8～6.0	kg	20.02	0.5	1.0	1.2	2.0	2.5	3.0	4.0
	铅油	kg	11.17	0.2	0.5	0.6	0.8	1.0	1.2	1.6
	红丹粉	kg	12.42	0.2	0.4	0.5	1.0	1.2	1.5	1.8
	汽油 60#～70#	kg	6.67	0.5	0.7	1.0	2.0	5.0	6.0	8.0
	煤油	kg	7.49	1.0	1.5	2.0	5.0	10.0	15.0	20.0
	机油	kg	7.21	0.2	0.4	0.8	2.0	4.0	6.0	8.0
	黄干油	kg	15.77	0.2	0.4	0.5	1.0	2.4	2.5	3.0
	棉纱	kg	16.11	0.2	0.4	0.6	1.0	1.5	2.0	3.0
	破布	kg	5.07	0.3	0.6	1.2	2.0	3.0	4.0	6.0
	铁砂布 0#～2#	张	1.15	1	2	3	5	2	8	10
	研磨膏	盒	14.39	0.2	0.3	0.4	1.0	1.5	2.0	3.0
	紫铜皮 0.25～0.50	kg	86.77	—	0.05	0.10	0.25	0.50	0.75	1.00
机械	卷扬机 单筒慢速 50kN	台班	211.29	—	—	—	—	3.20	4.00	5.32

十四、离心式深水泵拆装检查

单位：台

编号				1-789	1-790	1-791	1-792	1-793
项目				设备质量(t以内)				
				1.0	2.0	3.5	5.5	8.0
预算基价	总价(元)			**1977.25**	**2309.90**	**3405.50**	**4288.73**	**6769.42**
	人工费(元)			1917.00	2214.00	3267.00	4090.50	5861.70
	材料费(元)			60.25	95.90	138.50	198.23	231.59
	机械费(元)			—	—	—	—	676.13
组成内容		单位	单价	数量				
人工	综合工	工日	135.00	14.20	16.40	24.20	30.30	43.42
材料	石棉橡胶板 中压 δ0.8～6.0	kg	20.02	0.5	0.8	1.0	1.5	1.5
	铅油	kg	11.17	0.2	0.3	0.4	0.5	0.8
	汽油 60#～70#	kg	6.67	1.0	1.5	2.5	4.0	5.0
	煤油	kg	7.49	2.0	3.0	5.0	8.0	10.0
	机油	kg	7.21	0.8	1.2	2.0	3.0	4.0
	黄干油	kg	15.77	0.4	0.8	1.0	1.2	1.2
	棉纱	kg	16.11	0.5	0.8	1.0	1.2	1.2
	破布	kg	5.07	1.0	1.5	2.0	2.5	2.5
	铁砂布 0#～2#	张	1.15	1	2	3	3	4
机械	卷扬机 单筒慢速 50kN	台班	211.29	—	—	—	—	3.20

十五、DB型高硅铁离心泵拆装检查

单位：台

编号				1-794	1-795	1-796	1-797	1-798	1-799
项目				设备型号					
				DB25G-41	DB50G-40	DB65-40	DBG80-60	DBG100-35	DB150-35
预算基价	总价(元)			**397.75**	**539.94**	**684.60**	**824.23**	**1010.13**	**1298.21**
	人工费(元)			337.50	486.00	607.50	729.00	891.00	1161.00
	材料费(元)			60.25	53.94	77.10	95.23	119.13	137.21
组成内容		单位	单价	数量					
人工	综合工	工日	135.00	2.50	3.60	4.50	5.40	6.60	8.60
材料	石棉橡胶板 中压 δ0.8～6.0	kg	20.02	0.5	0.5	0.8	0.8	1.0	1.0
	铅油	kg	11.17	0.2	0.2	0.3	0.4	0.4	0.5
	汽油 60# ～70#	kg	6.67	1.0	1.0	1.5	2.0	2.5	3.0
	煤油	kg	7.49	2	2	3	4	5	6
	机油	kg	7.21	0.8	0.8	1.0	1.2	1.5	2.0
	黄干油	kg	15.77	0.4	—	—	—	—	—
	棉纱	kg	16.11	0.5	0.5	0.6	0.8	1.0	1.0
	破布	kg	5.07	1.0	1.0	1.2	1.5	2.0	2.5
	铁砂布 0# ～2#	张	1.15	1	1	2	2	3	3

十六、蒸汽离心泵拆装检查

单位：台

编号				1-800	1-801	1-802	1-803	1-804	1-805	1-806
项目				设备质量(t以内)						
				0.5	0.7	1.0	3.0	5.0	7.0	10
预算基价	总价(元)			**1366.76**	**1613.46**	**2591.71**	**5400.67**	**7886.75**	**10168.44**	**12492.70**
	人工费(元)			1323.00	1552.50	2497.50	5238.00	7668.00	9882.00	11529.00
	材料费(元)			43.76	60.96	94.21	162.67	218.75	286.44	323.49
	机械费(元)			—	—	—	—	—	—	640.21
组成内容		单位	单价	数量						
人工	综合工	工日	135.00	9.80	11.50	18.50	38.80	56.80	73.20	85.40
材料	石棉橡胶板 中压 δ0.8～6.0	kg	20.02	0.5	0.6	0.8	1.0	1.2	1.5	2.0
	铅油	kg	11.17	0.2	0.3	0.4	0.5	0.6	0.7	1.0
	红丹粉	kg	12.42	0.2	0.2	0.4	0.5	0.6	0.6	0.7
	汽油 60#～70#	kg	6.67	0.5	0.7	1.5	2.5	3.5	5.0	5.0
	煤油	kg	7.49	1.0	1.5	3.0	5.0	7.0	10.0	10.0
	机油	kg	7.21	0.2	0.3	0.4	1.2	2.0	3.0	3.0
	二硫化钼粉	kg	32.13	0.2	0.3	0.4	1.0	1.2	1.5	1.8
	棉纱	kg	16.11	0.3	0.4	0.5	1.0	1.5	1.8	2.0
	破布	kg	5.07	0.5	0.8	1.0	2.0	3.0	3.5	4.0
	铁砂布 0#～2#	张	1.15	0.5	0.8	1.0	1.5	2.0	2.0	3.0
	青壳纸 δ0.1～1.0	kg	4.80	0.5	0.6	1.0	1.2	1.5	2.0	3.0
	白布	m	3.68	—	0.3	0.4	0.6	0.8	1.2	1.5
机械	卷扬机 单筒慢速 50kN	台班	211.29	—	—	—	—	—	—	3.03

十七、漩涡泵安装

单位：台

编号				1-807	1-808	1-809	1-810	1-811	1-812
项目				设备质量(t以内)					
				0.2	0.5	1.0	2.0	3.0	5.0
预算基价	总价(元)			**967.32**	**1367.06**	**1633.63**	**2311.04**	**3741.08**	**5824.45**
	人工费(元)			837.00	1142.10	1323.00	1873.80	2907.90	4633.20
	材料费(元)			124.28	169.48	199.68	258.73	393.94	517.59
	机械费(元)			6.04	55.48	110.95	178.51	439.24	673.66
组成内容		**单位**	**单价**	**数量**					
人工	综合工	工日	135.00	6.20	8.46	9.80	13.88	21.54	34.32
材料	平垫铁 Q195～Q235 1#	kg	7.42	2.032	3.048	4.064	4.064	—	—
	平垫铁 Q195～Q235 2#	kg	7.42	—	—	—	—	4.840	5.808
	斜垫铁 Q195～Q235 1#	kg	10.34	2.040	3.060	4.080	4.080	—	—
	斜垫铁 Q195～Q235 2#	kg	10.34	—	—	—	—	9.040	10.848
	木板	m^3	1672.03	0.004	0.006	0.008	0.009	0.011	0.013
	硅酸盐水泥 42.5级	kg	0.41	37.70	43.50	43.50	66.70	97.15	127.60
	砂子	t	87.03	0.090	0.106	0.106	0.166	0.232	0.319
	碎石 0.5～3.2	t	82.73	0.100	0.116	0.116	0.182	0.260	0.337
	石棉橡胶板 中压 δ0.8～6.0	kg	20.02	0.9	1.2	1.2	1.5	2.0	3.0
	油浸石棉盘根 D6～10 250℃编制	kg	31.14	0.18	0.25	0.30	0.40	0.50	0.80

续前

单位：台

编号				1-807	1-808	1-809	1-810	1-811	1-812
项目				设备质量（t以内）					
				0.2	0.5	1.0	2.0	3.0	5.0
组成内容		单位	单价	数量					
材料	电焊条 E4303 $D3.2$	kg	7.59	0.126	0.189	0.252	0.315	0.420	0.525
	铅油	kg	11.17	0.17	0.22	0.25	0.40	0.60	0.80
	黑铅粉	kg	0.44	0.25	0.35	0.40	0.40	0.50	0.80
	汽油 60#～70#	kg	6.67	0.163	0.224	0.306	0.816	1.224	2.040
	煤油	kg	7.49	0.872	1.260	1.470	2.100	3.150	4.200
	机油	kg	7.21	0.455	0.657	0.758	1.010	1.515	2.020
	黄干油	kg	15.77	0.303	0.404	0.505	0.808	1.212	1.515
	氧气	m^3	2.88	0.122	0.184	0.245	1.020	2.040	3.060
	乙炔气	kg	14.66	0.041	0.061	0.082	0.340	0.680	1.020
	棉纱	kg	16.11	0.286	0.385	0.440	0.660	0.880	1.100
	破布	kg	5.07	0.158	0.263	0.315	0.525	0.630	0.840
	零星材料费	元	—	1.23	1.68	1.98	2.56	3.90	5.12
机械	交流弧焊机 21kV•A	台班	60.37	0.1	0.1	0.2	0.5	0.5	0.5
	叉式起重机 5t	台班	494.40	—	0.1	0.2	0.3	0.4	—
	汽车式起重机 12t	台班	864.36	—	—	—	—	—	0.5
	卷扬机 单筒慢速 50kN	台班	211.29	—	—	—	—	1	1

十八、漩涡泵拆装检查

单位：台

编号				1-813	1-814	1-815	1-816	1-817	1-818
项目				设备质量(t以内)					
				0.2	0.5	1.0	2.0	3.0	5.0
预算基价	总价(元)			**430.71**	**976.78**	**1867.52**	**3410.00**	**4687.44**	**6980.92**
	人工费(元)			405.00	945.00	1809.00	3321.00	4563.00	6804.00
	材料费(元)			25.71	31.78	58.52	89.00	124.44	176.92
组成内容		单位	单价	数量					
人工	综合工	工日	135.00	3.00	7.00	13.40	24.60	33.80	50.40
材料	石棉橡胶板 中压 δ0.8～6.0	kg	20.02	0.3	0.3	0.5	0.8	1.0	1.2
	铅油	kg	11.17	0.10	0.10	0.20	0.30	0.40	0.50
	汽油 60# ～70#	kg	6.67	0.500	0.500	0.800	1.000	1.200	2.000
	煤油	kg	7.49	0.500	1.000	1.500	2.000	3.000	5.000
	机油	kg	7.21	0.200	0.300	0.400	0.800	1.200	2.000
	黄干油	kg	15.77	0.200	0.200	0.400	0.800	1.200	1.500
	棉纱	kg	16.11	0.200	0.300	0.400	0.500	0.800	1.000
	破布	kg	5.07	0.500	0.500	0.800	1.000	1.500	2.000
	铁砂布 0# ～2#	张	1.15	1	1	2	2	3	3
	红丹粉	kg	12.42	—	—	0.3	0.5	0.6	0.8
	白布	m	3.68	—	—	0.3	0.6	0.9	1.2
	研磨膏	盒	14.39	—	—	0.2	0.4	0.5	1.0

十九、电动往复泵安装

单位：台

编号				1-819	1-820	1-821	1-822	1-823	1-824
项目				设备质量(t以内)					
				0.5	0.7	1.0	3.0	5.0	7.0
预算基价	总价(元)			**1891.99**	**2345.98**	**2988.47**	**6515.48**	**8412.85**	**12856.21**
	人工费(元)			1626.75	1996.65	2574.45	5524.20	7129.35	11144.25
	材料费(元)			209.76	244.41	309.10	403.00	552.80	671.86
	机械费(元)			55.48	104.92	104.92	588.28	730.70	1040.10
组成内容		**单位**	**单价**	**数量**					
人工	综合工	工日	135.00	12.05	14.79	19.07	40.92	52.81	82.55
材料	平垫铁 Q195~Q235 1#	kg	7.42	3.048	3.048	3.048	4.064	4.064	5.080
	平垫铁 Q195~Q235 2#	kg	7.42	—	—	—	—	7.744	9.680
	斜垫铁 Q195~Q235 1#	kg	10.34	3.06	3.06	3.06	4.08	4.08	5.10
	斜垫铁 Q195~Q235 2#	kg	10.34	—	—	—	—	3.616	4.520
	普碳钢板 Q195~Q235 δ1.6~1.9	t	3997.33	0.0003	0.0003	0.0004	0.0004	0.0005	0.0005
	木板	m^3	1672.03	0.005	0.006	0.008	0.010	0.010	0.014
	硅酸盐水泥 42.5级	kg	0.41	38.179	46.400	89.900	111.650	118.900	158.050
	砂子	t	87.03	0.094	0.114	0.222	0.277	0.296	0.393
	碎石 0.5~3.2	t	82.73	0.104	0.126	0.243	0.303	0.325	0.430
	石棉橡胶板 中压 δ0.8~6.0	kg	20.02	2.4	2.7	3.0	4.0	4.5	4.5
	油浸石棉盘根 *D*6~10 250℃编制	kg	31.14	0.30	0.35	0.40	0.50	1.00	1.00
	电焊条 E4303 *D*3.2	kg	7.59	0.189	0.210	0.210	0.525	1.050	1.050

续前 单位：台

编号				1-819	1-820	1-821	1-822	1-823	1-824
项目				设备质量(t以内)					
				0.5	0.7	1.0	3.0	5.0	7.0
组成内容		单位	单价	数量					
材料	铅油	kg	11.17	0.35	0.42	0.50	0.60	1.00	1.40
	汽油 60#～70#	kg	6.67	0.153	0.204	0.306	0.510	0.816	1.530
	煤油	kg	7.49	2.940	3.308	3.675	4.200	5.250	6.300
	汽缸油	kg	11.46	0.22	0.30	0.50	0.80	1.00	1.50
	机油	kg	7.21	1.010	1.162	1.333	1.515	1.515	2.020
	黄干油	kg	15.77	0.465	0.525	0.889	1.010	1.010	1.515
	氧气	m^3	2.88	0.184	0.214	0.275	0.357	0.408	0.459
	乙炔气	kg	14.66	0.061	0.071	0.092	0.119	0.136	0.153
	棉纱	kg	16.11	0.242	0.550	0.550	1.100	1.100	1.100
	破布	kg	5.07	0.630	0.714	0.788	1.050	1.050	1.050
	镀锌钢丝 D2.8～4.0	kg	6.91	—	0.8	1.0	1.5	1.5	1.7
	零星材料费	元	—	2.08	2.42	3.06	3.99	5.47	6.65
机械	叉式起重机 5t	台班	494.40	0.1	0.2	0.2	0.5	—	—
	交流弧焊机 21kV·A	台班	60.37	0.1	0.1	0.1	0.4	0.5	0.5
	汽车式起重机 8t	台班	767.15	—	—	—	—	0.5	—
	汽车式起重机 12t	台班	864.36	—	—	—	—	—	0.5
	载货汽车 8t	台班	521.59	—	—	—	—	—	0.5
	卷扬机 单筒慢速 50kN	台班	211.29	—	—	—	1.5	1.5	1.5

二十、电动往复泵拆装检查

单位：台

编号				1-825	1-826	1-827	1-828	1-829	1-830
项目				设备质量(t以内)					
				0.5	0.7	1.0	3.0	5.0	7.0
预算基价	总价(元)			**1751.28**	**2358.89**	**3075.01**	**6603.21**	**8603.51**	**13058.64**
	人工费(元)			1701.00	2281.50	2956.50	6372.00	8275.50	12622.50
	材料费(元)			50.28	77.39	118.51	231.21	328.01	436.14
组成内容		单位	单价	数量					
人工	综合工	工日	135.00	12.60	16.90	21.90	47.20	61.30	93.50
材料	石棉橡胶板 中压 δ0.8～6.0	kg	20.02	0.2	0.3	0.4	1.2	1.5	2.0
	铅油	kg	11.17	0.20	0.30	0.30	0.50	0.80	1.00
	汽油 60#～70#	kg	6.67	0.500	0.800	1.000	2.500	4.000	5.000
	煤油	kg	7.49	1.000	1.500	2.000	5.000	8.000	10.000
	机油	kg	7.21	0.300	0.500	0.600	1.500	2.500	3.500
	黄干油	kg	15.77	0.200	0.300	0.500	0.800	1.200	1.500
	棉纱	kg	16.11	0.300	0.500	0.600	0.800	1.000	1.500
	破布	kg	5.07	0.500	0.800	1.000	1.500	2.000	3.000
	紫铜皮 0.25～0.50	kg	86.77	0.05	0.07	0.10	0.30	0.50	0.70
	油浸石棉铜丝盘根 *D*6～10 450℃编制	kg	36.63	0.2	0.3	0.8	1.2	1.5	2.0
	红丹粉	kg	12.42	0.2	0.3	0.5	0.6	0.8	1.0
	黑铅粉	kg	0.44	0.4	0.5	0.6	1.2	1.5	1.8
	白布	m	3.68	0.2	0.4	0.6	0.8	1.2	1.5
	铁砂布 0#～2#	张	1.15	1	2	2	3	5	6
	青壳纸 δ0.1～1.0	kg	4.80	0.3	0.4	0.5	1.0	1.2	1.5
	研磨膏	盒	14.39	0.2	0.3	0.5	1.0	1.0	1.5

二十一、柱塞泵安装

单位：台

编号				1-831	1-832	1-833	1-834	1-835	1-836
项目				设备质量(t以内)					
				3～4柱塞					
				1.0	2.5	5.0	8.0	10.0	16.0
预算基价	总价(元)			**3181.55**	**5643.21**	**7300.17**	**13335.65**	**14664.98**	**20871.50**
	人工费(元)			2470.50	4648.05	5914.35	11048.40	11958.30	17590.50
	材料费(元)			370.69	499.72	655.12	1216.97	1583.02	1987.76
	机械费(元)			340.36	495.44	730.70	1070.28	1123.66	1293.24
组成内容		**单位**	**单价**	**数量**					
人工	综合工	工日	135.00	18.30	34.43	43.81	81.84	88.58	130.30
材料	钩头成对斜垫铁 Q195～Q235 1#	kg	11.22	6.288	7.860	9.432	—	—	—
	钩头成对斜垫铁 Q195～Q235 2#	kg	11.22	—	—	—	31.776	31.776	37.072
	平垫铁 Q195～Q235 1#	kg	7.42	4.064	5.080	6.096	—	—	—
	普碳钢板 Q195～Q235 δ1.6～1.9	t	3997.33	0.00020	0.00020	0.00035	0.00035	0.00040	0.00050
	普碳钢板 Q195～Q235 δ>31	t	4001.15	0.0030	0.0050	0.0100	0.0105	0.0140	0.0160
	木板	m^3	1672.03	0.003	0.006	0.010	0.013	0.013	0.019
	硅酸盐水泥 42.5级	kg	0.41	76.85	100.05	156.60	292.90	292.90	410.35
	砂子	t	87.03	0.193	0.252	0.368	0.734	0.734	1.024
	碎石 0.5～3.2	t	82.73	0.213	0.270	0.406	0.811	0.811	1.140
	紫铜皮 0.25～0.50	kg	86.77	0.15	0.25	0.50	0.50	0.60	0.90
	橡胶板 δ4～10	kg	10.66	0.5	0.8	1.0	1.4	1.6	2.0
	羊毛毡 δ12～15	m^2	70.61	0.01	0.01	0.01	0.01	0.01	0.02
	石棉橡胶板 中压 δ0.8～6.0	kg	20.02	0.4	0.5	0.6	0.6	0.6	0.7
	油浸石棉铜丝盘根 D6～10 450℃编制	kg	36.63	0.10	0.20	0.20	0.30	0.36	0.36
	电焊条 E4303 D3.2	kg	7.59	1.050	1.575	1.890	3.150	3.675	4.200
	铅油	kg	11.17	0.20	0.25	0.30	0.40	0.50	0.60
	红丹粉	kg	12.42	0.10	0.10	0.10	0.20	0.20	0.20

续前 单位：台

编号				1-831	1-832	1-833	1-834	1-835	1-836
项目				设备质量(t以内)					
				3～4柱塞					
				1.0	2.5	5.0	8.0	10.0	16.0
组成内容		单位	单价	数量					
材料	汽油 60#～70#	kg	6.67	2.04	2.04	2.04	2.55	3.06	4.08
	煤油	kg	7.49	8.40	11.55	12.60	13.65	14.70	16.80
	汽缸油	kg	11.46	1.0	1.2	1.3	1.5	2.0	2.5
	机油	kg	7.21	1.010	1.414	1.616	1.818	2.020	3.030
	黄干油	kg	15.77	1.010	1.515	2.020	2.222	2.222	2.525
	氧气	m^3	2.88	1.020	1.020	1.224	1.530	1.530	2.040
	乙炔气	kg	14.66	0.340	0.340	0.408	0.510	0.510	0.680
	棉纱	kg	16.11	0.55	1.10	1.32	1.65	1.76	2.20
	白布	m	3.68	0.510	0.612	0.612	0.816	0.816	1.020
	破布	kg	5.07	1.575	1.890	2.100	2.625	3.150	3.150
	凡尔砂	盒	5.13	0.5	0.6	0.6	0.8	0.8	1.0
	镀锌钢丝 *D*2.8～4.0	kg	6.91	—	—	0.50	0.50	1.00	1.50
	平垫铁 Q195～Q235 2#	kg	7.42	—	—	—	23.232	23.232	27.104
	道木	m^3	3660.04	—	—	—	—	0.083	0.110
	零星材料费	元	—	3.67	4.95	6.49	12.05	15.67	19.68
机械	叉式起重机 5t	台班	494.40	0.2	0.3	—	—	—	—
	卷扬机 单筒慢速 50kN	台班	211.29	1.0	1.5	1.5	1.5	1.5	2.0
	交流弧焊机 21kV•A	台班	60.37	0.5	0.5	0.5	1.0	1.0	1.0
	载货汽车 8t	台班	521.59	—	—	—	0.5	0.5	0.5
	汽车式起重机 8t	台班	767.15	—	—	0.5	—	—	—
	汽车式起重机 12t	台班	864.36	—	—	—	0.5	—	—
	汽车式起重机 16t	台班	971.12	—	—	—	—	0.5	—
	汽车式起重机 25t	台班	1098.98	—	—	—	—	—	0.5

单位：台

编号				1-837	1-838	1-839	1-840	1-841	1-842
项目				设备质量(t以内)					
				3～4柱塞		6～24柱塞			
				25.5	35.0	5.0	10	15	18
预算基价	总价(元)			**30761.87**	**39262.90**	**10447.30**	**12533.55**	**19039.88**	**21911.03**
	人工费(元)			24356.70	30388.50	8548.20	10138.50	15549.30	17864.55
	材料费(元)			4519.55	5271.47	1040.11	1482.68	1934.60	2384.86
	机械费(元)			1885.62	3602.93	858.99	912.37	1555.98	1661.62
组成内容		**单位**	**单价**	**数量**					
人工	综合工	工日	135.00	180.42	225.10	63.32	75.10	115.18	132.33
材料	钩头成对斜垫铁 Q195～Q235 1#	kg	11.22	—	—	6.288	—	—	—
	钩头成对斜垫铁 Q195～Q235 2#	kg	11.22	—	—	—	18.536	23.832	—
	钩头成对斜垫铁 Q195～Q235 3#	kg	11.22	—	—	—	—	—	39.140
	钩头成对斜垫铁 Q195～Q235 4#	kg	11.22	107.800	123.200	—	—	—	—
	平垫铁 Q195～Q235 1#	kg	7.42	—	—	8.128	6.096	4.572	6.096
	平垫铁 Q195～Q235 2#	kg	7.42	—	—	—	13.552	17.424	—
	平垫铁 Q195～Q235 3#	kg	7.42	—	—	—	—	—	40.040
	平垫铁 Q195～Q235 4#	kg	7.42	221.536	253.184	—	—	—	—
	破布	kg	5.07	4.200	5.250	2.100	2.310	3.150	3.675
	斜垫铁 Q195～Q235 1#	kg	10.34	—	—	2.04	2.04	3.06	3.06
	普碳钢板 Q195～Q235 δ1.6～1.9	t	3997.33	0.00080	0.00080	0.00050	0.00080	0.00100	0.00100
	普碳钢板 Q195～Q235 δ>31	t	4001.15	0.0220	0.0250	—	—	—	—
	木板	m^3	1672.03	0.025	0.025	0.035	0.053	0.075	0.085
	硅酸盐水泥 42.5级	kg	0.41	543.75	551.00	439.35	493.00	735.15	767.05
	砂子	t	87.03	1.351	1.371	1.101	1.236	1.835	1.930
	碎石 0.5～3.2	t	82.73	1.467	1.506	1.197	1.351	2.008	2.105
	紫铜皮 0.25～0.50	kg	86.77	1.30	1.50	—	—	—	—
	镀锌钢丝 D2.8～4.0	kg	6.91	2.00	2.00	0.65	1.00	1.35	1.35
	橡胶板 δ4～10	kg	10.66	2.5	3.0	—	—	—	—
	羊毛毡 δ12～15	m^2	70.61	0.02	0.02	—	—	—	—
	石棉橡胶板 中压 δ0.8～6.0	kg	20.02	0.8	0.8	1.0	1.2	1.5	2.0

续前 **单位：**台

编号			1-837	1-838	1-839	1-840	1-841	1-842
项目			设备质量(t以内)					
			3～4柱塞		6～24柱塞			
			25.5	35.0	5.0	10	15	18
组成内容	**单位**	**单价**	**数量**					
材料 油浸石棉铜丝盘根 $D6$～10 450℃编制	kg	36.63	0.40	0.45	0.20	0.20	0.30	0.30
电焊条 E4303 $D3.2$	kg	7.59	4.725	5.250	3.255	3.465	4.200	4.725
铅油	kg	11.17	0.80	1.00	0.30	0.30	0.40	0.50
红丹粉	kg	12.42	0.20	0.20	0.10	0.10	0.15	0.15
汽油 60#～70#	kg	6.67	5.10	6.12	2.04	2.55	3.57	4.08
煤油	kg	7.49	21.00	25.20	10.50	12.60	18.90	21.00
汽缸油	kg	11.46	3.0	4.0	—	—	—	—
机油	kg	7.21	5.050	6.060	1.515	1.818	2.525	3.030
黄干油	kg	15.77	3.030	3.535	0.505	0.505	0.606	0.606
氧气	m^3	2.88	2.040	2.550	2.040	2.550	3.570	4.080
乙炔气	kg	14.66	0.680	0.850	0.680	0.850	1.190	1.360
棉纱	kg	16.11	2.20	2.75	1.10	1.10	1.65	1.65
白布	m	3.68	1.020	1.224	0.510	0.510	0.816	0.816
凡尔砂	盒	5.13	1.0	1.2	0.5	0.5	1.0	1.0
道木	m^3	3660.04	0.110	0.165	0.058	0.085	0.087	0.087
盐酸 31%	kg	4.27	—	—	1.0	1.5	2.0	2.5
碳酸氢钠	kg	3.91	—	—	1.0	1.5	2.0	2.5
青壳纸 $\delta 0.1$～1.0	kg	4.80	—	—	0.20	0.25	0.35	0.40
零星材料费	元	—	44.75	52.19	10.30	14.68	19.15	23.61
机械 载货汽车 8t	台班	521.59	0.5	1.0	0.5	0.5	0.5	0.5
汽车式起重机 30t	台班	1141.87	1.0	—	—	—	—	—
卷扬机 单筒慢速 50kN	台班	211.29	2.0	2.5	0.5	0.5	0.5	1.0
交流弧焊机 21kV·A	台班	60.37	1.0	1.0	1.0	1.0	1.5	1.5
汽车式起重机 12t	台班	864.36	—	—	0.5	—	—	—
汽车式起重机 16t	台班	971.12	—	—	—	0.5	—	—
汽车式起重机 25t	台班	1098.98	—	—	—	—	1.0	1.0
汽车式起重机 50t	台班	2492.74	—	1.0	—	—	—	—

二十二、柱塞泵拆装检查

单位：台

编号				1-843	1-844	1-845	1-846	1-847	1-848
项目				设备质量(t以内)					
				3～4柱塞					
				1.0	2.5	5.0	8.0	10.0	16.0
预算基价	总价(元)			**3328.63**	**6280.40**	**9004.83**	**14875.83**	**17022.17**	**23315.44**
	人工费(元)			3240.00	6088.50	8734.50	13419.00	15336.00	21208.50
	材料费(元)			88.63	191.90	270.33	358.12	460.69	632.14
	机械费(元)			—	—	—	1098.71	1225.48	1474.80
组成内容		单位	单价	数量					
人工	综合工	工日	135.00	24.00	45.10	64.70	99.40	113.60	157.10
材料	石棉橡胶板 高压 δ0.5～8.0	kg	21.45	0.5	1.0	1.5	2.0	2.5	3.0
	紫铜皮 0.25～0.50	kg	86.77	0.05	0.20	0.30	0.40	0.50	0.80
	油浸石棉铜丝盘根 D6～10 450℃编制	kg	36.63	0.4	0.8	1.2	1.5	2.0	2.5
	铅油	kg	11.17	0.3	0.4	0.6	0.8	1.0	1.2
	红丹粉	kg	12.42	0.2	0.5	0.6	0.8	1.0	1.2
	黑铅粉	kg	0.44	0.2	0.6	0.8	1.0	1.2	1.5
	汽油 60#～70#	kg	6.67	1.0	2.0	3.0	4.0	5.0	8.0
	煤油	kg	7.49	2	4	6	8	10	16
	机油	kg	7.21	0.4	1.0	2.0	3.2	4.0	6.0
	黄干油	kg	15.77	0.3	0.8	1.2	1.5	2.0	2.5
	棉纱	kg	16.11	0.4	1.0	1.0	1.5	2.0	2.5
	白布	m	3.68	0.4	0.8	1.5	2.0	2.5	3.0
	破布	kg	5.07	1	2	2	3	4	5
	铁砂布 0#～2#	张	1.15	1	2	3	4	5	6
	青壳纸 δ0.1～1.0	kg	4.80	0.5	0.8	1.2	1.5	1.8	2.0
	研磨膏	盒	14.39	0.5	1.0	1.0	1.0	1.5	2.0
机械	卷扬机 单筒慢速 50kN	台班	211.29	—	—	—	5.20	5.80	6.98

单位：台

编号				1-849	1-850	1-851	1-852	1-853	1-854
项目				设备质量(t以内)					
				3～4柱塞		6～24柱塞			
				25.5	35.0	5.0	10	15	18
预算基价	总价(元)			**27954.60**	**32865.25**	**10045.34**	**17499.28**	**23572.10**	**28248.83**
	人工费(元)			25380.00	29889.00	9787.50	15997.50	21546.00	25920.00
	材料费(元)			884.28	1138.03	257.84	394.62	515.38	638.51
	机械费(元)			1690.32	1838.22	—	1107.16	1510.72	1690.32
组成内容		**单位**	**单价**	**数量**					
人工	综合工	工日	135.00	188.00	221.40	72.50	118.50	159.60	192.00
材料	石棉橡胶板 高压 δ0.5～8.0	kg	21.45	4.0	5.0	—	—	—	—
	紫铜皮 0.25～0.50	kg	86.77	1.20	1.50	0.40	0.50	0.75	0.90
	油浸石棉铜丝盘根 D6～10 450℃编制	kg	36.63	3.0	4.0	1.0	1.2	1.2	1.5
	铅油	kg	11.17	2.0	2.0	0.8	1.0	1.0	1.0
	红丹粉	kg	12.42	1.5	2.0	0.6	0.8	1.0	1.2
	黑铅粉	kg	0.44	1.8	2.0	0.8	0.8	0.8	1.0
	汽油 60# ～70#	kg	6.67	12.0	17.0	2.5	5.0	7.5	10.0
	煤油	kg	7.49	25	35	5	10	15	20
	机油	kg	7.21	10.0	12.0	2.0	4.0	6.0	8.0
	黄干油	kg	15.77	3.0	3.5	1.0	1.5	1.8	1.8
	棉纱	kg	16.11	3.0	4.0	1.0	2.0	2.5	3.0
	白布	m	3.68	3.5	4.0	1.2	2.5	3.0	4.0
	破布	kg	5.07	6	8	2	4	5	6
	铁砂布 0# ～2#	张	1.15	8	10	4	5	6	6
	青壳纸 δ0.1～1.0	kg	4.80	2.5	3.0	1.2	1.5	1.5	1.5
	研磨膏	盒	14.39	3.0	3.0	1.0	1.0	1.5	2.0
	石棉橡胶板 中压 δ0.8～6.0	kg	20.02	—	—	1.5	1.8	1.8	2.0
机械	卷扬机 单筒慢速 50kN	台班	211.29	8.00	8.70	—	5.24	7.15	8.00

二十三、蒸汽往复泵安装

单位：台

编号				1-855	1-856	1-857	1-858	1-859	1-860
项目				设备质量(t以内)					
				0.5	1.0	1.5	3.0	5.0	7.0
预算基价	总价(元)			**1977.85**	**2665.26**	**3131.59**	**4123.73**	**5278.90**	**8823.38**
	人工费(元)			1547.10	2146.50	2508.30	3283.20	3844.80	6995.70
	材料费(元)			375.27	413.84	462.90	618.62	653.90	893.23
	机械费(元)			55.48	104.92	160.39	221.91	780.20	934.45
组成内容		单位	单价	数量					
人工	综合工	工日	135.00	11.46	15.90	18.58	24.32	28.48	51.82
材料	钩头成对斜垫铁 Q195～Q235 2#	kg	11.22	10.592	10.592	10.592	15.888	15.888	21.184
	平垫铁 Q195～Q235 2#	kg	7.42	7.744	7.744	7.744	11.616	11.616	15.488
	普碳钢板 Q195～Q235 δ1.6～1.9	t	3997.33	0.0004	0.0004	0.0004	0.0004	0.0004	0.0006
	木板	m^3	1672.03	0.005	0.005	0.008	0.010	0.010	0.023
	硅酸盐水泥 42.5级	kg	0.41	45.298	62.597	93.641	110.954	118.581	153.700
	砂子	t	87.03	0.112	0.156	0.233	0.277	0.296	0.382
	碎石 0.5～3.2	t	82.73	0.123	0.172	0.255	0.303	0.325	0.418
	电焊条 E4303 D4	kg	7.58	0.179	0.179	0.179	0.179	0.315	0.420
	石棉橡胶板 中压 δ0.8～6.0	kg	20.02	3.6	3.9	4.2	5.4	6.0	6.5
	油浸石棉盘根 D6～10 250℃编制	kg	31.14	0.40	0.45	0.50	0.60	0.70	1.00
	铅油	kg	11.17	0.4	0.5	0.6	0.8	0.9	1.0
	红丹粉	kg	12.42	0.10	0.10	0.10	0.15	0.20	0.20
	汽油 60#～70#	kg	6.67	0.204	0.255	0.306	0.408	0.459	2.040

续前 单位：台

编号				1-855	1-856	1-857	1-858	1-859	1-860
项目				设备质量(t以内)					
				0.5	1.0	1.5	3.0	5.0	7.0
组成内容		单位	单价	数量					
材料	煤油	kg	7.49	3.045	3.308	3.570	4.043	4.358	6.300
	汽缸油	kg	11.46	0.3	0.4	0.5	0.7	0.8	1.5
	机油	kg	7.21	1.061	1.192	1.364	1.717	1.919	2.222
	黄干油	kg	15.77	0.505	0.596	0.657	0.758	0.808	1.212
	氧气	m^3	2.88	0.510	0.816	1.020	1.224	1.530	2.040
	乙炔气	kg	14.66	0.170	0.272	0.340	0.408	0.510	0.680
	棉纱	kg	16.11	0.143	0.176	0.220	0.297	0.330	0.660
	白布	m	3.68	0.612	0.612	0.714	0.918	1.020	1.020
	破布	kg	5.07	0.683	0.735	0.788	0.945	1.155	1.365
	镀锌钢丝 $D2.8$～4.0	kg	6.91	—	0.8	0.8	1.2	1.2	3.0
	道木	m^3	3660.04	—	—	—	—	—	0.003
	零星材料费	元	—	3.72	4.10	4.58	6.12	6.47	8.84
机械	叉式起重机 5t	台班	494.40	0.1	0.2	0.3	0.4	—	—
	交流弧焊机 21kV·A	台班	60.37	0.1	0.1	0.2	0.4	0.5	0.5
	载货汽车 8t	台班	521.59	—	—	—	—	0.5	0.5
	卷扬机 单筒慢速 50kN	台班	211.29	—	—	—	—	0.5	1.0
	汽车式起重机 8t	台班	767.15	—	—	—	—	0.5	—
	汽车式起重机 12t	台班	864.36	—	—	—	—	—	0.5

单位：台

编号				1-861	1-862	1-863	1-864	1-865
项目				设备质量(t以内)				
				10	15	20	25	30
预算基价	总价(元)			**12126.65**	**17360.80**	**23503.62**	**28122.22**	**36037.94**
	人工费(元)			10098.00	14910.75	20120.40	24271.65	29884.95
	材料费(元)			1040.82	1187.00	1527.79	1859.31	2308.59
	机械费(元)			987.83	1263.05	1855.43	1991.26	3844.40
组成内容		**单位**	**单价**	**数量**				
人工	综合工	工日	135.00	74.80	110.45	149.04	179.79	221.37
材料	钩头成对斜垫铁 Q195～Q235 2#	kg	11.22	21.184	21.184	26.480	26.480	31.776
	平垫铁 Q195～Q235 2#	kg	7.42	15.488	15.488	19.360	19.360	23.232
	普碳钢板 Q195～Q235 δ1.6～1.9	t	3997.33	0.0008	0.0012	0.0015	0.0015	0.0022
	木板	m^3	1672.03	0.025	0.031	0.044	0.069	0.081
	硅酸盐水泥 42.5级	kg	0.41	204.450	255.200	356.700	508.950	611.900
	砂子	t	87.03	0.509	0.638	0.908	1.274	1.487
	碎石 0.5～3.2	t	82.73	0.556	0.695	0.985	1.390	1.660
	镀锌钢丝 D2.8～4.0	kg	6.91	4.0	5.0	6.0	6.0	7.0
	电焊条 E4303 D4	kg	7.58	0.420	0.420	1.260	1.785	2.667
	石棉橡胶板 中压 δ0.8～6.0	kg	20.02	6.8	7.2	7.5	8.0	8.5
	油浸石棉盘根 D6～10 250℃编制	kg	31.14	1.50	1.80	1.80	2.00	2.50
	铅油	kg	11.17	1.2	1.2	1.5	1.8	2.0
	红丹粉	kg	12.42	0.50	0.50	0.50	0.60	1.00

续前

单位：台

编号				1-861	1-862	1-863	1-864	1-865
项目				设备质量(t以内)				
				10	15	20	25	30
组成内容		单位	单价	数量				
材料	汽油 60#～70#	kg	6.67	4.080	6.120	8.160	10.200	14.280
	煤油	kg	7.49	8.400	10.500	15.750	21.000	26.250
	汽缸油	kg	11.46	2.0	3.0	5.0	8.0	10.0
	机油	kg	7.21	3.030	3.535	4.040	5.050	10.100
	黄干油	kg	15.77	1.515	2.020	2.020	3.030	4.040
	氧气	m^3	2.88	2.244	2.652	3.060	3.468	3.672
	乙炔气	kg	14.66	0.748	0.884	1.020	1.156	1.224
	棉纱	kg	16.11	1.210	1.650	2.750	2.750	5.500
	白布	m	3.68	1.224	1.224	1.377	1.428	1.530
	破布	kg	5.07	2.100	2.625	3.150	4.200	5.250
	道木	m^3	3660.04	0.004	0.004	0.007	0.011	0.014
	零星材料费	元	—	10.31	11.75	15.13	18.41	22.86
机械	载货汽车 8t	台班	521.59	0.5	0.5	0.5	0.5	1.0
	交流弧焊机 21kV•A	台班	60.37	0.5	0.5	0.5	1.0	1.5
	卷扬机 单筒慢速 50kN	台班	211.29	1.0	2.0	2.0	2.5	3.5
	汽车式起重机 16t	台班	971.12	0.5	—	—	—	—
	汽车式起重机 25t	台班	1098.98	—	0.5	—	—	—
	汽车式起重机 30t	台班	1141.87	—	—	1.0	1.0	—
	汽车式起重机 50t	台班	2492.74	—	—	—	—	1.0

二十四、蒸汽往复泵拆装检查

单位：台

编号				1-866	1-867	1-868	1-869	1-870	1-871
项目				设备质量(t以内)					
				0.5	1.0	1.5	3.0	5.0	7.0
预算基价	总价(元)			**1544.70**	**2689.84**	**3523.18**	**6254.26**	**8048.36**	**11356.69**
	人工费(元)			1485.00	2592.00	3375.00	6034.50	7762.50	10975.50
	材料费(元)			59.70	97.84	148.18	219.76	285.86	381.19
组成内容		单位	单价	数量					
人工	综合工	工日	135.00	11.00	19.20	25.00	44.70	57.50	81.30
材料	紫铜皮 0.25～0.50	kg	86.77	0.05	0.05	0.10	0.20	0.30	0.40
	石棉橡胶板 中压 δ0.8～6.0	kg	20.02	0.5	0.6	0.8	1.0	1.2	1.4
	油浸石棉盘根 *D*6～10 250℃编制	kg	31.14	0.2	0.4	0.6	1.2	1.5	1.8
	铅油	kg	11.17	0.2	0.4	0.4	0.5	0.6	0.7
	红丹粉	kg	12.42	0.2	0.3	0.4	0.5	0.6	0.7
	黑铅粉	kg	0.44	0.2	0.4	0.8	1.0	1.2	1.3
	汽油 60#～70#	kg	6.67	0.5	1.0	1.5	2.0	2.5	4.0
	煤油	kg	7.49	1	2	3	4	5	8
	机油	kg	7.21	0.3	0.4	0.8	1.2	2.0	2.8
	二硫化钼粉	kg	32.13	0.2	0.4	0.6	1.0	1.5	2.0
	棉纱	kg	16.11	0.3	0.4	0.6	0.8	1.0	1.5
	白布	m	3.68	0.3	0.5	0.8	1.2	1.5	2.0
	破布	kg	5.07	0.5	0.8	1.2	1.5	2.0	3.0
	铁砂布 0#～2#	张	1.15	1	2	3	4	5	6
	青壳纸 δ0.1～1.0	kg	4.80	0.5	0.6	0.8	1.0	1.2	1.3
	研磨膏	盒	14.39	0.2	0.4	0.8	1.0	1.0	1.0

单位：台

编号				1-872	1-873	1-874	1-875	1-876
项目				设备质量(t以内)				
				10	15	20	25	30
预算基价	总价(元)			**16751.77**	**23056.52**	**27841.22**	**30940.63**	**34713.57**
	人工费(元)			15309.00	20992.50	25380.00	28134.00	31455.00
	材料费(元)			449.71	616.68	770.90	883.89	1092.85
	机械费(元)			993.06	1447.34	1690.32	1922.74	2165.72
组成内容		**单位**	**单价**	**数量**				
人工	综合工	工日	135.00	113.40	155.50	188.00	208.40	233.00
材料	紫铜皮 0.25～0.50	kg	86.77	0.50	0.80	1.00	1.20	1.50
	石棉橡胶板 中压 δ0.8～6.0	kg	20.02	1.5	2.0	2.2	2.5	3.0
	油浸石棉盘根 D6～10 250℃编制	kg	31.14	2.0	2.5	3.0	3.5	4.0
	铅油	kg	11.17	0.8	1.0	1.0	1.2	1.5
	红丹粉	kg	12.42	1.0	1.2	1.5	1.8	2.0
	黑铅粉	kg	0.44	1.5	1.8	2.0	2.2	2.5
	汽油 60#～70#	kg	6.67	5.0	7.5	10.0	12.0	15.0
	煤油	kg	7.49	10	15	20	25	30
	机油	kg	7.21	4.0	6.0	8.0	10.0	12.0
	二硫化钼粉	kg	32.13	2.0	2.5	3.0	3.0	4.0
	棉纱	kg	16.11	2.0	2.5	3.0	3.0	4.0
	白布	m	3.68	2.0	2.5	3.0	3.5	4.0
	破布	kg	5.07	4.0	5.0	6.0	6.0	8.0
	铁砂布 0#～2#	张	1.15	8	10	15	15	18
	青壳纸 δ0.1～1.0	kg	4.80	1.5	1.8	2.0	2.2	2.5
	研磨膏	盒	14.39	1.0	1.5	2.0	2.0	3.0
机械	卷扬机 单筒慢速 50kN	台班	211.29	4.70	6.85	8.00	9.10	10.25

二十五、计量泵安装

单位：台

编号				1-877	1-878	1-879	1-880	1-881	1-882
项目				设备质量(t以内)					
				0.2	0.3	0.4	0.5	0.7	1.0
预算基价	总价(元)			**1152.10**	**1346.50**	**1649.74**	**2049.09**	**2511.94**	**2948.53**
	人工费(元)			969.30	1163.70	1453.95	1802.25	2214.00	2558.25
	材料费(元)			167.79	167.79	180.78	182.39	233.49	276.39
	机械费(元)			15.01	15.01	15.01	64.45	64.45	113.89
组成内容		单位	单价	数量					
人工	综合工	工日	135.00	7.18	8.62	10.77	13.35	16.40	18.95
材料	平垫铁 Q195～Q235 1#	kg	7.42	1.524	1.524	1.524	1.524	1.524	2.032
	平垫铁 Q195～Q235 2#	kg	7.42	5.808	5.808	5.808	5.808	5.808	7.744
	普碳钢板 Q195～Q235 δ1.6～1.9	t	3997.33	0.0005	0.0005	0.0005	0.0005	0.0005	0.0006
	木板	m^3	1672.03	0.006	0.006	0.008	0.008	0.008	0.008
	硅酸盐水泥 42.5级	kg	0.41	52.20	52.20	58.00	58.00	65.25	65.25
	砂子	t	87.03	0.127	0.127	0.136	0.136	0.164	0.164
	碎石 0.5～3.2	t	82.73	0.139	0.139	0.154	0.154	0.182	0.182
	电焊条 E4303 *D*4	kg	7.58	0.210	0.210	0.210	0.210	0.315	0.420
	石棉橡胶板 中压 δ0.8～6.0	kg	20.02	0.2	0.2	0.3	0.3	0.7	1.0
	油浸石棉盘根 *D*6～10 250℃编制	kg	31.14	0.2	0.2	0.3	0.3	0.5	0.5
	铅油	kg	11.17	0.2	0.2	0.2	0.2	0.3	0.3
	汽油 60#～70#	kg	6.67	0.510	0.510	0.510	0.510	0.816	1.020
	煤油	kg	7.49	1.050	1.050	1.050	1.050	1.575	2.100
	机油	kg	7.21	0.202	0.202	0.202	0.202	0.303	0.404
	黄干油	kg	15.77	0.101	0.101	0.101	0.202	0.303	0.505
	氧气	m^3	2.88	2.04	2.04	2.04	2.04	2.04	3.06
	乙炔气	kg	14.66	0.68	0.68	0.68	0.68	0.68	1.02
	棉纱	kg	16.11	0.55	0.55	0.55	0.55	1.10	1.10
	破布	kg	5.07	0.525	0.525	0.525	0.525	1.050	1.050
	镀锌钢丝 *D*2.8～4.0	kg	6.91	—	—	—	—	1	1
	零星材料费	元	—	1.66	1.66	1.79	1.81	2.31	2.74
机械	直流弧焊机 20kW	台班	75.06	0.2	0.2	0.2	0.2	0.2	0.2
	叉式起重机 5t	台班	494.40	—	—	—	0.1	0.1	0.2

二十六、计量泵拆装检查

单位：台

编号				1-883	1-884	1-885	1-886	1-887	1-888
项目				设备质量(t以内)					
				0.2	0.3	0.4	0.5	0.7	1.0
预算基价	总价(元)			**346.33**	**508.33**	**677.73**	**733.89**	**913.88**	**1033.27**
	人工费(元)			324.00	486.00	648.00	702.00	864.00	972.00
	材料费(元)			22.33	22.33	29.73	31.89	49.88	61.27
组成内容		**单位**	**单价**	**数量**					
人工	综合工	工日	135.00	2.40	3.60	4.80	5.20	6.40	7.20
材料	煤油	kg	7.49	1.000	1.000	1.000	1.000	1.500	2.000
	机油	kg	7.21	0.200	0.200	0.200	0.300	0.500	0.600
	黄干油	kg	15.77	0.200	0.200	0.300	0.300	0.500	0.500
	棉纱	kg	16.11	0.20	0.20	0.30	0.30	0.50	0.50
	破布	kg	5.07	0.200	0.200	0.300	0.300	0.500	1.000
	红丹粉	kg	12.42	0.1	0.1	0.1	0.1	0.2	0.3
	白布	m	3.68	0.2	0.2	0.3	0.3	0.5	0.6
	铁砂布 0#～2#	张	1.15	1	1	1	1	1	1
	研磨膏	盒	14.39	0.2	0.2	0.2	0.3	0.4	0.5
	汽油 60#～70#	kg	6.67	—	—	0.500	0.500	0.800	1.000

二十七、螺杆泵安装

单位：台

编号				1-889	1-890	1-891	1-892	1-893	1-894
项目				设备质量(t以内)					
				0.5	1.0	3.0	5.0	7.0	10.0
预算基价	总价(元)			**1994.13**	**2790.66**	**5425.07**	**8173.31**	**12336.93**	**15627.42**
	人工费(元)			1769.85	2470.50	4923.45	7009.20	10821.60	13805.10
	材料费(元)			156.73	203.17	273.67	433.41	475.23	623.20
	机械费(元)			67.55	116.99	227.95	730.70	1040.10	1199.12
组成内容		**单位**	**单价**	**数量**					
人工	综合工	工日	135.00	13.11	18.30	36.47	51.92	80.16	102.26
材料	平垫铁 Q195～Q235 1#	kg	7.42	3.048	3.084	4.064	—	—	—
	平垫铁 Q195～Q235 2#	kg	7.42	—	—	—	11.616	11.616	15.488
	斜垫铁 Q195～Q235 1#	kg	10.34	3.060	3.060	4.080	—	—	—
	斜垫铁 Q195～Q235 2#	kg	10.34	—	—	—	10.848	10.848	14.464
	普碳钢板 Q195～Q235 δ1.6～1.9	t	3997.33	0.0003	0.0003	0.0003	0.0004	0.0005	0.0007
	木板	m^3	1672.03	0.005	0.009	0.014	0.015	0.018	0.019
	硅酸盐水泥 42.5级	kg	0.41	39.150	66.700	95.700	112.375	118.900	159.500
	砂子	t	87.03	0.097	0.147	0.237	0.280	0.296	0.396
	碎石 0.5～3.2	t	82.73	0.104	0.182	0.260	0.303	0.325	0.432
	镀锌钢丝 D2.8～4.0	kg	6.91	0.8	0.8	1.0	1.5	2.0	3.0
	电焊条 E4303 D4	kg	7.58	0.210	0.210	0.315	0.525	0.525	0.840
	油浸石棉盘根 D6～10 250℃编制	kg	31.14	0.2	0.3	0.4	0.5	0.6	1.0

续前

单位：台

编号				1-889	1-890	1-891	1-892	1-893	1-894
项目				设备质量(t以内)					
				0.5	1.0	3.0	5.0	7.0	10.0
组成内容		单位	单价	数量					
材料	铅油	kg	11.17	0.30	0.30	0.40	0.40	0.50	0.60
	煤油	kg	7.49	1.050	1.050	1.575	2.100	3.150	5.250
	机油	kg	7.21	1.010	1.010	1.515	1.515	2.020	2.020
	黄干油	kg	15.77	0.202	0.303	0.303	0.404	0.404	0.505
	氧气	m^3	2.88	2.04	3.06	3.06	3.06	4.08	4.08
	乙炔气	kg	14.66	0.68	1.02	1.02	1.02	1.36	1.36
	棉纱	kg	16.11	0.330	0.440	0.550	0.660	0.770	0.880
	破布	kg	5.07	0.315	0.315	0.420	0.420	0.525	0.735
	青壳纸 δ0.1～1.0	kg	4.80	0.1	0.2	0.3	0.4	0.4	0.4
	汽油 60#～70#	kg	6.67	—	0.306	0.408	0.408	0.510	0.612
	零星材料费	元	—	1.55	2.01	2.71	4.29	4.71	6.17
机械	交流弧焊机 21kV·A	台班	60.37	0.3	0.3	0.5	0.5	0.5	0.5
	叉式起重机 5t	台班	494.40	0.1	0.2	0.4	—	—	—
	载货汽车 8t	台班	521.59	—	—	—	—	0.5	0.5
	汽车式起重机 8t	台班	767.15	—	—	—	0.5	—	—
	汽车式起重机 12t	台班	864.36	—	—	—	—	0.5	—
	汽车式起重机 16t	台班	971.12	—	—	—	—	—	0.5
	卷扬机 单筒慢速 50kN	台班	211.29	—	—	—	1.5	1.5	2.0

二十八、螺杆泵拆装检查

单位：台

编号				1-895	1-896	1-897	1-898	1-899	1-900
项目				设备质量(t以内)					
				0.5	1.0	3.0	5.0	7.0	10.0
预算基价	总价(元)			**524.88**	**722.63**	**1754.34**	**3444.52**	**4065.20**	**5758.57**
	人工费(元)			486.00	648.00	1620.00	3240.00	3780.00	5400.00
	材料费(元)			38.88	74.63	134.34	204.52	285.20	358.57
组成内容		**单位**	**单价**	**数量**					
人工	综合工	工日	135.00	3.60	4.80	12.00	24.00	28.00	40.00
材料	油浸石棉盘根 *D*6～10 250℃编制	kg	31.14	0.2	0.3	0.5	0.8	1.0	1.2
	煤油	kg	7.49	1.000	2.000	3.000	5.000	8.000	10.000
	机油	kg	7.21	0.300	0.400	1.200	2.000	3.200	4.000
	黄干油	kg	15.77	0.200	0.400	1.200	1.500	2.000	2.500
	棉纱	kg	16.11	0.300	0.500	0.700	1.000	1.500	2.000
	破布	kg	5.07	0.500	1.000	1.500	2.000	3.000	4.000
	青壳纸 δ0.1～1.0	kg	4.80	0.3	0.5	0.8	1.0	1.0	1.2
	汽油 60#～70#	kg	6.67	0.500	1.000	1.500	2.500	4.000	5.000
	红丹粉	kg	12.42	0.2	0.4	0.6	0.8	1.0	1.2
	黑铅粉	kg	0.44	0.2	0.2	0.3	0.4	0.5	0.5
	白布	m	3.68	0.3	0.4	0.9	1.2	1.5	1.8
	铁砂布 0#～2#	张	1.15	1	2	3	5	5	6
	研磨膏	盒	14.39	0.2	0.4	0.6	1.0	1.0	1.0
	紫铜皮 0.25～0.50	kg	86.77	—	0.05	0.15	0.25	0.35	0.50

二十九、齿轮油泵安装及拆装检查

单位：台

编号				1-901	1-902
项目				齿轮油泵安装	齿轮油泵拆装检查
				设备质量1.0t以内	
预算基价	总价(元)			**1278.57**	**368.87**
	人工费(元)			947.70	337.50
	材料费(元)			219.92	31.37
	机械费(元)			110.95	—
组成内容		单位	单价	数量	
人工	综合工	工日	135.00	7.02	2.50
材料	平垫铁 Q195～Q235 1[#]	kg	7.42	3.048	—
	斜垫铁 Q195～Q235 1[#]	kg	10.34	3.060	—
	普碳钢板 Q195～Q235 δ1.6～1.9	t	3997.33	0.0002	—
	木板	m^3	1672.03	0.050	—
	硅酸盐水泥 42.5级	kg	0.41	50.533	—
	砂子	t	87.03	0.126	—
	碎石 0.5～3.2	t	82.73	0.137	—
	电焊条 E4303 *D*4	kg	7.58	0.147	—
	铅油	kg	11.17	0.15	—
	煤油	kg	7.49	0.788	1.000
	机油	kg	7.21	0.606	0.200

续前

单位：台

编号			1-901	1-902
项目			齿轮油泵安装	齿轮油泵拆装检查
			设备质量1.0t以内	
组成内容	单位	单价	数量	
材料 黄干油	kg	15.77	0.202	0.200
氧气	m^3	2.88	1.02	—
乙炔气	kg	14.66	0.34	—
棉纱	kg	16.11	0.165	0.300
破布	kg	5.07	0.158	0.500
汽油 60#～70#	kg	6.67	0.204	0.500
铜焊条 铜107 $D3.2$	kg	51.27	0.1	—
铜焊粉 气剂301	kg	39.05	0.05	—
青壳纸 $\delta0.1\sim1.0$	kg	4.80	—	0.2
红丹粉	kg	12.42	—	0.2
白布	m	3.68	—	0.3
铁砂布 0#～2#	张	1.15	—	1
研磨膏	盒	14.39	—	0.2
零星材料费	元	—	2.18	—
机械 叉式起重机 5t	台班	494.40	0.2	—
交流弧焊机 21kV•A	台班	60.37	0.2	—

三十、真空泵安装

单位：台

编号				1-903	1-904	1-905	1-906	1-907	1-908
项目				设备质量(t以内)					
				0.5	1.0	2.0	3.5	5.0	7.0
预算基价	总价(元)			**1172.05**	**1817.93**	**2857.17**	**5502.67**	**7583.87**	**9864.44**
	人工费(元)			1007.10	1540.35	2465.10	4688.55	6106.05	8071.65
	材料费(元)			109.47	172.66	231.68	380.92	486.33	671.20
	机械费(元)			55.48	104.92	160.39	433.20	991.49	1121.59
组成内容		**单位**	**单价**	**数量**					
人工	综合工	工日	135.00	7.46	11.41	18.26	34.73	45.23	59.79
材料	平垫铁 Q195～Q235 1#	kg	7.42	2.032	3.048	3.048	—	—	—
	平垫铁 Q195～Q235 2#	kg	7.42	—	—	—	7.744	7.744	11.616
	斜垫铁 Q195～Q235 1#	kg	10.34	2.040	3.060	3.060	—	—	—
	斜垫铁 Q195～Q235 2#	kg	10.34	—	—	—	7.232	7.232	10.848
	普碳钢板 Q195～Q235 δ1.6～1.9	t	3997.33	—	—	0.0002	0.0003	0.0003	0.0005
	木板	m^3	1672.03	0.005	0.009	0.014	0.019	0.020	0.025
	硅酸盐水泥 42.5级	kg	0.41	38.135	66.164	95.178	110.200	159.500	203.000
	砂子	t	87.03	0.097	0.147	0.237	0.260	0.396	0.483
	碎石 0.5～3.2	t	82.73	0.097	0.182	0.260	0.280	0.435	0.541
	电焊条 E4303 $D4$	kg	7.58	0.126	0.189	0.242	0.315	0.420	0.525
	油浸石棉盘根 $D6$～10 250℃编制	kg	31.14	0.30	0.37	0.60	0.70	0.70	1.00
	铅油	kg	11.17	0.23	0.25	0.32	0.50	0.90	1.20

续前 单位：台

编号				1-903	1-904	1-905	1-906	1-907	1-908
项目				设备质量(t以内)					
				0.5	1.0	2.0	3.5	5.0	7.0
组成内容		单位	单价	数量					
材料	汽油 60# ～70#	kg	6.67	0.306	0.510	1.020	1.530	2.040	3.060
	煤油	kg	7.49	0.840	1.050	1.365	3.150	5.250	7.350
	机油	kg	7.21	0.606	0.707	0.909	1.515	2.020	3.030
	黄干油	kg	15.77	0.152	0.202	0.303	0.808	1.212	1.818
	氧气	m^3	2.88	0.122	0.184	0.214	0.510	0.714	0.918
	乙炔气	kg	14.66	0.041	0.061	0.071	0.170	0.238	0.306
	棉纱	kg	16.11	0.110	0.165	0.275	0.550	1.320	1.980
	破布	kg	5.07	0.210	0.347	0.578	0.840	1.260	1.575
	镀锌钢丝 D2.8～4.0	kg	6.91	—	0.8	1.2	2.0	3.0	4.0
	白布	m	3.68	—	—	—	0.510	0.612	0.612
	青壳纸 δ0.1～1.0	kg	4.80	—	—	—	0.2	0.2	0.2
	零星材料费	元	—	1.08	1.71	2.29	3.77	4.82	6.65
机械	交流弧焊机 21kV·A	台班	60.37	0.1	0.1	0.2	0.4	0.5	0.1
	叉式起重机 5t	台班	494.40	0.1	0.2	0.3	0.4	—	—
	载货汽车 8t	台班	521.59	—	—	—	—	0.5	0.5
	汽车式起重机 8t	台班	767.15	—	—	—	—	0.5	—
	汽车式起重机 12t	台班	864.36	—	—	—	—	—	0.5
	卷扬机 单筒慢速 50kN	台班	211.29	—	—	—	1.0	1.5	2.0

三十一、真空泵拆装检查

单位：台

编号				1-909	1-910	1-911	1-912	1-913	1-914
项目				设备质量(t以内)					
				0.5	1.0	2.0	3.5	5.0	7.0
预算基价	总价(元)			**1169.56**	**1791.97**	**2892.56**	**5514.22**	**7183.57**	**9499.23**
	人工费(元)			1134.00	1728.00	2794.50	5373.00	7006.50	9261.00
	材料费(元)			35.56	63.97	98.06	141.22	177.07	238.23
组成内容		**单位**	**单价**	**数量**					
人工	综合工	工日	135.00	8.40	12.80	20.70	39.80	51.90	68.60
材料	汽油 60#～70#	kg	6.67	0.500	1.000	1.500	2.000	2.500	3.500
	煤油	kg	7.49	1.000	2.000	3.000	4.000	5.000	7.000
	机油	kg	7.21	0.300	0.400	0.600	1.000	1.500	2.000
	黄干油	kg	15.77	0.200	0.400	0.800	1.000	1.200	1.500
	棉纱	kg	16.11	0.300	0.400	0.600	0.900	1.000	1.500
	破布	kg	5.07	0.500	0.800	1.200	1.800	2.000	3.000
	白布	m	3.68	0.300	0.400	0.600	1.000	1.200	1.500
	青壳纸 δ0.1～1.0	kg	4.80	0.5	0.5	0.6	0.8	1.0	1.2
	红丹粉	kg	12.42	0.2	0.3	0.4	0.5	0.6	0.7
	合成树脂密封胶	kg	20.36	0.1	0.2	0.3	0.4	0.4	0.5
	铁砂布 0#～2#	张	1.15	1	2	2	3	4	5
	研磨膏	盒	14.39	0.2	0.3	0.4	0.6	0.8	1.0
	紫铜皮 0.25～0.50	kg	86.77	—	0.05	0.10	0.20	0.30	0.40

三十二、潜 水 泵

单位：台

编号				1-915	1-916	1-917
项目				设备质量(t以内)		
				0.05	0.1	0.2
预算基价	总价(元)			**222.18**	**278.29**	**366.96**
	人工费(元)			217.35	271.35	333.45
	材料费(元)			4.83	6.94	8.79
	机械费(元)			—	—	24.72
组成内容		**单位**	**单价**	**数量**		
人工	综合工	工日	135.00	1.61	2.01	2.47
材料	普碳钢板 Q195～Q235 δ1.6～1.9	t	3997.33	0.00010	0.00010	0.00010
	煤油	kg	7.49	0.200	0.300	0.400
	机油	kg	7.21	0.150	0.200	0.250
	黄干油	kg	15.77	0.050	0.080	0.100
	棉纱	kg	16.11	0.050	0.080	0.100
	破布	kg	5.07	0.050	0.060	0.080
机械	叉式起重机 5t	台班	494.40	—	—	0.050

三十三、手　摇　泵

单位：台

编号				1-918	1-919
项目				出口管径(mm以内)	
				32	50
预算基价	总价(元)			**54.30**	**60.10**
	人工费(元)			47.25	47.25
	材料费(元)			7.05	12.85
组成内容		单位	单价	数量	
人工	综合工	工日	135.00	0.35	0.35
材料	镀锌钢丝 *D*2.8～4.0	kg	6.91	0.010	0.012
	汽油	kg	7.74	0.010	0.010
	煤油	kg	7.49	0.010	0.010
	机油	kg	7.21	0.010	0.010
	黄干油	kg	15.77	0.010	0.010
	铅油	kg	11.17	0.010	0.020
	棉纱	kg	16.11	0.050	0.060
	黑玛钢活接头 *DN*32	个	5.63	1.010	—
	黑玛钢活接头 *DN*50	个	11.08	—	1.010

三十四、屏蔽泵安装

单位：台

编号				1-920	1-921	1-922	1-923
项目				设备质量(t以内)			
				0.3	0.5	0.7	1.0
预算基价	总价(元)			**1202.26**	**1662.67**	**2156.52**	**2494.48**
	人工费(元)			1031.40	1418.85	1813.05	2099.25
	材料费(元)			152.75	164.19	214.40	266.16
	机械费(元)			18.11	79.63	129.07	129.07
组成内容		**单位**	**单价**	**数量**			
人工	综合工	工日	135.00	7.64	10.51	13.43	15.55
材料	平垫铁 Q195～Q235 1#	kg	7.42	3.048	3.048	3.048	4.064
	斜垫铁 Q195～Q235 1#	kg	10.34	3.06	3.06	3.06	4.08
	普碳钢板 Q195～Q235 δ1.6～1.9	t	3997.33	0.0005	0.0005	0.0005	0.0006
	木板	m^3	1672.03	0.006	0.006	0.008	0.008
	硅酸盐水泥 42.5级	kg	0.41	50.75	50.75	65.25	65.25
	砂子	t	87.03	0.126	0.126	0.164	0.164
	碎石 0.5～3.2	t	82.73	0.137	0.137	0.182	0.182
	电焊条 E4303 *D*4	kg	7.58	0.210	0.210	0.210	0.315
	石棉橡胶板 中压 δ0.8～6.0	kg	20.02	0.2	0.3	0.7	1.0
	油浸石棉盘根 *D*6～10 250℃编制	kg	31.14	0.2	0.3	0.5	0.5
	铅油	kg	11.17	0.2	0.2	0.2	0.3
	汽油 60#～70#	kg	6.67	0.204	0.306	0.306	0.510
	煤油	kg	7.49	0.525	1.050	1.050	2.100
	机油	kg	7.21	0.202	0.202	0.303	0.707
	黄干油	kg	15.77	0.101	0.202	0.202	0.505
	氧气	m^3	2.88	1.02	1.02	1.02	2.04
	乙炔气	kg	14.66	0.34	0.34	0.34	0.68
	棉纱	kg	16.11	0.55	0.55	1.10	1.10
	破布	kg	5.07	0.525	0.525	1.050	1.050
	镀锌钢丝 *D*2.8～4.0	kg	6.91	—	—	1	1
	零星材料费	元	—	1.51	1.63	2.12	2.64
机械	交流弧焊机 21kV·A	台班	60.37	0.3	0.5	0.5	0.5
	叉式起重机 5t	台班	494.40	—	0.1	0.2	0.2

三十五、屏蔽泵拆装检查

单位：台

编号				1-924	1-925	1-926	1-927
项目				设备质量(t以内)			
				0.3	0.5	0.7	1.0
预算基价	总价(元)			**238.79**	**339.09**	**404.27**	**471.40**
	人工费(元)			216.00	310.50	364.50	432.00
	材料费(元)			22.79	28.59	39.77	39.40
组成内容		**单位**	**单价**	**数量**			
人工	综合工	工日	135.00	1.60	2.30	2.70	3.20
材料	汽油 60#～70#	kg	6.67	0.500	0.700	1.000	1.000
	煤油	kg	7.49	1.000	1.500	2.000	2.000
	机油	kg	7.21	0.200	0.300	0.400	0.400
	黄干油	kg	15.77	0.200	0.200	0.300	0.400
	棉纱	kg	16.11	0.30	0.30	0.40	0.50
	破布	kg	5.07	0.500	0.500	0.800	0.100

第九章　压缩机安装

说　明

一、本章适用范围：活塞式L形及Z形2列、3列压缩机，活塞式V、W、S形压缩机，活塞式V、W、S形制冷压缩机，回转式螺杆压缩机，离心式压缩机，活塞式2M(2D)、4M(4D)型电动机驱动对称平衡压缩机安装，离心式压缩机电动机驱动无垫铁安装，活塞式H形中间直联同步压缩机及中间同轴同步压缩机安装。

二、本章基价子目包括下列工作内容：

1.除活塞式V、W、S形压缩机，制冷压缩机，回转式螺杆压缩机，离心式压缩机，活塞式Z形2列、3列压缩机为整体安装以外，其他各类型压缩机均为解体安装。

2.与主机本体联体的冷却系统、润滑系统以及支架、防护罩等零件、附件的整体安装。

3.与主机在同一底座上的电动机整体安装。

4.解体安装的压缩机在无负荷试运转后的检查、组装及调整。

三、本章基价子目不包括的工作内容及项目：

1.负荷试运转、联合试运转、生产准备试运转，无负荷试运转所用的水、电、气、油、燃料等。

2.除与主机在同一底座上的电动机已包括安装外，其他类型的压缩机均不包括电动机、汽轮机及其他动力机械的安装。

3.与主机本体联体的各级出入口第一个阀门外的各种管道、空气干燥设备及净化设备、油水分离设备、废油回收设备、自控系统及仪表系统安装以及支架、沟槽、防护罩等制作、加工。

4.介质的充灌。

5.主机本体循环油(按设备带有考虑)。

6.电动机拆装检查及配线、接线等电气工程。

7.离心式压缩机的拆装检查。

四、活塞式V、W、S形压缩机的安装是按单级压缩机考虑的，安装同类型双级压缩机时，按相应子目人工工日乘以系数1.40。

五、离心式压缩机是按单轴考虑的，如安装双轴(H)离心式压缩机时，按相应子目人工工日乘以系数1.40。

六、本章基价原动机是按电动机驱动考虑的，如为汽轮机驱动安装时，按相应子目人工工日乘以系数1.14。

七、活塞式V、W、S形压缩机及压缩机组的设备质量，按同一底座上的主机、电动机、仪表盘及附件、底座等的总质量计算。立式及L形压缩机、离心式压缩机则不包括电动机等动力机械的质量。

八、活塞式D、M、H形对称平衡压缩机的设备质量，按主机、电动机及随主机到货的附属设备安装。附属设备的总质量计算应参照本基价其他册相应子目。

九、离心式压缩机拆装检查的子目适用于现场组对安装的中低压离心式压缩机组，高压离心式压缩机组可参照适用。凡施工技术验收规范或技术资料规定在实际施工中进行拆装检查工作时，可执行本册基价。

工程量计算规则

压缩机安装依据型号、设备质量、结构形式按设计图示数量计算。

一、活塞式L形及Z形2列压缩机组

单位：台

编号				1-928	1-929	1-930	1-931	1-932	1-933	1-934
项目				机组质量(t以内)						
				1	3	5	8	10	15	双重整机15t
预算基价	总价(元)			**3961.75**	**5906.68**	**7805.53**	**11465.89**	**14006.74**	**20544.25**	**32403.63**
	人工费(元)			3531.60	5154.30	6720.30	9718.65	11641.05	17701.20	28318.95
	材料费(元)			319.20	587.09	700.32	960.84	1242.03	1528.37	2603.98
	机械费(元)			110.95	165.29	384.91	786.40	1123.66	1314.68	1480.70
组成内容		**单位**	**单价**	**数量**						
人工	综合工	工日	135.00	26.16	38.18	49.78	71.99	86.23	131.12	209.77
材料	钩头成对斜垫铁 Q195～Q235 1#	kg	11.22	7.860	9.432	9.432	3.144	3.144	3.144	4.716
	钩头成对斜垫铁 Q195～Q235 2#	kg	11.22	—	—	—	15.888	—	—	—
	钩头成对斜垫铁 Q195～Q235 3#	kg	11.22	—	—	—	—	23.484	31.312	39.140
	平垫铁 Q195～Q235 1#	kg	7.42	6.604	7.620	7.620	3.556	3.556	3.556	6.096
	平垫铁 Q195～Q235 2#	kg	7.42	—	—	—	11.616	—	—	—
	平垫铁 Q195～Q235 3#	kg	7.42	—	—	—	—	24.024	32.032	40.040
	斜垫铁 Q195～Q235 1#	kg	10.34	1.02	1.02	1.02	1.02	1.02	1.02	1.53
	木板	m^3	1672.03	0.013	0.018	0.018	0.038	0.038	0.038	0.050
	硅酸盐水泥 42.5级	kg	0.41	50.75	174.00	174.00	174.00	174.00	217.50	587.25
	砂子	t	87.03	0.136	0.463	0.463	0.463	0.463	0.579	1.564
	碎石 0.5～3.2	t	82.73	0.136	0.522	0.522	0.522	0.522	0.638	1.722
	镀锌钢丝 D2.8～4.0	kg	6.91	0.5	2.0	2.5	3.2	4.0	5.0	10.0
	电焊条 E4303 D4	kg	7.58	0.546	0.630	0.798	0.819	1.134	1.134	1.300
	气焊条 D<2	kg	7.96	0.3	0.3	0.6	0.6	0.6	0.7	1.4
	石棉橡胶板 低压 δ0.8～6.0	kg	19.35	0.2	1.5	2.1	3.0	3.0	3.2	6.4
	汽油 60#～70#	kg	6.67	0.510	1.734	2.040	2.550	2.550	3.060	6.000

续前

单位：台

编号			1-928	1-929	1-930	1-931	1-932	1-933	1-934
项目			机组质量(t以内)						
			1	3	5	8	10	15	双重整机15t
组成内容	单位	单价	数量						
材料 煤油	kg	7.49	4.20	7.35	8.40	10.50	12.60	14.70	30.00
压缩机油	kg	10.35	0.2	0.6	0.8	1.0	3.0	5.0	10.0
机油	kg	7.21	0.505	1.212	1.414	1.616	2.020	2.222	4.000
黄干油	kg	15.77	0.202	0.303	0.404	0.505	0.505	0.808	1.500
四氯化碳 95%	kg	14.71	0.5	1.6	1.8	2.0	2.5	3.0	6.0
氧气	m^3	2.88	1.02	1.02	2.04	2.04	2.04	3.06	6.12
乙炔气	kg	14.66	0.34	0.34	0.68	0.68	0.68	1.02	2.04
铜丝布 16目	m	117.37	0.01	0.02	0.03	0.04	0.04	0.05	0.10
棉纱	kg	16.11	1.10	1.76	1.98	2.20	2.42	2.75	5.50
白布	m	3.68	0.510	0.714	0.816	1.020	1.224	1.428	2.850
破布	kg	5.07	1.575	3.045	3.675	1.780	4.200	4.200	8.400
凡尔砂	盒	5.13	0.2	0.5	0.5	0.5	0.5	0.6	1.2
紫铜皮 0.08～0.20	kg	86.14	—	0.05	0.10	0.15	0.20	0.20	0.40
道木	m^3	3660.04	—	—	0.015	0.018	0.025	0.028	0.040
铜焊条 铜107 *D*3.2	kg	51.27	—	—	—	—	—	0.10	0.20
铜焊粉 气剂301	kg	39.05	—	—	—	—	—	0.05	0.10
零星材料费	元	—	3.16	5.81	6.93	9.51	12.30	15.13	25.78
机械 交流弧焊机 21kV•A	台班	60.37	0.2	0.4	0.5	0.5	1.0	1.0	2.0
叉式起重机 5t	台班	494.40	0.2	0.2	—	—	—	—	—
载货汽车 8t	台班	521.59	—	—	—	0.3	0.5	0.5	0.5
汽车式起重机 16t	台班	971.12	—	—	0.3	0.4	0.5	—	—
汽车式起重机 30t	台班	1141.87	—	—	—	—	—	0.5	0.5
卷扬机 单筒慢速 50kN	台班	211.29	—	0.2	0.3	1.0	1.5	2.0	2.5

单位：台

编号				1-935	1-936	1-937	1-938	1-939	1-940	1-941
项目				机组质量(t以内)						
				20	25	30	35	40	45	50
预算基价	总价(元)			**27602.86**	**34452.29**	**40597.34**	**47366.75**	**53650.12**	**58696.64**	**61883.54**
	人工费(元)			23005.35	29286.90	33835.05	39965.40	45226.35	49855.50	52705.35
	材料费(元)			2011.38	2473.62	2719.65	3067.73	3407.10	3582.99	3920.04
	机械费(元)			2586.13	2691.77	4042.64	4333.62	5016.67	5258.15	5258.15
组成内容		单位	单价	数量						
人工	综合工	工日	135.00	170.41	216.94	250.63	296.04	335.01	369.30	390.41
材料	钩头成对斜垫铁 Q195~Q235 1#	kg	11.22	6.288	9.432	—	—	—	—	—
	钩头成对斜垫铁 Q195~Q235 2#	kg	11.22	—	21.184	21.184	21.184	26.480	26.480	31.776
	钩头成对斜垫铁 Q195~Q235 3#	kg	11.22	39.140	39.140	46.968	46.968	54.796	54.796	62.624
	平垫铁 Q195~Q235 1#	kg	7.42	5.588	7.620	3.048	3.048	4.572	4.572	6.096
	平垫铁 Q195~Q235 2#	kg	7.42	—	15.488	15.488	15.488	19.360	19.360	23.232
	平垫铁 Q195~Q235 3#	kg	7.42	40.040	40.040	48.048	48.048	56.056	56.056	64.064
	斜垫铁 Q195~Q235 1#	kg	10.34	1.020	1.020	2.040	2.040	3.060	3.060	4.080
	木板	m^3	1672.03	0.100	0.100	0.125	0.125	0.150	0.175	0.200
	硅酸盐水泥 42.5级	kg	0.41	261.000	261.000	459.650	839.550	839.550	935.250	935.250
	砂子	t	87.03	0.638	0.638	0.965	1.757	1.757	1.969	1.969
	碎石 0.5~3.2	t	82.73	0.695	0.695	1.062	1.930	1.930	2.144	2.144
	电焊条 E4303 $D4$	kg	7.58	2.268	3.318	3.318	3.318	3.318	3.318	3.318
	石棉橡胶板 低压 δ0.8~6.0	kg	19.35	4.00	4.00	4.20	4.70	4.80	6.00	6.20
	镀锌钢丝 D2.8~4.0	kg	6.91	6.00	6.00	6.00	6.00	6.00	6.00	6.00
	气焊条 $D<2$	kg	7.96	0.7	0.7	0.7	0.7	0.7	0.7	0.7
	汽油 60#~70#	kg	6.67	3.570	3.570	3.570	4.080	4.080	4.080	4.284
	煤油	kg	7.49	16.80	17.85	18.90	19.95	21.00	22.05	23.10

续前

单位：台

编号				1-935	1-936	1-937	1-938	1-939	1-940	1-941
项目				机组质量(t以内)						
				20	25	30	35	40	45	50
组成内容		单位	单价	数量						
材料	压缩机油	kg	10.35	7.00	8.00	9.00	10.00	11.00	12.00	13.00
	机油	kg	7.21	2.828	3.232	3.434	3.636	3.838	4.242	4.242
	黄干油	kg	15.77	1.010	1.212	1.212	1.414	1.414	1.414	1.414
	四氯化碳 95%	kg	14.71	3.5	3.5	4.0	4.0	4.5	4.5	5.0
	氧气	m^3	2.88	3.060	4.080	4.080	4.080	4.080	4.080	4.080
	乙炔气	kg	14.66	1.020	1.360	1.360	1.360	1.360	1.360	1.360
	铜丝布 16目	m	117.37	0.06	0.06	0.08	0.08	0.10	0.10	0.10
	棉纱	kg	16.11	3.30	3.52	3.85	3.96	4.18	4.29	4.40
	白布	m	3.68	2.040	2.244	2.244	2.448	2.448	2.652	2.652
	破布	kg	5.07	4.725	5.040	5.250	5.460	5.775	5.985	6.195
	凡尔砂	盒	5.13	0.8	0.8	0.9	0.9	1.0	1.0	1.2
	紫铜皮 0.08～0.20	kg	86.14	0.200	0.300	0.300	0.400	0.400	0.500	0.500
	道木	m^3	3660.04	0.041	0.041	0.041	0.041	0.041	0.041	0.041
	铜焊条 铜107 $D3.2$	kg	51.27	0.10	0.10	0.15	0.15	0.15	0.15	0.15
	铜焊粉 气剂301	kg	39.05	0.05	0.05	0.07	0.07	0.07	0.08	0.08
	零星材料费	元	—	19.91	24.49	26.93	30.37	33.73	35.48	38.81
机械	交流弧焊机 21kV·A	台班	60.37	1.0	1.0	1.0	1.5	1.5	2.0	2.0
	卷扬机 单筒慢速 50kN	台班	211.29	3.5	4.0	4.0	4.0	4.0	5.0	5.0
	汽车式起重机 8t	台班	767.15	0.5	0.5	0.5	0.5	0.5	0.5	0.5
	汽车式起重机 30t	台班	1141.87	1.0	1.0	—	—	—	—	—
	汽车式起重机 50t	台班	2492.74	—	—	1.0	1.0	—	—	—
	汽车式起重机 75t	台班	3175.79	—	—	—	—	1.0	1.0	1.0
	载货汽车 8t	台班	521.59	0.5	0.5	0.5	1.0	1.0	1.0	1.0

二、活塞式Z形3列压缩机整体安装

单位：台

编号				1-942	1-943	1-944	1-945	1-946	1-947
项目				机组质量(t以内)					
				1	3	5	8	10	15
预算基价	总价(元)			**7619.15**	**11571.29**	**14684.73**	**19797.34**	**22866.84**	**29293.41**
	人工费(元)			6141.15	9833.40	12191.85	15103.80	17548.65	23205.15
	材料费(元)			1230.43	1440.55	1849.01	3732.39	3886.37	4727.76
	机械费(元)			247.57	297.34	643.87	961.15	1431.82	1360.50
组成内容		单位	单价	数量					
人工	综合工	工日	135.00	45.49	72.84	90.31	111.88	129.99	171.89
材料	斜垫铁（综合）	kg	10.34	8.892	10.409	10.409	20.224	27.826	27.826
	碳钢平垫铁	kg	5.32	5.181	5.690	5.690	9.458	15.665	15.665
	电焊条 E4303 $D3.2$	kg	7.59	1.151	0.173	0.173	0.250	0.277	0.277
	木板	m^3	1672.03	0.006	0.008	0.011	0.012	0.012	0.015
	硅酸盐水泥 42.5级	kg	0.41	68.328	102.054	126.582	128.772	142.350	159.432
	砂子	t	87.03	0.154	0.230	0.285	0.581	0.320	0.359
	碎石 0.5～3.2	t	82.73	0.170	0.253	0.315	0.320	0.353	0.396
	石棉橡胶板 高压 δ1～6	kg	23.57	0.90	2.25	3.20	4.50	4.50	4.80
	镀锌钢丝网 20×20×1.6	m^2	13.63	1.5	1.5	3.0	3.0	3.0	3.0
	紫铜皮 0.08～0.20	kg	86.14	0.010	0.020	0.030	0.450	0.075	0.100
	镀锌钢丝 $D2.8$～4.0	kg	6.91	0.75	1.50	2.00	2.50	3.00	3.00
	铜焊条 铜107 $D3.2$	kg	51.27	2.25	2.50	3.00	3.00	3.00	3.00
	铜焊粉 气剂301	kg	39.05	1.13	1.13	1.50	1.50	1.50	1.50
	道木	m^3	3660.04	0.019	0.019	0.019	0.444	0.444	0.610
	煤油	kg	7.49	9.00	12.00	15.00	19.50	24.00	31.50
	压缩机油	kg	10.35	1.50	3.00	4.50	5.25	6.00	9.00

续前 **单位**：台

编号				1-942	1-943	1-944	1-945	1-946	1-947
项目				机组质量(t以内)					
				1	3	5	8	10	15
组成内容		**单位**	**单价**	**数量**					
材料	黄干油	kg	15.77	0.300	0.450	0.600	0.750	0.750	1.200
	氧气	m^3	2.88	3.672	5.202	5.202	7.038	7.038	8.874
	乙炔气	kg	14.66	1.224	1.734	1.734	2.346	2.346	2.958
	棉纱	kg	16.11	1.00	1.50	1.75	2.00	2.50	3.75
	白布	m	3.68	0.750	1.500	3.000	3.000	4.500	4.500
	破布	kg	5.07	3.000	5.000	5.500	6.000	7.000	9.500
	灰铅条	kg	24.48	22	22	30	30	30	30
	机械油 20# ～30#	kg	7.87	1.50	3.00	4.50	5.25	6.00	9.00
	铜丝布 20目	kg	218.02	0.01	0.02	0.03	0.04	0.04	0.05
	铁砂布 0# ～2#	张	1.15	10	15	15	18	18	21
	塑料布	kg	10.93	1.98	3.69	5.91	6.81	7.41	8.91
	青壳纸 δ0.1～1.0	kg	4.80	0.75	0.75	1.50	1.50	3.00	3.00
	包装布	kg	8.22	1.00	1.50	1.75	2.00	2.50	3.75
	零星材料费	元	—	12.18	14.26	18.31	36.95	38.48	46.81
机械	直流弧焊机 20kW	台班	75.06	0.2	0.3	0.4	0.5	0.5	1.0
	电动空气压缩机 $6m^3$	台班	217.48	0.5	0.5	0.5	0.5	1.0	1.0
	试压泵 60MPa	台班	24.94	1	1	1	1	1	1
	叉式起重机 5t	台班	494.40	0.2	0.2	—	—	—	—
	载货汽车 8t	台班	521.59	—	—	0.2	0.3	0.5	0.5
	汽车式起重机 16t	台班	971.12	—	—	0.3	0.5	0.7	—
	汽车式起重机 30t	台班	1141.87	—	—	—	—	—	0.5
	卷扬机 单筒慢速 50kN	台班	211.29	—	0.2	0.4	0.7	1.0	1.0

三、活塞式V形压缩机组

单位：台

编号				1-948	1-949	1-950	1-951	1-952	1-953
机组形式				活塞式V形压缩机组					
汽缸数量(个)				2			4		
缸径/机组质量(t)				70/0.5	100/0.8	125/1	70/0.8	100/1	125/1.5
预算基价	总价(元)			**1460.92**	**1762.14**	**2085.74**	**1656.91**	**1966.14**	**2430.99**
	人工费(元)			1139.40	1383.75	1630.80	1316.25	1559.25	1941.30
	材料费(元)			210.57	267.44	343.99	229.71	295.94	378.74
	机械费(元)			110.95	110.95	110.95	110.95	110.95	110.95
组成内容		**单位**	**单价**	**数量**					
人工	综合工	工日	135.00	8.44	10.25	12.08	9.75	11.55	14.38
材料	钩头成对斜垫铁 Q195～Q235 5#	kg	11.22	8.164	8.164	8.164	8.164	8.164	8.164
	平垫铁 Q195～Q235 2#	kg	7.42	3.872	3.872	3.872	3.872	3.872	3.872
	木板	m^3	1672.03	0.003	0.004	0.021	0.003	0.004	0.021
	硅酸盐水泥 42.5级	kg	0.41	26.1	72.5	104.4	26.1	72.5	104.4
	砂子	t	87.03	0.059	0.154	0.213	0.059	0.154	0.213
	碎石 0.5～3.2	t	82.73	0.059	0.174	0.252	0.059	0.174	0.252
	镀锌钢丝 $D2.8\sim4.0$	kg	6.91	1.2	1.2	1.2	1.2	1.2	1.2
	电焊条 E4303 $D4$	kg	7.58	0.21	0.21	0.21	0.21	0.21	0.21
	石棉橡胶板 低压 $\delta0.8\sim6.0$	kg	19.35	1.0	1.2	1.5	1.2	1.5	1.8
	橡胶盘根 低压	kg	24.54	0.1	0.2	0.3	0.2	0.5	0.7
	汽油 60#～70#	kg	6.67	2.040	3.060	4.080	2.550	3.570	5.100
	机油	kg	7.21	0.152	0.202	0.303	0.202	0.303	0.404
	黄干油	kg	15.77	0.455	0.505	0.606	0.455	0.636	0.758
	棉纱	kg	16.11	0.55	0.77	1.10	1.10	1.32	1.65
	零星材料费	元	—	2.08	2.65	3.41	2.27	2.93	3.75
机械	叉式起重机 5t	台班	494.40	0.2	0.2	0.2	0.2	0.2	0.2
	交流弧焊机 21kV•A	台班	60.37	0.2	0.2	0.2	0.2	0.2	0.2

四、活塞式W、S形压缩机组

单位：台

编号			1-954	1-955	1-956	1-957	1-958	1-959
机组形式			活塞式W形压缩机组			活塞式S形压缩机组		
汽缸数量(个)			6			8		
缸径/机组质量(t)			70/1.2	100/1.5	125/1.5	70/1.5	100/2	125/2.5
预算基价 总价(元)			**1972.28**	**2662.53**	**3014.13**	**2511.42**	**2939.69**	**3571.77**
人工费(元)			1547.10	2141.10	2446.20	2058.75	2371.95	2955.15
材料费(元)			314.23	410.48	450.94	341.72	450.75	493.59
机械费(元)			110.95	110.95	116.99	110.95	116.99	123.03
组成内容	**单位**	**单价**	**数量**					
人工 综合工	工日	135.00	11.46	15.86	18.12	15.25	17.57	21.89
材料 钩头成对斜垫铁 Q195～Q235 5#	kg	11.22	8.164	8.164	8.164	8.164	8.164	8.164
平垫铁 Q195～Q235 2#	kg	7.42	3.872	3.872	3.872	3.872	3.872	3.872
木板	m^3	1672.03	0.010	0.020	0.025	0.011	0.023	0.025
硅酸盐水泥 42.5级	kg	0.41	72.5	130.5	136.3	72.5	130.5	136.3
砂子	t	87.03	0.154	0.270	0.290	0.154	0.270	0.290
碎石 0.5～3.2	t	82.73	0.174	0.309	0.309	0.174	0.309	0.309
镀锌钢丝 D2.8～4.0	kg	6.91	1.2	1.2	1.2	1.2	1.2	1.2
电焊条 E4303 D4	kg	7.58	0.21	0.21	0.21	0.21	0.21	0.21
石棉橡胶板 低压 δ0.8～6.0	kg	19.35	1.6	1.8	2.1	1.8	2.8	3.0
橡胶盘根 低压	kg	24.54	0.5	1.0	1.2	0.6	1.0	1.5
汽油 60#～70#	kg	6.67	3.774	5.100	6.630	5.100	5.814	7.140
机油	kg	7.21	0.404	0.657	0.758	0.505	0.808	1.010
黄干油	kg	15.77	0.556	0.758	0.909	0.606	0.808	1.010
棉纱	kg	16.11	1.65	1.87	2.09	2.20	2.42	2.75
零星材料费	元	—	3.11	4.06	4.46	3.38	4.46	4.89
机械 叉式起重机 5t	台班	494.40	0.2	0.2	0.2	0.2	0.2	0.2
交流弧焊机 21kV·A	台班	60.37	0.2	0.2	0.3	0.2	0.3	0.4

五、活塞式V形制冷压缩机组

单位：台

编号			1-960	1-961	1-962	1-963	1-964	1-965	1-966	1-967
机组形式			活塞式V形制冷压缩机组							
汽缸数量(个)			2				4			
缸径/机组质量(t)			100/0.5	125/1.5	170/3.0	200/5.0	100/0.75	125/2.0	170/4.0	200/6.0
预算基价	总价(元)		**3292.19**	**4422.50**	**6215.93**	**10087.19**	**3908.30**	**5642.26**	**8105.42**	**12228.17**
	人工费(元)		2895.75	3858.30	5379.75	8542.80	3431.70	4985.55	6991.65	10482.75
	材料费(元)		285.49	453.25	676.93	1034.03	365.65	545.76	773.60	1116.82
	机械费(元)		110.95	110.95	159.25	510.36	110.95	110.95	340.17	628.60
组成内容	**单位**	**单价**	**数量**							
人工 综合工	工日	135.00	21.45	28.58	39.85	63.28	25.42	36.93	51.79	77.65
材料 钩头成对斜垫铁 Q195～Q235 5#	kg	11.22	8.164	12.246	12.246	—	8.164	12.246	12.246	—
钩头成对斜垫铁 Q195～Q235 6#	kg	11.22	—	—	—	29.832	—	—	—	29.832
平垫铁 Q195～Q235 2#	kg	7.42	3.872	5.808	5.808	—	3.872	5.808	5.808	—
平垫铁 Q195～Q235 3#	kg	7.42	—	—	—	16.016	—	—	—	16.016
木板	m^3	1672.03	0.008	0.013	0.036	0.044	0.010	0.018	0.039	0.050
硅酸盐水泥 42.5级	kg	0.41	47.85	65.25	171.10	181.25	60.90	71.05	184.15	192.85
砂子	t	87.03	0.097	0.136	0.368	0.386	0.136	0.154	0.386	0.406
碎石 0.5～3.2	t	82.73	0.116	0.154	0.386	0.425	0.136	0.174	0.425	0.445
紫铜皮 0.08～0.20	kg	86.14	0.02	0.02	0.03	0.04	0.02	0.03	0.03	0.04
镀锌钢丝 $D2.8$～4.0	kg	6.91	1.2	1.2	1.2	1.2	1.2	1.2	1.2	1.2
电焊条 E4303 $D4$	kg	7.58	0.21	0.21	0.42	0.63	0.21	0.21	0.42	0.63

续前 单位：台

编号				1-960	1-961	1-962	1-963	1-964	1-965	1-966	1-967
机组形式				活塞式V形制冷压缩机组							
汽缸数量(个)				2				4			
缸径/机组质量(t)				100/0.5	125/1.5	170/3.0	200/5.0	100/0.75	125/2.0	170/4.0	200/6.0
组成内容		**单位**	**单价**	**数量**							
材料	石棉橡胶板 低压 δ0.8～6.0	kg	19.35	0.90	3.60	4.92	5.50	1.80	4.30	5.88	6.00
	橡胶盘根 低压	kg	24.54	0.30	0.35	0.50	0.80	0.50	0.50	0.80	1.00
	汽油 60#～70#	kg	6.67	6.63	8.16	9.18	11.22	11.22	12.75	13.26	13.26
	冷冻机油	kg	10.48	1.2	2.2	7.0	8.0	1.5	3.6	8.0	10.0
	机油	kg	7.21	0.202	0.303	0.606	0.808	0.303	0.657	1.313	0.909
	黄干油	kg	15.77	0.505	0.505	0.727	0.808	0.606	0.859	1.030	0.808
	棉纱	kg	16.11	0.165	0.165	0.198	0.550	0.220	0.253	0.253	1.100
	白布	m	3.68	0.204	0.918	1.632	2.040	0.918	1.632	2.448	2.550
	破布	kg	5.07	0.840	2.100	2.310	2.625	1.470	2.310	2.730	3.150
	凡尔砂	盒	5.13	0.2	0.2	0.5	0.8	0.3	0.4	0.7	0.9
	零星材料费	元	—	2.83	4.49	6.70	10.24	3.62	5.40	7.66	11.06
机械	交流弧焊机 21kV·A	台班	60.37	0.2	0.2	0.3	0.5	0.2	0.2	0.4	0.5
	叉式起重机 5t	台班	494.40	0.2	0.2	0.2	—	0.2	0.2	0.3	—
	载货汽车 8t	台班	521.59	—	—	—	0.2	—	—	0.2	0.2
	汽车式起重机 16t	台班	971.12	—	—	—	0.3	—	—	—	0.4
	卷扬机 单筒慢速 50kN	台班	211.29	—	—	0.2	0.4	—	—	0.3	0.5

六、活塞式W形制冷压缩机组

单位：台

编号				1-968	1-969	1-970	1-971
机组形式				活塞式W形制冷压缩机组			
汽缸数量(个)				6			
缸径/机组质量(t)				100/1.0	125/2.5	170/5.0	200/8.0
预算基价	总价(元)			**4773.75**	**6481.71**	**9403.02**	**14544.47**
	人工费(元)			4243.05	5755.05	8132.40	12449.70
	材料费(元)			419.75	609.67	857.38	1468.87
	机械费(元)			110.95	116.99	413.24	625.90
组成内容		单位	单价	数量			
人工	综合工	工日	135.00	31.43	42.63	60.24	92.22
材料	钩头成对斜垫铁 Q195～Q235 5#	kg	11.22	8.164	12.246	12.246	—
	钩头成对斜垫铁 Q195～Q235 6#	kg	11.22	—	—	—	44.748
	平垫铁 Q195～Q235 2#	kg	7.42	3.872	5.808	5.808	—
	平垫铁 Q195～Q235 3#	kg	7.42	—	—	—	24.024
	木板	m^3	1672.03	0.013	0.020	0.045	0.063
	硅酸盐水泥 42.5级	kg	0.41	71.05	84.10	205.90	217.50
	砂子	t	87.03	0.154	0.174	0.425	0.463
	碎石 0.5～3.2	t	82.73	0.174	0.193	0.483	0.502
	紫铜皮 0.08～0.20	kg	86.14	0.02	0.03	0.03	0.06
	镀锌钢丝 $D2.8$～4.0	kg	6.91	1.2	1.2	1.2	2.0
	电焊条 E4303 $D4$	kg	7.58	0.21	0.42	0.42	0.63

续前

单位：台

编号				1-968	1-969	1-970	1-971
机组形式				活塞式W形制冷压缩机组			
汽缸数量(个)				6			
缸径/机组质量(t)				100/1.0	125/2.5	170/5.0	200/8.0
组成内容		单位	单价	数量			
材料	石棉橡胶板 低压 δ0.8～6.0	kg	19.35	2.20	5.10	6.90	6.50
	橡胶盘根 低压	kg	24.54	0.6	1.0	1.0	1.5
	冷冻机油	kg	10.48	2.0	4.2	9.0	12.0
	机油	kg	7.21	0.657	1.212	1.616	1.010
	黄干油	kg	15.77	0.707	0.859	1.222	0.808
	棉纱	kg	16.11	0.264	0.220	0.330	1.650
	白布	m	3.68	1.632	1.734	3.264	3.570
	破布	kg	5.07	1.890	2.520	2.730	3.675
	凡尔砂	盒	5.13	0.5	0.5	0.9	1.0
	汽油 60#～70#	kg	6.67	13.26	14.28	14.79	15.30
	零星材料费	元	—	4.16	6.04	8.49	14.54
机械	交流弧焊机 21kV·A	台班	60.37	0.2	0.3	0.5	0.5
	叉式起重机 5t	台班	494.40	0.2	0.2	—	—
	载货汽车 8t	台班	521.59	—	—	0.2	0.3
	汽车式起重机 16t	台班	971.12	—	—	0.2	0.3
	卷扬机 单筒慢速 50kN	台班	211.29	—	—	0.4	0.7

七、活塞式S形制冷压缩机组

单位：台

编　号				1-972	1-973	1-974	1-975
机组形式				活塞式S形制冷压缩机组			
汽缸数量(个)				8			
缸径/机组质量(t)				100/1.5	125/3.0	170/6.0	200/10.0
预算基价	总　价(元)			**5337.69**	**7810.34**	**10867.28**	**16700.29**
	人　工　费(元)			4735.80	6932.25	9143.55	14057.55
	材　料　费(元)			490.94	712.80	1140.09	1654.91
	机　械　费(元)			110.95	165.29	583.64	987.83
组成内容		**单位**	**单价**	**数　量**			
人工	综合工	工日	135.00	35.08	51.35	67.73	104.13
材料	钩头成对斜垫铁 Q195～Q235 5#	kg	11.22	8.164	12.246	—	—
	钩头成对斜垫铁 Q195～Q235 6#	kg	11.22	—	—	22.374	44.748
	平垫铁 Q195～Q235 2#	kg	7.42	3.872	5.808	—	—
	平垫铁 Q195～Q235 3#	kg	7.42	—	—	12.012	24.024
	木板	m^3	1672.03	0.013	0.021	0.048	0.088
	硅酸盐水泥 42.5级	kg	0.41	82.65	84.10	205.90	230.55
	砂子	t	87.03	0.174	0.174	0.425	0.483
	碎石 0.5～3.2	t	82.73	0.193	0.193	0.483	0.522
	紫铜皮 0.08～0.20	kg	86.14	0.03	0.03	0.03	0.08
	镀锌钢丝 *D*2.8～4.0	kg	6.91	1.2	1.2	1.6	2.0
	电焊条 E4303 *D*4	kg	7.58	0.21	0.42	0.42	0.63

续前

单位：台

编号				1-972	1-973	1-974	1-975
机组形式				活塞式S形制冷压缩机组			
汽缸数量(个)				8			
缸径/机组质量(t)				100/1.5	125/3.0	170/6.0	200/10.0
组成内容		单位	单价	数量			
材料	石棉橡胶板 低压 δ0.8～6.0	kg	19.35	2.80	6.00	7.92	7.50
	橡胶盘根 低压	kg	24.54	0.8	2.0	2.3	2.0
	冷冻机油	kg	10.48	2.5	5.0	10.0	15.0
	机油	kg	7.21	0.808	1.515	1.818	1.212
	黄干油	kg	15.77	0.960	1.222	1.263	0.909
	棉纱	kg	16.11	0.330	0.330	0.440	2.200
	白布	m	3.68	2.040	2.550	4.080	5.100
	破布	kg	5.07	1.890	2.520	3.150	4.200
	凡尔砂	盒	5.13	0.8	0.5	1.0	1.2
	汽油 60#～70#	kg	6.67	17.85	19.89	20.91	22.44
	零星材料费	元	—	4.86	7.06	11.29	16.39
机械	交流弧焊机 21kV·A	台班	60.37	0.2	0.4	0.5	0.5
	叉式起重机 5t	台班	494.40	0.2	0.2	—	—
	载货汽车 8t	台班	521.59	—	—	0.3	0.5
	汽车式起重机 16t	台班	971.12	—	—	0.3	0.5
	卷扬机 单筒慢速 50kN	台班	211.29	—	0.2	0.5	1.0

八、活塞式2M(2D)型电动机驱动及对称平衡压缩机解体安装

单位：台

编号				1-976	1-977	1-978	1-979	1-980
项目				机组质量(t以内)				
				5	8	15	20	30
预算基价	总价(元)			**16818.69**	**21003.75**	**33667.29**	**42485.93**	**52855.33**
	人工费(元)			14196.60	17745.75	29200.50	36459.45	43042.05
	材料费(元)			1920.59	2209.20	3127.38	3671.60	5705.50
	机械费(元)			701.50	1048.80	1339.41	2354.88	4107.78
组成内容		**单位**	**单价**	**数量**				
人工	综合工	工日	135.00	105.16	131.45	216.30	270.07	318.83
材料	普碳钢板 Q195～Q235 δ8～20	t	3843.31	0.1800	0.2066	0.3000	0.3708	0.6000
	木板	m^3	1672.03	0.040	0.050	0.090	0.100	0.160
	硅酸盐水泥 42.5级	kg	0.41	139	201	459	459	666
	砂子	t	87.03	0.315	0.429	0.965	0.965	1.390
	碎石 0.5～3.2	t	82.73	0.343	0.463	1.058	1.058	1.530
	镀锌钢丝网 10×10×0.9	m^2	12.55	2.0	2.0	2.0	2.5	3.0
	铜丝布 16目	m	117.37	0.05	0.08	0.15	0.20	0.30
	紫铜皮 0.08～0.20	kg	86.14	0.03	0.04	0.08	0.10	0.15
	道木	m^3	3660.04	0.125	0.125	0.125	0.125	0.206
	石棉橡胶板 低压 δ0.8～6.0	kg	19.35	4.0	6.0	7.5	10.0	15.0
	电焊条 E4303 D3.2	kg	7.59	3	4	5	5	10
	铜焊条 铜107 D3.2	kg	51.27	2.5	2.5	2.5	2.5	3.0
	煤油	kg	7.49	16.00	19.12	35.85	47.80	71.70

续前

单位：台

编号				1-976	1-977	1-978	1-979	1-980
项目				机组质量(t以内)				
				5	8	15	20	30
组成内容		单位	单价	数量				
材料	压缩机油	kg	10.35	3.2	3.2	6.0	8.0	12.0
	黄干油	kg	15.77	1.6	2.4	3.0	4.0	6.0
	氧气	m^3	2.88	4.590	4.590	7.038	7.038	10.710
	乙炔气	kg	14.66	1.530	1.530	2.346	2.346	3.570
	机械油 20#～30#	kg	7.87	3.2	3.2	6.0	8.0	12.0
	镀锌钢丝 $D2.8$～4.0	kg	6.91	1.25	2.00	2.00	2.50	3.00
	棉纱	kg	16.11	2.00	3.00	3.50	5.00	7.50
	破布	kg	5.07	4.0	6.0	7.5	10.0	15.0
	铁砂布 0#～2#	张	1.15	5	8	15	20	30
	青壳纸 $\delta0.1$～1.0	kg	4.80	1	1	2	2	2
	零星材料费	元	—	19.02	21.87	30.96	36.35	56.49
机械	直流弧焊机 20kW	台班	75.06	1.5	2.0	2.5	2.5	5.0
	载货汽车 8t	台班	521.59	0.2	0.3	0.5	0.5	0.5
	电动空气压缩机 $6m^3$	台班	217.48	0.5	0.5	0.5	1.0	1.5
	汽车式起重机 8t	台班	767.15	—	—	—	0.3	0.3
	汽车式起重机 16t	台班	971.12	0.3	0.5	—	—	—
	汽车式起重机 30t	台班	1141.87	—	—	0.5	1.0	—
	汽车式起重机 50t	台班	2492.74	—	—	—	—	1.0
	卷扬机 单筒慢速 50kN	台班	211.29	0.4	0.7	1.0	1.5	2.0

九、活塞式4M(4D)型电动机驱动及对称平衡压缩机解体安装

单位：台

编号			1-981	1-982	1-983	1-984	1-985	1-986
项目			机组质量(t以内)					
			20	25	30	35	40	45
预算基价	总价(元)		**63058.01**	**68459.62**	**76885.04**	**80488.64**	**82541.50**	**97629.33**
	人工费(元)		56752.65	59864.40	66822.30	69753.15	70708.95	83485.35
	材料费(元)		3925.54	4787.82	5885.33	6436.87	7017.37	8190.84
	机械费(元)		2379.82	3807.40	4177.41	4298.62	4815.18	5953.14
组成内容	**单位**	**单价**	**数量**					
人工 综合工	工日	135.00	420.39	443.44	494.98	516.69	523.77	618.41
材料 普碳钢板 Q195～Q235 δ8～20	t	3843.31	0.3708	0.4119	0.6004	0.6289	0.6550	0.6824
木板	m^3	1672.03	0.100	0.130	0.150	0.180	0.210	0.225
硅酸盐水泥 42.5级	kg	0.41	459	666	666	839	1216	1264
砂子	t	87.03	1.058	1.387	1.387	1.759	1.759	2.274
碎石 0.5～3.2	t	82.73	1.062	1.526	1.526	1.930	1.930	2.317
镀锌钢丝网 20×20×1.6	m^2	13.63	2.5	2.5	3.0	3.0	3.5	3.5
铜丝布 16目	m	117.37	0.20	0.25	0.30	0.35	0.40	0.45
紫铜皮 0.08～0.20	kg	86.14	0.20	0.25	0.30	0.35	0.40	0.45
道木	m^3	3660.04	0.138	0.206	0.206	0.206	0.206	0.375
石棉橡胶板 低压 δ0.8～6.0	kg	19.35	12.5	15.0	17.5	20.0	22.5	25.0
电焊条 E4303 D3.2	kg	7.59	5	5	10	10	15	15
铜焊条 铜107 D3.2	kg	51.27	2.5	2.5	3.0	3.0	3.5	5.0
煤油	kg	7.49	47.00	57.00	67.00	77.00	87.00	90.00
压缩机油	kg	10.35	10.0	12.5	12.5	15.0	15.0	18.0

续前 **单位：**台

编号				1-981	1-982	1-983	1-984	1-985	1-986
项目				机组质量(t以内)					
				20	25	30	35	40	45
组成内容		单位	单价	数量					
材料	黄干油	kg	15.77	4.0	5.0	6.0	7.0	8.0	8.0
	氧气	m^3	2.88	12.240	12.240	18.360	18.360	18.360	24.480
	乙炔气	kg	14.66	4.080	4.080	6.120	6.120	6.120	8.160
	机械油 20# ～30#	kg	7.87	10.0	12.5	12.5	15.0	15.0	18.0
	镀锌钢丝 D2.8～4.0	kg	6.91	10.00	12.50	15.00	17.50	20.00	20.50
	棉纱	kg	16.11	5.00	6.25	7.50	8.75	10.00	11.25
	破布	kg	5.07	10.0	12.5	15.0	17.5	20.0	25.5
	铁砂布 0# ～2#	张	1.15	23	23	33	33	33	33
	青壳纸 δ0.1～1.0	kg	4.80	4	4	4	5	5	6
	零星材料费	元	—	38.87	47.40	58.27	63.73	69.48	81.10
机械	直流弧焊机 20kW	台班	75.06	2.5	2.5	5.0	5.0	7.0	7.0
	载货汽车 8t	台班	521.59	0.5	0.5	0.5	0.5	1.0	1.0
	电动空气压缩机 $6m^3$	台班	217.48	1.0	1.0	1.0	1.5	1.5	2.0
	试压泵 60MPa	台班	24.94	1.0	1.0	1.0	1.5	1.5	—
	汽车式起重机 8t	台班	767.15	0.3	0.4	0.5	0.5	0.5	1.0
	汽车式起重机 30t	台班	1141.87	1.0	—	—	—	—	—
	汽车式起重机 50t	台班	2492.74	—	1.0	1.0	1.0	1.0	—
	汽车式起重机 75t	台班	3175.79	—	—	—	—	—	1.0
	卷扬机 单筒慢速 50kN	台班	211.29	1.5	1.5	2.0	2.0	2.5	2.5

单位：台

编号				1-987	1-988	1-989	1-990	1-991
项目				机组质量(t以内)				
				50	60	70	80	90
预算基价	总价(元)			**104564.53**	**117282.35**	**127661.04**	**150160.67**	**155836.87**
	人工费(元)			90090.90	100005.30	110127.60	128679.30	133559.55
	材料费(元)			8520.49	9296.81	9553.20	10589.55	11043.85
	机械费(元)			5953.14	7980.24	7980.24	10891.82	11233.47
组成内容		**单位**	**单价**	**数量**				
人工	综合工	工日	135.00	667.34	740.78	815.76	953.18	989.33
材料	普碳钢板 Q195～Q235 δ8～20	t	3843.31	0.7142	0.8110	0.8110	0.9690	1.0013
	木板	m^3	1672.03	0.225	0.240	0.240	0.260	0.260
	硅酸盐水泥 42.5级	kg	0.41	1264	1264	1264	1264	1264
	砂子	t	87.03	2.274	2.274	2.388	2.502	2.617
	碎石 0.5～3.2	t	82.73	2.317	2.317	2.445	2.560	2.674
	镀锌钢丝网 20×20×1.6	m^2	13.63	4.0	4.0	4.5	4.5	5.0
	紫铜皮 0.08～0.20	kg	86.14	0.50	0.60	0.70	0.80	0.90
	道木	m^3	3660.04	0.375	0.375	0.375	0.375	0.375
	石棉橡胶板 低压 δ0.8～6.0	kg	19.35	27.5	30.0	32.5	35.0	37.5
	电焊条 E4303 D3.2	kg	7.59	15	20	20	25	25
	铜焊条 铜107 D3.2	kg	51.27	5.0	5.0	5.0	5.0	5.0
	煤油	kg	7.49	100	110	120	130	140
	压缩机油	kg	10.35	18	22	22	26	30

续前

单位：台

编号				1-987	1-988	1-989	1-990	1-991
项目				机组质量(t以内)				
				50	60	70	80	90
组成内容		单位	单价	数量				
材料	黄干油	kg	15.77	8	9	9	10	10
	氧气	m^3	2.88	24.48	24.48	24.48	24.48	24.48
	乙炔气	kg	14.66	8.160	8.160	8.160	8.160	8.160
	机械油 20#～30#	kg	7.87	18	22	22	26	30
	镀锌钢丝 D2.8～4.0	kg	6.91	25.0	27.5	30.0	32.5	35.0
	铜丝布 16目	m	117.37	0.5	0.6	0.7	0.8	0.9
	棉纱	kg	16.11	12.50	15.00	17.50	20.00	22.50
	破布	kg	5.07	28.0	35.0	40.0	45.0	50.0
	铁砂布 0#～2#	张	1.15	33	36	36	43	43
	青壳纸 δ0.1～1.0	kg	4.80	6	7	7	8	8
	零星材料费	元	—	84.36	92.05	94.59	104.85	109.35
机械	直流弧焊机 20kW	台班	75.06	7.0	9.0	9.0	12.0	12.0
	载货汽车 8t	台班	521.59	1.0	1.0	1.0	1.0	1.0
	电动空气压缩机 6m^3	台班	217.48	2.0	2.5	2.5	3.0	3.5
	汽车式起重机 8t	台班	767.15	1.0	1.0	1.0	1.0	1.0
	汽车式起重机 75t	台班	3175.79	1.0	—	—	—	—
	汽车式起重机 100t	台班	4689.49	—	1.0	1.0	1.5	1.5
	卷扬机 单筒慢速 50kN	台班	211.29	2.5	2.5	2.5	3.0	3.5
	卷扬机 单筒慢速 80kN	台班	254.54	—	1.0	1.0	1.5	2.0

十、活塞式H形中间直联、同轴同步电动机驱动压缩机解体安装

单位：台

编号				1-992	1-993	1-994	1-995	1-996	1-997	1-998
项目				活塞式H形中间直联同步电动机驱动压缩机解体安装		活塞式H形中间同轴同步电动机驱动压缩机解体安装				
				机组质量(t以内)						
				20	35	40	55	80	120	160
预算基价	总价(元)			**45536.09**	**79632.90**	**88893.61**	**110198.88**	**152832.82**	**195477.97**	**224525.10**
	人工费(元)			39617.10	68569.20	76227.75	93984.30	131090.40	167455.35	191389.50
	材料费(元)			3149.89	5475.07	6927.11	8658.15	11507.32	14281.07	18899.18
	机械费(元)			2769.10	5588.63	5738.75	7556.43	10235.10	13741.55	14236.42
组成内容		单位	单价	数量						
人工	综合工	工日	135.00	293.46	507.92	564.65	696.18	971.04	1240.41	1417.70
材料	普碳钢板 Q195～Q235 δ8～20	t	3843.31	0.2260	0.4620	0.6550	0.7142	0.9690	1.0850	1.5500
	木板	m^3	1672.03	0.100	0.180	0.210	0.225	0.240	0.300	0.360
	硅酸盐水泥 42.5级	kg	0.41	459	839	1216	704	1024	1264	1264
	砂子	t	87.03	1.058	1.759	1.759	1.573	2.288	2.849	2.849
	碎石 0.5～3.2	t	82.73	1.062	1.930	1.930	1.716	2.521	3.139	3.139
	镀锌钢丝网 20×20×1.6	m^2	13.63	2.5	3.0	3.5	3.5	4.0	4.5	6.0
	紫铜皮 0.08～0.20	kg	86.14	0.20	0.36	0.40	0.55	0.60	1.20	1.60
	道木	m^3	3660.04	0.138	0.206	0.206	0.400	0.400	0.600	0.850
	石棉橡胶板 低压 δ0.8～6.0	kg	19.35	2.0	6.0	18.0	27.0	45.0	60.0	80.0
	电焊条 E4303 D3.2	kg	7.59	5	10	15	15	20	20	25
	铜焊条 铜107 D3.2	kg	51.27	2.0	2.0	2.5	4.0	5.0	5.0	6.0
	煤油	kg	7.49	45	72	83	110	170	220	260
	压缩机油	kg	10.35	10	15	15	22	26	30	30
	黄干油	kg	15.77	2	3	3	22	24	24	24
	氧气	m^3	2.88	8.16	8.16	12.24	12.24	26.52	30.60	53.04

续前 **单位**：台

编号			1-992	1-993	1-994	1-995	1-996	1-997	1-998
项目			活塞式H形中间直联同步电动机驱动压缩机解体安装			活塞式H形中间同轴同步电动机驱动压缩机解体安装			
			机组质量(t以内)						
			20	35	40	55	80	120	160
组成内容	**单位**	**单价**	**数量**						
材料 乙炔气	kg	14.66	2.723	2.723	4.080	4.080	9.180	10.200	14.280
机械油 $20^{\#}\sim30^{\#}$	kg	7.87	10	15	15	22	24	30	30
镀锌钢丝 $D2.8\sim4.0$	kg	6.91	3.0	5.0	6.0	7.0	12.0	16.0	24.0
铜丝布 16目	m	117.37	0.4	0.7	0.8	1.1	2.0	2.4	3.2
棉纱	kg	16.11	5.00	9.00	10.00	13.75	20.00	30.00	40.00
破布	kg	5.07	10.0	17.5	20.0	32.5	50.0	65.0	85.0
铁砂布 $0^{\#}\sim2^{\#}$	张	1.15	24	30	35	38	38	48	48
青壳纸 $\delta0.1\sim1.0$	kg	4.80	2	4	5	6	8	10	12
塑料布	kg	10.93	11.79	21.93	23.13	16.50	27.00	36.00	72.00
零星材料费	元	—	31.19	54.21	68.59	85.72	113.93	141.40	187.12
机械 直流弧焊机 20kW	台班	75.06	2.5	5.0	7.0	7.0	10.0	10.0	12.0
电动空气压缩机 $6m^3$	台班	217.48	1.0	1.5	1.5	2.5	3.0	4.0	5.0
载货汽车 8t	台班	521.59	1.0	1.0	1.0	1.0	1.0	1.5	1.5
汽车式起重机 8t	台班	767.15	0.5	1.0	1.0	1.0	1.0	1.5	1.5
汽车式起重机 30t	台班	1141.87	1.0	—	—	—	—	—	—
汽车式起重机 75t	台班	3175.79	—	1.0	1.0	—	—	—	—
汽车式起重机 100t	台班	4689.49	—	—	—	1.0	1.5	2.0	2.0
卷扬机 单筒慢速 50kN	台班	211.29	1.5	2.0	2.0	—	—	—	—
卷扬机 单筒慢速 80kN	台班	254.54	—	—	—	2.0	2.0	1.5	2.0
卷扬机 单筒慢速 100kN	台班	284.75	—	—	—	—	—	1.5	1.5

十一、回转式螺杆压缩机

单位： 台

编号				1-999	1-1000	1-1001	1-1002	1-1003	1-1004	1-1005	1-1006
项目				机组质量(t以内)							
				1	2	3	5	8	10	15	20
预算基价	总价(元)			**3580.76**	**3979.77**	**5437.14**	**7114.82**	**10787.09**	**14163.67**	**17755.27**	**25081.05**
	人工费(元)			3198.15	3568.05	4893.75	6107.40	9370.35	11830.05	15130.80	21697.20
	材料费(元)			271.66	294.73	378.10	497.06	596.61	1121.38	1521.08	1603.88
	机械费(元)			110.95	116.99	165.29	510.36	820.13	1212.24	1103.39	1779.97
组成内容		**单位**	**单价**	**数量**							
人工	综合工	工日	135.00	23.69	26.43	36.25	45.24	69.41	87.63	112.08	160.72
材料	钩头成对斜垫铁 Q195～Q235 $1^{\#}$	kg	11.22	6.288	6.288	7.860	9.432	9.432	—	—	—
	钩头成对斜垫铁 Q195～Q235 $2^{\#}$	kg	11.22	—	—	—	—	—	21.184	29.128	29.128
	平垫铁 Q195～Q235 $1^{\#}$	kg	7.42	4.064	4.064	5.080	6.096	6.096	6.096	12.192	12.192
	平垫铁 Q195～Q235 $2^{\#}$	kg	7.42	—	—	—	—	—	15.488	21.296	21.296
	斜垫铁 Q195～Q235 $1^{\#}$	kg	10.34	—	—	—	—	—	4.08	8.16	8.16
	木板	m^3	1672.03	0.008	0.008	0.008	0.013	0.019	0.021	0.039	0.038
	硅酸盐水泥 42.5级	kg	0.41	79.75	85.55	100.05	163.85	229.10	410.35	540.85	601.75
	砂子	t	87.03	0.174	0.174	0.213	0.347	0.483	0.869	1.140	1.274
	碎石 0.5～3.2	t	82.73	0.174	0.193	0.232	0.386	0.522	0.947	1.236	1.390
	镀锌钢丝 D2.8～4.0	kg	6.91	0.5	0.6	0.6	1.0	2.0	3.0	3.0	3.0
	电焊条 E4303 D4	kg	7.58	0.420	0.483	0.504	0.630	0.840	1.281	1.365	1.575
	气焊条 $D<2$	kg	7.96	0.30	0.30	0.30	0.30	0.45	0.60	1.00	1.20
	石棉橡胶板 低压 δ0.8～6.0	kg	19.35	0.5	0.5	0.6	0.6	0.8	1.2	—	1.5
	汽油 $60^{\#}$～$70^{\#}$	kg	6.67	0.510	0.612	1.530	2.040	2.040	2.040	2.550	3.060

续前

单位：台

编号			1-999	1-1000	1-1001	1-1002	1-1003	1-1004	1-1005	1-1006
项目			机组质量(t以内)							
			1	2	3	5	8	10	15	20
组成内容	单位	单价	数量							
材料 煤油	kg	7.49	3.150	4.725	6.300	8.925	10.500	12.600	14.700	16.800
机油	kg	7.21	0.404	0.505	1.010	1.010	1.212	1.515	1.515	1.515
锭子油	kg	7.59	0.8	0.8	0.8	1.5	1.5	1.5	1.8	2.0
黄干油	kg	15.77	0.202	0.303	0.404	0.505	0.808	0.808	0.909	1.010
氧气	m^3	2.88	1.02	1.02	1.02	1.02	1.53	2.04	2.55	3.06
乙炔气	kg	14.66	0.34	0.34	0.34	0.34	0.51	0.68	0.85	1.02
铜丝布 16目	m	117.37	0.01	0.01	0.02	0.02	0.03	0.03	0.03	0.03
棉纱	kg	16.11	1.10	1.10	1.65	1.65	1.65	2.20	2.42	2.75
白布	m	3.68	0.510	0.510	0.510	0.510	0.612	0.816	0.918	1.020
破布	kg	5.07	1.050	1.575	3.150	3.150	3.360	4.200	4.200	4.725
凡尔砂	盒	5.13	0.15	0.20	0.50	0.50	0.60	0.60	0.70	0.80
道木	m^3	3660.04	—	—	—	—	—	0.008	0.008	0.008
石棉橡胶板 高压 δ1～6	kg	23.57	—	—	—	—	—	—	1.4	—
零星材料费	元	—	2.69	2.92	3.74	4.92	5.91	11.10	15.06	15.88
机械 交流弧焊机 21kV•A	台班	60.37	0.2	0.3	0.4	0.5	0.5	1.0	1.0	1.0
叉式起重机 5t	台班	494.40	0.2	0.2	0.2	—	—	—	—	—
载货汽车 8t	台班	521.59	—	—	—	0.2	0.3	0.5	0.5	0.5
汽车式起重机 16t	台班	971.12	—	—	—	0.3	0.5	0.7	—	—
汽车式起重机 30t	台班	1141.87	—	—	—	—	—	—	0.5	1.0
卷扬机 单筒慢速 50kN	台班	211.29	—	—	0.2	0.4	0.7	1.0	1.0	1.5

十二、离心式压缩机(电动机驱动)整体安装

单位：台

编号				1-1007	1-1008	1-1009	1-1010	1-1011	1-1012	1-1013	1-1014
项目				机组质量(t以内)							
				5	10	20	30	40	50	70	100
预算基价	总价(元)			**9772.76**	**17932.43**	**33309.84**	**49909.09**	**66002.58**	**79571.18**	**106252.50**	**143590.92**
	人工费(元)			8375.40	15354.90	28651.05	42325.20	55140.75	67684.95	91008.90	124051.50
	材料费(元)			893.04	1501.12	2754.32	3963.83	6162.09	7186.49	8924.52	12364.68
	机械费(元)			504.32	1076.41	1904.47	3620.06	4699.74	4699.74	6319.08	7174.74
组成内容		**单位**	**单价**	**数量**							
人工	综合工	工日	135.00	62.04	113.74	212.23	313.52	408.45	501.37	674.14	918.90
材料	钩头成对斜垫铁 Q195～Q235 1#	kg	11.22	6.288	—	—	—	—	—	—	—
	钩头成对斜垫铁 Q195～Q235 2#	kg	11.22	—	10.592	15.888	21.184	—	15.888	21.184	26.480
	钩头成对斜垫铁 Q195～Q235 3#	kg	11.22	—	—	—	—	46.968	46.968	46.968	58.710
	平垫铁 Q195～Q235 1#	kg	7.42	13.208	—	—	—	—	—	—	—
	平垫铁 Q195～Q235 2#	kg	7.42	—	25.168	37.752	52.272	—	63.888	67.760	84.700
	平垫铁 Q195～Q235 3#	kg	7.42	—	—	—	—	156.156	84.084	84.084	105.105
	斜垫铁 Q195～Q235 1#	kg	10.34	6.120	—	—	—	—	—	—	—
	斜垫铁 Q195～Q235 2#	kg	10.34	—	10.848	16.272	21.696	—	32.544	32.544	40.680
	斜垫铁 Q195～Q235 3#	kg	10.34	—	—	—	—	49.824	16.608	16.608	20.760
	普碳钢重轨 38kg/m	t	4332.81	—	—	—	—	—	—	0.056	0.080
	钢板垫板	t	4954.18	—	—	—	—	—	—	—	0.1158
	普碳钢板 Q195～Q235 δ4.5～7.0	t	3843.28	0.00125	0.00250	0.00500	0.00750	0.01000	0.01250	0.01750	0.02500
	木板	m^3	1672.03	0.058	0.100	0.180	0.263	0.335	0.386	0.440	0.541
	硅酸盐水泥 42.5级	kg	0.41	197.20	201.55	459.65	665.55	839.55	935.25	935.25	1020.80
	砂子	t	87.03	0.425	0.425	0.965	1.390	1.757	1.969	1.969	2.124
	碎石 0.5～3.2	t	82.73	0.463	0.463	1.062	1.526	1.930	2.124	2.124	2.317
	紫铜皮 0.08～0.20	kg	86.14	0.03	0.05	0.10	0.15	0.20	0.25	0.35	0.50
	镀锌钢丝 D2.8～4.0	kg	6.91	3.0	4.0	6.0	9.0	12.0	15.0	17.5	25.0
	铜丝布 16目	m	117.37	0.05	0.10	0.20	0.30	0.40	0.50	0.70	1.00
	电焊条 E4303 D4	kg	7.58	0.210	0.630	0.630	0.945	1.260	1.260	1.260	1.575
	气焊条 $D<2$	kg	7.96	0.05	0.15	0.15	0.22	0.25	0.25	0.25	0.30
	塑料布	kg	10.93	0.75	1.50	3.00	4.50	6.00	7.50	10.50	15.00

续前　　　　　　　　　　　　　　　　　　　　　　　　　　　　　　　　**单位：**台

编　号				1-1007	1-1008	1-1009	1-1010	1-1011	1-1012	1-1013	1-1014
项　目				机组质量(t以内)							
				5	10	20	30	40	50	70	100
组成内容		**单位**	**单价**	**数　量**							
材料	耐油橡胶板	kg	17.69	1.25	2.00	4.00	7.50	10.00	12.50	17.50	25.00
	石棉橡胶板 中压 δ0.8～6.0	kg	20.02	2.5	5.0	10.0	15.0	20.0	25.0	35.0	50.0
	石棉编绳 D11～25	kg	17.84	3	5	7	9	11	13	15	17
	漆片	kg	42.65	0.25	0.50	1.00	1.50	—	2.25	3.00	4.00
	煤油	kg	7.49	10.50	18.90	31.50	47.25	63.00	78.75	110.25	157.50
	透平油	kg	11.66	1	2	4	6	8	10	13	20
	机油	kg	7.21	2.02	4.04	8.08	12.12	16.16	20.20	28.28	40.40
	黄干油	kg	15.77	0.202	0.404	0.808	1.010	1.212	1.414	2.424	2.828
	二硫化钼粉	kg	32.13	0.75	1.50	3.00	4.50	6.00	7.50	10.50	15.00
	氧气	m^3	2.88	0.51	1.02	1.53	2.04	2.04	3.06	4.08	5.10
	乙醇	kg	9.69	0.5	1.0	2.0	3.0	4.0	5.0	7.0	10.0
	乙炔气	kg	14.66	0.17	0.34	0.51	0.68	0.68	1.02	1.36	1.70
	棉纱	kg	16.11	1.1	2.2	4.4	6.6	8.8	11.0	15.4	22.0
	白布	m	3.68	2.04	4.08	8.16	12.24	16.32	20.40	28.56	40.80
	破布	kg	5.07	2.1	4.2	8.4	12.6	16.8	21.0	29.4	42.0
	丝绸	m	24.56	1.5	3.0	6.0	9.0	12.0	15.0	21.0	30.0
	青壳纸 δ0.1～1.0	kg	4.80	0.25	0.50	1.00	1.50	2.00	2.50	3.50	5.00
	凡尔砂	盒	5.13	0.75	1.50	3.00	4.50	6.00	7.50	10.50	15.00
	道木	m^3	3660.04	—	—	0.021	0.021	0.021	0.024	0.041	0.048
	零星材料费	元	—	8.84	14.86	27.27	39.25	61.01	71.15	88.36	122.42
机械	交流弧焊机 21kV·A	台班	60.37	0.4	0.5	1.0	1.0	1.5	1.5	1.5	1.5
	载货汽车 8t	台班	521.59	0.2	0.5	0.5	0.5	1.0	1.0	1.0	1.5
	汽车式起重机 8t	台班	767.15	—	—	0.3	0.5	0.5	0.5	0.5	1.0
	汽车式起重机 16t	台班	971.12	0.3	0.7	—	—	—	—	—	—
	汽车式起重机 30t	台班	1141.87	—	—	1.0	—	—	—	—	—
	汽车式起重机 50t	台班	2492.74	—	—	—	1.0	—	—	—	—
	汽车式起重机 75t	台班	3175.79	—	—	—	—	1.0	1.0	—	—
	汽车式起重机 100t	台班	4689.49	—	—	—	—	—	—	1.0	1.0
	卷扬机 单筒慢速 50kN	台班	211.29	0.4	0.5	1.0	2.0	2.5	2.5	3.0	4.0

十三、离心式压缩机拆装检查

单位：台

编　　号				1-1015	1-1016	1-1017	1-1018	1-1019	1-1020
项　　目				设备质量（t以内）					
				10	15	20	30	40	50
预算基价	总　　价（元）			**21650.41**	**28610.38**	**34912.47**	**45589.58**	**52561.40**	**56305.65**
	人　工　费（元）			20044.80	26384.40	32003.10	41673.15	47665.80	50614.20
	材　料　费（元）			971.74	1317.43	1662.76	2437.40	3310.92	4001.13
	机　械　费（元）			633.87	908.55	1246.61	1479.03	1584.68	1690.32
组 成 内 容		**单位**	**单价**	**数　　量**					
人工	综合工	工日	135.00	148.48	195.44	237.06	308.69	353.08	374.92
材料	钢板垫板	t	4954.18	0.11580	0.14840	0.18110	0.26070	0.36490	0.43210
	紫铜皮 0.08～0.20	kg	86.14	0.05	0.08	0.10	0.30	0.40	0.50
	煤油	kg	7.49	12	18	24	36	48	60
	汽油 60#～70#	kg	6.67	6	9	12	18	24	30
	黄干油	kg	15.77	2	3	4	5	6	7
	机油	kg	7.21	2.4	3.6	4.8	7.2	9.6	12.0
	汽轮机油	kg	10.84	2.4	3.6	4.8	7.2	9.6	12.0
	石棉橡胶板 中压 δ0.8～6.0	kg	20.02	5.0	7.5	10.0	15.0	20.0	25.0
	研磨膏	盒	14.39	1	1	1	2	2	2
	青壳纸 δ0.1～1.0	kg	4.80	1.0	1.5	2.0	3.0	4.0	5.0
	红丹粉	kg	12.42	1.5	1.6	1.7	2.0	2.3	2.6
	铁砂布 0#～2#	张	1.15	6	9	12	18	24	30
	破布	kg	5.07	3.0	4.5	6.0	9.0	12.0	15.0
	棉纱	kg	16.11	1.50	2.25	3.00	4.50	6.00	7.50
	白布	m	3.68	1.30	1.95	2.60	3.90	5.20	6.50
机械	卷扬机 单筒慢速 50kN	台班	211.29	3.0	4.3	5.9	7.0	7.5	8.0

单位：台

编号				1-1021	1-1022	1-1023	1-1024	1-1025
项目				设备质量(t以内)				
				65	80	100	120	165
预算基价	总价(元)			**61199.50**	**68573.89**	**75928.94**	**80067.68**	**93479.45**
	人工费(元)			54375.30	61029.45	67092.30	70039.35	81176.85
	材料费(元)			5028.23	5642.83	6829.38	7915.43	9978.41
	机械费(元)			1795.97	1901.61	2007.26	2112.90	2324.19
组成内容		单位	单价	数量				
人工	综合工	工日	135.00	402.78	452.07	496.98	518.81	601.31
材料	钢板垫板	t	4954.18	0.50888	0.54740	0.64610	0.72280	0.83590
	紫铜皮 0.08～0.20	kg	86.14	0.65	0.80	1.00	1.20	1.40
	煤油	kg	7.49	78	96	120	144	198
	汽油 60#～70#	kg	6.67	39	48	60	72	99
	黄干油	kg	15.77	8	9	10	11	12
	机油	kg	7.21	15.6	19.2	24.0	28.8	39.6
	汽轮机油	kg	10.84	15.6	19.2	24.0	28.8	39.6
	石棉橡胶板 中压 δ0.8～6.0	kg	20.02	37.5	40.0	50.0	60.0	82.5
	研磨膏	盒	14.39	3	3	3	4	4
	青壳纸 δ0.1～1.0	kg	4.80	7.5	8.0	10.0	12.0	16.5
	红丹粉	kg	12.42	3.0	3.5	4.0	4.5	5.0
	铁砂布 0#～2#	张	1.15	39	48	60	72	99
	破布	kg	5.07	19.5	24.0	30.0	36.0	49.5
	棉纱	kg	16.11	9.75	12.00	15.00	18.00	24.75
	白布	m	3.68	8.45	10.40	13.00	14.00	15.00
机械	卷扬机 单筒慢速 50kN	台班	211.29	8.5	9.0	9.5	10.0	11.0

十四、离心式压缩机(电动机驱动)无垫铁解体安装

单位：台

编号				1-1026	1-1027	1-1028	1-1029	1-1030	1-1031
项目				机组质量(t以内)					
				3	5	10	20	30	40
预算基价	总价(元)			**14720.28**	**18373.87**	**26565.98**	**40943.44**	**72906.87**	**91708.92**
	人工费(元)			13490.55	16784.55	23588.55	36459.45	66110.85	82856.25
	材料费(元)			746.61	816.61	1241.68	2512.94	3399.52	4104.15
	机械费(元)			483.12	772.71	1735.75	1971.05	3396.50	4748.52
组成内容		**单位**	**单价**	**数量**					
人工	综合工	工日	135.00	99.93	124.33	174.73	270.07	489.71	613.75
材料	普碳钢板 Q195～Q235 δ8～20	t	3843.31	0.045	0.045	0.055	0.075	0.085	0.115
	木板	m^3	1672.03	0.05	0.05	0.10	0.10	0.20	0.20
	无收缩水泥	kg	0.82	60	80	100	150	200	250
	砂子	t	87.03	0.214	0.286	0.429	0.715	0.858	1.001
	紫铜皮 0.08～0.20	kg	86.14	0.2	0.2	0.2	0.2	0.4	0.4
	塑料布	kg	10.93	3.00	5.00	7.50	11.70	15.00	18.00
	耐油石棉橡胶板 δ1	kg	31.78	2.5	2.5	5.0	10.0	15.0	20.0
	耐酸橡胶石棉板	kg	27.73	1.25	1.25	2.00	4.00	7.50	10.00
	电焊条 E4303 D3.2	kg	7.59	0.2	0.2	0.4	0.6	0.9	1.2
	煤油	kg	7.49	8	10	18	30	45	60
	机油	kg	7.21	2	2	4	8	12	16
	汽轮机油	kg	10.84	1.8	2.2	3.0	4.0	6.0	8.0

续前　　单位：台

编号			1-1026	1-1027	1-1028	1-1029	1-1030	1-1031
项目			机组质量(t以内)					
			3	5	10	20	30	40
组成内容	单位	单价	数量					
材料 黄干油	kg	15.77	1.0	1.2	1.6	2.4	4.0	5.2
氧气	m^3	2.88	9.18	9.18	9.18	9.18	12.24	12.24
乙炔气	kg	14.66	3.06	3.06	3.06	3.06	4.08	4.08
破布	kg	5.07	2	2	4	10	12	14
丝绸	m	24.56	1.5	1.5	3.0	6.0	9.0	12.0
铁砂布 0#～2#	张	1.15	6	8	12	23	33	33
青壳纸 δ0.1～1.0	kg	4.80	3.0	3.0	3.0	5.0	5.0	5.0
道木	m^3	3660.04	—	—	—	0.160	0.160	0.160
零星材料费	元	—	7.39	8.09	12.29	24.88	33.66	40.64
机械 直流弧焊机 20kW	台班	75.06	1.0	1.0	1.0	1.5	1.5	1.5
电动空气压缩机 $6m^3$	台班	217.48	1.0	1.0	1.0	1.5	1.5	1.5
载货汽车 8t	台班	521.59	—	0.2	0.5	0.5	1.0	1.0
叉式起重机 5t	台班	494.40	0.3	—	—	—	—	—
汽车式起重机 8t	台班	767.15	—	—	—	0.5	1.0	1.0
汽车式起重机 16t	台班	971.12	—	0.3	1.0	—	—	—
汽车式起重机 30t	台班	1141.87	—	—	—	0.5	—	—
汽车式起重机 50t	台班	2492.74	—	—	—	—	0.5	1.0
卷扬机 单筒慢速 50kN	台班	211.29	0.2	0.4	1.0	1.5	2.0	2.5

单位：台

编号				1-1032	1-1033	1-1034	1-1035	1-1036
项目				机组质量(t以内)				
				50	70	90	120	165
预算基价	总价(元)			**109214.66**	**134169.21**	**162270.38**	**189226.01**	**219697.80**
	人工费(元)			97924.95	119704.50	145173.60	167602.50	192780.00
	材料费(元)			5878.69	7185.67	8726.82	10541.20	13048.09
	机械费(元)			5411.02	7279.04	8369.96	11082.31	13869.71
组成内容		**单位**	**单价**	**数量**				
人工	综合工	工日	135.00	725.37	886.70	1075.36	1241.50	1428.00
材料	普碳钢板 Q195～Q235 δ8～20	t	3843.31	0.145	0.175	0.205	0.260	0.305
	木板	m^3	1672.03	0.30	0.40	0.50	0.65	0.80
	无收缩水泥	kg	0.82	300	350	400	450	600
	砂子	t	87.03	1.144	1.430	1.716	2.145	2.574
	紫铜皮 0.08～0.20	kg	86.14	0.4	0.6	0.8	0.8	0.8
	塑料布	kg	10.93	11.13	15.54	15.54	15.54	15.54
	耐油石棉橡胶板 δ1	kg	31.78	24.0	28.0	30.0	32.0	36.0
	耐酸橡胶石棉板	kg	27.73	22.00	25.00	27.00	29.00	30.00
	电焊条 E4303 D3.2	kg	7.59	8.0	10.0	14.0	18.0	24.0
	煤油	kg	7.49	100	140	180	220	280
	机油	kg	7.21	20	28	36	48	60
	汽轮机油	kg	10.84	7.0	8.0	9.0	10.0	12.0
	黄干油	kg	15.77	10.0	14.0	18.0	22.0	28.0

续前

单位：台

编号				1-1032	1-1033	1-1034	1-1035	1-1036
项目				机组质量(t以内)				
				50	70	90	120	165
组成内容		单位	单价	数量				
材料	氧气	m^3	2.88	12.24	18.36	24.48	36.72	48.96
	乙炔气	kg	14.66	4.08	6.12	8.16	12.24	16.32
	破布	kg	5.07	25	35	45	60	80
	丝绸	m	24.56	1.4	1.8	1.8	2.0	2.0
	铁砂布 0#～2#	张	1.15	50	70	90	100	120
	青壳纸 δ0.1～1.0	kg	4.80	2.8	3.0	3.2	3.5	4.0
	道木	m^3	3660.04	0.375	0.400	0.525	0.650	0.875
	零星材料费	元	—	58.20	71.15	86.40	104.37	129.19
机械	直流弧焊机 20kW	台班	75.06	4.0	5.0	7.0	9.0	12.0
	载货汽车 8t	台班	521.59	1.0	1.0	1.5	1.5	1.5
	电动空气压缩机 $6m^3$	台班	217.48	2.0	2.5	3.0	4.0	5.0
	汽车式起重机 8t	台班	767.15	1.0	1.0	1.5	1.5	1.5
	汽车式起重机 75t	台班	3175.79	1.0	—	—	—	—
	汽车式起重机 100t	台班	4689.49	—	1.0	1.0	1.5	2.0
	卷扬机 单筒慢速 50kN	台班	211.29	1.0	—	—	—	—
	卷扬机 单筒慢速 80kN	台班	254.54	—	1.5	—	—	—
	卷扬机 单筒慢速 100kN	台班	284.75	—	—	2.0	2.0	2.0

第十章　工业炉设备安装

说　明

一、本章适用范围:

1.电弧炼钢炉。

2.无芯工频感应电炉:熔铁、熔锌等熔炼电炉。

3.电阻炉、真空炉、高频及中频感应炉。

4.冲天炉:长腰三节炉、移动式直线曲线炉、胆热风冲天炉、燃重油冲天炉、一般冲天炉及冲天炉加料机构等。

5.加热炉及热处理炉:

(1)按类型分:室式、台车式、推杆式、反射式、链式、贯通式、环形式、传送式、箱式、槽式、开隙式、井式(整体组合)、坩埚式等。

(2)按燃料分:电、天然气、煤气、重油、煤粉、煤块等。

6.解体结构井式热处理炉:电阻炉、天燃气炉、煤气炉、重油炉、煤粉炉等。

二、本章基价子目包括下列工作内容:

1.无芯工频感应电炉的水冷管道、油压系统、油箱、油压操纵台等安装以及油压系统的配管、刷漆、内衬砌筑。

2.电阻炉、真空炉、高频及中频感应炉的水冷系统、润滑系统、传动装置、真空机组、安全防护装置等安装。

3.冲天炉本体和前炉安装。

4.冲天炉加料机构的轨道、加料车、卷扬装置等安装。

5.加热炉及热处理炉的炉门升降机构、轨道、炉箅、喷嘴、台车、液压装置、拉杆或推杆装置、传动装置、装料和卸料装置等安装。

6.炉体管道的试压、试漏。

三、本章基价子目不包括以下工作内容及项目:

1.烘炉,负荷试运转、联合试运转、生产准备试运转;无负荷试运转所用的水、电、气、油、燃料等。

2.除无芯工频感应炉包括内衬砌筑外,均不包括炉体内衬砌筑。其他炉体内衬砌筑执行本基价第三册《热力设备安装工程》DBD 29-303-2020 相应项目。

3.电阻炉电阻丝的安装。

4.风机系统的安装、试运转。

5.液压泵房站的安装。

6.阀门的研磨、试压。

7.台车的组立、装配。

8.冲天炉出渣轨道的安装。

9.解体结构井式热处理炉的平台安装。

10.烘炉。

11.热工仪表系统安装、调试。

四、冲天炉的加料机构按各类型综合考虑,已包括在冲天炉安装内,冲天炉出渣轨道安装参照本册基价第五章“起重机轨道安装”中地平面上安装轨道相应项目计算。

五、冲天炉的车挡制作、安装应另行计算。

六、无芯工频感应电炉安装是按每一炉组为两台炉子考虑的。如每一炉组为一台炉子时,则相应子目乘以系数0.60。

七、加热炉及热处理炉,如为整体结构(炉体已组装并有内衬砌体),计算设备质量时应包括内衬砌体的质量;如为解体结构(炉体是金属结构件,需现场组合安装,无内衬砌体),则基价不变,计算设备质量时不包括内衬砌体的质量。

工程量计算规则

工业炉安装依据型号、设备质量、熔化率按设计图示数量计算。

一、电弧炼钢炉

单位：台

编号				1-1037	1-1038	1-1039	1-1040	1-1041
项目				设备容量(t)				
				0.5	1.5	3.0	5.0	10.0
预算基价	总价(元)			**10092.21**	**15837.77**	**26022.73**	**43153.23**	**63906.52**
	人工费(元)			7954.20	12638.70	21516.30	35839.80	53680.05
	材料费(元)			1144.80	1674.62	2463.12	3224.49	4471.88
	机械费(元)			993.21	1524.45	2043.31	4088.94	5754.59
组成内容		单位	单价	数量				
人工	综合工	工日	135.00	58.92	93.62	159.38	265.48	397.63
材料	钩头成对斜垫铁 Q195～Q235 1#	kg	11.22	3.144	3.144	—	—	—
	钩头成对斜垫铁 Q195～Q235 2#	kg	11.22	—	—	5.296	—	—
	钩头成对斜垫铁 Q195～Q235 3#	kg	11.22	—	—	—	15.656	—
	钩头成对斜垫铁 Q195～Q235 4#	kg	11.22	—	—	—	—	30.800
	平垫铁 Q195～Q235 1#	kg	7.42	1.016	1.016	—	—	—
	平垫铁 Q195～Q235 2#	kg	7.42	5.808	5.808	13.552	11.616	17.424
	平垫铁 Q195～Q235 3#	kg	7.42	—	—	—	8.008	—
	平垫铁 Q195～Q235 4#	kg	7.42	—	—	—	—	31.648
	斜垫铁 Q195～Q235 2#	kg	10.34	3.616	3.616	7.232	7.232	10.848
	热轧角钢 60	t	3767.43	0.005	0.008	0.012	0.015	0.020
	普碳钢板 Q195～Q235 δ4.5～7.0	t	3843.28	0.015	0.020	0.020	0.020	0.015
	普碳钢板 Q195～Q235 δ8～20	t	3843.31	0.035	0.050	0.060	0.070	0.085
	木板	m^3	1672.03	0.03	0.05	0.07	0.09	0.11
	硅酸盐水泥 42.5级	kg	0.41	206.132	271.092	289.565	345.144	504.093
	砂子	t	87.03	0.599	0.662	0.716	0.795	1.267
	碎石 0.5～3.2	t	82.73	0.638	0.726	0.804	0.934	1.380
	水玻璃	kg	2.38	0.15	0.20	0.30	0.40	0.50

续前 单位：台

编号				1-1037	1-1038	1-1039	1-1040	1-1041
项目				设备容量(t)				
				0.5	1.5	3.0	5.0	10.0
组成内容		单位	单价	数量				
材料	镀锌钢丝 $D2.8\sim4.0$	kg	6.91	3	5	7	10	10
	电焊条 E4303 $D4$	kg	7.58	7.466	15.509	23.100	36.750	57.750
	气焊条 $D<2$	kg	7.96	0.3	0.5	1.2	2.0	2.5
	道木	m^3	3660.04	0.079	0.105	0.155	0.191	0.237
	四氟乙烯塑料薄膜	kg	63.71	0.2	0.3	0.4	0.4	0.5
	聚酯乙烯泡沫塑料	kg	10.96	0.2	0.3	0.5	0.6	0.7
	石棉板衬垫 1.6～2.0	kg	8.05	2	4	5	7	10
	石棉橡胶板 低压 $\delta0.8\sim6.0$	kg	19.35	3	5	8	10	12
	煤油	kg	7.49	3.15	5.25	13.65	21.00	26.25
	机油	kg	7.21	1.53	2.04	4.08	5.10	8.16
	黄干油	kg	15.77	0.5	0.8	1.5	2.0	3.0
	氧化铅	kg	10.06	0.12	0.16	0.25	0.32	0.40
	氧气	m^3	2.88	6.375	18.870	32.640	40.800	51.000
	乙炔气	kg	14.66	2.125	6.290	10.880	13.600	17.000
	棉纱	kg	16.11	0.5	1.0	3.0	4.0	5.0
	零星材料费	元	—	11.33	16.58	24.39	31.93	44.28
机械	交流弧焊机 21kV·A	台班	60.37	2.0	4.5	5.5	9.0	15.5
	叉式起重机 5t	台班	494.40	0.3	0.3	0.8	1.0	1.2
	载货汽车 8t	台班	521.59	—	—	—	0.4	0.5
	汽车式起重机 8t	台班	767.15	—	—	—	0.2	0.2
	汽车式起重机 12t	台班	864.36	0.3	0.3	0.3	0.3	—
	汽车式起重机 16t	台班	971.12	—	—	—	—	0.4
	卷扬机 单筒慢速 50kN	台班	211.29	2.2	4.0	5.0	11.5	16.2

二、无芯工频感应电炉

单位：台

编号				1-1042	1-1043	1-1044	1-1045	1-1046	1-1047
项目				设备容量(t)					
				0.75	1.5	3.0	5.0	10.0	20.0
预算基价	总价(元)			**14140.15**	**20324.45**	**32525.11**	**46110.55**	**77350.41**	**112793.03**
	人工费(元)			8613.00	13046.40	21924.00	30187.35	46261.80	69738.30
	材料费(元)			3807.60	5155.78	7652.33	11858.40	23071.56	32867.32
	机械费(元)			1719.55	2122.27	2948.78	4064.80	8017.05	10187.41
	组成内容	**单位**	**单价**	**数量**					
人工	综合工	工日	135.00	63.80	96.64	162.40	223.61	342.68	516.58
材料	钩头成对斜垫铁 Q195～Q235 1#	kg	11.22	6.288	—	—	—	—	—
	钩头成对斜垫铁 Q195～Q235 2#	kg	11.22	—	15.888	—	—	—	—
	钩头成对斜垫铁 Q195～Q235 3#	kg	11.22	—	—	23.484	—	—	—
	钩头成对斜垫铁 Q195～Q235 4#	kg	11.22	—	—	—	61.600	123.200	138.600
	平垫铁 Q195～Q235 1#	kg	7.42	8.128	9.144	6.096	6.096	6.096	6.858
	平垫铁 Q195～Q235 2#	kg	7.42	—	5.808	5.808	—	—	—
	平垫铁 Q195～Q235 3#	kg	7.42	—	—	12.012	18.018	24.024	30.030
	平垫铁 Q195～Q235 4#	kg	7.42	—	—	—	63.296	126.592	142.416
	斜垫铁 Q195～Q235 1#	kg	10.34	4.08	6.12	4.08	4.08	4.08	4.59
	斜垫铁 Q195～Q235 2#	kg	10.34	—	—	3.616	—	—	—
	斜垫铁 Q195～Q235 3#	kg	10.34	—	—	—	8.304	11.072	13.840
	普碳钢板 Q195～Q235 δ4.5～7.0	t	3843.28	0.006	0.010	0.014	0.006	0.012	0.022
	普碳钢板 Q195～Q235 δ8～20	t	3843.31	—	—	—	0.016	0.024	0.040
	木板	m^3	1672.03	0.010	0.015	0.025	0.030	0.040	0.063
	硅酸盐水泥 42.5级	kg	0.41	66.700	107.300	273.818	391.500	748.200	1094.750
	砂子	t	87.03	0.166	0.270	0.685	0.978	1.873	2.741
	碎石 0.5～3.2	t	82.73	0.182	0.290	0.754	1.083	2.066	3.032
	玻璃布 300×0.15	m	4.18	7.0	9.2	13.0	16.4	56.0	92.0

续前

单位：台

编号			1-1042	1-1043	1-1044	1-1045	1-1046	1-1047
项目			设备容量(t)					
			0.75	1.5	3.0	5.0	10.0	20.0
组成内容	单位	单价	数量					
材料 轻质黏土砖 QN-1.3a标型	t	660.18	0.148	0.198	0.258	0.316	0.328	0.510
轻质黏土砖 QN-1-32普型	t	660.18	0.290	0.386	0.540	0.674	0.748	1.250
黏土砖 NZ-40	t	660.18	0.054	0.070	0.100	0.474	1.344	2.100
黏土质火泥 NF-40细粒	kg	0.52	80	100	120	190	300	460
镀锌钢丝 $D2.8 \sim 4.0$	kg	6.91	3	3	6	7	8	10
电焊条 E4303 $D3.2$	kg	7.59	5.250	5.817	4.725	4.200	4.200	5.250
电焊条 E4303 $D4$	kg	7.58	2.909	7.350	17.934	26.901	34.818	46.725
气焊条 $D<2$	kg	7.96	1.0	1.0	1.5	1.5	2.0	3.0
道木	m^3	3660.04	0.052	0.055	0.080	0.141	0.187	0.454
石英粉	kg	0.42	810	1080	1800	2760	4280	5870
石英砂	kg	0.28	540	720	1200	1840	2752	3600
四氟乙烯塑料薄膜	kg	63.71	0.25	0.50	0.50	0.75	0.75	1.00
石棉板衬垫 1.6～2.0	kg	8.05	72	96	120	190	336	420
石棉橡胶板 低压 $\delta 0.8 \sim 6.0$	kg	19.35	1.0	1.0	1.5	1.5	2.5	4.0
石棉布	kg	27.24	14.0	18.4	26.0	32.8	56.0	72.0
调和漆	kg	14.11	1.8	2.0	2.2	2.5	3.0	4.0
防锈漆 C53-1	kg	13.20	2.00	2.40	2.64	3.00	3.60	5.00
松香水	kg	9.92	0.65	0.72	0.80	0.90	1.05	2.00
汽油 $60^{\#} \sim 70^{\#}$	kg	6.67	0.20	0.22	0.24	0.28	0.35	1.00
煤油	kg	7.49	2.10	5.25	6.30	10.50	10.50	14.70
机油	kg	7.21	0.51	1.02	1.53	2.04	2.04	4.08
黄干油	kg	15.77	0.5	0.5	1.0	1.5	1.5	2.0
硼酸	kg	11.68	27	36	58	90	134	202

续前

单位：台

编号				1-1042	1-1043	1-1044	1-1045	1-1046	1-1047
项目				设备容量(t)					
				0.75	1.5	3.0	5.0	10.0	20.0
组成内容		单位	单价	数量					
材料	水玻璃	kg	2.38	21	28	46	70	104	168
	氧气	m^3	2.88	3.57	4.08	8.16	9.18	16.32	20.40
	乙炔气	kg	14.66	1.19	1.36	2.72	3.06	5.44	6.80
	云母板 $\delta0.5$	kg	144.22	5.88	7.73	10.92	13.78	47.04	68.00
	棉纱	kg	16.11	0.5	0.5	1.0	1.5	1.5	2.0
	石棉水泥板 $\delta20$	m^2	40.38	—	—	2.0	3.4	—	—
	铜焊条 铜107 $D3.2$	kg	51.27	—	—	—	0.6	0.9	1.0
	铜焊粉 气剂301	kg	39.05	—	—	—	0.3	0.5	0.8
	石棉水泥板 $\delta25$	m^2	43.26	—	—	—	—	7.6	12.0
	木材 方木	m^3	2716.33	—	—	—	—	—	0.08
	钢丝绳 $D15.5$	m	5.56	—	—	—	—	—	1.92
	零星材料费	元	—	37.70	51.05	75.77	117.41	228.43	325.42
机械	切砖机 5.5kW	台班	32.04	0.4	0.4	0.4	0.5	0.6	0.7
	滚筒式混凝土搅拌机 250L	台班	225.89	1.5	2.0	2.5	3.0	4.0	6.0
	交流弧焊机 21kV·A	台班	60.37	3.5	5.5	9.5	13.0	17.5	23.0
	鼓风机 18m^3	台班	41.24	0.4	0.4	0.4	0.5	0.6	1.0
	磨砖机 4kW	台班	22.61	0.3	0.3	0.3	0.4	0.4	0.7
	载货汽车 8t	台班	521.59	1.0	1.0	1.5	1.5	2.5	3.0
	叉式起重机 5t	台班	494.40	0.2	0.2	0.2	0.5	2.0	2.3
	汽车式起重机 8t	台班	767.15	—	—	—	—	0.2	0.3
	汽车式起重机 12t	台班	864.36	0.3	0.3	0.3	0.3	—	—
	汽车式起重机 16t	台班	971.12	—	—	—	—	0.4	—
	汽车式起重机 20t	台班	1043.80	—	—	—	—	—	0.4
	卷扬机 单筒慢速 50kN	台班	211.29	1.2	2.0	3.0	6.0	15.0	19.0

三、电阻炉、真空炉、高频及中频感应炉

单位：台

编号				1-1048	1-1049	1-1050	1-1051	1-1052	1-1053	1-1054
项目				设备质量(t)						
				1.0	2.0	4.0	7.0	10.0	15.0	20.0
预算基价	总价(元)			**2806.70**	**3796.13**	**5141.84**	**9128.95**	**10627.70**	**13099.86**	**15592.82**
	人工费(元)			2084.40	2980.80	4135.05	6682.50	7908.30	9799.65	11720.70
	材料费(元)			418.57	511.60	592.43	917.84	1085.15	1342.50	1686.80
	机械费(元)			303.73	303.73	414.36	1528.61	1634.25	1957.71	2185.32
组成内容		**单位**	**单价**	**数量**						
人工	综合工	工日	135.00	15.44	22.08	30.63	49.50	58.58	72.59	86.82
材料	钩头成对斜垫铁 Q195～Q235 2#	kg	11.22	—	—	—	5.296	7.944	—	—
	钩头成对斜垫铁 Q195～Q235 3#	kg	11.22	—	—	—	—	—	11.742	15.656
	平垫铁 Q195～Q235 1#	kg	7.42	3.048	3.810	3.810	4.572	5.334	6.858	7.620
	平垫铁 Q195～Q235 2#	kg	7.42	—	—	—	1.936	2.904	—	—
	平垫铁 Q195～Q235 3#	kg	7.42	—	—	—	—	—	6.006	8.008
	斜垫铁 Q195～Q235 1#	kg	10.34	2.04	2.55	2.55	3.06	3.57	4.59	5.10
	普碳钢板 Q195～Q235 δ4.5～7.0	t	3843.28	0.0032	0.0036	0.0036	0.0042	0.0042	0.0056	0.0056
	木板	m^3	1672.03	0.005	0.006	0.007	0.009	0.009	0.011	0.011
	硅酸盐水泥 42.5级	kg	0.41	29.00	30.45	34.80	37.70	37.70	49.88	49.88
	砂子	t	87.03	0.073	0.077	0.087	0.093	0.093	0.126	0.126
	碎石 0.5～3.2	t	82.73	0.067	0.071	0.073	0.076	0.076	0.100	0.100
	真空泵油	kg	10.52	0.50	0.65	0.70	0.80	1.00	1.30	1.50
	镀锌钢丝 D2.8～4.0	kg	6.91	2.0	2.2	4.0	6.0	6.6	6.6	6.6
	电焊条 E4303 D4	kg	7.58	0.630	0.945	0.945	1.260	1.575	2.205	2.520
	气焊条 $D<2$	kg	7.96	0.7	1.0	1.2	1.6	1.8	2.0	2.4
	道木	m^3	3660.04	0.065	0.080	0.093	0.140	0.162	0.190	0.207

续前

单位：台

编号				1-1048	1-1049	1-1050	1-1051	1-1052	1-1053	1-1054
项目				设备质量(t)						
				1.0	2.0	4.0	7.0	10.0	15.0	20.0
组成内容		**单位**	**单价**	**数量**						
材料	四氟乙烯塑料薄膜	kg	63.71	0.02	0.03	0.03	0.05	0.10	0.10	0.10
	聚酯乙烯泡沫塑料	kg	10.96	0.20	0.20	0.25	0.30	0.30	0.35	0.35
	石棉橡胶板 低压 δ0.8～6.0	kg	19.35	0.60	0.80	0.95	1.80	2.20	3.00	4.00
	煤油	kg	7.49	2.100	2.625	3.150	3.885	4.725	5.250	5.775
	机油	kg	7.21	0.510	0.714	0.765	0.918	1.224	1.530	1.734
	黄干油	kg	15.77	0.21	0.22	0.30	0.50	0.60	0.60	0.66
	氧化铅	kg	10.06	0.16	0.16	0.20	0.24	0.24	0.28	0.28
	氧气	m^3	2.88	1.224	1.530	1.836	2.448	2.754	3.060	3.672
	丙酮	kg	9.89	0.20	0.20	0.20	0.30	0.35	0.35	0.40
	乙炔气	kg	14.66	0.408	0.510	0.612	0.816	0.918	1.020	1.224
	棉纱	kg	16.11	0.5	0.6	0.7	0.9	1.1	1.4	1.4
	钢丝绳 D15.5	m	5.56	—	—	—	—	—	1.25	—
	钢丝绳 D18.5	m	7.46	—	—	—	—	—	—	1.92
	木材 方木	m^3	2716.33	—	—	—	—	—	—	0.06
	零星材料费	元	—	4.14	5.07	5.87	9.09	10.74	13.29	16.70
机械	交流弧焊机 21kV•A	台班	60.37	0.4	0.4	0.4	0.5	0.5	0.8	1.0
	叉式起重机 5t	台班	494.40	0.1	0.1	0.2	0.2	0.2	0.3	0.3
	载货汽车 8t	台班	521.59	—	—	—	0.4	0.4	0.5	0.5
	汽车式起重机 8t	台班	767.15	0.3	0.3	—	—	—	—	—
	汽车式起重机 12t	台班	864.36	—	—	—	0.4	0.4	—	—
	汽车式起重机 16t	台班	971.12	—	—	0.3	—	—	—	—
	汽车式起重机 25t	台班	1098.98	—	—	—	—	—	0.5	0.6
	卷扬机 单筒慢速 50kN	台班	211.29	—	—	—	4.0	4.5	4.5	5.0

四、冲 天 炉

单位：台

编号			1-1055	1-1056	1-1057	1-1058	1-1059
项目			熔化率(t/h以内)				
			1.5	3.0	5.0	10.0	15.0
预算基价	总价(元)		**16636.85**	**20603.19**	**29533.23**	**40574.48**	**50356.38**
	人工费(元)		13617.45	16880.40	23909.85	30838.05	38580.30
	材料费(元)		1196.27	1625.01	2411.41	4394.16	5142.81
	机械费(元)		1823.13	2097.78	3211.97	5342.27	6633.27
组成内容	**单位**	**单价**	**数量**				
人工 综合工	工日	135.00	100.87	125.04	177.11	228.43	285.78
材料 平垫铁 Q195～Q235 2[#]	kg	7.42	5.808	5.808	11.616	17.424	17.424
斜垫铁 Q195～Q235 2[#]	kg	10.34	3.616	3.616	7.232	10.848	10.848
热轧角钢 60	t	3767.43	0.008	0.012	0.015	0.015	0.020
普碳钢板 Q195～Q235 δ4.5～7.0	t	3843.28	0.010	0.010	0.015	0.015	0.020
普碳钢板 Q195～Q235 δ8～20	t	3843.31	0.020	0.025	0.050	0.060	0.080
木板	m^3	1672.03	0.009	0.010	0.014	0.150	0.023
硅酸盐水泥 42.5级	kg	0.41	111.752	170.230	282.040	340.460	447.006
砂子	t	87.03	0.272	0.413	0.695	0.827	1.083
碎石 0.5～3.2	t	82.73	0.296	0.452	0.754	11.835	12.973
镀锌钢丝 D2.8～4.0	kg	6.91	10	10	12	12	12
电焊条 E4303 D4	kg	7.58	16.80	23.10	31.50	44.10	68.25
气焊条 D<2	kg	7.96	0.5	0.5	1.0	1.0	1.5
道木	m^3	3660.04	0.077	0.080	0.116	0.177	0.227
四氟乙烯塑料薄膜	kg	63.71	0.15	0.20	0.30	0.30	0.50
石棉板衬垫 1.6～2.0	kg	8.05	20	35	35	45	60

续前

单位：台

编号				1-1055	1-1056	1-1057	1-1058	1-1059
项目				熔化率(t/h以内)				
				1.5	3.0	5.0	10.0	15.0
组成内容		单位	单价	数量				
材料	石棉橡胶板 低压 δ0.8～6.0	kg	19.35	5	10	10	15	20
	煤油	kg	7.49	2.10	4.20	5.25	8.40	8.40
	机油	kg	7.21	0.51	1.02	1.02	2.04	2.04
	黄干油	kg	15.77	0.5	0.5	1.0	1.0	1.0
	氧化铅	kg	10.06	0.12	0.20	0.28	0.32	0.40
	氧气	m^3	2.88	8.16	12.24	20.40	30.60	35.70
	乙炔气	kg	14.66	2.72	4.08	6.80	10.20	11.90
	棉纱	kg	16.11	0.5	1.0	1.0	1.0	1.0
	木材 方木	m^3	2716.33	—	—	0.06	0.08	0.09
	钢丝绳 D15.5	m	5.56	—	—	1.25	1.92	—
	钢丝绳 D20	m	9.17	—	—	—	—	2.33
	零星材料费	元	—	11.84	16.09	23.88	43.51	50.92
机械	载货汽车 8t	台班	521.59	0.3	0.4	0.5	1.0	1.2
	交流弧焊机 21kV•A	台班	60.37	5.5	7.5	9.0	11.5	15.0
	汽车式起重机 8t	台班	767.15	0.3	—	0.5	1.0	1.0
	汽车式起重机 12t	台班	864.36	0.3	—	—	—	—
	汽车式起重机 16t	台班	971.12	—	0.5	—	—	—
	汽车式起重机 25t	台班	1098.98	—	—	0.4	—	—
	汽车式起重机 50t	台班	2492.74	—	—	—	0.5	—
	汽车式起重机 75t	台班	3175.79	—	—	—	—	0.5
	卷扬机 单筒慢速 50kN	台班	211.29	4.0	4.5	7.5	10.0	13.0

五、加热炉及热处理炉

单位：台

	编　号			1-1060	1-1061	1-1062	1-1063	1-1064	1-1065	1-1066	1-1067
	项　目			设备质量(t以内)							
				1.0	3.0	5.0	7.0	9.0	12.0	15.0	20.0
预算基价	总　价(元)			**3138.37**	**6364.29**	**9165.90**	**12394.33**	**14926.24**	**19069.42**	**23132.98**	**30334.17**
	人 工 费(元)			2234.25	4445.55	6671.70	9097.65	11203.65	14613.75	18121.05	24012.45
	材 料 费(元)			731.25	961.07	1178.44	1453.82	1638.26	1856.29	2140.89	3062.24
	机 械 费(元)			172.87	957.67	1315.76	1842.86	2084.33	2599.38	2871.04	3259.48
	组 成 内 容	**单位**	**单价**	**数　量**							
人工	综合工	工日	135.00	16.55	32.93	49.42	67.39	82.99	108.25	134.23	177.87
材料	平垫铁 Q195～Q235 2#	kg	7.42	14.520	18.876	20.328	21.780	23.232	24.684	26.136	29.040
	斜垫铁 Q195～Q235 2#	kg	10.34	9.040	11.752	12.656	13.560	14.464	15.368	16.272	18.080
	热轧角钢 60	t	3767.43	0.008	0.010	0.011	0.012	0.013	0.015	0.017	0.019
	普碳钢板 Q195～Q235 δ4.5～7.0	t	3843.28	0.00300	0.00420	0.00470	0.00510	0.00570	0.00625	0.00960	0.01110
	普碳钢板 Q195～Q235 δ8～20	t	3843.31	0.018	0.022	0.025	0.028	0.031	0.034	0.038	0.041
	木板	m^3	1672.03	0.007	0.011	0.015	0.021	0.027	0.034	0.040	0.048
	硅酸盐水泥 42.5级	kg	0.41	66.700	83.375	110.635	152.250	194.300	234.900	276.950	326.250
	砂子	t	87.03	0.193	0.213	0.277	0.386	0.483	0.599	0.695	0.831
	碎石 0.5～3.2	t	82.73	0.193	0.232	0.309	0.425	0.541	0.656	0.772	0.908
	镀锌钢丝 D2.8～4.0	kg	6.91	1.0	2.0	4.0	6.0	6.0	6.0	6.0	6.0
	电焊条 E4303 D4	kg	7.58	10.50	15.75	19.95	24.15	28.35	33.60	38.85	46.20
	道木	m^3	3660.04	0.046	0.055	0.072	0.100	0.106	0.117	0.140	0.192
	四氟乙烯塑料薄膜	kg	63.71	0.10	0.20	0.25	0.30	0.35	0.35	0.40	4.00

单位：台

编号			1-1060	1-1061	1-1062	1-1063	1-1064	1-1065	1-1066	1-1067
项目			设备质量(t以内)							
			1.0	3.0	5.0	7.0	9.0	12.0	15.0	20.0
组成内容	单位	单价	数量							
材料 石棉板衬垫 1.6~2.0	kg	8.05	2.0	2.4	2.9	3.4	3.9	4.4	4.9	5.4
石棉橡胶板 低压 δ0.8~6.0	kg	19.35	0.80	0.94	1.32	1.68	2.43	2.80	3.55	4.56
煤油	kg	7.49	1.050	2.100	2.415	2.940	3.465	4.200	4.935	6.825
机油	kg	7.21	0.510	0.612	0.816	1.020	1.224	1.428	1.632	2.040
黄干油	kg	15.77	0.2	0.2	0.4	0.6	0.6	0.6	0.6	0.6
氧化铅	kg	10.06	0.08	0.08	0.12	0.16	0.20	0.26	0.28	0.32
氧气	m^3	2.88	3.06	5.10	7.14	9.18	11.22	14.28	17.34	22.44
乙炔气	kg	14.66	1.02	1.70	2.38	3.06	3.74	4.76	5.78	7.48
棉纱	kg	16.11	0.5	0.5	0.6	0.7	0.8	1.0	1.2	1.5
气焊条 $D<2$	kg	7.96	—	0.6	0.7	0.8	0.9	1.0	1.1	1.3
木材 方木	m^3	2716.33	—	—	—	—	—	—	—	0.08
钢丝绳 $D15.5$	m	5.56	—	—	—	—	—	—	—	1.92
零星材料费	元	—	7.24	9.52	11.67	14.39	16.22	18.38	21.20	30.32
机械 交流弧焊机 21kV•A	台班	60.37	—	2.5	3.5	4.0	4.5	6.0	7.0	9.0
载货汽车 8t	台班	521.59	—	—	—	0.3	0.3	0.4	0.4	0.5
汽车式起重机 12t	台班	864.36	0.2	0.2	0.3	—	—	—	—	—
汽车式起重机 16t	台班	971.12	—	—	—	0.4	0.4	—	—	—
汽车式起重机 25t	台班	1098.98	—	—	—	—	—	0.5	0.5	0.6
卷扬机 单筒慢速 50kN	台班	211.29	—	3.0	4.0	5.0	6.0	7.0	8.0	8.5

单位：台

编号				1-1068	1-1069	1-1070	1-1071	1-1072	1-1073	1-1074	1-1075
项目				设备质量(t以内)							
				25.0	30.0	40.0	50.0	65.0	80.0	100.0	150.0
预算基价	总价(元)			**37933.61**	**44251.63**	**59017.65**	**68886.14**	**86375.24**	**103645.07**	**124872.73**	**163748.78**
	人工费(元)			29272.05	34728.75	47937.15	54973.35	69871.95	82621.35	98698.50	130293.90
	材料费(元)			3688.65	4090.32	4363.30	5337.00	6085.39	6757.76	7676.05	8893.79
	机械费(元)			4972.91	5432.56	6717.20	8575.79	10417.90	14265.96	18498.18	24561.09
组成内容		单位	单价	数量							
人工	综合工	工日	135.00	216.83	257.25	355.09	407.21	517.57	612.01	731.10	965.14
材料	热轧角钢 60	t	3767.43	0.022	0.025	0.028	0.031	0.035	0.039	0.044	0.055
	平垫铁 Q195～Q235 3#	kg	7.42	66.066	72.072	81.081	90.090	100.100	111.111	121.121	135.135
	普碳钢板 Q195～Q235 δ4.5～7.0	t	3843.28	0.01260	0.01500	0.01650	0.02100	0.02500	0.02900	0.03500	0.04500
	普碳钢板 Q195～Q235 δ8～20	t	3843.31	0.044	0.047	0.049	0.051	0.052	0.054	0.056	0.060
	木板	m^3	1672.03	0.057	0.067	0.080	0.093	0.106	0.119	0.132	0.169
	硅酸盐水泥 42.5级	kg	0.41	374.100	423.400	464.000	533.600	594.500	656.850	726.450	930.900
	砂子	t	87.03	0.965	1.062	1.197	1.351	1.410	1.642	1.853	2.259
	碎石 0.5～3.2	t	82.73	1.042	1.178	1.333	1.487	1.660	1.660	2.008	2.510
	木材 方木	m^3	2716.33	0.08	0.08	0.09	0.10	0.14	0.14	0.16	0.18
	斜垫铁 Q195～Q235 3#	kg	10.34	30.448	33.216	37.368	41.520	46.364	51.208	56.052	62.280
	钢丝绳 D18.5	m	7.46	2.08	2.08	—	—	—	—	—	—
	镀锌钢丝 D2.8～4.0	kg	6.91	6.0	6.0	6.0	7.5	7.5	7.5	7.5	7.5
	电焊条 E4303 D4	kg	7.58	53.55	60.90	70.35	79.80	90.30	100.80	111.30	132.30
	气焊条 $D<2$	kg	7.96	1.5	1.7	2.0	2.3	2.7	3.1	3.6	4.5
	道木	m^3	3660.04	0.249	0.274	0.234	0.370	0.420	0.473	0.568	0.633
	四氟乙烯塑料薄膜	kg	63.71	0.45	0.45	0.50	0.50	0.50	0.55	0.55	0.60
	石棉板衬垫 1.6～2.0	kg	8.05	5.9	6.4	6.9	7.4	7.9	8.3	8.7	9.5

续前　　单位：台

编号			1-1068	1-1069	1-1070	1-1071	1-1072	1-1073	1-1074	1-1075
项目			设备质量(t以内)							
			25.0	30.0	40.0	50.0	65.0	80.0	100.0	150.0
组成内容	单位	单价	数量							
材料 石棉橡胶板 低压 δ0.8～6.0	kg	19.35	5.52	6.48	7.44	9.10	9.36	10.32	10.80	12.24
煤油	kg	7.49	8.400	9.975	12.600	15.225	18.375	21.525	24.675	28.875
机油	kg	7.21	2.448	2.856	3.468	4.080	4.896	5.712	6.120	7.344
黄干油	kg	15.77	0.7	0.7	0.7	0.8	0.8	0.8	0.8	0.8
氧化铅	kg	10.06	0.36	0.40	0.44	0.48	0.52	0.56	0.60	0.72
氧气	m^3	2.88	27.54	32.64	39.78	46.92	56.10	65.28	75.48	95.88
乙炔气	kg	14.66	9.18	10.88	13.26	15.64	18.70	21.76	25.16	31.96
棉纱	kg	16.11	2.0	2.6	3.0	3.6	4.3	5.1	5.8	6.8
钢丝绳 *D*20	m	9.17	—	—	2.33	—	—	—	—	—
钢丝绳 *D*21.5	m	9.57	—	—	—	2.75	—	—	—	—
钢丝绳 *D*24.5	m	9.97	—	—	—	—	4.67	—	—	—
钢丝绳 *D*26	m	11.81	—	—	—	—	—	5.00	—	—
钢丝绳 *D*28	m	14.79	—	—	—	—	—	—	5.50	6.00
零星材料费	元	—	36.52	40.50	43.20	52.84	60.25	66.91	76.00	88.06
机械 载货汽车 8t	台班	521.59	0.3	0.4	0.6	0.8	1.0	1.2	1.4	1.5
交流弧焊机 21kV·A	台班	60.37	10.0	11.5	15.0	17.0	21.5	24.0	27.0	32.0
汽车式起重机 50t	台班	2492.74	0.8	0.8	—	—	—	—	—	—
汽车式起重机 75t	台班	3175.79	—	—	0.8	—	—	—	—	—
汽车式起重机 100t	台班	4689.49	—	—	—	0.8	1.0	—	—	—
汽车式起重机 120t	台班	7754.08	—	—	—	—	—	1.0	1.4	2.0
卷扬机 单筒慢速 50kN	台班	211.29	10.5	12.0	14.0	16.0	18.5	21.0	25.0	30.0

六、解体结构井式热处理炉

单位：台

编号				1-1076	1-1077	1-1078	1-1079	1-1080
项目				设备质量(t以内)				
				10.0	15.0	25.0	35.0	50.0
预算基价	总价(元)			**17575.25**	**25420.77**	**45177.04**	**56426.93**	**76369.80**
	人工费(元)			14423.40	20899.35	37469.25	46041.75	61477.65
	材料费(元)			1463.53	2373.94	3407.79	4074.29	5163.47
	机械费(元)			1688.32	2147.48	4300.00	6310.89	9728.68
组成内容		单位	单价	数量				
人工	综合工	工日	135.00	106.84	154.81	277.55	341.05	455.39
材料	平垫铁 Q195～Q235 2#	kg	7.42	5.808	11.616	11.616	17.424	17.424
	斜垫铁 Q195～Q235 2#	kg	10.34	3.616	7.232	7.232	10.848	10.848
	热轧角钢 60	t	3767.43	0.010	0.015	0.025	0.030	0.040
	普碳钢板 Q195～Q235 δ4.5～7.0	t	3843.28	0.015	0.020	0.020	0.025	0.025
	普碳钢板 Q195～Q235 δ8～20	t	3843.31	0.020	0.030	0.040	0.050	0.050
	木板	m^3	1672.03	0.008	0.012	0.012	0.012	0.014
	硅酸盐水泥 42.5级	kg	0.41	93.090	139.635	139.635	162.400	186.180
	砂子	t	87.03	0.270	0.406	0.406	0.473	0.541
	碎石 0.5～3.2	t	82.73	0.266	0.406	0.406	0.468	0.541
	镀锌钢丝 D2.8～4.0	kg	6.91	8	8	8	10	16
	电焊条 E4303 D4	kg	7.58	17.85	25.20	39.90	52.50	63.00
	气焊条 D<2	kg	7.96	0.5	1.0	3.0	5.0	7.0
	道木	m^3	3660.04	0.112	0.161	0.249	0.264	0.382
	四氟乙烯塑料薄膜	kg	63.71	0.50	0.75	1.00	1.50	2.00
	石棉板衬垫 1.6～2.0	kg	8.05	20	35	35	50	60
	石棉橡胶板 低压 δ0.8～6.0	kg	19.35	5	8	10	15	20

续前

单位：台

编号				1-1076	1-1077	1-1078	1-1079	1-1080
项目				设备质量(t以内)				
				10.0	15.0	25.0	35.0	50.0
组成内容		单位	单价	数量				
材料	煤油	kg	7.49	5.25	8.40	10.50	13.65	15.75
	机油	kg	7.21	1.53	2.04	2.55	3.06	3.57
	黄干油	kg	15.77	1.0	1.5	1.5	2.0	3.0
	氧化铅	kg	10.06	0.40	0.48	0.52	0.56	0.60
	氧气	m^3	2.88	14.28	20.40	51.00	67.32	83.64
	乙炔气	kg	14.66	4.76	6.80	17.00	22.44	27.88
	棉纱	kg	16.11	1.5	2.0	2.5	2.5	3.5
	木材 方木	m^3	2716.33	—	0.06	0.08	0.08	0.10
	钢丝绳 *D*15.5	m	5.56	—	1.25	—	—	—
	钢丝绳 *D*18.5	m	7.46	—	—	17.50	—	—
	钢丝绳 *D*20	m	9.17	—	—	—	2.33	—
	钢丝绳 *D*21.5	m	9.57	—	—	—	—	2.75
	零星材料费	元	—	14.49	23.50	33.74	40.34	51.12
机械	交流弧焊机 21kV•A	台班	60.37	6.0	8.0	12.5	14.5	19.0
	载货汽车 8t	台班	521.59	0.5	0.5	0.8	0.8	1.0
	汽车式起重机 8t	台班	767.15	0.1	0.1	0.2	0.2	0.4
	汽车式起重机 16t	台班	971.12	0.3	—	—	—	—
	汽车式起重机 25t	台班	1098.98	—	0.4	—	—	—
	汽车式起重机 50t	台班	2492.74	—	—	0.6	—	—
	汽车式起重机 75t	台班	3175.79	—	—	—	0.8	—
	汽车式起重机 100t	台班	4689.49	—	—	—	—	1.0
	卷扬机 单筒慢速 50kN	台班	211.29	3.3	4.2	7.0	11.0	14.5

第十一章　煤气发生设备安装

说　明

一、本章适用范围：以煤或焦炭作燃料的冷、热煤气发生炉及其各种附属设备、容器、构件的安装，气密试验，分节容器外壳组对焊接。

二、本章基价子目包括下列工作内容：

1.煤气发生炉本体及其底部风箱、落灰箱安装，灰盘、炉箅及传动机构安装，水套、炉壳及支柱、框架、支耳安装，炉盖加料筒及传动装置安装，上部加煤机安装，本体其他附件及本体管道安装。

2.无支柱悬吊式（如W-G型）煤气发生炉的料仓、料管安装。

3.炉膛内径1m及1.5m的煤气发生炉包括随设备带有的给煤提升装置及轨道平台安装。

4.电气滤清器安装，包括沉电极、电晕极的检查、下料、安装，顶部绝缘子箱外壳安装。

5.竖管及人孔清理、安装，顶部装喷嘴和本体管道安装。

6.洗涤塔外壳组装及内部零件、附件以及必须在现场装配的部件安装。

7.除尘器安装，包括下部水封安装。

8.盘阀、钟罩阀安装，包括操纵装置安装及穿钢丝绳。

9.水压试验、密封试验及非密闭容器的灌水试验。

三、本章基价子目不包括以下工作内容及项目：

1.负荷试运转、联合试运转、生产准备试运转，无负荷试运转所用的水、电、气、油、燃料等。

2.煤气发生炉炉顶平台安装。

3.煤气发生炉支柱、支耳、框架因接触不良而需要的加热和修整工作。

4.洗涤塔木格层制作及散片组成整块、刷防腐漆。

5.附属设备内部及底部砌筑、填充砂浆及填瓷环。

6.洗涤塔、电气滤清器等的平台、梯子、栏杆安装。

7.安全阀防爆薄膜试验。

8.煤气排送机、鼓风机、泵安装。

四、除洗涤塔外，其他各种附属设备外壳均按整体安装考虑。如为解体安装需要在现场焊接时，除执行相应整体安装基价外，尚需执行煤气发生设备分节容器外壳组焊的相应基价子目，且该基价是按外圈焊接考虑。如外圈和内圈均需焊接时，则按相应基价乘以系数1.95。

五、煤气发生设备分节容器外壳组焊时，如所焊接设备外径大于3m，则以3m外径及组成节数(3/2、3/3)的子目为基础，按下表乘以调整系数计算。

调整系数表

设 备 外 径 (m以内)	4/2	4/3	5/2	5/3	6/2	6/3
调整系数	1.34	1.34	1.67	1.67	2.00	2.00

六、如实际安装的煤气发生炉，其炉膛内径与子目内径相似，其质量超过10%时，先按照公式求其质量差系数，然后按下表乘以相应系数调整安装费。

$$\text{设备质量差系数} = \frac{\text{设备实际质量}}{\text{子目设备质量}}$$

安装费调整系数表

设 备 质 量 差 系 数	1.10	1.20	1.40	1.60	1.80
安装费调整系数	1.00	1.10	1.20	1.30	1.40

工程量计算规则

工业炉安装依据型号、设备质量、规格、高度、直径按设计图示数量计算。

一、煤气发生炉

单位：台

编号				1-1081	1-1082	1-1083	1-1084	1-1085	1-1086
炉膛内径(m)				1	1.5	2	3		3.6
设备质量(t)				5	6	30	28 (无支柱)	38 (有支柱)	47
预算基价	总价(元)			**18625.64**	**21748.89**	**48263.38**	**46588.87**	**58823.86**	**72446.20**
	人工费(元)			14589.45	16918.20	35413.20	34611.30	42391.35	49581.45
	材料费(元)			1976.88	2424.06	6146.54	5197.21	7536.18	10666.18
	机械费(元)			2059.31	2406.63	6703.64	6780.36	8896.33	12198.57
组成内容		单位	单价	数量					
人工	综合工	工日	135.00	108.07	125.32	262.32	256.38	314.01	367.27
材料	钩头成对斜垫铁 Q195～Q235 1#	kg	11.22	9.432	9.432	12.576	12.576	12.576	12.576
	钩头成对斜垫铁 Q195～Q235 2#	kg	11.22	15.888	21.184	—	—	—	—
	钩头成对斜垫铁 Q195～Q235 4#	kg	11.22	—	—	61.600	—	61.600	123.200
	平垫铁 Q195～Q235 1#	kg	7.42	6.096	6.096	8.128	8.128	9.144	9.144
	平垫铁 Q195～Q235 2#	kg	7.42	11.616	15.488	—	—	—	—
	平垫铁 Q195～Q235 4#	kg	7.42	—	—	126.592	—	142.416	292.744
	热轧角钢 60	t	3767.43	0.020	0.020	0.025	0.090	0.096	0.110
	普碳钢板 Q195～Q235 δ1.6～1.9	t	3997.33	0.008	0.010	0.016	0.018	0.020	0.028
	普碳钢板 Q195～Q235 δ8～20	t	3843.31	0.018	0.020	0.060	0.088	0.090	0.100
	木板	m^3	1672.03	0.02	0.02	0.09	0.09	0.11	0.12
	硅酸盐水泥 42.5级	kg	0.41	145.0	145.0	362.5	182.7	362.5	493.0
	砂子	t	87.03	0.290	0.290	0.888	0.445	0.888	1.197
	碎石 0.5～3.2	t	82.73	0.329	0.329	0.985	0.483	0.985	1.313
	水玻璃	kg	2.38	2	2	4	5	5	6
	镀锌钢丝 D2.8～4.0	kg	6.91	2	2	4	4	4	6
	电焊条 E4303 D4	kg	7.58	5.25	7.35	40.11	46.20	58.80	75.60
	气焊条 D<2	kg	7.96	1	1	2	2	2	3
	道木	m^3	3660.04	0.141	0.187	0.374	0.437	0.472	0.620
	橡胶板 δ4～10	kg	10.66	2	2	4	5	5	6
	羊毛毡 δ12～15	m^2	70.61	0.04	0.05	0.10	0.10	0.10	0.12
	石棉橡胶板 低压 δ0.8～6.0	kg	19.35	4	6	9	11	11	12

编号				1-1081	1-1082	1-1083	1-1084	1-1085	1-1086
炉膛内径(m)				1	1.5	2	3		3.6
设备质量(t)				5	6	30	28（无支柱）	38（有支柱）	47
组成内容		单位	单价	数量					
材料	石棉布	kg	27.24	8	10	18	22	22	26
	石棉编绳 *D*6～10	kg	19.22	1.0	1.5	2.0	2.0	2.0	2.2
	石棉编绳 *D*11～25	kg	17.84	1.5	2.0	5.0	6.0	6.0	8.0
	铅油	kg	11.17	2	3	4	5	5	6
	黑铅粉	kg	0.44	2	2	4	5	5	6
	煤油	kg	7.49	10.5	10.5	18.9	18.9	21.0	29.4
	机油	kg	7.21	3.06	4.08	6.12	6.12	7.14	8.16
	黄干油	kg	15.77	3	4	8	8	10	10
	氧气	m^3	2.88	8.16	9.18	22.95	24.48	27.54	32.13
	甘油	kg	14.22	1	1	2	2	2	3
	乙炔气	kg	14.66	2.72	3.06	7.65	8.16	9.18	10.71
	棉纱	kg	16.11	0.5	0.5	1.0	1.0	1.0	1.5
	破布	kg	5.07	3	3	5	6	6	6
	木材 方木	m^3	2716.33	—	—	0.08	0.08	0.09	0.10
	钢丝绳 *D*18.5	m	7.46	—	—	2.10	2.10	—	—
	钢丝绳 *D*20	m	9.17	—	—	—	—	2.33	—
	钢丝绳 *D*21.5	m	9.57	—	—	—	—	—	2.75
	零星材料费	元	—	19.57	24.00	60.86	51.46	74.62	105.61
机械	交流弧焊机 21kV·A	台班	60.37	2.5	3.5	6.0	6.0	8.5	10.0
	载货汽车 8t	台班	521.59	0.3	0.4	0.6	0.6	1.0	1.5
	电动空气压缩机 $6m^3$	台班	217.48	1.3	1.3	2.3	2.3	3.0	3.0
	汽车式起重机 8t	台班	767.15	0.2	0.2	0.2	0.3	0.3	0.4
	汽车式起重机 12t	台班	864.36	0.3	—	—	—	—	—
	汽车式起重机 16t	台班	971.12	—	0.4	—	—	—	—
	汽车式起重机 50t	台班	2492.74	—	—	0.8	0.8	—	—
	汽车式起重机 75t	台班	3175.79	—	—	—	—	1.0	—
	汽车式起重机 100t	台班	4689.49	—	—	—	—	—	1.2
	卷扬机 单筒慢速 50kN	台班	211.29	5.0	5.5	16.0	16.0	18.0	20.0

二、洗 涤 塔

单位：台

编号			1-1087	1-1088	1-1089	1-1090	1-1091	1-1092	1-1093
项目			设备规格(直径/高度)						
			1220/9000	1620/9200	2520/12700	3520/14600	2650/18800	3520/24050	4020/24460
预算基价	总价(元)		**6304.79**	**7603.82**	**17820.31**	**25420.15**	**29775.48**	**45663.40**	**52759.00**
	人工费(元)		3700.35	4513.05	12276.90	15785.55	19024.20	27831.60	31117.50
	材料费(元)		1192.92	1455.70	2613.61	5993.90	5777.87	9384.75	11471.76
	机械费(元)		1411.52	1635.07	2929.80	3640.70	4973.41	8447.05	10169.74
组成内容	**单位**	**单价**	**数量**						
人工 综合工	工日	135.00	27.41	33.43	90.94	116.93	140.92	206.16	230.50
材料 钩头成对斜垫铁 Q195～Q235 1#	kg	11.22	4.716	6.288	—	—	—	—	—
钩头成对斜垫铁 Q195～Q235 2#	kg	11.22	—	—	15.888	—	—	—	—
钩头成对斜垫铁 Q195～Q235 3#	kg	11.22	—	—	—	35.226	46.968	—	—
钩头成对斜垫铁 Q195～Q235 4#	kg	11.22	—	—	—	—	—	69.300	77.000
平垫铁 Q195～Q235 1#	kg	7.42	4.572	6.096	—	—	—	—	—
平垫铁 Q195～Q235 2#	kg	7.42	—	—	17.424	—	—	—	—
平垫铁 Q195～Q235 3#	kg	7.42	—	—	—	54.054	52.052	—	—
平垫铁 Q195～Q235 4#	kg	7.42	—	—	—	—	—	213.624	237.360
普碳钢板 Q195～Q235 δ1.6～1.9	t	3997.33	0.004	0.004	0.006	0.012	0.020	0.020	0.024
普碳钢板 Q195～Q235 δ8～20	t	3843.31	0.018	0.020	0.042	0.075	0.080	0.090	0.128
木板	m^3	1672.03	0.01	0.01	0.02	0.02	0.02	0.02	0.02
硅酸盐水泥 42.5级	kg	0.41	104.40	137.75	362.50	522.00	413.25	597.40	623.50
砂子	t	87.03	0.270	0.347	0.908	1.313	1.042	1.506	1.564
碎石 0.5～3.2	t	82.73	0.290	0.368	0.985	1.449	1.120	1.642	1.699
镀锌钢丝 D2.8～4.0	kg	6.91	3.0	3.0	3.0	3.0	3.0	3.5	3.5
丝堵 D38以内	个	2.41	2	2	4	5	5	16	16
电焊条 E4303 D4	kg	7.58	4.20	5.25	29.40	50.40	71.40	89.25	105.00
道木	m^3	3660.04	0.166	0.212	0.274	0.904	0.754	1.182	1.524
石棉橡胶板 低压 δ0.8～6.0	kg	19.35	1.5	1.8	2.0	3.0	3.5	5.0	6.0

续前

单位：台

编号			1-1087	1-1088	1-1089	1-1090	1-1091	1-1092	1-1093
项目			设备规格(直径/高度)						
			1220/9000	1620/9200	2520/12700	3520/14600	2650/18800	3520/24050	4020/24460
组成内容	**单位**	**单价**	**数量**						
材料 石棉编绳 $D11\sim25$	kg	17.84	3.0	3.5	4.0	5.2	6.0	6.0	6.5
铅油	kg	11.17	2.0	2.5	3.0	4.0	4.5	5.0	6.0
黑铅粉	kg	0.44	1.0	1.2	1.4	2.1	2.2	3.0	3.5
煤油	kg	7.49	3.150	3.150	3.675	5.250	5.775	7.350	8.400
机油	kg	7.21	2.55	2.55	3.57	4.59	5.10	7.14	8.16
黄干油	kg	15.77	2.2	2.2	3.0	3.8	4.0	6.5	7.5
氧气	m^3	2.88	6.120	6.120	9.180	11.016	11.016	13.770	18.360
乙炔气	kg	14.66	2.040	2.040	3.060	3.672	3.672	4.590	6.120
破布	kg	5.07	1.5	1.5	2.0	2.5	2.5	3.5	4.0
木材 方木	m^3	2716.33	—	—	0.06	0.06	0.08	0.10	0.14
钢丝绳 $D15.5$	m	5.56	—	—	1.25	1.25	—	—	—
钢丝绳 $D18.5$	m	7.46	—	—	—	—	2.08	—	—
钢丝绳 $D21.5$	m	9.57	—	—	—	—	—	2.75	—
钢丝绳 $D26$	m	11.81	—	—	—	—	—	—	5.00
零星材料费	元	—	11.81	14.41	25.88	59.35	57.21	92.92	113.58
机械 交流弧焊机 21kV·A	台班	60.37	1.0	1.0	4.0	6.5	8.0	10.0	12.5
载货汽车 8t	台班	521.59	0.5	0.6	0.8	1.0	1.0	1.2	1.2
电动空气压缩机 $6m^3$	台班	217.48	1.5	1.5	2.0	2.5	2.5	3.0	3.0
汽车式起重机 8t	台班	767.15	0.3	0.3	0.3	0.3	0.4	0.5	0.5
汽车式起重机 12t	台班	864.36	0.3	—	—	—	—	—	—
汽车式起重机 16t	台班	971.12	—	0.4	—	—	—	—	—
汽车式起重机 25t	台班	1098.98	—	—	0.5	—	—	—	—
汽车式起重机 30t	台班	1141.87	—	—	—	0.6	—	—	—
汽车式起重机 50t	台班	2492.74	—	—	—	—	0.7	—	—
汽车式起重机 100t	台班	4689.49	—	—	—	—	—	0.8	1.0
卷扬机 单筒慢速 50kN	台班	211.29	1.3	1.5	5.0	6.0	6.5	11.5	14.5

三、电气滤清器

单位：台

编号				1-1094	1-1095	1-1096	1-1097
项目				设备型号			
				C-39	C-72	C-97	C-140
预算基价	总价(元)			**25104.03**	**29937.84**	**36995.45**	**43872.73**
	人工费(元)			17844.30	20756.25	24806.25	29569.05
	材料费(元)			3844.01	4245.51	6902.91	8460.38
	机械费(元)			3415.72	4936.08	5286.29	5843.30
组成内容		**单位**	**单价**	**数量**			
人工	综合工	工日	135.00	132.18	153.75	183.75	219.03
材料	钩头成对斜垫铁 Q195～Q235 3#	kg	11.22	23.484	23.484	—	—
	钩头成对斜垫铁 Q195～Q235 4#	kg	11.22	—	—	53.900	61.600
	平垫铁 Q195～Q235 3#	kg	7.42	36.036	36.036	—	—
	平垫铁 Q195～Q235 4#	kg	7.42	—	—	166.152	189.888
	普碳钢板 Q195～Q235 δ1.6～1.9	t	3997.33	0.026	0.032	0.034	0.034
	普碳钢板 Q195～Q235 δ4.5～7.0	t	3843.28	0.028	0.060	0.072	0.090
	钢丝绳 *D*15.5	m	5.56	1.92	—	—	—
	木材 方木	m^3	2716.33	0.080	0.128	0.136	0.159
	木板	m^3	1672.03	0.01	0.01	0.02	0.02
	硅酸盐水泥 42.5级	kg	0.41	234.90	234.90	442.25	442.25
	砂子	t	87.03	0.579	0.579	1.274	1.274
	碎石 0.5～3.2	t	82.73	0.638	0.638	1.410	1.410
	镀锌钢丝 *D*2.8～4.0	kg	6.91	1.0	1.0	1.5	1.5
	电焊条 E4303 *D*4	kg	7.58	12.60	12.60	14.70	15.75

续前　　　　　　　　　　　　　　　　　　　　　　　　　　　　单位：台

编号				1-1094	1-1095	1-1096	1-1097
项目				设备型号			
				C-39	C-72	C-97	C-140
组成内容		单位	单价	数量			
材料	道木	m^3	3660.04	0.604	0.628	0.886	1.159
	石棉橡胶板 低压 δ0.8～6.0	kg	19.35	8	9	10	14
	石棉编绳 D11～25	kg	17.84	2.0	2.2	2.8	3.6
	黑铅粉	kg	0.44	1.5	1.5	2.0	2.2
	煤油	kg	7.49	2.625	2.625	3.150	4.200
	机油	kg	7.21	3.06	3.57	4.08	5.10
	黄干油	kg	15.77	1.5	1.5	2.0	2.5
	氧气	m^3	2.88	5.10	5.10	6.12	8.16
	乙炔气	kg	14.66	1.70	1.70	2.04	2.72
	破布	kg	5.07	2	2	3	4
	钢丝绳 D18.5	m	7.46	—	2.20	2.20	—
	钢丝绳 D20	m	9.17	—	—	—	2.33
	零星材料费	元	—	38.06	42.03	68.35	83.77
机械	交流弧焊机 21kV·A	台班	60.37	4.0	4.0	4.5	5.5
	载货汽车 8t	台班	521.59	0.6	0.6	0.6	1.0
	电动空气压缩机 6m^3	台班	217.48	2.5	2.5	3.0	3.0
	汽车式起重机 8t	台班	767.15	0.2	0.2	0.2	0.3
	汽车式起重机 30t	台班	1141.87	0.6	—	—	—
	汽车式起重机 50t	台班	2492.74	—	0.8	0.8	0.8
	卷扬机 单筒慢速 50kN	台班	211.29	7	8	9	10

四、竖　管

单位：台

编号				1-1098	1-1099	1-1100	1-1101
项目				单竖管(直径/高度)	双竖管		
				1620/9100 1420/6200	*D*400	*D*820	*D*1620
预算基价	总价(元)			**4991.20**	**3751.14**	**5445.21**	**6428.35**
	人工费(元)			3446.55	2280.15	3874.50	4626.45
	材料费(元)			397.51	335.92	429.60	526.13
	机械费(元)			1147.14	1135.07	1141.11	1275.77
组成内容		单位	单价	数量			
人工	综合工	工日	135.00	25.53	16.89	28.70	34.27
材料	平垫铁 Q195～Q235 1#	kg	7.42	5.08	3.81	5.08	7.62
	斜垫铁 Q195～Q235 1#	kg	10.34	2.04	1.53	2.04	3.06
	普碳钢板 Q195～Q235 δ1.6～1.9	t	3997.33	0.008	0.008	0.010	0.012
	木板	m^3	1672.03	0.01	0.01	0.01	0.01
	硅酸盐水泥 42.5级	kg	0.41	87.00	52.20	76.85	95.70
	砂子	t	87.03	0.193	0.116	0.193	0.252
	碎石 0.5～3.2	t	82.73	0.213	0.136	0.213	0.270
	镀锌钢丝 *D*2.8～4.0	kg	6.91	1.2	1.2	1.4	1.4
	电焊条 E4303 *D*4	kg	7.58	2.100	1.050	1.575	2.100
	道木	m^3	3660.04	0.030	0.027	0.030	0.030
	橡胶板 δ4～10	kg	10.66	1.0	1.0	1.2	1.5

续前 单位：台

编号				1-1098	1-1099	1-1100	1-1101
项目				单竖管(直径/高度)	双竖管		
				1620/9100 1420/6200	$D400$	$D820$	$D1620$
组成内容		单位	单价	数量			
材料	石棉橡胶板 低压 $\delta0.8\sim6.0$	kg	19.35	2.0	2.0	2.4	3.0
	石棉编绳 $D11\sim25$	kg	17.84	1.2	1.2	2.0	3.0
	铅油	kg	11.17	0.2	0.2	0.3	0.4
	黑铅粉	kg	0.44	0.4	0.4	0.6	0.8
	煤油	kg	7.49	0.315	0.315	0.420	0.525
	机油	kg	7.21	0.204	0.204	0.306	0.510
	氧气	m^3	2.88	0.510	0.510	0.918	0.918
	乙炔气	kg	14.66	0.170	0.170	0.306	0.306
	破布	kg	5.07	0.2	0.2	0.3	0.4
	零星材料费	元	—	3.94	3.33	4.25	5.21
机械	载货汽车 8t	台班	521.59	0.3	0.3	0.3	0.3
	汽车式起重机 8t	台班	767.15	0.3	0.3	0.3	0.3
	汽车式起重机 12t	台班	864.36	0.3	0.3	0.3	0.3
	卷扬机 单筒慢速 50kN	台班	211.29	1.2	1.2	1.2	1.5
	交流弧焊机 21kV·A	台班	60.37	0.5	0.3	0.4	0.5
	电动空气压缩机 $6m^3$	台班	217.48	1.0	1.0	1.0	1.3

五、附 属 设 备

单位：台

编号				1-1102	1-1103	1-1104	1-1105	1-1106	1-1107
设备名称				废热锅炉	废热锅炉竖管	除滴器	旋涡除尘器		焦油分离机
设备规格(直径/高度)				1200/7500	1400/8400	2500/5000	D2060	2400/6745	34000m^3/h
预算基价	总价(元)			**8277.13**	**10490.01**	**6105.62**	**6388.68**	**7185.55**	**17603.55**
	人工费(元)			6245.10	8195.85	4039.20	4364.55	4962.60	14219.55
	材料费(元)			590.26	746.74	909.23	897.12	980.39	1907.73
	机械费(元)			1441.77	1547.42	1157.19	1127.01	1242.56	1476.27
组成内容		单位	单价	数量					
人工	综合工	工日	135.00	46.26	60.71	29.92	32.33	36.76	105.33
材料	钩头成对斜垫铁 Q195～Q235 3#	kg	11.22	—	—	—	—	—	31.312
	平垫铁 Q195～Q235 1#	kg	7.42	—	—	6.350	5.080	5.080	—
	平垫铁 Q195～Q235 2#	kg	7.42	9.680	14.520	—	—	—	—
	平垫铁 Q195～Q235 3#	kg	7.42	—	—	—	—	—	32.032
	斜垫铁 Q195～Q235 1#	kg	10.34	—	—	2.550	2.040	2.040	—
	斜垫铁 Q195～Q235 2#	kg	10.34	3.616	5.424	—	—	—	—
	木板	m^3	1672.03	0.01	0.01	0.01	0.01	0.01	0.02
	硅酸盐水泥 42.5级	kg	0.41	165.3	203.0	200.1	194.3	214.6	411.8
	砂子	t	87.03	0.406	0.522	0.502	0.445	0.522	1.042
	碎石 0.5～3.2	t	82.73	0.445	0.561	0.541	0.483	0.579	1.140
	镀锌钢丝 D2.8～4.0	kg	6.91	1.2	1.5	2.0	2.0	2.0	2.5
	电焊条 E4303 D4	kg	7.58	0.525	0.525	1.680	1.575	2.100	6.300
	道木	m^3	3660.04	0.052	0.052	0.095	0.092	0.092	0.193

续前　　　　单位：台

编号				1-1102	1-1103	1-1104	1-1105	1-1106	1-1107
设备名称				废热锅炉	废热锅炉竖管	除滴器	旋涡除尘器		焦油分离机
设备规格(直径/高度)				1200/7500	1400/8400	2500/5000	*D*2060	2400/6745	34000m³/h
组成内容		单位	单价	数量					
材料	石棉橡胶板 低压 δ0.8～6.0	kg	19.35	4.0	6.0	—	2.0	2.5	—
	石棉编绳 *D*11～25	kg	17.84	1.0	1.8	—	2.5	3.0	—
	铅油	kg	11.17	0.1	0.1	0.2	0.2	0.2	0.5
	黑铅粉	kg	0.44	0.3	0.6	—	0.6	0.8	1.0
	煤油	kg	7.49	0.315	0.525	1.050	0.840	1.050	8.400
	机油	kg	7.21	0.102	0.204	1.020	0.510	1.020	1.530
	破布	kg	5.07	0.2	0.2	0.8	0.5	0.6	2.8
	普碳钢板 Q195～Q235 δ1.6～1.9	t	3997.33	—	—	0.010	0.008	0.010	0.003
	普碳钢板 Q195～Q235 δ8～20	t	3843.31	0.004	0.006	0.052	0.040	0.046	0.005
	黄干油	kg	15.77	—	—	0.25	0.50	0.50	1.00
	零星材料费	元	—	5.84	7.39	9.00	8.88	9.71	18.89
机械	交流弧焊机 21kV•A	台班	60.37	0.3	0.3	1.0	0.5	0.5	1.5
	载货汽车 8t	台班	521.59	0.3	0.3	0.2	0.2	0.3	0.2
	电动空气压缩机 6m³	台班	217.48	1.5	1.5	1.5	1.5	1.5	—
	汽车式起重机 8t	台班	767.15	0.2	0.2	0.2	0.2	0.2	0.2
	汽车式起重机 12t	台班	864.36	0.3	0.3	0.3	0.3	0.3	—
	汽车式起重机 16t	台班	971.12	—	—	—	—	—	0.4
	卷扬机 单筒慢速 50kN	台班	211.29	2.5	3.0	1.2	1.2	1.5	3.5

单位：台

编号				1-1108	1-1109	1-1110	1-1111	1-1112	1-1113	1-1114
设备名称				除灰水封	隔离水封		总管沉灰箱	总管清理水封	钟罩阀	盘阀
设备规格(直径/高度)				1020/8800	720/2400	1220/3800 1620/5200	*D*720	*D*630	*D*200 *D*300	1000/1000 950/1150
预算基价	总价(元)			**3571.45**	**1634.12**	**3345.22**	**1639.58**	**2488.07**	**570.29**	**1287.41**
	人工费(元)			2837.70	1089.45	2579.85	1089.45	1894.05	517.05	1275.75
	材料费(元)			295.59	260.19	311.86	259.62	140.51	35.13	11.66
	机械费(元)			438.16	284.48	453.51	290.51	453.51	18.11	—
组成内容		**单位**	**单价**	**数量**						
人工	综合工	工日	135.00	21.02	8.07	19.11	8.07	14.03	3.83	9.45
材料	平垫铁 Q195～Q235 1#	kg	7.42	3.810	2.540	3.810	3.810	2.540	—	—
	斜垫铁 Q195～Q235 1#	kg	10.34	1.530	1.020	1.530	1.530	1.020	—	—
	木板	m^3	1672.03	0.01	0.01	0.01	0.01	0.01	—	—
	硅酸盐水泥 42.5级	kg	0.41	95.7	60.9	87.0	60.9	58.0	—	—
	砂子	t	87.03	0.232	0.154	0.213	0.154	0.136	—	—
	碎石 0.5～3.2	t	82.73	0.252	0.174	0.252	0.174	0.154	—	—
	镀锌钢丝 *D*2.8～4.0	kg	6.91	1.2	1.2	1.3	1.2	1.2	—	—
	电焊条 E4303 *D*4	kg	7.58	0.525	0.525	0.525	0.525	0.525	0.525	—
	道木	m^3	3660.04	0.027	0.027	0.027	0.027	—	—	—
	石棉橡胶板 低压 δ0.8～6.0	kg	19.35	1.5	1.5	2.0	1.0	1.0	1.0	—
	石棉编绳 *D*11～25	kg	17.84	0.5	0.5	0.6	0.5	0.5	0.5	0.5
	破布	kg	5.07	0.5	0.4	0.5	0.5	0.5	0.5	0.5
	煤油	kg	7.49	—	0.420	0.525	—	—	—	—
	机油	kg	7.21	—	0.408	0.510	—	—	—	—
	黄干油	kg	15.77	—	0.10	0.10	0.10	0.10	—	—
	黑铅粉	kg	0.44	—	—	—	—	—	—	0.2
	零星材料费	元	—	2.93	2.58	3.09	2.57	1.39	0.35	0.12
机械	汽车式起重机 8t	台班	767.15	0.2	0.3	0.3	0.3	0.3	—	—
	交流弧焊机 21kV·A	台班	60.37	0.5	0.2	0.2	0.3	0.2	0.3	—
	卷扬机 单筒慢速 50kN	台班	211.29	—	0.2	1.0	0.2	1.0	—	—
	卷扬机 单筒慢速 80kN	台班	254.54	1.0	—	—	—	—	—	—

六、煤气发生设备附属其他容器构件

单位：t

编号				1-1115	1-1116
项目				设备质量	
				0.5t以内	0.5t以外
预算基价	总价(元)			**4764.05**	**4006.91**
	人工费(元)			3117.15	2569.05
	材料费(元)			640.02	498.71
	机械费(元)			1006.88	939.15
	组成内容	**单位**	**单价**	**数量**	
人工	综合工	工日	135.00	23.09	19.03
材料	平垫铁 Q195～Q235 3#	kg	7.42	8.48	6.36
	斜垫铁 Q195～Q235 2#	kg	10.34	2.88	—
	斜垫铁 Q195～Q235 4#	kg	10.34	—	2.16
	钢板垫板	t	4954.18	0.010	0.006
	木板	m^3	1672.03	0.010	0.009
	硅酸盐水泥 42.5级	kg	0.41	174	145
	砂子	t	87.03	0.425	0.347
	碎石 0.5～3.2	t	82.73	0.463	0.386
	镀锌钢丝 *D*2.8～4.0	kg	6.91	2.02	2.00
	电焊条 E4303 *D*4	kg	7.58	3.150	2.100
	道木	m^3	3660.04	0.052	0.040
	石棉橡胶板 低压 δ0.8～6.0	kg	19.35	1.5	1.2
	石棉编绳 *D*11～25	kg	17.84	1.2	1.0
	铅油	kg	11.17	1.0	0.8
	黑铅粉	kg	0.44	1.0	0.8
	煤油	kg	7.49	1.26	1.05
	机油	kg	7.21	0.612	0.510
	黄干油	kg	15.77	0.6	0.5
	氧气	m^3	2.88	1.224	1.020
	乙炔气	kg	14.66	0.408	0.340
	破布	kg	5.07	1.0	0.8
	零星材料费	元	—	6.34	4.94
机械	交流弧焊机 21kV·A	台班	60.37	1.5	1.0
	电动空气压缩机 $10m^3$	台班	375.37	1.3	1.2
	汽车式起重机 12t	台班	864.36	0.3	0.3
	卷扬机 单筒慢速 50kN	台班	211.29	0.8	0.8

七、煤气发生设备分节容器外壳组焊

单位：台

编号				1-1117	1-1118	1-1119	1-1120	1-1121	1-1122
项目				设备外径(m以内)/组成节数					
				1/2	1/3	2/2	2/3	3/2	3/3
预算基价	总价(元)			**1351.34**	**2297.22**	**2677.72**	**4743.47**	**3833.83**	**6785.40**
	人工费(元)			1007.10	1800.90	2026.35	3622.05	3051.00	5452.65
	材料费(元)			130.44	175.62	223.77	266.22	218.14	356.81
	机械费(元)			213.80	320.70	427.60	855.20	564.69	975.94
组成内容		**单位**	**单价**	**数量**					
人工	综合工	工日	135.00	7.46	13.34	15.01	26.83	22.60	40.39
材料	电焊条 E4303 *D*4	kg	7.58	5.933	11.834	18.123	23.667	17.388	35.501
	道木	m^3	3660.04	0.023	0.023	0.023	0.023	0.023	0.023
	零星材料费	元	—	1.29	1.74	2.22	2.64	2.16	3.53
机械	汽车式起重机 8t	台班	767.15	0.2	0.3	0.4	0.8	0.5	0.8
	交流弧焊机 21kV·A	台班	60.37	1.0	1.5	2.0	4.0	3.0	6.0

第十二章　其他机械及附属设备安装

说　明

一、本章适用范围：

1.制冷机械：溴化锂吸收式制冷机、活塞式冷水机组、离心式冷水机组、螺杆式冷水机组、热泵冷（热）水机组、快速制冰设备、盐水制冰设备、冷风机及空气幕、润滑油处理设备。

2.其他机械：包括膨胀机、柴油机、柴油发电机组、电动机及电动发电机组。

3.制冷站（库）及制冷空调内与制冷机械配套附属的冷凝器、蒸发器、贮液器、分离器、过滤器、冷却器、玻璃钢冷却塔、集油器、油视镜、紧急泄氨器等设备安装以及容器单体试密、排污。

4.低压空气压缩机站内与空气压缩机配套的储气罐安装。

5.乙炔站内与乙炔压缩机配套的乙炔发生器及其附属设备安装。

6.水压机附属的蓄势罐安装。

7.小型制氧站内双高压工艺流程及分子筛流程的空气分离塔和洗涤塔（XT-190）、干燥器（170×2）、碱水拌和器（1.6型）、纯化器（HXK-30/59型、HXK-180/15型）、加热炉（15.5型）、加热器（JR-100型、JR-13型）、储氧器（50-1型）、充氧台（GC-24型）等附属设备安装。

8.与本册子目各种设备配套的零星小型金属结构件（如支架、框架、防护罩、支柱以及沟、槽、箱等非密闭性容器）制作、安装。

9.设备灌浆：包括地脚螺栓孔灌浆、设备底座与基础间灌浆。

二、本章基价子目包括下列工作内容：

1.设备整体、解体安装。

2.电动机及电动发电机组装联轴器或皮带轮。

3.设备带有的电动机安装。

4.制冷机械专用附属设备整体安装；随设备带有与设备联体固定的配件（放油阀、放水阀、安全阀、压力表、水位表）等安装。容器单体气密试验（包括装拆空气压缩机本体及联接试验用的管道、装拆盲板、通气、检查、放气等）与排污。

5.储气罐本体及与本体联体的安全阀、压力表等附件安装，气密试验。

6.乙炔发生器本体及与本体联体的安全阀、压力表、水位表等附件安装，附属的密闭性和非密闭性设备安装、气密试验或试漏。

7.水压机蓄势罐本体及底座安装；与本体联体的附件安装，酸洗、试压。

8.空气分离塔本体及本体至第一个法兰内的管道、阀门安装，与本体联体的仪表、转换开关安装，清洗、调整、气密试验。

9.零星小型金属结构件制作，包括画线、下料、平直、加工、组对、焊接、刷（喷）漆、试漏；安装包括补漆。

三、本章基价子目不包括以下工作内容及项目：

1.与设备本体非同一底座的各种设备、起动装置及仪表盘、柜等的安装、调试。

2.电动机及其他动力机械的拆装检查、配管、配线、调试。

3.刮研工作。

4.非设备带有的支架、沟槽、防护罩等的安装。

5.各种设备本体制作以及设备本体至第一个法兰以外的管道、附件安装。

6.平台、梯子、栏杆等金属构件制作、安装。

7.小型制氧设备及其附属设备的试压、脱脂、阀门研磨,稀有气体及液氧或液氮的制取系统安装。

8.设备保温及油漆。

四、本章基价不适用于其他特殊专业制冷工艺工程。

五、通信工程柴油发电机组按容量(kW)划分,根据工程具体情况执行相应基价项目。

六、各级说明内已包括电动机、电动发电机组安装以及灌浆者,不得再执行本章中的有关项目。

七、制冷设备各种容器的单体气密试验与排污子目是按试验一次考虑的,如技术规范或设计要求需要多次连续试验时,则第二次的试验按第一次试验相应子目乘以系数0.90,如进行三次及以上试验的,试验从第三次起每次均按第一次试验子目乘以系数0.75。

八、乙炔发生器附属设备是按密闭性设备考虑的,如为非密闭性设备时,则相应子目的人工费、机械费乘以系数0.80。

九、本章基价子目在计算工程量时应注意下列事项:

1.设备如以面积、容积、直径等作为子目规格时,则按设计要求(或实物)的规格参照相应范围内的子目。计算一般起重机具摊销费时,各设备的质量可参考本册基价附录四,如表中缺项可按设备实际质量计算。

2.设备质量计算应将设备本体及与设备联体的阀门、管道、支架、平台、梯子、保护罩等的质量计算在内。

3.设备以型号规格作为子目时,应按设计要求(或实物)的型号执行相同的子目。新旧型号可以互换。相近似的型号,如实物的质量相差在10%以内时,可执行该基价子目。

工程量计算规则

一、其他机械设备安装依据型号、设备质量、制冷量、冷却面积、蒸发面积、介质、直径等按设计图示数量计算。冷风机的设备质量按冷风机本体、电动机及底座的总质量计算；柴油发电机组的设备质量按机组的总质量计算；凡是在同一底座上的机组，按整体总质量计算，非同一底座上的机组，按主机、辅机及底座的总质量计算。

二、地脚螺栓孔灌浆依据一台设备灌浆体积按设计图示尺寸以体积计算。

三、设备底座与基础间灌浆依据一台设备的灌浆体积按设计图示尺寸以体积计算。

四、零星小型金属结构件制作、安装按设计图示尺寸以质量计算。

五、制冷容器单体试密与排污依据设备容量按设计要求的次数计算。

一、溴化锂吸收式制冷机安装

工作内容：设备整体、解体安装，电动机及电动发电机组装联轴器或皮带轮、设备带有的电动机安装。 **单位：**台

编号				1-1123	1-1124	1-1125	1-1126	1-1127	1-1128	1-1129
项目				设备质量(t以内)						
				5	8	10	15	20	25	30
预算基价	总价(元)			**6124.57**	**11176.32**	**13240.65**	**15452.76**	**19702.03**	**25967.98**	**27968.12**
	人工费(元)			4426.65	7983.90	9647.10	11068.65	13375.80	18010.35	18829.80
	材料费(元)			979.02	1137.14	1230.47	1346.47	1585.95	2036.10	2463.98
	机械费(元)			718.90	2055.28	2363.08	3037.64	4740.28	5921.53	6674.34
组成内容		**单位**	**单价**	**数量**						
人工	综合工	工日	135.00	32.79	59.14	71.46	81.99	99.08	133.41	139.48
材料	斜垫铁 Q195～Q235 1#	kg	10.34	31.920	31.920	31.920	31.920	31.920	47.880	63.840
	平垫铁（综合）	kg	7.42	20.020	20.020	20.020	20.020	20.020	30.030	40.040
	钢丝绳 *D*14.1～15.0	kg	5.05	—	—	—	1.25	1.92	—	—
	钢丝绳 *D*16.0～18.5	kg	5.84	—	—	—	—	—	2.080	2.080
	镀锌钢丝 *D*2.8～4.0	kg	6.91	2.2	2.2	2.2	2.2	2.2	2.2	2.2
	圆钉 *D*<5	kg	6.49	0.05	0.05	0.05	0.10	0.10	0.15	0.15
	电焊条 E4303 *D*2.5	kg	7.37	0.65	0.65	0.65	0.65	0.65	0.96	1.28
	气焊条 *D*<2	kg	7.96	0.20	0.20	0.20	0.20	0.30	0.40	0.50
	木板	m^3	1672.03	0.013	0.017	0.032	0.044	0.054	0.060	0.085
	道木	m^3	3660.04	0.041	0.062	0.062	0.077	0.116	0.152	0.173
	汽油 70#～90#	kg	8.08	12.240	15.000	18.360	20.400	22.440	25.500	28.560
	煤油	kg	7.49	1.5	2.0	2.0	2.0	3.0	3.0	3.0

续前

单位：台

编号				1-1123	1-1124	1-1125	1-1126	1-1127	1-1128	1-1129
项目				设备质量(t以内)						
				5	8	10	15	20	25	30
组成内容		单位	单价	数量						
材料	机油	kg	7.21	1.01	1.52	2.02	2.53	2.73	2.83	3.03
	黄干油	kg	15.77	0.27	0.27	0.27	0.27	0.30	0.30	0.30
	氧气	m^3	2.88	0.520	0.520	1.071	1.071	1.071	1.071	1.612
	乙炔气	kg	14.66	0.173	0.173	0.357	0.357	0.357	0.357	0.541
	白漆	kg	17.58	0.1	0.1	0.1	0.1	0.3	0.3	0.4
	石棉橡胶板 高压 δ1～6	kg	23.57	4.000	5.000	6.000	6.500	6.500	7.000	7.500
	橡胶盘根 低压	kg	24.54	0.5	0.6	0.7	0.8	1.0	1.2	1.4
	阻燃防火保温草袋片	个	6.00	1.5	1.5	2.0	2.0	2.5	3.0	3.5
	铁砂布 0#～2#	张	1.15	3	4	4	4	5	5	5
	塑料布	kg	10.93	4.41	5.79	5.79	5.79	9.21	10.20	11.13
	水	m^3	7.62	1.58	1.92	2.47	2.47	2.47	3.42	4.04
机械	载货汽车 10t	台班	574.62	0.200	0.300	0.300	0.400	0.500	0.800	1.000
	汽车式起重机 16t	台班	971.12	0.5	1.7	1.9	1.4	2.5	2.8	3.0
	汽车式起重机 25t	台班	1098.98	—	—	—	0.9	—	—	—
	汽车式起重机 30t	台班	1141.87	—	—	—	—	1.200	1.800	—
	汽车式起重机 50t	台班	2492.74	—	—	—	—	—	—	1.000
	电动空气压缩机 $6m^3$	台班	217.48	0.5	1.0	1.5	2.0	2.5	2.5	2.5
	硅整流弧焊机 15kV•A	台班	48.36	0.200	0.300	0.400	0.500	2.300	2.970	3.100

二、活塞式冷水机组

单位：台

编号				1-1130	1-1131	1-1132	1-1133	1-1134	1-1135	1-1136	1-1137
项目				制冷量(kW以内)							
				60	125	240	360	600	935	1200	1500
预算基价	总价(元)			**1839.96**	**2151.56**	**2451.05**	**3158.89**	**3950.95**	**5445.55**	**6258.14**	**7146.42**
	人工费(元)			1603.80	1900.80	2173.50	2754.00	3365.55	4603.50	5278.50	5778.00
	材料费(元)			230.12	244.72	261.22	374.29	462.01	651.16	672.00	831.55
	机械费(元)			6.04	6.04	16.33	30.60	123.39	190.89	307.64	536.87
组成内容		单位	单价	数量							
人工	综合工	工日	135.00	11.88	14.08	16.10	20.40	24.93	34.10	39.10	42.80
材料	钩头成对斜垫铁 Q195～Q235 5#	kg	11.22	8.160	8.160	8.160	12.240	12.240	—	—	—
	钩头成对斜垫铁 Q195～Q235 6#	kg	11.22	—	—	—	—	—	22.370	22.370	29.830
	平垫铁 Q195～Q235 2#	kg	7.42	3.870	3.870	3.870	5.800	5.800	—	—	—
	平垫铁 Q195～Q235 3#	kg	7.42	—	—	—	—	—	8.010	8.010	12.010
	镀锌钢丝 D2.8～4.0	kg	6.91	1.200	1.200	1.200	1.200	1.200	1.200	1.200	2.000
	电焊条 E4303	kg	7.59	0.200	0.200	0.200	0.400	0.400	0.400	0.400	0.600
	汽油 60#～70#	kg	6.67	2.200	2.400	2.600	2.800	3.200	3.800	4.100	4.400
	机油	kg	7.21	0.300	0.450	0.550	0.800	0.300	0.450	0.550	0.800
	黄干油	kg	15.77	0.450	0.550	0.600	0.700	1.200	1.550	1.650	1.800
	棉纱	kg	16.11	0.200	0.240	0.300	0.350	0.450	0.600	0.800	1.200
	石棉橡胶板 低压 δ0.8～6.0	kg	19.35	1.080	1.320	1.680	2.580	3.520	4.500	4.950	5.200
	木板	m^3	1672.03	0.010	0.010	0.010	0.020	0.030	0.040	0.040	0.050
	硅酸盐水泥 42.5级	kg	0.41	42.000	49.000	57.000	80.000	126.000	139.600	144.900	151.200
	砂子 中砂	t	86.14	0.100	0.114	0.129	0.143	0.286	0.315	0.329	0.343
	碎石 0.5～3.2	t	82.73	0.114	0.129	0.143	0.157	0.315	0.343	0.358	0.372
机械	交流弧焊机 21kV·A	台班	60.37	0.100	0.100	0.100	0.200	0.200	0.200	0.220	0.300
	汽车式起重机 8t	台班	767.15	—	—	—	—	0.080	0.130	0.240	—
	卷扬机 单筒慢速 30kN	台班	205.84	—	—	0.050	0.090	0.140	0.220	0.320	0.440
	卷扬机 单筒慢速 50kN	台班	211.29	—	—	—	—	0.100	0.160	0.210	0.280
	汽车式起重机 16t	台班	971.12	—	—	—	—	—	—	—	0.380

三、离心式冷水机组

单位：台

编号				1-1138	1-1139	1-1140	1-1141	1-1142	1-1143	1-1144	1-1145
项目				制冷量(kW以内)							
				350	600	900	1200	1500	1800	2300	3000
预算基价	总价(元)			**6352.97**	**7465.75**	**9968.71**	**11700.62**	**13301.13**	**15577.78**	**19789.47**	**23986.92**
	人工费(元)			2886.30	3388.50	4657.50	5421.60	6034.50	6766.20	8850.60	9907.65
	材料费(元)			3429.90	4034.30	5262.08	6047.20	6837.15	8297.15	10351.39	13243.96
	机械费(元)			36.77	42.95	49.13	231.82	429.48	514.43	587.48	835.31
组成内容		**单位**	**单价**	**数量**							
人工	综合工	工日	135.00	21.38	25.10	34.50	40.16	44.70	50.12	65.56	73.39
材料	钩头成对斜垫铁 Q195～Q235 1#	kg	11.22	4.720	4.720	6.288	6.288	6.288	—	—	—
	钩头成对斜垫铁 Q195～Q235 2#	kg	11.22	—	—	—	—	—	10.590	10.590	13.240
	平垫铁 Q195～Q235 1#	kg	7.42	6.090	6.090	8.120	8.120	8.120	—	—	—
	平垫铁 Q195～Q235 2#	kg	7.42	—	—	—	—	—	7.740	7.740	9.680
	斜垫铁 Q195～Q235 1#	kg	10.34	4.590	4.590	6.120	6.120	6.120	—	—	—
	斜垫铁 Q195～Q235 2#	kg	10.34	—	—	—	—	—	10.840	10.840	13.550
	普碳钢板 Q195～Q235 δ4.5～7.0	t	3843.28	0.800	0.950	1.250	1.450	1.650	2.000	2.500	3.200
	镀锌钢丝 D2.8～4.0	kg	6.91	1.200	1.200	1.500	1.500	1.800	2.000	2.000	2.000
	电焊条 E4303	kg	7.59	0.200	0.200	0.200	0.200	0.300	0.400	0.600	0.600
	汽油 60#～70#	kg	6.67	1.200	1.500	1.500	1.600	1.700	1.800	2.000	2.300
	机油	kg	7.21	0.500	0.800	1.000	1.200	1.400	1.600	2.000	2.500
	黄干油	kg	15.77	0.150	0.200	0.200	0.220	0.260	0.300	0.400	0.500
	棉纱	kg	16.11	0.500	0.800	1.000	1.200	1.400	1.600	2.000	2.500
	石棉橡胶板 低压 δ0.8～6.0	kg	19.35	0.800	1.100	1.500	1.800	2.100	2.400	3.000	3.750
	木板	m^3	1672.03	0.040	0.043	0.045	0.048	0.052	0.056	0.080	0.098
	硅酸盐水泥 42.5级	kg	0.41	118.000	127.000	136.000	136.000	136.000	136.000	139.000	225.000
	砂子 中砂	t	86.14	0.272	0.286	0.315	0.315	0.315	0.315	0.315	0.515
	碎石 0.5～3.2	t	82.73	0.286	0.315	0.343	0.343	0.343	0.343	0.343	0.558
	道木	m^3	3660.04	—	—	—	—	—	—	0.018	0.018
机械	交流弧焊机 21kV·A	台班	60.37	0.200	0.200	0.200	0.220	0.220	0.250	0.250	0.250
	汽车式起重机 16t	台班	971.12	—	—	—	0.120	0.300	0.360	0.420	—
	汽车式起重机 25t	台班	1098.98	—	—	—	—	—	—	—	0.540
	卷扬机 单筒慢速 30kN	台班	205.84	0.120	0.150	0.180	0.280	0.350	0.440	0.440	0.650
	卷扬机 单筒慢速 50kN	台班	211.29	—	—	—	0.210	0.250	0.280	0.350	0.440

四、螺杆式冷水机组

单位：台

编号				1-1146	1-1147	1-1148	1-1149	1-1150	1-1151	1-1152
项目				制冷量(kW以内)						
				240	350	600	900	1200	1800	2300
预算基价	总价(元)			**2992.57**	**3354.24**	**3835.59**	**5320.27**	**6492.19**	**8921.49**	**11181.30**
	人工费(元)			2700.00	3034.80	3470.85	4706.10	5692.95	7506.00	9517.50
	材料费(元)			255.44	276.13	316.71	354.22	375.47	763.05	884.31
	机械费(元)			37.13	43.31	48.03	259.95	423.77	652.44	779.49
组成内容		**单位**	**单价**	**数量**						
人工	综合工	工日	135.00	20.00	22.48	25.71	34.86	42.17	55.60	70.50
材料	钩头成对斜垫铁 Q195～Q235 1#	kg	11.22	7.860	7.860	9.430	9.430	9.430	—	—
	钩头成对斜垫铁 Q195～Q235 2#	kg	11.22	—	—	—	—	—	21.180	23.830
	平垫铁 Q195～Q235 1#	kg	7.42	5.080	5.080	6.090	6.090	6.090	—	—
	平垫铁 Q195～Q235 2#	kg	7.42	—	—	—	—	—	15.480	17.410
	斜垫铁 Q195～Q235 1#	kg	10.34	—	—	—	—	—	4.080	6.120
	镀锌钢丝 $D2.8 \sim 4.0$	kg	6.91	0.600	0.750	0.900	1.300	1.650	2.080	2.600
	电焊条 E4303	kg	7.59	0.480	0.530	0.570	0.660	0.730	1.220	1.260
	汽油 60#～70#	kg	6.67	1.500	1.660	1.870	2.000	2.000	2.000	2.250
	机油	kg	7.21	0.500	0.500	0.500	0.550	0.600	0.750	0.750
	黄干油	kg	15.77	0.400	0.440	0.480	0.620	0.710	0.800	0.850
	棉纱	kg	16.11	1.500	1.500	1.500	1.500	1.500	2.000	2.100
	石棉橡胶板 低压 $\delta 0.8 \sim 6.0$	kg	19.35	0.600	0.600	0.600	0.700	0.750	1.200	1.300
	木板	m^3	1672.03	0.006	0.008	0.008	0.012	0.014	0.017	0.024
	硅酸盐水泥 42.5级	kg	0.41	69.000	86.000	98.000	128.000	143.000	283.000	326.000
	砂子 中砂	t	86.14	0.157	0.200	0.243	0.300	0.329	0.644	0.744
	碎石 0.5～3.2	t	82.73	0.172	0.215	0.257	0.315	0.358	0.701	0.801
机械	交流弧焊机 21kV·A	台班	60.37	0.240	0.240	0.250	0.310	0.350	0.610	0.630
	汽车式起重机 16t	台班	971.12	—	—	—	0.120	0.250	0.420	0.530
	卷扬机 单筒慢速 30kN	台班	205.84	0.110	0.140	0.160	0.380	0.520	0.650	0.650
	卷扬机 单筒慢速 50kN	台班	211.29	—	—	—	0.220	0.250	0.350	0.440

五、热泵冷(热)水机组

单位：台

编号				1-1153	1-1154	1-1155	1-1156	1-1157	1-1158
项目				制冷量(kW以内)					
				10	20	35	60	120	180
预算基价	总价(元)			**490.15**	**695.85**	**783.06**	**838.88**	**963.89**	**1139.10**
	人工费(元)			477.90	668.25	747.90	792.45	889.65	1020.60
	材料费(元)			12.25	23.48	31.04	40.25	63.95	78.85
	机械费(元)			—	4.12	4.12	6.18	10.29	39.65
组成内容		单位	单价	数量					
人工	综合工	工日	135.00	3.54	4.95	5.54	5.87	6.59	7.56
材料	汽油 60#～70#	kg	6.67	0.460	0.750	0.950	1.300	1.600	1.700
	机油	kg	7.21	0.050	0.080	0.120	0.200	0.350	0.450
	黄干油	kg	15.77	0.130	0.260	0.350	0.500	0.550	0.630
	棉纱	kg	16.11	0.120	0.160	0.200	0.300	0.450	0.550
	石棉橡胶板 低压 δ0.8～6.0	kg	19.35	0.250	0.580	0.780	0.900	1.800	2.350
机械	卷扬机 单筒慢速 30kN	台班	205.84	—	0.020	0.020	0.030	0.050	0.090
	卷扬机 单筒慢速 50kN	台班	211.29	—	—	—	—	—	0.100

单位：台

编号				1-1159	1-1160	1-1161	1-1162	1-1163	1-1164
项目				制冷量（kW以内）					
				240	300	350	480	600	700
预算基价	总价（元）			**1375.34**	**1794.00**	**2150.85**	**2865.71**	**3393.65**	**3840.22**
	人工费（元）			1240.65	1440.45	1772.55	2419.20	2872.80	3246.75
	材料费（元）			86.69	96.70	104.77	117.35	129.34	154.20
	机械费（元）			48.00	256.85	273.53	329.16	391.51	439.27
组成内容		单位	单价	数量					
人工	综合工	工日	135.00	9.19	10.67	13.13	17.92	21.28	24.05
材料	汽油 60#～70#	kg	6.67	1.800	2.150	2.280	2.650	3.400	4.400
	机油	kg	7.21	0.550	0.660	0.720	0.850	0.970	1.150
	黄干油	kg	15.77	0.700	0.750	0.750	0.800	0.800	0.900
	棉纱	kg	16.11	0.750	0.900	1.200	1.300	1.500	1.850
	石棉橡胶板 低压 δ0.8～6.0	kg	19.35	2.460	2.650	2.750	3.100	3.250	3.750
机械	卷扬机 单筒慢速 30kN	台班	205.84	0.110	0.140	0.180	0.440	0.440	0.440
	卷扬机 单筒慢速 50kN	台班	211.29	0.120	0.160	0.200	0.210	0.280	0.350
	汽车式起重机 16t	台班	971.12	—	0.200	0.200	0.200	—	—
	汽车式起重机 25t	台班	1098.98	—	—	—	—	0.220	0.250

六、制 冰 设 备

单位：台

编号				1-1165	1-1166	1-1167	1-1168	1-1169
设备类别				快速制冰设备	盐水制冰设备			
设备型号及名称				AJP15/24	倒冰架		加水器	冰桶
设备质量(t以内)				6.5	0.5	1.0		0.05
预算基价	总价(元)			**21902.07**	**1323.79**	**1695.97**	**1987.14**	**50.69**
	人工费(元)			19604.70	1015.20	1277.10	1583.55	35.10
	材料费(元)			1254.90	197.64	307.92	304.71	15.59
	机械费(元)			1042.47	110.95	110.95	98.88	—
组成内容		单位	单价	数量				
人工	综合工	工日	135.00	145.22	7.52	9.46	11.73	0.26
材料	平垫铁 Q195～Q235 3#	kg	7.42	18.018	4.004	8.008	8.008	—
	斜垫铁 Q195～Q235 3#	kg	10.34	12.859	5.715	5.715	5.715	—
	木板	m^3	1672.03	0.029	0.010	0.010	0.010	—
	硅酸盐水泥 42.5级	kg	0.41	213.15	40.60	77.00	77.00	—
	砂子	t	87.03	0.543	0.097	0.193	0.193	—
	碎石 0.5～3.2	t	82.73	0.579	0.116	0.213	0.213	—
	水	m^3	7.62	6.30	1.20	2.25	2.25	—
	镀锌钢丝 D2.8～4.0	kg	6.91	3.0	1.5	1.5	1.5	—
	电焊条 E4303 D4	kg	7.58	4.52	0.15	0.15	0.15	—
	气焊条 $D<2$	kg	7.96	1.9	—	—	—	—
	道木	m^3	3660.04	0.068	—	0.008	0.008	—
	石棉橡胶板 低压 δ0.8～6.0	kg	19.35	1.50	—	—	—	—
	油浸石棉绳	kg	18.95	0.5	—	—	—	—

续前 单位：台

编号				1-1165	1-1166	1-1167	1-1168	1-1169
设备类别				快速制冰设备	盐水制冰设备			
设备型号及名称				AJP15/24	倒冰架		加水器	冰桶
设备质量(t以内)				6.5	0.5	1.0		0.05
组成内容		单位	单价	数量				
材料	白漆	kg	17.58	0.48	0.08	0.08	0.08	0.08
	汽油 60#～70#	kg	6.67	6.120	0.510	0.820	0.510	0.102
	煤油	kg	7.49	8	1	1	1	—
	机油	kg	7.21	0.505	0.101	0.101	0.101	—
	黄干油	kg	15.77	0.505	—	—	0.101	—
	棉纱	kg	16.11	3.89	0.33	0.40	0.33	0.26
	白布	m	3.68	0.330	—	—	—	—
	破布	kg	5.07	2.78	0.32	0.63	0.32	0.06
	阻燃防火保温草袋片	个	6.00	5.50	1.00	2.00	2.00	—
	铁砂布 0#～2#	张	1.15	18	2	2	2	2
	塑料布	kg	10.93	7.92	0.60	0.60	0.60	0.60
	圆钉 $D<5$	kg	6.49	0.04	—	0.02	0.02	—
	零星材料费	元	—	12.42	1.96	3.05	3.02	0.15
机械	载货汽车 8t	台班	521.59	0.5	—	—	—	—
	汽车式起重机 16t	台班	971.12	0.5	—	—	—	—
	卷扬机 单筒慢速 50kN	台班	211.29	0.79	—	—	—	—
	交流弧焊机 21kV·A	台班	60.37	2.14	0.20	0.20	—	—
	叉式起重机 5t	台班	494.40	—	0.2	0.2	0.2	—

单位：台

编号				1-1170	1-1171	1-1172	1-1173	1-1174	1-1175
设备类别				盐水制冰设备					
设备型号及名称				单层制冰池盖	双层制冰池盖	盐水搅拌器			冰池盖包镀锌薄钢板
设备质量(t以内)				0.03		0.1	0.2	0.3	
预算基价	总价(元)			**193.84**	**212.95**	**533.74**	**662.12**	**902.03**	**294.20**
	人工费(元)			60.75	76.95	398.25	513.00	747.90	214.65
	材料费(元)			133.09	136.00	123.42	137.05	142.06	79.55
	机械费(元)			—	—	12.07	12.07	12.07	—
组成内容		**单位**	**单价**	**数量**					
人工	综合工	工日	135.00	0.45	0.57	2.95	3.80	5.54	1.59
材料	木板	m^3	1672.03	0.068	0.068	0.001	0.001	0.001	—
	铁件	kg	9.49	0.33	0.33	—	—	—	—
	木螺钉 M6×100以内	个	0.18	26	42	—	—	—	60
	白漆	kg	17.58	0.08	0.08	0.08	0.08	0.08	0.08
	铁砂布 0#～2#	张	1.15	2	2	2	2	2	2
	塑料布	kg	10.93	0.60	0.60	0.60	0.60	0.60	0.60
	平垫铁 Q195～Q235 2#	kg	7.42	—	—	3.872	3.872	3.872	—
	斜垫铁 Q195～Q235 2#	kg	10.34	—	—	3.708	3.708	3.708	—
	硅酸盐水泥 42.5级	kg	0.41	—	—	10.18	10.18	10.18	—
	砂子	t	87.03	—	—	0.020	0.020	0.020	—
	碎石 0.5～3.2	t	82.73	—	—	0.020	0.020	0.020	—
	水	m^3	7.62	—	—	0.31	0.31	0.31	—
	电焊条 E4303 $D4$	kg	7.58	—	—	0.21	0.21	0.21	—
	道木	m^3	3660.04	—	—	0.002	0.002	0.002	—
	石棉橡胶板 低压 δ0.8～6.0	kg	19.35	—	—	0.12	0.22	0.24	—
	汽油 60#～70#	kg	6.67	—	—	0.525	0.525	0.735	—
	煤油	kg	7.49	—	—	1	1	1	—
	机油	kg	7.21	—	—	0.202	0.212	0.313	—
	棉纱	kg	16.11	—	—	0.29	0.30	0.33	—
	白布	m	3.68	—	—	0.204	0.306	0.408	—
	破布	kg	5.07	—	—	0.50	0.50	0.50	—
	阻燃防火保温草袋片	个	6.00	—	—	0.27	0.27	0.27	—
	镀锌钢丝 D2.8～4.0	kg	6.91	—	—	—	1.1	1.1	—
	黄干油	kg	15.77	—	—	—	0.212	0.313	—
	镀锌薄钢板 δ0.50～0.65	t	4438.22	—	—	—	—	—	0.013
	零星材料费	元	—	1.32	1.35	1.22	1.36	1.41	0.79
机械	交流弧焊机 21kV·A	台班	60.37	—	—	0.20	0.20	0.20	—

七、冷 风 机

1.落地式冷风机

单位：台

编号				1-1176	1-1177	1-1178	1-1179	1-1180	1-1181	1-1182	1-1183
设备名称				落地式冷风机							
冷却面积(m^2)或设备直径D				100	150	200	250	300	350	400	500
设备质量(t以内)				1.0	1.5	2	2.5	3	3.5	4.5	5.5
预算基价	总价(元)			**1806.06**	**2164.29**	**2698.91**	**3325.64**	**3734.87**	**3964.20**	**4484.33**	**5575.11**
	人工费(元)			1467.45	1733.40	2207.25	2721.60	3032.10	3132.00	3458.70	4234.95
	材料费(元)			227.66	270.50	331.27	394.21	480.86	484.16	596.17	755.09
	机械费(元)			110.95	160.39	160.39	209.83	221.91	348.04	429.46	585.07
组成内容		单位	单价	数量							
人工	综合工	工日	135.00	10.87	12.84	16.35	20.16	22.46	23.20	25.62	31.37
材料	平垫铁 Q195～Q235 3#	kg	7.42	8.008	8.008	8.008	8.008	12.012	12.012	12.012	16.010
	斜垫铁 Q195～Q235 3#	kg	10.34	5.715	5.715	5.715	5.715	8.573	8.573	8.573	11.430
	普碳钢板 Q195～Q235 δ1.6～1.9	t	3997.33	0.0008	0.0010	0.0010	0.0014	0.0014	0.0018	0.0018	0.0024
	木板	m^3	1672.03	0.002	0.005	0.006	0.008	0.009	0.010	0.012	0.015
	硅酸盐水泥 42.5级	kg	0.41	16	16	16	19	24	24	24	30
	砂子	t	87.03	0.043	0.043	0.043	0.057	0.057	0.057	0.586	0.586
	碎石 0.5～3.2	t	82.73	0.043	0.043	0.043	0.057	0.057	0.057	0.586	0.586
	水	m^3	7.62	0.5	0.5	0.5	0.6	0.7	0.7	0.7	0.9
	道木	m^3	3660.04	0.010	0.020	0.030	0.041	0.041	0.041	0.041	0.062
	电焊条 E4303 D4	kg	7.58	0.21	0.21	0.21	0.21	0.42	0.42	0.42	0.42
	白漆	kg	17.58	0.08	0.08	0.08	0.10	0.10	0.10	0.10	0.10

续前

单位：台

编号				1-1176	1-1177	1-1178	1-1179	1-1180	1-1181	1-1182	1-1183
设备名称				落地式冷风机							
冷却面积(m^2)或设备直径D				100	150	200	250	300	350	400	500
设备质量(t以内)				1.0	1.5	2	2.5	3	3.5	4.5	5.5
组成内容		单位	单价	数量							
材料	汽油 60#～70#	kg	6.67	0.410	0.410	0.610	0.610	0.820	0.820	1.020	1.220
	煤油	kg	7.49	1.0	1.0	1.5	1.5	1.5	1.5	1.5	1.5
	冷冻机油	kg	10.48	0.30	0.30	0.50	0.50	0.80	0.80	1.00	1.20
	机油	kg	7.21	0.100	0.100	0.100	0.100	0.200	0.200	0.303	0.404
	黄干油	kg	15.77	0.303	0.303	0.404	0.404	0.505	0.505	0.505	0.707
	棉纱	kg	16.11	0.50	0.50	1.00	1.00	1.50	1.50	2.50	2.50
	破布	kg	5.07	1.0	1.0	2.0	2.0	2.5	2.5	2.0	2.5
	阻燃防火保温草袋片	个	6.00	0.5	0.5	0.5	0.5	1.0	1.0	1.0	1.0
	铁砂布 0#～2#	张	1.15	2	2	2	3	3	3	3	3
	塑料布	kg	10.93	0.5	0.5	0.5	1.5	1.5	1.5	1.5	1.5
	圆钉 $D<5$	kg	6.49	0.05	0.05	0.05	0.10	0.10	0.10	0.10	0.10
	零星材料费	元	—	2.25	2.68	3.28	3.90	4.76	4.79	5.90	7.48
机械	叉式起重机 5t	台班	494.40	0.2	0.3	0.3	0.4	0.4	—	—	—
	交流弧焊机 21kV·A	台班	60.37	0.2	0.2	0.2	0.2	0.4	0.4	—	—
	汽车式起重机 16t	台班	971.12	—	—	—	—	—	0.2	0.3	0.4
	载货汽车 8t	台班	521.59	—	—	—	—	—	0.2	0.2	0.3
	卷扬机 单筒慢速 50kN	台班	211.29	—	—	—	—	—	0.12	0.16	0.19

2.吊顶式冷风机

单位：台

编号				1-1184	1-1185	1-1186
设备名称				吊顶式冷风机		
冷却面积(m^2)或设备直径D				100	150	200
设备质量(t以内)				1	1.5	2
预算基价	总价(元)			**2666.10**	**3410.32**	**3735.35**
	人工费(元)			2293.65	3024.00	3334.50
	材料费(元)			114.70	118.01	128.31
	机械费(元)			257.75	268.31	272.54
组成内容		单位	单价	数量		
人工	综合工	工日	135.00	16.99	22.40	24.70
材料	木板	m^3	1672.03	0.004	0.004	0.005
	双头带帽螺栓 M16×(100～125)	套	2.06	8	8	8
	道木	m^3	3660.04	0.010	0.010	0.010
	电焊条 E4303 D4	kg	7.58	0.32	0.32	0.38
	白漆	kg	17.58	0.08	0.08	0.08
	汽油 $60^{\#}$～$70^{\#}$	kg	6.67	0.306	0.408	0.612
	煤油	kg	7.49	1.0	1.0	1.0
	冷冻机油	kg	10.48	0.15	0.20	0.30
	机油	kg	7.21	0.101	0.101	0.202
	黄干油	kg	15.77	0.505	0.606	0.707
	棉纱	kg	16.11	0.45	0.48	0.53
	破布	kg	5.07	0.5	0.5	1.0
	塑料布	kg	10.93	0.6	0.6	0.6
	镀锌钢丝 D2.8～4.0	kg	6.91	2	2	2
	零星材料费	元	—	1.14	1.17	1.27
机械	汽车式起重机 8t	台班	767.15	0.2	0.2	0.2
	载货汽车 8t	台班	521.59	0.2	0.2	0.2
	卷扬机 单筒慢速 50kN	台班	211.29	—	0.05	0.07

八、润滑油处理设备

单位：台

编号				1-1187	1-1188	1-1189	1-1190	1-1191
设备名称				压力滤油机			润滑油再生机组	油沉淀箱
设备型号				LY-50	LY-100	LY-150	CY-120	
设备质量(t以内)				0.2	0.23	0.25		0.2
预算基价	总　价(元)			**995.33**	**1126.60**	**1294.38**	**1532.38**	**910.50**
	人工费(元)			823.50	953.10	1112.40	1339.20	737.10
	材料费(元)			165.79	167.46	175.94	187.14	167.36
	机械费(元)			6.04	6.04	6.04	6.04	6.04
组成内容		**单位**	**单价**	**数　量**				
人工	综合工	工日	135.00	6.10	7.06	8.24	9.92	5.46
材料	平垫铁 Q195～Q235 $2^{\#}$	kg	7.42	1.936	1.936	1.936	1.936	1.936
	斜垫铁 Q195～Q235 $2^{\#}$	kg	10.34	3.708	3.708	3.708	3.708	3.708
	普碳钢板 Q195～Q235 δ1.6～1.9	t	3997.33	0.0004	0.0004	0.0004	0.0004	0.0004
	木板	m^3	1672.03	0.004	0.004	0.004	0.005	0.004
	硅酸盐水泥 42.5级	kg	0.41	23	25	29	36	25
	砂子	t	87.03	0.057	0.057	0.071	0.086	0.057
	碎石 0.5～3.2	t	82.73	0.071	0.071	0.086	0.100	0.071
	水	m^3	7.62	0.68	0.68	0.96	1.06	0.68
	镀锌钢丝 *D*2.8～4.0	kg	6.91	1.1	1.1	1.1	1.1	1.1
	电焊条 E4303 *D*4	kg	7.58	0.105	0.105	0.105	0.105	0.105
	道木	m^3	3660.04	0.008	0.008	0.008	0.008	0.008
	石棉橡胶板 低压 δ0.8～6.0	kg	19.35	0.20	0.20	0.24	0.24	0.20
	白漆	kg	17.58	0.08	0.08	0.08	0.08	0.08
	汽油 $60^{\#}$～$70^{\#}$	kg	6.67	0.51	0.61	0.71	0.71	0.51
	煤油	kg	7.49	1	1	1	1	1
	机油	kg	7.21	0.202	0.202	0.303	0.303	0.303
	黄干油	kg	15.77	0.202	0.202	0.202	0.202	0.202
	棉纱	kg	16.11	0.30	0.31	0.31	0.33	0.30
	破布	kg	5.07	0.5	0.5	0.5	0.5	0.5
	阻燃防火保温草袋片	个	6.00	0.5	0.5	0.5	1.0	0.5
	铁砂布 $0^{\#}$～$2^{\#}$	张	1.15	2	2	2	2	2
	塑料布	kg	10.93	0.6	0.6	0.6	0.6	0.6
	零星材料费	元	—	1.64	1.66	1.74	1.85	1.66
机械	交流弧焊机 21kV•A	台班	60.37	0.1	0.1	0.1	0.1	0.1

九、膨 胀 机

单位：台

编号				1-1192	1-1193	1-1194	1-1195	1-1196
项目				设备质量(t以内)				
				1	1.5	2.5	3.5	4.5
预算基价	总价(元)			**7179.43**	**8081.95**	**9440.75**	**12377.93**	**14756.44**
	人工费(元)			5248.80	5989.95	7038.90	9699.75	11661.30
	材料费(元)			984.07	1145.44	1279.69	1487.88	1852.68
	机械费(元)			946.56	946.56	1122.16	1190.30	1242.46
组成内容		单位	单价	数量				
人工	综合工	工日	135.00	38.88	44.37	52.14	71.85	86.38
材料	钩头成对斜垫铁 Q195～Q235 1#	kg	11.22	6.288	6.288	6.288	6.288	6.288
	平垫铁 Q195～Q235 1#	kg	7.42	7.620	8.128	9.144	10.414	11.430
	斜垫铁 Q195～Q235 1#	kg	10.34	6.264	6.264	6.264	6.786	6.786
	普碳钢板 Q195～Q235 δ1.6～1.9	t	3997.33	0.0020	0.0025	0.0035	0.0045	0.0055
	普碳钢板 Q195～Q235 δ8～20	t	3843.31	0.0045	0.0060	0.0070	0.0080	0.0100
	木板	m^3	1672.03	0.010	0.018	0.018	0.022	0.026
	硅酸盐水泥 42.5级	kg	0.41	51	73	87	116	145
	砂子	t	87.03	0.097	0.136	0.174	0.193	0.232
	碎石 0.5～3.2	t	82.73	0.154	0.154	0.193	0.232	0.290
	水	m^3	7.62	1.5	2.0	2.0	3.5	4.0
	紫铜皮 0.08～0.20	kg	86.14	0.10	0.10	0.11	0.13	0.15
	铅板 δ3.0	kg	25.95	0.3	0.3	0.5	0.5	0.8
	道木	m^3	3660.04	0.077	0.080	0.080	0.091	0.149
	石棉橡胶板 低压 δ0.8～6.0	kg	19.35	3.06	4.00	5.00	6.00	7.00
	电焊条 E4303 D3.2	kg	7.59	0.840	1.050	1.050	1.575	2.100
	白漆	kg	17.58	0.08	0.08	0.10	0.10	0.10

续前

单位：台

编号				1-1192	1-1193	1-1194	1-1195	1-1196
项目				设备质量(t以内)				
				1	1.5	2.5	3.5	4.5
组成内容		单位	单价	数量				
材料	汽油 60#～70#	kg	6.67	5.10	5.10	6.12	7.14	7.14
	煤油	kg	7.49	5.25	8.40	10.50	12.60	14.70
	机油	kg	7.21	1.515	1.515	1.515	1.717	1.717
	汽轮机油	kg	10.84	3	5	6	7	8
	四氯化碳 95%	kg	14.71	6	8	10	12	14
	氧气	m^3	2.88	1.561	1.765	2.081	2.601	3.121
	甘油	kg	14.22	0.20	0.20	0.35	0.35	0.40
	乙炔气	kg	14.66	0.520	0.589	0.694	0.867	1.040
	合成树脂密封胶	kg	20.36	2	2	2	2	2
	棉纱	kg	16.11	0.88	1.32	1.32	1.65	1.65
	白布	m	3.68	0.816	1.224	1.224	1.530	1.530
	破布	kg	5.07	2.5	2.5	2.5	3.0	3.5
	阻燃防火保温草袋片	个	6.00	1.5	2.0	2.0	3.0	3.5
	铁砂布 0#～2#	张	1.15	3	3	3	3	3
	塑料布	kg	10.93	1.68	1.68	2.79	2.79	2.79
	圆钉 $D<5$	kg	6.49	0.05	0.05	0.05	0.05	0.05
	零星材料费	元	—	9.74	11.34	12.67	14.73	18.34
机械	汽车式起重机 8t	台班	767.15	0.2	0.2	0.3	0.5	0.5
	汽车式起重机 16t	台班	971.12	0.5	0.5	0.5	0.5	0.5
	叉式起重机 5t	台班	494.40	0.5	0.5	0.7	—	—
	交流弧焊机 21kV·A	台班	60.37	1	1	1	1	1
	载货汽车 8t	台班	521.59	—	—	—	0.5	0.6

十、柴油机

单位：台

编号				1-1197	1-1198	1-1199	1-1200	1-1201	1-1202	1-1203	1-1204	1-1205	1-1206
项目				设备质量(t以内)									
				0.5	1	1.5	2	2.5	3	3.5	4	4.5	5
预算基价	总价(元)			**1968.69**	**2380.04**	**2881.92**	**3407.49**	**3896.72**	**4332.28**	**6266.53**	**5244.37**	**6337.30**	**7402.87**
	人工费(元)			1467.45	1644.30	1830.60	2282.85	2554.20	2867.40	3303.45	3626.10	4452.30	5008.50
	材料费(元)			396.32	477.39	743.53	816.85	908.58	1030.94	2539.83	1249.46	1354.84	1428.48
	机械费(元)			104.92	258.35	307.79	307.79	433.94	433.94	423.25	368.81	530.16	965.89
组成内容		**单位**	**单价**	**数量**									
人工	综合工	工日	135.00	10.87	12.18	13.56	16.91	18.92	21.24	24.47	26.86	32.98	37.10
材料	平垫铁 Q195～Q235 1#	kg	7.42	3.048	3.048	4.064	4.064	4.064	6.096	6.096	6.096	6.096	6.096
	斜垫铁 Q195～Q235 1#	kg	10.34	3.132	3.132	4.176	4.176	4.176	6.264	6.264	6.264	6.264	6.264
	木板	m^3	1672.03	0.008	0.010	0.013	0.015	0.019	0.021	0.025	0.028	0.030	0.034
	硅酸盐水泥 42.5级	kg	0.41	84	112	140	173	207	241	274	307	341	374
	砂子	t	87.03	0.204	0.272	0.340	0.420	0.503	0.583	0.664	0.746	0.950	0.909
	碎石 0.5～3.2	t	82.73	0.222	0.296	0.370	0.459	0.548	0.638	0.726	0.815	0.901	0.992
	水	m^3	7.62	2.48	3.30	4.12	5.09	6.12	7.11	8.08	8.08	8.08	9.00
	镀锌钢丝 *D*2.8～4.0	kg	6.91	2	2	3	3	3	3	3	3	4	4
	电焊条 E4303 *D*4	kg	7.58	0.158	0.158	0.242	0.242	0.242	0.323	0.323	0.323	0.323	0.323
	道木	m^3	3660.04	0.008	0.008	0.030	0.038	0.040	0.041	0.410	0.041	0.041	0.041
	聚酯乙烯泡沫塑料	kg	10.96	0.121	0.132	0.132	0.132	0.132	0.154	0.154	0.165	0.165	0.165
	铅油	kg	11.17	0.05	0.05	0.05	0.05	0.05	0.05	0.05	0.05	0.05	0.05

续前

单位：台

编号			1-1197	1-1198	1-1199	1-1200	1-1201	1-1202	1-1203	1-1204	1-1205	1-1206
项目			设备质量(t以内)									
			0.5	1	1.5	2	2.5	3	3.5	4	4.5	5
组成内容	单位	单价	数量									
材料 白漆	kg	17.58	0.08	0.08	0.08	0.08	0.08	0.10	0.10	0.10	0.10	0.10
煤油	kg	7.49	1.964	2.079	2.310	2.436	2.678	3.000	3.500	3.500	4.000	4.500
柴油	kg	6.32	18.26	24.48	42.54	42.54	47.58	51.00	65.40	70.20	75.20	80.20
机油	kg	7.21	0.566	0.586	0.606	0.626	0.646	0.657	0.667	0.687	0.707	0.737
黄干油	kg	15.77	0.202	0.202	0.202	0.202	0.202	0.202	0.202	0.202	0.202	0.202
棉纱	kg	16.11	0.50	0.53	0.55	0.56	0.57	0.59	0.60	0.62	0.74	0.75
白布	m^2	10.34	0.245	0.265	0.306	0.347	0.388	0.418	0.459	0.500	0.510	0.510
破布	kg	5.07	1.0	1.0	1.5	1.5	1.5	1.0	1.0	1.5	1.5	1.5
阻燃防火保温草袋片	个	6.00	2.0	3.0	3.5	4.0	5.0	6.0	7.0	8.0	8.0	9.0
铁砂布 0#～2#	张	1.15	3	3	3	3	3	3	3	3	3	3
塑料布	kg	10.93	1.68	1.68	1.68	1.68	1.68	2.79	2.79	2.79	4.41	4.41
圆钉 $D<5$	kg	6.49	0.020	0.022	0.027	0.034	0.041	0.047	0.054	0.061	0.067	0.067
零星材料费	元	—	3.92	4.73	7.36	8.09	9.00	10.21	25.15	12.37	13.41	14.14
机械 叉式起重机 5t	台班	494.40	0.2	0.2	0.3	0.3	0.4	0.4	—	—	—	—
交流弧焊机 21kV•A	台班	60.37	0.1	0.1	0.1	0.1	0.1	0.1	0.2	0.3	0.5	0.5
载货汽车 8t	台班	521.59	—	—	—	—	—	—	0.2	0.3	0.4	0.5
汽车式起重机 8t	台班	767.15	—	0.2	0.2	0.2	0.3	0.3	0.4	—	—	0.5
汽车式起重机 16t	台班	971.12	—	—	—	—	—	—	—	0.2	0.3	0.3

十一、柴油发电机组安装

工作内容： 设备整体、解体安装，电动机及电动发电机组装联轴器或皮带轮。 **单位：** 台

编号				1-1207	1-1208	1-1209	1-1210	1-1211	1-1212
项目				设备质量(t以内)					
				2	2.5	3.5	4.5	5.5	13
预算基价	总价(元)			**2960.57**	**3415.89**	**4645.18**	**5932.09**	**7270.49**	**15669.68**
	人工费(元)			2300.40	2566.35	3312.90	4217.40	5008.50	11857.05
	材料费(元)			507.01	646.94	713.63	829.73	1125.05	1931.97
	机械费(元)			153.16	202.60	618.65	884.96	1136.94	1880.66
组成内容		**单位**	**单价**	**数量**					
人工	综合工	工日	135.00	17.04	19.01	24.54	31.24	37.10	87.83
材料	平垫铁（综合）	kg	7.42	4.064	4.064	5.080	6.096	13.552	18.632
	斜垫铁 Q195～Q235 1#	kg	10.34	4.176	4.176	5.220	6.264	12.978	12.978
	镀锌钢丝 *D*2.8～4.0	kg	6.91	2	3	3	4	4	4
	圆钉 *D*<5	kg	6.49	0.034	0.040	0.054	0.067	0.080	0.135
	木板	m^3	1672.03	0.015	0.020	0.025	0.030	0.038	0.084
	道木	m^3	3660.04	0.030	0.040	0.040	0.041	0.062	0.087
	汽油 70#～90#	kg	8.08	—	—	—	—	—	0.204
	煤油	kg	7.49	3.32	3.45	3.70	3.96	4.22	6.40
	柴油	kg	6.32	31.08	43.62	45.60	55.80	65.40	98.50
	机油	kg	7.21	0.586	0.606	0.646	0.667	0.707	22.018
	黄干油	kg	15.77	0.202	0.202	0.202	0.202	0.303	0.303
	重铬酸钾 98%	kg	11.77	—	—	—	—	—	5.25

续前

单位：台

编号				1-1207	1-1208	1-1209	1-1210	1-1211	1-1212
项目				设备质量(t以内)					
				2	2.5	3.5	4.5	5.5	13
组成内容		单位	单价	数量					
材料	铅油	kg	11.17	0.05	0.05	0.05	0.05	0.05	0.05
	白漆	kg	17.58	0.08	0.08	0.10	0.10	0.10	0.10
	聚酯乙烯泡沫塑料	kg	10.96	0.143	0.143	0.154	0.165	0.176	0.220
	铅粉石棉绳 *D*6 250℃	kg	16.61	—	—	—	—	—	0.25
	塑料布	kg	10.93	1.68	1.68	2.79	2.79	2.79	4.41
	橡胶板 δ4～10	kg	10.66	—	—	—	—	—	0.1
	麻丝	kg	14.54	—	—	—	—	—	0.1
	阻燃防火保温草袋片	个	6.00	1.5	2.0	2.5	3.0	4.0	6.5
	木柴	kg	1.03	—	—	—	—	—	17.5
	煤块	t	718.20	—	—	—	—	—	0.08
	水	m^3	7.62	3.06	3.67	4.85	6.04	7.22	12.17
	电焊条 E4303	kg	7.59	0.242	0.242	0.326	0.326	0.410	1.040
机械	载货汽车 10t	台班	574.62	—	—	0.300	0.500	0.500	0.500
	叉式起重机 5t	台班	494.40	0.3	0.4	0.5	0.6	—	—
	汽车式起重机 16t	台班	971.12	—	—	0.200	0.300	0.850	1.050
	汽车式起重机 25t	台班	1098.98	—	—	—	—	—	0.500
	硅整流弧焊机 15kV•A	台班	48.36	0.100	0.100	0.100	0.200	0.500	0.500

十二、电动机、电动发电机组安装

工作内容：电动机安装、电动机及电动发电机组装联轴器或皮带轮。

编号				1-1213	1-1214	1-1215	1-1216	1-1217	1-1218	1-1219	1-1220	1-1221
项目				设备质量(t以内)								大型电机
				0.5 (台)	1 (台)	3 (台)	5 (台)	7 (台)	10 (台)	20 (台)	30 (台)	(t)
预算基价	总价(元)			**1246.76**	**1604.75**	**3278.82**	**5040.46**	**6907.98**	**8792.50**	**15585.70**	**22608.13**	**1047.43**
	人工费(元)			623.70	872.10	1763.10	3257.55	4540.05	5960.25	11195.55	15988.05	540.00
	材料费(元)			224.94	237.42	816.59	769.80	787.62	845.68	1625.97	1902.21	204.29
	机械费(元)			398.12	495.23	699.13	1013.11	1580.31	1986.57	2764.18	4717.87	303.14
组成内容		**单位**	**单价**	**数量**								
人工	综合工	工日	135.00	4.62	6.46	13.06	24.13	33.63	44.15	82.93	118.43	4.00
材料	斜垫铁 Q195~Q235 $1^{\#}$	kg	10.34	4.716	4.716	7.860	18.536	18.536	18.536	39.060	39.060	—
	平垫铁（综合）	kg	7.42	3.556	3.556	6.096	16.456	16.456	16.456	50.050	50.050	—
	镀锌钢丝 $D2.8\sim4.0$	kg	6.91	2.0	2.0	2.5	3.0	3.0	4.0	5.0	5.0	—
	圆钉 $D<5$	kg	6.49	0.012	0.012	0.015	0.024	0.350	0.075	0.100	0.110	—
	木板	m^3	1672.03	0.013	0.013	0.250	0.025	0.025	0.050	0.075	0.075	—
	道木	m^3	3660.04	0.010	0.010	0.041	0.062	0.062	0.062	0.097	0.154	—
	煤油	kg	7.49	3.0	3.0	3.3	4.0	4.0	4.0	6.0	7.0	—
	机油	kg	7.21	0.606	0.606	0.808	0.960	0.960	1.111	1.313	1.313	0.160
	黄干油	kg	15.77	0.202	0.202	0.404	0.505	0.505	0.657	0.808	0.808	—
	白漆	kg	17.58	0.08	0.10	0.10	0.24	0.24	0.24	0.56	0.80	—
	阻燃防火保温草袋片	个	6.00	1.5	1.5	2.0	3.5	5.0	5.5	6.0	7.0	—
	铁砂布 $0^{\#}\sim2^{\#}$	张	1.15	3	3	3	9	9	9	21	3	—
	塑料布	kg	10.93	1.68	2.79	2.79	5.04	5.04	5.04	11.76	16.80	—
	水	m^3	7.62	1.80	1.80	2.26	3.64	4.52	4.92	7.00	8.00	—
	钢丝绳 $D14.1\sim15.0$	kg	5.05	—	—	—	—	—	—	1.92	—	—
	钢丝绳 $D19.0\sim21.5$	kg	8.03	—	—	—	—	—	—	—	2.08	—
	氧气	m^3	2.88	—	—	—	—	—	—	—	—	0.12
	乙炔气	kg	14.66	—	—	—	—	—	—	—	—	0.04
	钢板垫板	t	4954.18	—	—	—	—	—	—	—	—	0.040
	紫铜板（综合）	kg	73.20	—	—	—	—	—	—	—	—	0.050
	电焊条 E4303	kg	7.59	0.210	0.210	0.370	0.420	0.420	0.630	0.840	0.950	0.050
机械	载货汽车 10t	台班	574.62	—	—	—	0.200	0.300	0.500	0.500	1.000	0.100
	汽车式起重机 16t	台班	971.12	0.400	0.500	0.700	0.900	1.400	1.700	1.300	1.600	0.250
	汽车式起重机 30t	台班	1141.87	—	—	—	—	—	—	1.000	—	—
	汽车式起重机 50t	台班	2492.74	—	—	—	—	—	—	—	1.000	—
	硅整流弧焊机 15kV•A	台班	48.36	0.200	0.200	0.400	0.500	1.000	1.000	1.500	2.000	0.060

十三、冷 凝 器

1.立式管壳式冷凝器

工作内容：设备整体、解体安装。　　　　**单位：**台

编号				1-1222	1-1223	1-1224	1-1225	1-1226	1-1227	1-1228	1-1229	1-1230
项目				设备冷却面积(m^2以内)								
				50	75	100	125	150	200	250	350	450
预算基价	总价(元)			**3384.42**	**4344.73**	**4692.01**	**5764.83**	**6166.67**	**6894.28**	**8445.55**	**9405.76**	**11174.75**
	人工费(元)			2732.40	3219.75	3354.75	4174.20	4369.95	4864.05	6228.90	6835.05	8086.50
	材料费(元)			395.15	412.88	430.93	524.89	536.76	576.04	636.24	673.39	756.05
	机械费(元)			256.87	712.10	906.33	1065.74	1259.96	1454.19	1580.41	1897.32	2332.20
组成内容		**单位**	**单价**	**数量**								
人工	综合工	工日	135.00	20.24	23.85	24.85	30.92	32.37	36.03	46.14	50.63	59.90
材料	平垫铁（综合）	kg	7.42	8.008	8.008	8.008	8.008	8.008	8.008	8.008	8.008	9.209
	斜垫铁 Q195～Q235 1#	kg	10.34	5.716	5.716	5.716	5.716	5.716	5.716	5.716	5.716	6.573
	普碳钢板 Q195～Q235 δ1.6～1.9	t	3997.33	0.0014	0.0018	0.0023	0.0025	0.0030	0.0030	0.0040	0.0040	0.0046
	镀锌钢丝 D2.8～4.0	kg	6.91	1.33	1.50	2.00	2.40	2.67	2.67	4.00	4.00	4.60
	圆钉 D<5	kg	6.49	0.04	0.04	0.04	0.06	0.06	—	0.08	0.08	0.10
	木板	m^3	1672.03	0.010	0.013	0.015	0.017	0.021	0.025	0.031	0.036	0.045
	道木	m^3	3660.04	0.041	0.041	0.041	0.062	0.062	0.062	0.071	0.071	0.077
	汽油 70#～90#	kg	8.08	0.510	0.714	0.816	0.918	1.020	1.224	1.326	1.530	1.836
	煤油	kg	7.49	1.5	1.5	1.5	1.5	1.5	1.5	1.5	1.5	1.5
	机油	kg	7.21	0.303	0.404	0.505	0.808	0.808	0.808	0.808	0.808	1.010
	黄干油	kg	15.77	0.131	0.162	0.202	0.242	0.273	0.273	0.333	0.333	0.404
	白漆	kg	17.58	0.08	0.08	0.08	0.08	0.08	0.10	0.10	0.10	0.10
	石棉橡胶板 高压 δ1～6	kg	23.57	1.800	2.100	2.400	2.400	2.400	3.200	3.200	3.600	4.000
	阻燃防火保温草袋片	个	6.00	0.5	0.5	0.5	1.0	1.0	1.0	1.0	1.0	1.5
	铁砂布 0#～2#	张	1.15	3	3	3	3	3	3	3	3	3
	塑料布	kg	10.93	1.68	1.68	1.68	1.68	1.68	2.79	2.79	4.41	4.41
	水	m^3	7.62	0.65	0.65	0.65	1.00	1.00	1.00	1.12	1.12	1.51
	电焊条 E4303	kg	7.59	0.210	0.210	0.210	0.310	0.310	0.310	0.420	0.420	0.520
机械	载货汽车 10t	台班	574.62	—	0.200	0.200	0.300	0.300	0.300	0.400	0.400	0.500
	叉式起重机 5t	台班	494.40	0.5	—	—	—	—	—	—	—	—
	汽车式起重机 16t	台班	971.12	—	0.6	0.8	0.9	1.1	1.3	0.8	0.9	0.9
	汽车式起重机 25t	台班	1098.98	—	—	—	—	—	—	0.5	0.7	—
	汽车式起重机 30t	台班	1141.87	—	—	—	—	—	—	—	—	1.0
	硅整流弧焊机 15kV·A	台班	48.36	0.200	0.300	0.300	0.400	0.400	0.400	0.500	0.500	0.600

2.卧式管壳式冷凝器及卧式蒸发器

工作内容：设备整体、解体安装。　　**单位：**台

编号				1-1231	1-1232	1-1233	1-1234	1-1235	1-1236	1-1237	1-1238	1-1239
项目				设备冷却面积(m^2以内)								
				20	30	60	80	100	120	140	180	200
预算基价	总价(元)			**2025.55**	**2333.82**	**2957.38**	**3818.89**	**4498.71**	**5147.72**	**6063.88**	**6742.74**	**8194.74**
	人工费(元)			1533.60	1768.50	2281.50	2848.50	3403.35	3858.30	4509.00	4982.85	5975.10
	材料费(元)			333.96	357.89	419.01	452.51	480.37	572.48	586.25	597.04	710.77
	机械费(元)			157.99	207.43	256.87	517.88	614.99	716.94	968.63	1162.85	1508.87
组成内容		单位	单价	数量								
人工	综合工	工日	135.00	11.36	13.10	16.90	21.10	25.21	28.58	33.40	36.91	44.26
材料	平垫铁（综合）	kg	7.42	8.008	8.008	8.008	8.008	8.008	8.008	8.008	8.008	8.008
	斜垫铁 Q195～Q235 1#	kg	10.34	5.716	5.716	5.716	5.716	5.716	5.716	5.716	5.716	5.716
	普碳钢板 Q195～Q235 δ1.6～1.9	t	3997.33	0.0008	0.0010	0.0014	0.0018	0.0023	0.0023	0.0030	0.0030	0.0040
	镀锌钢丝 D2.8～4.0	kg	6.91	0.8	1.2	1.2	1.2	1.6	1.6	1.6	1.6	1.6
	圆钉 D<5	kg	6.49	0.03	0.03	0.03	0.03	0.03	0.03	0.03	0.03	0.06
	木板	m^3	1672.03	0.001	0.006	0.008	0.011	0.014	0.018	0.023	0.023	0.033
	道木	m^3	3660.04	0.027	0.030	0.041	0.041	0.041	0.062	0.062	0.062	0.077
	汽油 70#～90#	kg	8.08	0.510	0.612	0.612	0.714	0.816	0.816	0.816	0.816	1.020
	煤油	kg	7.49	2.5	2.5	2.5	3.0	3.0	3.0	3.0	3.0	3.0
	机油	kg	7.21	0.202	0.202	0.303	0.404	0.505	0.505	0.505	0.505	0.505
	黄干油	kg	15.77	0.088	0.101	0.101	0.101	0.121	0.121	0.121	0.121	0.121
	铅油	kg	11.17	0.34	0.34	0.60	0.70	0.80	0.90	0.90	1.00	1.00
	白漆	kg	17.58	0.16	0.16	0.16	0.16	0.18	0.18	0.18	0.18	0.18
	石棉橡胶板 高压 δ1～6	kg	23.57	1.200	1.200	1.500	1.800	1.800	2.100	2.100	2.400	2.400
	耐酸橡胶板 δ3	kg	17.38	0.30	0.30	0.60	0.60	0.75	0.75	0.90	1.05	1.05
	阻燃防火保温草袋片	个	6.00	0.5	0.5	0.5	0.5	0.5	0.5	0.5	0.5	1.0
	铁砂布 0#～2#	张	1.15	6	6	6	6	6	6	6	6	6
	塑料布	kg	10.93	2.28	2.28	2.28	3.36	4.47	4.47	4.47	4.47	7.20
	水	m^3	7.62	0.50	0.50	0.50	0.50	0.50	0.55	0.55	0.55	1.00
	电焊条 E4303	kg	7.59	0.210	0.210	0.210	0.420	0.420	0.420	0.420	0.420	0.420
机械	载货汽车 10t	台班	574.62	—	—	—	0.200	0.200	0.200	0.300	0.300	0.400
	叉式起重机 5t	台班	494.40	0.3	0.4	0.5	—	—	—	—	—	—
	汽车式起重机 16t	台班	971.12	—	—	—	0.4	0.5	0.6	0.8	1.0	0.5
	汽车式起重机 25t	台班	1098.98	—	—	—	—	—	—	—	—	0.7
	硅整流弧焊机 15kV·A	台班	48.36	0.200	0.200	0.200	0.300	0.300	0.400	0.400	0.400	0.500

3.淋水式冷凝器

工作内容：设备整体、解体安装。 **单位：**台

编号				1-1240	1-1241	1-1242	1-1243	1-1244
项目				设备冷却面积(m^2以内)				
				30	45	60	75	90
预算基价	总价(元)			**2486.59**	**2911.98**	**3563.32**	**4041.36**	**4638.39**
	人工费(元)			2002.05	2317.95	2808.00	3217.05	3603.15
	材料费(元)			316.88	376.93	483.94	503.49	604.80
	机械费(元)			167.66	217.10	271.38	320.82	430.44
组成内容		**单位**	**单价**	**数量**				
人工	综合工	工日	135.00	14.83	17.17	20.80	23.83	26.69
材料	平垫铁（综合）	kg	7.42	5.808	8.712	11.616	11.616	14.520
	斜垫铁 Q195～Q235 $1^{\#}$	kg	10.34	5.562	8.344	11.124	11.124	16.386
	镀锌钢丝 $D2.8$～4.0	kg	6.91	2	2	2	2	2
	圆钉 $D<5$	kg	6.49	0.06	0.09	0.13	0.13	0.16
	木板	m^3	1672.03	0.004	0.004	0.006	0.006	0.008
	道木	m^3	3660.04	0.030	0.030	0.041	0.041	0.041
	汽油 $70^{\#}$～$90^{\#}$	kg	8.08	0.510	0.612	0.714	0.714	0.820
	煤油	kg	7.49	2.5	2.5	2.5	2.5	2.5
	机油	kg	7.21	0.303	0.303	0.505	0.505	0.505
	黄干油	kg	15.77	0.202	0.202	0.202	0.202	0.202
	白漆	kg	17.58	0.16	0.16	0.16	0.18	0.18
	石棉橡胶板 高压 δ1～6	kg	23.57	0.300	0.400	0.600	0.900	1.500
	阻燃防火保温草袋片	个	6.00	1.0	1.5	1.5	1.5	2.0
	铁砂布 $0^{\#}$～$2^{\#}$	张	1.15	5	5	5	5	5
	塑料布	kg	10.93	2.28	2.28	2.28	3.39	3.39
	水	m^3	7.62	1.00	1.44	2.00	2.00	2.50
	电焊条 E4303	kg	7.59	0.420	0.420	0.630	0.630	0.630
机械	载货汽车 10t	台班	574.62	—	—	—	—	0.200
	叉式起重机 5t	台班	494.40	0.3	0.4	0.5	0.6	—
	汽车式起重机 16t	台班	971.12	—	—	—	—	0.3
	硅整流弧焊机 15kV•A	台班	48.36	0.400	0.400	0.500	0.500	0.500

4.蒸发式冷凝器

工作内容：设备整体、解体安装。 **单位：**台

编号				1-1245	1-1246	1-1247	1-1248	1-1249	1-1250	1-1251
项目				设备冷却面积（m^2以内）						
				20	40	80	100	150	200	250
预算基价	总价(元)			**3018.65**	**3460.80**	**4473.30**	**4874.85**	**5461.61**	**6527.93**	**7128.06**
	人工费(元)			2407.05	2747.25	3568.05	3889.35	4279.50	4892.40	5364.90
	材料费(元)			453.61	501.28	638.71	669.52	703.11	807.74	838.25
	机械费(元)			157.99	212.27	266.54	315.98	479.00	827.79	924.91
组成内容		单位	单价	数量						
人工	综合工	工日	135.00	17.83	20.35	26.43	28.81	31.70	36.24	39.74
材料	平垫铁（综合）	kg	7.42	8.008	8.008	8.008	8.008	8.008	8.008	8.008
	斜垫铁 Q195～Q235 3#	kg	10.34	5.716	5.716	5.716	5.716	5.716	5.716	5.716
	普碳钢板 Q195～Q235 δ1.6～1.9	t	3997.33	0.0008	0.0010	0.0014	0.0014	0.0018	0.0023	0.0030
	镀锌钢丝 D2.8～4.0	kg	6.91	2	2	2	2	2	3	3
	圆钉 D<5	kg	6.49	0.04	0.04	0.06	0.06	0.08	0.08	0.09
	木板	m^3	1672.03	0.003	0.006	0.010	0.010	0.013	0.017	0.021
	道木	m^3	3660.04	0.027	0.030	0.041	0.041	0.041	0.062	0.062
	汽油 70#～90#	kg	8.08	1.020	1.530	2.040	2.550	3.060	3.060	3.570
	煤油	kg	7.49	10.5	10.5	11.0	11.0	11.5	11.5	11.5
	机油	kg	7.21	0.306	0.306	0.510	0.510	0.510	0.510	0.510
	黄干油	kg	15.77	0.306	0.306	0.306	0.306	0.304	0.306	0.306
	白漆	kg	17.58	0.56	0.56	0.56	0.56	0.66	0.66	0.66
	石棉橡胶板 高压 δ1～6	kg	23.57	1.100	2.200	3.400	4.500	4.500	4.500	5.000
	阻燃防火保温草袋片	个	6.00	0.5	0.5	1.0	1.0	1.0	1.0	1.5
	铁砂布 0#～2#	张	1.15	15	15	16	16	17	17	17
	塑料布	kg	10.93	5.28	5.28	9.39	9.39	10.62	11.73	11.73
	水	m^3	7.62	0.62	0.62	0.89	0.89	1.13	1.13	1.40
	电焊条 E4303	kg	7.59	0.210	0.320	0.320	0.420	0.530	0.530	0.530
机械	叉式起重机 5t	台班	494.40	0.3	0.4	0.5	0.6	—	—	—
	载货汽车 10t	台班	574.62	—	—	—	—	0.200	0.300	0.300
	汽车式起重机 16t	台班	971.12	—	—	—	—	0.350	0.650	0.750
	硅整流弧焊机 15kV·A	台班	48.36	0.200	0.300	0.400	0.400	0.500	0.500	0.500

十四、立式蒸发器

单位：台

编号				1-1252	1-1253	1-1254	1-1255	1-1256	1-1257	1-1258	1-1259
项目				设备冷却面积(m²以内)							
				20	40	60	90	120	160	180	240
预算基价	总价(元)			**1736.70**	**2327.20**	**2857.67**	**3248.91**	**3788.71**	**4490.82**	**4889.29**	**5660.32**
	人工费(元)			1228.50	1682.10	2072.25	2385.45	2767.50	3183.30	3469.50	4126.95
	材料费(元)			347.81	435.27	443.11	502.74	550.70	576.14	582.84	656.32
	机械费(元)			160.39	209.83	342.31	360.72	470.51	731.38	836.95	877.05
组成内容		单位	单价	数量							
人工	综合工	工日	135.00	9.10	12.46	15.35	17.67	20.50	23.58	25.70	30.57
材料	平垫铁 Q195～Q235 3#	kg	7.42	8.008	8.008	8.008	8.008	8.008	8.008	8.008	8.008
	斜垫铁 Q195～Q235 3#	kg	10.34	5.716	5.716	5.716	5.716	5.716	5.716	5.716	5.716
	普碳钢板 Q195～Q235 δ1.6～1.9	t	3997.33	0.0010	0.0014	0.0018	0.0023	0.0023	0.0030	0.0030	0.0040
	木板	m³	1672.03	0.005	0.008	0.010	0.041	0.016	0.021	0.023	0.030
	硅酸盐水泥 42.5级	kg	0.41	10.18	12.31	12.31	15.53	15.53	19.79	19.79	23.01
	砂子	t	87.03	0.020	0.039	0.039	0.039	0.039	0.059	0.059	0.059
	碎石 0.5～3.2	t	82.73	0.020	0.039	0.039	0.039	0.039	0.059	0.059	0.059
	水	m³	7.62	0.31	0.38	0.38	0.48	0.48	0.58	0.58	0.68
	镀锌钢丝 D2.8～4.0	kg	6.91	1.10	1.10	1.10	1.10	1.65	2.20	2.20	2.20
	电焊条 E4303 D4	kg	7.58	0.21	0.21	0.21	0.21	0.21	0.21	0.21	0.21
	道木	m³	3660.04	0.030	0.041	0.041	0.041	0.062	0.062	0.062	0.077
	石棉橡胶板 低压 δ0.8～6.0	kg	19.35	0.15	0.25	0.25	0.41	0.41	0.63	0.80	0.80

续前

单位：台

编号				1-1252	1-1253	1-1254	1-1255	1-1256	1-1257	1-1258	1-1259
项目				设备冷却面积（m^2以内）							
				20	40	60	90	120	160	180	240
组成内容		单位	单价	数量							
材料	白漆	kg	17.58	0.16	0.18	0.18	0.18	0.18	0.18	0.18	0.18
	汽油 60# ～70#	kg	6.67	0.612	0.612	0.816	0.816	1.224	1.224	1.224	1.224
	煤油	kg	7.49	2.5	2.5	2.5	2.5	2.5	2.5	2.5	2.5
	机油	kg	7.21	0.505	0.505	0.707	0.707	1.010	1.010	1.010	1.010
	黄干油	kg	15.77	0.110	0.110	0.110	0.110	0.172	0.172	0.172	0.172
	棉纱	kg	16.11	0.88	1.03	1.03	1.03	1.10	1.10	1.10	1.10
	破布	kg	5.07	0.53	0.63	0.63	0.63	0.95	0.95	0.95	0.95
	阻燃防火保温草袋片	个	6.00	0.5	0.5	0.5	0.5	0.5	0.5	0.5	0.5
	铁砂布 0# ～2#	张	1.15	5	5	5	5	5	5	5	5
	塑料布	kg	10.93	2.28	5.01	5.01	5.01	5.01	5.01	5.01	5.01
	圆钉 $D<5$	kg	6.49	0.020	0.025	0.025	0.030	0.030	0.040	0.040	0.050
	零星材料费	元	—	3.44	4.31	4.39	4.98	5.45	5.70	5.77	6.50
机械	交流弧焊机 21kV·A	台班	60.37	0.2	0.2	0.2	0.4	0.4	0.5	0.5	0.5
	叉式起重机 5t	台班	494.40	0.3	0.4	—	—	—	—	—	—
	载货汽车 8t	台班	521.59	—	—	0.2	0.2	0.2	0.3	0.3	0.4
	汽车式起重机 16t	台班	971.12	—	—	0.2	0.2	0.3	0.5	0.6	—
	汽车式起重机 25t	台班	1098.98	—	—	—	—	—	—	—	0.5
	卷扬机 单筒慢速 50kN	台班	211.29	—	—	0.15	0.18	0.24	0.28	0.32	0.42

十五、贮 液 器

1.立式低压循环贮液器

单位：台

编号				1-1260	1-1261	1-1262	1-1263
项目				设备容积(m^3以内)			
				1.6	2.5	3.5	5.0
预算基价	总 价(元)			**2598.47**	**2933.38**	**3283.90**	**3920.30**
	人 工 费(元)			2131.65	2396.25	2740.50	3267.00
	材 料 费(元)			355.87	376.74	383.01	443.47
	机 械 费(元)			110.95	160.39	160.39	209.83
组成内容		**单位**	**单价**	**数量**			
人工	综合工	工日	135.00	15.79	17.75	20.30	24.20
材料	平垫铁 Q195～Q235 3#	kg	7.42	8.008	8.008	8.008	8.008
	斜垫铁 Q195～Q235 3#	kg	10.34	5.716	5.716	5.716	5.716
	普碳钢板 Q195～Q235 δ1.6～1.9	t	3997.33	0.0008	0.0010	0.0010	0.0012
	木板	m^3	1672.03	0.003	0.006	0.007	0.008
	硅酸盐水泥 42.5级	kg	0.41	12.83	12.83	12.83	12.83
	砂子	t	87.03	0.039	0.039	0.039	0.039
	碎石 0.5～3.2	t	82.73	0.039	0.039	0.039	0.039
	水	m^3	7.62	0.38	0.38	0.38	0.38
	镀锌钢丝 D2.8～4.0	kg	6.91	1.5	1.5	1.5	1.5
	电焊条 E4303 D4	kg	7.58	0.21	0.21	0.21	0.21
	道木	m^3	3660.04	0.027	0.030	0.030	0.041
	石棉橡胶板 低压 δ0.8～6.0	kg	19.35	0.3	0.5	0.6	0.8
	白漆	kg	17.58	1.16	1.16	1.16	1.18
	煤油	kg	7.49	2.5	2.5	2.5	2.5
	机油	kg	7.21	0.202	0.202	0.303	0.303
	黄干油	kg	15.77	0.253	0.253	0.253	0.302
	棉纱	kg	16.11	0.85	0.85	0.90	0.90
	破布	kg	5.07	0.42	0.42	0.63	0.63
	阻燃防火保温草袋片	个	6.00	0.5	0.5	0.5	0.5
	铁砂布 0#～2#	张	1.15	5	5	5	5
	塑料布	kg	10.93	2.28	2.28	2.28	3.39
	圆钉 D<5	kg	6.49	0.03	0.03	0.03	0.03
	零星材料费	元	—	3.52	3.73	3.79	4.39
机械	叉式起重机 5t	台班	494.40	0.2	0.3	0.3	0.4
	交流弧焊机 21kV•A	台班	60.37	0.2	0.2	0.2	0.2

2.卧式高压贮液器(排液桶)

单位：台

编号				1-1264	1-1265	1-1266	1-1267	1-1268
项目				设备容积(m^3以内)				
				1.0	1.5	2.0	3.0	5.0
预算基价	总价(元)			**1548.05**	**1959.60**	**2116.82**	**2472.47**	**2848.18**
	人工费(元)			1085.40	1489.05	1576.80	1927.80	2193.75
	材料费(元)			351.70	359.60	379.63	384.28	444.60
	机械费(元)			110.95	110.95	160.39	160.39	209.83
组成内容		**单位**	**单价**	**数量**				
人工	综合工	工日	135.00	8.04	11.03	11.68	14.28	16.25
材料	平垫铁 Q195~Q235 3#	kg	7.42	8.008	8.008	8.008	8.008	8.008
	斜垫铁 Q195~Q235 3#	kg	10.34	5.716	5.716	5.716	5.716	5.716
	普碳钢板 Q195~Q235 δ1.6~1.9	t	3997.33	0.0008	0.0008	0.0010	0.0010	0.0014
	木板	m^3	1672.03	0.001	0.001	0.005	0.006	0.008
	硅酸盐水泥 42.5级	kg	0.41	10.69	12.31	12.31	14.96	16.59
	砂子	t	87.03	0.039	0.039	0.039	0.039	0.039
	碎石 0.5~3.2	t	82.73	0.039	0.039	0.039	0.039	0.039
	水	m^3	7.62	0.31	0.34	0.34	0.48	0.48
	镀锌钢丝 D2.8~4.0	kg	6.91	1.1	1.1	1.1	1.1	1.1
	电焊条 E4303 D4	kg	7.58	0.21	0.21	0.21	0.21	0.21
	道木	m^3	3660.04	0.027	0.027	0.030	0.030	0.041
	石棉橡胶板 低压 δ0.8~6.0	kg	19.35	0.3	0.6	0.6	0.6	0.6
	白漆	kg	17.58	1.16	1.16	1.16	1.16	1.18
	煤油	kg	7.49	2.5	2.5	2.5	2.5	2.5
	机油	kg	7.21	0.200	0.200	0.200	0.300	0.300
	黄干油	kg	15.77	0.210	0.210	0.210	0.210	0.210
	棉纱	kg	16.11	0.83	0.90	0.90	0.90	0.90
	破布	kg	5.07	0.63	0.63	0.63	0.63	0.63
	阻燃防火保温草袋片	个	6.00	0.5	0.5	0.5	0.5	0.5
	铁砂布 0#~2#	张	1.15	5	5	5	5	5
	塑料布	kg	10.93	2.28	2.28	2.28	2.28	3.39
	圆钉 D<5	kg	6.49	0.02	0.02	0.02	0.03	0.03
	汽油 60#~70#	kg	6.67	0.510	0.510	0.714	0.714	0.918
	零星材料费	元	—	3.48	3.56	3.76	3.80	4.40
机械	叉式起重机 5t	台班	494.40	0.2	0.2	0.3	0.3	0.4
	交流弧焊机 21kV·A	台班	60.37	0.2	0.2	0.2	0.2	0.2

十六、分 离 器

1.氨油分离器

单位：台

编号				1-1269	1-1270	1-1271	1-1272	1-1273	1-1274
项目				设备直径(mm以内)					
				325	500	700	800	1000	1200
预算基价	总价(元)			**642.12**	**922.03**	**1451.99**	**1922.71**	**2236.80**	**2549.46**
	人工费(元)			430.65	703.35	1116.45	1501.20	1811.70	2123.55
	材料费(元)			199.40	206.61	224.59	261.12	264.71	265.52
	机械费(元)			12.07	12.07	110.95	160.39	160.39	160.39
组成内容		单位	单价	数量					
人工	综合工	工日	135.00	3.19	5.21	8.27	11.12	13.42	15.73
材料	平垫铁 Q195～Q235 2#	kg	7.42	2.904	2.904	2.904	2.904	2.904	2.904
	斜垫铁 Q195～Q235 2#	kg	10.34	2.782	2.782	2.782	2.782	2.782	2.782
	普碳钢板 Q195～Q235 δ1.6～1.9	t	3997.33	0.0004	0.0004	0.0008	0.0008	0.0010	0.0012
	木板	m^3	1672.03	0.001	0.001	0.001	0.004	0.004	0.004
	硅酸盐水泥 42.5级	kg	0.41	8.05	8.05	11.76	14.96	14.96	14.96
	砂子	t	87.03	0.020	0.020	0.039	0.039	0.039	0.039
	碎石 0.5～3.2	t	82.73	0.020	0.020	0.039	0.039	0.039	0.039
	水	m^3	7.62	0.24	0.24	0.34	0.45	0.45	0.45
	镀锌钢丝 D2.8～4.0	kg	6.91	1.10	1.10	1.65	1.65	1.65	1.65
	电焊条 E4303 D4	kg	7.58	0.21	0.21	0.21	0.21	0.21	0.21
	道木	m^3	3660.04	0.027	0.027	0.027	0.030	0.030	0.030
	石棉橡胶板 低压 δ0.8～6.0	kg	19.35	0.3	0.3	0.4	0.4	0.5	0.5
	白漆	kg	17.58	0.05	0.05	0.08	0.08	0.08	0.08
	煤油	kg	7.49	0.5	1.0	1.0	1.5	1.5	1.5
	机油	kg	7.21	0.202	0.202	0.202	0.202	0.202	0.202
	黄干油	kg	15.77	0.202	0.212	0.212	0.212	0.212	0.212
	棉纱	kg	16.11	0.30	0.30	0.48	0.48	0.50	0.50
	破布	kg	5.07	0.21	0.21	0.32	0.32	0.42	0.42
	阻燃防火保温草袋片	个	6.00	0.5	0.5	0.5	0.5	0.5	0.5
	铁砂布 0#～2#	张	1.15	1	2	2	3	3	3
	塑料布	kg	10.93	0.20	0.39	0.48	1.68	1.68	1.68
	零星材料费	元	—	1.97	2.05	2.22	2.59	2.62	2.63
机械	交流弧焊机 21kV·A	台班	60.37	0.2	0.2	0.2	0.2	0.2	0.2
	叉式起重机 5t	台班	494.40	—	—	0.2	0.3	0.3	0.3

2.氨液分离器

单位：台

编号				1-1275	1-1276	1-1277	1-1278	1-1279	1-1280
项目				直径(mm以内)					
				500	600	800	1000	1200	1400
预算基价	总价(元)			**840.27**	**1028.52**	**1374.25**	**1678.63**	**1925.54**	**2101.10**
	人工费(元)			695.25	881.55	1125.90	1421.55	1659.15	1782.00
	材料费(元)			138.98	140.93	143.43	146.13	155.44	158.71
	机械费(元)			6.04	6.04	104.92	110.95	110.95	160.39
组成内容		单位	单价	数量					
人工	综合工	工日	135.00	5.15	6.53	8.34	10.53	12.29	13.20
材料	平垫铁 Q195～Q235 2#	kg	7.42	3.872	3.872	3.872	3.872	3.872	3.872
	斜垫铁 Q195～Q235 2#	kg	10.34	3.708	3.708	3.708	3.708	3.708	3.708
	普碳钢板 Q195～Q235 δ1.6～1.9	t	3997.33	0.0004	0.0004	0.0008	0.0008	0.0008	0.0008
	双头螺栓 M16×150	套	2.49	4	4	4	4	4	4
	镀锌钢丝 D2.8～4.0	kg	6.91	0.8	0.8	0.8	0.8	1.1	1.1
	电焊条 E4303 D4	kg	7.58	0.210	0.210	0.210	0.210	0.210	0.210
	石棉橡胶板 低压 δ0.8～6.0	kg	19.35	0.30	0.40	0.40	0.50	0.60	0.70
	白漆	kg	17.58	0.08	0.08	0.08	0.08	0.08	0.08
	煤油	kg	7.49	1.5	1.5	1.5	1.5	1.5	1.5
	机油	kg	7.21	0.101	0.101	0.101	0.202	0.202	0.202
	黄干油	kg	15.77	0.182	0.182	0.182	0.182	0.182	0.202
	棉纱	kg	16.11	0.43	0.43	0.45	0.45	0.50	0.53
	破布	kg	5.07	0.21	0.21	0.32	0.32	0.53	0.63
	铁砂布 0#～2#	张	1.15	3	3	3	3	3	3
	塑料布	kg	10.93	1.68	1.68	1.68	1.68	1.68	1.68
	木板	m^3	1672.03	—	—	—	—	0.002	0.002
	零星材料费	元	—	1.38	1.40	1.42	1.45	1.54	1.57
机械	交流弧焊机 21kV•A	台班	60.37	0.1	0.1	0.1	0.2	0.2	0.2
	叉式起重机 5t	台班	494.40	—	—	0.2	0.2	0.2	0.3

3.空气分离器

单位：台

编号				1-1281	1-1282
项目				冷却面积(m^2以内)	
				0.45	1.82
预算基价	总价(元)			**396.03**	**505.82**
	人工费(元)			267.30	375.30
	材料费(元)			122.69	124.48
	机械费(元)			6.04	6.04
组成内容		单位	单价	数量	
人工	综合工	工日	135.00	1.98	2.78
材料	平垫铁 Q195～Q235 2#	kg	7.42	3.872	3.872
	斜垫铁 Q195～Q235 2#	kg	10.34	3.708	3.708
	普碳钢板 Q195～Q235 δ1.6～1.9	t	3997.33	0.0002	0.0004
	木板	m^3	1672.03	0.001	0.001
	硅酸盐水泥 42.5级	kg	0.41	5.9	5.9
	砂子	t	87.03	0.020	0.020
	碎石 0.5～3.2	t	82.73	0.020	0.020
	电焊条 E4303 D4	kg	7.58	0.105	0.105
	石棉橡胶板 低压 δ0.8～6.0	kg	19.35	0.20	0.25
	白漆	kg	17.58	0.08	0.08
	煤油	kg	7.49	1.5	1.5
	棉纱	kg	16.11	0.40	0.40
	破布	kg	5.07	0.11	0.11
	铁砂布 0#～2#	张	1.15	3	3
	塑料布	kg	10.93	1.68	1.68
	零星材料费	元	—	1.21	1.23
机械	交流弧焊机 21kV•A	台班	60.37	0.1	0.1

十七、过 滤 器

单位：台

编号			1-1283	1-1284	1-1285	1-1286	1-1287	1-1288
项目			氨气过滤器			氨液过滤器		
			直径(mm以内)					
			100	200	300	25	50	100
预算基价	总价(元)		**290.85**	**483.45**	**793.84**	**160.28**	**357.58**	**440.86**
	人工费(元)		249.75	418.50	691.20	139.05	328.05	371.25
	材料费(元)		41.10	64.95	102.64	21.23	29.53	69.61
组成内容	**单位**	**单价**	**数量**					
人工 综合工	工日	135.00	1.85	3.10	5.12	1.03	2.43	2.75
材料 石棉橡胶板 低压 δ0.8～6.0	kg	19.35	0.5	1.0	2.0	0.2	0.4	1.2
白漆	kg	17.58	0.05	0.05	0.08	0.05	0.05	0.05
汽油 60#～70#	kg	6.67	0.501	1.002	2.040	0.204	0.510	1.020
煤油	kg	7.49	1.0	1.0	1.5	0.5	0.5	0.5
冷冻机油	kg	10.48	0.20	0.25	0.25	0.10	0.15	0.20
机油	kg	7.21	0.101	0.101	0.101	0.101	0.101	0.101
黄干油	kg	15.77	0.101	0.404	0.606	0.051	0.152	0.354
镀锌钢丝 D2.8～4.0	kg	6.91	0.8	0.8	0.8	—	—	—
棉纱	kg	16.11	0.28	0.40	0.40	0.26	0.26	0.26
白布	m	3.68	0.102	0.306	0.510	0.051	0.102	0.204
破布	kg	5.07	0.105	0.105	0.210	0.053	0.053	0.053
铁砂布 0#～2#	张	1.15	2	2	2	2	2	2
塑料布	kg	10.93	0.15	0.39	0.60	0.15	0.15	1.68
零星材料费	元	—	0.41	0.64	1.02	0.21	0.29	0.69

十八、中间冷却器

单位：台

编号				1-1289	1-1290	1-1291	1-1292	1-1293	1-1294
项目				设备冷却面积（m²以内）					
				2	3.5	5	8	10	16
预算基价	总价（元）			**1124.07**	**1360.94**	**1651.91**	**2139.44**	**2577.70**	**3807.37**
	人工费（元）			816.75	1044.90	1323.00	1613.25	2045.25	2573.10
	材料费（元）			202.40	211.12	217.96	365.80	372.06	434.49
	机械费（元）			104.92	104.92	110.95	160.39	160.39	799.78
组成内容		**单位**	**单价**	**数量**					
人工	综合工	工日	135.00	6.05	7.74	9.80	11.95	15.15	19.06
材料	平垫铁 Q195～Q235 3#	kg	7.42	6.006	6.006	6.006	6.006	6.006	6.006
	斜垫铁 Q195～Q235 3#	kg	10.34	4.286	4.286	4.286	4.286	4.286	4.286
	普碳钢板 Q195～Q235 δ1.6～1.9	t	3997.33	0.0008	0.0008	0.0008	0.0010	0.0010	0.0012
	木板	m³	1672.03	0.001	0.001	0.001	0.005	0.006	0.008
	硅酸盐水泥 42.5级	kg	0.41	8.56	9.11	10.69	14.50	16.10	18.85
	砂子	t	87.03	0.020	0.020	0.020	0.039	0.039	0.039
	碎石 0.5～3.2	t	82.73	0.020	0.020	0.020	0.039	0.039	0.039
	镀锌钢丝 D2.8～4.0	kg	6.91	1.10	1.10	1.10	1.65	1.65	2.00
	石棉橡胶板 低压 δ0.8～6.0	kg	19.35	1.0	1.3	1.5	1.8	2.0	2.5
	电焊条 E4303 D4	kg	7.58	0.105	0.105	0.210	0.210	0.210	0.420
	白漆	kg	17.58	0.16	0.16	0.16	0.18	0.18	0.18
	煤油	kg	7.49	2.5	2.5	2.5	2.5	2.5	2.5
	机油	kg	7.21	0.202	0.303	0.505	0.505	0.505	0.606
	黄干油	kg	15.77	0.212	0.212	0.212	0.111	0.111	0.111
	棉纱	kg	16.11	0.83	0.88	0.88	1.05	1.05	1.10
	破布	kg	5.07	0.32	0.53	0.53	0.74	0.74	0.95
	铁砂布 0#～2#	张	1.15	5	5	5	5	5	5
	塑料布	kg	10.93	2.28	2.28	2.28	3.39	3.39	3.39
	道木	m³	3660.04	—	—	—	0.030	0.030	0.041
	零星材料费	元	—	2.00	2.09	2.16	3.62	3.68	4.30
机械	叉式起重机 5t	台班	494.40	0.2	0.2	0.2	0.3	0.3	—
	交流弧焊机 21kV·A	台班	60.37	0.1	0.1	0.2	0.2	0.2	0.5
	载货汽车 8t	台班	521.59	—	—	—	—	—	0.5
	汽车式起重机 16t	台班	971.12	—	—	—	—	—	0.5
	卷扬机 单筒慢速 50kN	台班	211.29	—	—	—	—	—	0.11

十九、玻璃钢冷却塔

工作内容：本体安装、随设备带有与设备联体固定的配件等安装。 **单位：**台

编号				1-1295	1-1296	1-1297	1-1298	1-1299	1-1300	1-1301	1-1302	1-1303
项目				设备处理水量(m^3/h以内)								
				30	50	70	100	150	250	300	500	700
预算基价	总价(元)			**2528.60**	**2798.69**	**3307.73**	**3695.32**	**4425.14**	**6433.73**	**8203.81**	**9104.04**	**10631.51**
	人工费(元)			1979.10	2146.50	2419.20	2644.65	3080.70	4432.05	5233.95	5628.15	6875.55
	材料费(元)			332.63	386.76	459.62	510.91	561.90	821.78	1115.88	1405.04	1587.99
	机械费(元)			216.87	265.43	428.91	539.76	782.54	1179.90	1853.98	2070.85	2167.97
组成内容		**单位**	**单价**	**数量**								
人工	综合工	工日	135.00	14.66	15.90	17.92	19.59	22.82	32.83	38.77	41.69	50.93
材料	平垫铁（综合）	kg	7.42	6.006	6.006	8.008	8.008	8.008	12.012	16.016	16.016	16.016
	斜垫铁 Q195～Q235 $1^{\#}$	kg	10.34	4.286	4.286	5.716	5.716	5.716	8.572	11.430	11.430	11.430
	普碳钢板 Q195～Q235 δ1.6～1.9	t	3997.33	0.0002	0.0004	0.0008	0.0008	0.0010	0.0014	0.0018	0.0018	0.0040
	镀锌钢丝 *D*2.8～4.0	kg	6.91	3.70	3.70	3.70	4.80	4.80	4.80	4.80	5.55	7.40
	木板	m^3	1672.03	0.002	0.002	0.003	0.006	0.006	0.008	0.017	0.017	0.017
	道木	m^3	3660.04	0.027	0.027	0.027	0.027	0.030	0.041	0.041	0.041	0.062
	汽油 $70^{\#}$～$90^{\#}$	kg	8.08	0.306	0.408	0.510	0.714	1.224	2.040	2.550	3.570	5.100
	煤油	kg	7.49	1.5	2.0	2.0	3.0	6.0	6.0	9.0	12.0	17.0
	机油	kg	7.21	0.101	0.101	0.101	0.101	0.101	0.202	0.202	0.303	0.303
	黄干油	kg	15.77	0.576	0.576	0.576	0.576	0.576	0.576	0.576	0.576	0.646
	405树脂胶	kg	20.22	1.0	1.5	2.0	2.5	3.0	4.0	5.0	6.0	7.0
	白漆	kg	17.58	0.1	0.1	0.2	0.3	0.3	0.6	0.9	1.5	1.5
	石棉橡胶板 高压 δ1～6	kg	23.57	1.200	1.400	1.400	1.600	1.600	1.800	2.000	2.500	3.000
	阻燃防火保温草袋片	个	6.00	0.5	0.5	0.5	0.5	0.5	1.5	5.0	5.0	5.0
	铁砂布 $0^{\#}$～$2^{\#}$	张	1.15	3	4	4	5	5	10	15	23	23
	塑料布	kg	10.93	2.79	5.79	8.13	9.21	9.21	18.42	27.63	46.00	46.00
	水	m^3	7.62	0.38	0.38	0.55	0.55	0.82	1.54	5.90	5.90	5.90
	电焊条 E4303	kg	7.59	0.210	0.210	0.260	0.260	0.320	0.320	0.420	0.420	0.630
机械	载货汽车 10t	台班	574.62	0.200	0.200	0.400	0.500	0.500	0.600	0.800	1.000	1.000
	汽车式起重机 16t	台班	971.12	0.100	0.150	0.200	0.250	0.500	0.850	0.850	0.950	1.050
	汽车式起重机 25t	台班	1098.98	—	—	—	—	—	—	0.500	0.500	0.500
	硅整流弧焊机 15kV·A	台班	48.36	0.100	0.100	0.100	0.200	0.200	0.200	0.400	0.500	0.500

二十、集油器、紧急泄氨器、油视镜

编号				1-1304	1-1305	1-1306	1-1307	1-1308	1-1309
设备名称				集油器			紧急泄氨器	油视镜	
设备直径(mm以内)				219 (台)	325 (台)	500 (台)	108 (台)	50 (支)	100 (支)
预算基价	总 价(元)			**325.48**	**416.34**	**568.36**	**280.57**	**246.44**	**341.05**
	人 工 费(元)			218.70	309.15	460.35	240.30	216.00	301.05
	材 料 费(元)			100.74	101.15	101.97	40.27	30.44	40.00
	机 械 费(元)			6.04	6.04	6.04	—	—	—
组成内容		**单位**	**单价**	**数量**					
人工	综合工	工日	135.00	1.62	2.29	3.41	1.78	1.60	2.23
材料	平垫铁 Q195~Q235 2#	kg	7.42	3.872	3.872	3.872	—	—	—
	斜垫铁 Q195~Q235 2#	kg	10.34	3.708	3.708	3.708	—	—	—
	普碳钢板 Q195~Q235 δ1.6~1.9	t	3997.33	0.0002	0.0002	0.0002	—	—	—
	木板	m^3	1672.03	0.001	0.001	0.001	0.001	—	—
	硅酸盐水泥 42.5级	kg	0.41	8	9	9	5	—	—
	砂子	t	87.03	0.020	0.020	0.020	0.020	—	—
	碎石 0.5~3.2	t	82.73	0.020	0.020	0.020	0.020	—	—
	电焊条 E4303 $D4$	kg	7.58	0.105	0.105	0.105	—	—	—
	石棉橡胶板 低压 δ0.8~6.0	kg	19.35	0.5	0.5	0.5	0.2	0.2	0.5
	煤油	kg	7.49	0.5	0.5	0.5	0.5	0.5	0.5
	机油	kg	7.21	0.202	0.202	0.202	0.101	0.101	0.101
	棉纱	kg	16.11	0.33	0.33	0.38	0.28	0.30	0.35
	破布	kg	5.07	0.5	0.5	0.5	0.5	0.5	0.5
	铁件	kg	9.49	—	—	—	1.75	1.20	1.50
	双头带帽螺栓 M10×30	套	0.38	—	—	—	2	8	8
	零星材料费	元	—	1.00	1.00	1.01	0.40	0.30	0.40
机械	交流弧焊机 21kV•A	台班	60.37	0.1	0.1	0.1	—	—	—

二十一、储 气 罐

单位：台

编号			1-1310	1-1311	1-1312	1-1313	1-1314
项目			设备容量(m^3以内)				
			2	5	8	11	15
预算基价 总价(元)			**2661.46**	**3814.55**	**5049.72**	**6242.60**	**7680.31**
人工费(元)			2041.20	2936.25	3468.15	4506.30	5786.10
材料费(元)			317.74	469.84	539.22	665.67	733.56
机械费(元)			302.52	408.46	1042.35	1070.63	1160.65
组成内容	**单位**	**单价**	**数量**				
人工 综合工	工日	135.00	15.12	21.75	25.69	33.38	42.86
材料 平垫铁 Q195～Q235 1#	kg	7.42	2.032	3.048	3.048	3.556	3.556
斜垫铁 Q195～Q235 1#	kg	10.34	1.044	1.566	1.566	2.088	2.088
普碳钢板 Q195～Q235 δ4.5～7.0	t	3843.28	0.001	0.002	0.003	0.004	0.005
木板	m^3	1672.03	0.001	0.001	0.003	0.003	0.004
硅酸盐水泥 42.5级	kg	0.41	17	23	26	29	37
砂子	t	87.03	0.036	0.071	0.090	0.107	0.126
碎石 0.5～3.2	t	82.73	0.036	0.090	0.107	0.126	0.143
精制六角带帽螺栓 M20×80以内	套	3.10	6	10	12	14	16
水	m^3	7.62	0.51	0.68	0.79	0.86	1.00
镀锌钢丝 *D*2.8～4.0	kg	6.91	2.20	3.30	4.40	4.95	5.50
电焊条 E4303 *D*4	kg	7.58	0.60	1.17	1.42	1.79	2.21
道木	m^3	3660.04	0.042	0.060	0.065	0.079	0.081

续前

单位：台

编号				1-1310	1-1311	1-1312	1-1313	1-1314
项目				设备容量（m^3以内）				
				2	5	8	11	15
组成内容		单位	单价	数量				
材料	石棉橡胶板 低压 δ0.8～6.0	kg	19.35	0.74	1.31	2.11	3.14	4.27
	白漆	kg	17.58	0.08	0.10	0.10	0.10	0.10
	煤油	kg	7.49	2.1	2.7	3.0	3.5	4.0
	氧气	m^3	2.88	1.183	1.499	1.765	2.030	2.489
	乙炔气	kg	14.66	0.398	0.500	0.592	0.673	0.826
	棉纱	kg	16.11	0.38	0.50	0.50	0.50	0.50
	破布	kg	5.07	0.5	0.5	1.0	1.0	1.0
	阻燃防火保温草袋片	个	6.00	0.50	0.50	0.50	0.50	1.27
	铁砂布 0# ～2#	张	1.15	3	3	3	3	3
	塑料布	kg	10.93	1.68	2.79	2.79	4.41	4.41
	零星材料费	元	—	3.15	4.65	5.34	6.59	7.26
机械	交流弧焊机 21kV·A	台班	60.37	0.2	0.3	0.4	0.4	0.4
	电动空气压缩机 $6m^3$	台班	217.48	0.63	1.00	1.25	1.38	1.50
	载货汽车 8t	台班	521.59	—	—	0.5	0.5	0.5
	汽车式起重机 8t	台班	767.15	0.2	—	—	—	—
	汽车式起重机 12t	台班	864.36	—	0.2	—	—	—
	汽车式起重机 16t	台班	971.12	—	—	0.5	0.5	—
	汽车式起重机 25t	台班	1098.98	—	—	—	—	0.5

二十二、乙炔发生器

1. 乙炔发生器

单位：台

编号				1-1315	1-1316	1-1317	1-1318	1-1319
项目				设备规格(m^3/h以内)				
				5	10	20	40	80
预算基价	总价(元)			**2864.81**	**3735.89**	**5172.10**	**6216.50**	**8278.23**
	人工费(元)			2072.25	2627.10	3559.95	4174.20	5794.20
	材料费(元)			201.16	312.36	406.18	579.86	667.35
	机械费(元)			591.40	796.43	1205.97	1462.44	1816.68
组成内容		**单位**	**单价**	**数量**				
人工	综合工	工日	135.00	15.35	19.46	26.37	30.92	42.92
材料	平垫铁 Q195～Q235 1#	kg	7.42	2.540	3.048	3.810	5.080	5.842
	斜垫铁 Q195～Q235 1#	kg	10.34	1.044	1.566	1.566	2.088	2.610
	钢板垫板	t	4954.18	0.0015	0.0018	0.0020	0.0025	0.0028
	木板	m^3	1672.03	0.001	0.001	0.001	0.003	0.004
	硅酸盐水泥 42.5级	kg	0.41	58	67	78	87	116
	砂子	t	87.03	0.147	0.154	0.193	0.252	0.290
	碎石 0.5～3.2	t	82.73	0.160	0.177	0.213	0.270	0.319
	石棉橡胶板 低压 δ0.8～6.0	kg	19.35	0.96	—	—	—	—
	水	m^3	7.62	1.71	1.99	2.33	2.57	3.42
	电焊条 E4303 D4	kg	7.58	0.32	0.42	0.74	0.84	1.05
	橡胶板 δ5	m^2	64.32	0.2	0.3	0.4	0.5	0.6
	石棉编绳 D6～10	kg	19.22	0.20	0.25	0.30	0.40	0.50
	铅油	kg	11.17	0.10	0.15	0.20	0.25	0.30
	白漆	kg	17.58	0.08	0.08	0.10	0.10	0.10

续前

单位：台

编号			1-1315	1-1316	1-1317	1-1318	1-1319
项目			设备规格(m^3/h以内)				
			5	10	20	40	80
组成内容	单位	单价	数量				
材料 煤油	kg	7.49	2.5	2.5	3.0	4.0	4.5
机油	kg	7.21	0.10	0.15	0.18	0.20	0.25
氧气	m^3	2.88	1.244	1.663	2.917	3.325	4.162
乙炔气	kg	14.66	0.418	0.551	0.969	1.663	1.387
棉纱	kg	16.11	0.48	0.50	0.75	0.88	1.00
破布	kg	5.07	0.5	1.0	1.5	2.0	2.5
阻燃防火保温草袋片	个	6.00	1.5	1.5	2.0	2.0	3.0
铁砂布 $0^{\#}\sim2^{\#}$	张	1.15	2	3	3	3	3
塑料布	kg	10.93	0.60	1.68	2.79	4.41	4.41
圆钉 $D<5$	kg	6.49	0.011	0.013	0.016	0.017	0.023
石棉橡胶板 中压 $\delta0.8\sim6.0$	kg	20.02	—	2.64	3.97	4.74	5.35
道木	m^3	3660.04	—	0.008	0.008	0.027	0.030
零星材料费	元	—	1.99	3.09	4.02	5.74	6.61
机械 载货汽车 8t	台班	521.59	0.2	0.3	0.4	0.5	0.5
卷扬机 单筒慢速 50kN	台班	211.29	0.75	1.25	1.25	1.50	2.00
交流弧焊机 21kV·A	台班	60.37	0.2	0.3	0.5	0.5	0.5
电动空气压缩机 $6m^3$	台班	217.48	0.75	0.85	1.00	1.25	1.50
汽车式起重机 8t	台班	767.15	0.2	—	—	—	—
汽车式起重机 12t	台班	864.36	—	0.2	—	—	—
汽车式起重机 16t	台班	971.12	—	—	0.5	0.6	0.8

2.乙炔发生器附属设备

单位：台

编号				1-1320	1-1321	1-1322	1-1323	1-1324
项目				设备质量(t以内)				
				0.3	0.5	0.8	1.0	1.5
预算基价	总价(元)			**1142.28**	**1911.57**	**2649.96**	**3600.60**	**4743.15**
	人工费(元)			811.35	1212.30	1769.85	2396.25	3244.05
	材料费(元)			107.35	171.30	240.19	327.70	369.86
	机械费(元)			223.58	527.97	639.92	876.65	1129.24
组成内容		单位	单价	数量				
人工	综合工	工日	135.00	6.01	8.98	13.11	17.75	24.03
材料	平垫铁 Q195～Q235 1#	kg	7.42	1.524	1.524	2.286	3.048	3.048
	斜垫铁 Q195～Q235 1#	kg	10.34	1.044	1.044	1.566	2.088	2.088
	钢板垫板	t	4954.18	0.0015	0.0030	0.0035	0.0040	0.0050
	木板	m^3	1672.03	0.001	0.001	0.001	0.003	0.003
	硅酸盐水泥 42.5级	kg	0.41	23	46	67	75	87
	砂子	t	87.03	0.059	0.114	0.157	0.186	0.220
	碎石 0.5～3.2	t	82.73	0.064	0.129	0.172	0.192	0.242
	石棉橡胶板 中压 δ0.8～6.0	kg	20.02	0.20	0.30	0.40	0.50	0.80
	水	m^3	7.62	0.68	1.37	1.99	2.23	2.57
	电焊条 E4303 *D*4	kg	7.58	0.21	0.53	0.84	1.05	1.58
	石棉编绳 *D*6～10	kg	19.22	0.20	0.30	0.40	0.50	0.60
	铅油	kg	11.17	0.60	0.80	1.00	1.20	1.50

续前

单位：台

编号				1-1320	1-1321	1-1322	1-1323	1-1324
项目				设备质量(t以内)				
				0.3	0.5	0.8	1.0	1.5
组成内容		单位	单价	数量				
材料	白漆	kg	17.58	0.08	0.08	0.10	0.10	0.10
	煤油	kg	7.49	1.2	1.8	1.9	2.1	2.3
	机油	kg	7.21	0.20	0.30	0.40	0.60	0.80
	氧气	m^3	2.88	0.102	0.204	0.316	0.520	0.836
	乙炔气	kg	14.66	0.031	0.071	0.102	0.173	0.275
	棉纱	kg	16.11	0.43	0.45	0.59	0.60	0.60
	破布	kg	5.07	0.5	0.5	1.0	1.2	1.5
	阻燃防火保温草袋片	个	6.00	0.5	1.0	2.0	2.0	2.0
	铁砂布 $0^{\#}\sim2^{\#}$	张	1.15	2	3	3	3	3
	塑料布	kg	10.93	0.60	1.68	2.79	4.41	4.41
	圆钉 $D<5$	kg	6.49	—	0.010	0.013	0.015	0.017
	道木	m^3	3660.04	—	—	—	0.008	0.008
	零星材料费	元	—	1.06	1.70	2.38	3.24	3.66
机械	交流弧焊机 21kV•A	台班	60.37	0.2	0.4	0.5	0.5	0.8
	载货汽车 8t	台班	521.59	0.2	0.2	0.3	0.3	0.5
	电动空气压缩机 $6m^3$	台班	217.48	0.25	0.50	0.65	0.90	1.00
	汽车式起重机 8t	台班	767.15	—	0.2	0.2	0.3	0.4
	卷扬机 单筒慢速 50kN	台班	211.29	0.25	0.65	0.75	1.25	1.40

二十三、水压机蓄势罐

单位：台

编号				1-1325	1-1326	1-1327	1-1328	1-1329	1-1330
项目				设备质量(t以内)					
				10	15	20	30	40	55
预算基价	总价(元)			**13574.87**	**17615.08**	**23256.44**	**32885.82**	**40331.96**	**50950.10**
	人工费(元)			8120.25	10103.40	14594.85	19861.20	24376.95	33631.20
	材料费(元)			3863.29	5670.54	6512.93	8308.17	9121.32	9988.94
	机械费(元)			1591.33	1841.14	2148.66	4716.45	6833.69	7329.96
组成内容		**单位**	**单价**	**数量**					
人工	综合工	工日	135.00	60.15	74.84	108.11	147.12	180.57	249.12
材料	平垫铁 Q195～Q235 2#	kg	7.42	7.744	—	—	—	—	—
	平垫铁 Q195～Q235 3#	kg	7.42	—	16.016	16.016	—	—	—
	平垫铁 Q195～Q235 4#	kg	7.42	—	—	—	94.944	94.944	94.944
	斜垫铁 Q195～Q235 2#	kg	10.34	7.416	—	—	—	—	—
	斜垫铁 Q195～Q235 3#	kg	10.34	—	12.859	12.859	—	—	—
	斜垫铁 Q195～Q235 4#	kg	10.34	—	—	—	51.636	51.636	51.636
	钢板垫板	t	4954.18	0.050	0.055	0.065	0.080	0.090	0.100
	木板	m^3	1672.03	0.031	0.036	0.046	0.073	0.111	0.139
	硅酸盐水泥 42.5级	kg	0.41	77	94	109	123	133	157
	砂子	t	87.03	0.193	0.232	0.290	0.329	0.368	0.406
	碎石 0.5～3.2	t	82.73	0.213	0.252	0.309	0.347	0.386	0.425
	水	m^3	7.62	2.26	2.77	3.22	3.63	3.94	4.62
	镀锌钢丝 $D2.8$～4.0	kg	6.91	4.0	5.0	6.0	6.5	7.0	7.5
	电焊条 E4303 $D4$	kg	7.58	2.63	3.15	3.36	3.68	3.94	4.46
	道木	m^3	3660.04	0.187	0.452	0.485	0.571	0.669	0.776
	白灰	kg	0.30	8000	10000	12000	13000	14000	15000

续前 单位：台

编号			1-1325	1-1326	1-1327	1-1328	1-1329	1-1330
项目			设备质量(t以内)					
			10	15	20	30	40	55
组成内容	单位	单价	数量					
材料 白漆	kg	17.58	0.08	0.10	0.10	0.10	0.10	0.10
煤油	kg	7.49	3.0	3.3	3.5	4.0	4.5	5.5
盐酸 31%	kg	4.27	18	22	24	26	28	30
氧气	m^3	2.88	2.601	3.121	3.386	3.641	3.907	4.162
乙炔气	kg	14.66	0.867	1.040	1.132	1.214	1.306	1.387
棉纱	kg	16.11	0.43	0.55	0.58	0.59	0.60	0.80
破布	kg	5.07	1.70	2.20	2.30	2.35	2.40	2.50
阻燃防火保温草袋片	个	6.00	2.0	2.0	3.0	3.5	3.5	4.0
铁砂布 0#～2#	张	1.15	8	8	8	8	8	10
塑料布	kg	10.93	1.68	2.79	2.79	4.41	4.41	5.79
圆钉 $D<5$	kg	6.49	0.015	0.018	0.021	0.024	0.026	0.031
零星材料费	元	—	38.25	56.14	64.48	82.26	90.31	98.90
机械 交流弧焊机 21kV•A	台班	60.37	1.50	0.62	1.00	1.00	1.00	1.50
载货汽车 8t	台班	521.59	0.5	0.5	0.5	0.5	1.0	1.0
电动空气压缩机 $6m^3$	台班	217.48	0.5	0.5	1.0	1.0	1.5	1.5
试压泵 60MPa	台班	24.94	1.50	1.75	2.00	2.25	2.50	2.75
汽车式起重机 16t	台班	971.12	0.8	—	—	—	—	—
汽车式起重机 25t	台班	1098.98	—	0.9	—	—	—	—
汽车式起重机 30t	台班	1141.87	—	—	0.9	—	—	—
汽车式起重机 50t	台班	2492.74	—	—	—	1.2	0.5	—
汽车式起重机 75t	台班	3175.79	—	—	—	—	1.0	1.5
卷扬机 单筒慢速 50kN	台班	211.29	1.50	1.90	2.52	5.35	6.82	7.38

二十四、空气分离塔

单位：台

编号				1-1331	1-1332	1-1333
项目				型号规格		
				FL-50/200	140/660-1	FL-300/300
预算基价	总价(元)			**16640.48**	**22132.49**	**32659.88**
	人工费(元)			12715.65	16563.15	24347.25
	材料费(元)			2774.03	3762.88	5629.41
	机械费(元)			1150.80	1806.46	2683.22
组成内容		单位	单价	数量		
人工	综合工	工日	135.00	94.19	122.69	180.35
材料	平垫铁 Q195～Q235 1#	kg	7.42	1.524	2.032	2.540
	斜垫铁 Q195～Q235 1#	kg	10.34	3.132	4.175	5.220
	钢板垫板	t	4954.18	0.015	0.021	0.035
	木板	m^3	1672.03	0.031	0.043	0.063
	硅酸盐水泥 42.5级	kg	0.41	5.7	94.0	116.0
	砂子	t	87.03	0.126	0.193	0.270
	碎石 0.5～3.2	t	82.73	0.143	0.213	0.290
	水	m^3	7.62	0.17	2.77	3.42
	型钢	t	3699.72	0.052	0.103	0.170
	镀锌钢丝 $D2.8$～4.0	kg	6.91	3	5	10
	电焊条 E4303 $D4$	kg	7.58	3.15	4.20	5.25
	铜焊条 铜107 $D3.2$	kg	51.27	0.35	0.60	1.10
	气焊条 $D<2$	kg	7.96	2.0	2.5	4.0
	锌 99.99%	kg	23.32	0.22	0.32	0.55
	道木	m^3	3660.04	0.454	0.562	0.707
	焊锡	kg	59.85	1.1	1.6	2.7
	白漆	kg	17.58	0.08	0.10	0.10
	低温密封膏	kg	19.49	1.2	1.4	2.6

续前　　　　　　　　　　　　　　　　　　　　　　　　　　　　　　　　　　　**单位**：台

编　号				1-1331	1-1332	1-1333
项　目				型号规格		
				FL-50/200	140/660-1	FL-300/300
组成内容		**单位**	**单价**	**数　量**		
材料	煤油	kg	7.49	5.0	6.0	6.5
	黄干油	kg	15.77	0.3	0.4	0.8
	四氯化碳 95%	kg	14.71	15	20	50
	氧气	m^3	2.88	12.485	15.606	31.212
	工业酒精 99.5%	kg	7.42	10	14	30
	甘油	kg	14.22	0.5	0.7	1.0
	乙炔气	kg	14.66	4.162	5.202	10.404
	棉纱	kg	16.11	0.88	1.25	1.75
	白布	m	3.68	2.5	3.5	4.0
	破布	kg	5.07	3.5	5.0	7.0
	阻燃防火保温草袋片	个	6.00	0.5	2.5	3.0
	铁砂布 0#～2#	张	1.15	8	10	15
	锯条	根	0.42	6	8	15
	肥皂	块	1.34	5.0	8.0	12.0
	塑料布	kg	10.93	1.68	2.79	4.41
	圆钉 $D<5$	kg	6.49	—	0.018	0.023
	零星材料费	元	—	27.47	37.26	55.74
机械	交流弧焊机 21kV·A	台班	60.37	1.5	2.0	2.5
	载货汽车 8t	台班	521.59	0.3	0.5	0.7
	电动空气压缩机 $6m^3$	台班	217.48	0.75	1.00	1.25
	汽车式起重机 8t	台班	767.15	0.2	0.2	0.3
	汽车式起重机 16t	台班	971.12	0.2	0.4	—
	汽车式起重机 25t	台班	1098.98	—	—	0.8
	卷扬机 单筒慢速 50kN	台班	211.29	1.86	3.15	3.72

二十五、洗涤塔、加热炉、纯化器、干燥器等

编号				1-1334	1-1335	1-1336	1-1337	1-1338
项目				洗涤塔 XT-90 （台）	加热炉（器）1.55型 JR-13JR-100 （台）	储氧器或充氧台 501-1GC-24 （台）	纯化器 HXK-300/59 HX-1800/15 （套）	干燥器（170×2） 碱水拌和器（1.6） （组）
预算基价	总价（元）			**5585.94**	**1660.91**	**1683.37**	**8322.22**	**3856.37**
	人工费（元）			4001.40	791.10	1262.25	5633.55	2713.50
	材料费（元）			871.59	267.86	267.69	1541.79	873.05
	机械费（元）			712.95	601.95	153.43	1146.88	269.82
组成内容		**单位**	**单价**	**数量**				
人工	综合工	工日	135.00	29.64	5.86	9.35	41.73	20.10
材料	平垫铁 Q195～Q235 3#	kg	7.42	17.017	9.009	—	28.028	17.017
	斜垫铁 Q195～Q235 2#	kg	10.34	5.808	2.904	—	9.680	5.808
	钢板垫板	t	4954.18	0.0050	—	—	0.0105	0.0056
	木板	m^3	1672.03	0.016	0.013	0.013	0.040	0.018
	硅酸盐水泥 42.5级	kg	0.41	44	13	—	94	51
	砂子	t	87.03	0.129	0.029	—	0.257	0.129
	碎石 0.5～3.2	t	82.73	0.143	0.034	—	0.257	0.143
	水	m^3	7.62	1.30	0.38	—	2.77	1.30
	镀锌钢丝 *D*2.8～4.0	kg	6.91	4	3	8	5	3
	电焊条 E4303 *D*4	kg	7.58	0.3	0.3	—	0.7	0.3
	道木	m^3	3660.04	0.105	—	—	0.166	0.080
	石棉橡胶板 中压 δ0.8～6.0	kg	20.02	4.59	3.06	—	5.61	4.08
	白漆	kg	17.58	0.08	0.08	0.08	0.10	0.08
	煤油	kg	7.49	2.5	2.0	1.5	3.5	4.5

续前

编号				1-1334	1-1335	1-1336	1-1337	1-1338
项目				洗涤塔 XT-90 （台）	加热炉（器）1.55型 JR-13JR-100 （台）	储氧器或充氧台 501-1GC-24 （台）	纯化器 HXK-300/59 HX-1800/15 （套）	干燥器（170×2） 碱水拌和器（1.6） （组）
组成内容		单位	单价	数量				
材料	机油	kg	7.21	0.404	0.202	—	0.505	0.404
	黄干油	kg	15.77	0.202	0.202	—	0.303	0.202
	圆钉 $D<5$	kg	6.49	0.010	—	—	0.018	0.010
	棉纱	kg	16.11	0.88	0.60	0.88	1.13	1.00
	破布	kg	5.07	2.5	1.0	2.5	3.0	2.0
	阻燃防火保温草袋片	个	6.00	1.0	0.5	—	2.5	1.0
	铁砂布 0#～2#	张	1.15	2	3	2	3	3
	塑料布	kg	10.93	0.60	0.60	0.60	2.79	1.68
	四氯化碳 95%	kg	14.71	—	—	8	8	5
	氧气	m^3	2.88	—	—	2.04	—	—
	甘油	kg	14.22	—	—	0.3	—	—
	乙炔气	kg	14.66	—	—	0.683	—	—
	白布	m	3.68	—	—	0.5	—	—
	零星材料费	元	—	8.63	2.65	2.65	15.27	8.64
机械	交流弧焊机 21kV·A	台班	60.37	0.25	0.20	—	0.20	0.20
	载货汽车 8t	台班	521.59	0.4	0.2	—	0.5	0.2
	汽车式起重机 8t	台班	767.15	0.5	—	0.2	—	0.2
	汽车式起重机 16t	台班	971.12	—	0.5	—	0.9	—
	卷扬机 单筒慢速 50kN	台班	211.29	0.5	—	—	—	—

二十六、零星小型金属结构件

单位：100kg

编号				1-1339	1-1340	1-1341	1-1342
项目				制作		安装	
				金属结构件单体质量(kg)			
				50以内	50以外	50以内	50以外
预算基价	总价(元)			**2383.86**	**2135.97**	**1181.38**	**1017.22**
	人工费(元)			1620.00	1377.00	1084.05	922.05
	材料费(元)			114.05	109.16	36.96	34.80
	机械费(元)			649.81	649.81	60.37	60.37
组成内容		**单位**	**单价**	**数量**			
人工	综合工	工日	135.00	12.00	10.20	8.03	6.83
材料	型钢	t	—	(0.1050)	(0.1050)	—	—
	精制六角带帽螺栓 M20×80以内	套	3.10	6.3	6.0	5.8	5.5
	电焊条 E4303 *D*3.2	kg	7.59	1.80	1.71	1.40	1.33
	清油	kg	15.06	0.60	0.57	—	—
	调和漆	kg	14.11	1.40	1.33	0.20	0.18
	防锈漆 C53-1	kg	13.20	1.77	1.68	0.30	0.28
	松香水	kg	9.92	0.50	0.48	—	—
	溶剂汽油 200#	kg	6.90	0.44	0.42	0.10	0.09
	钢丝刷	把	6.20	0.5	0.5	—	—
	破布	kg	5.07	0.20	0.19	0.10	0.09
	铁砂布 0#～2#	张	1.15	5	5	—	—
	锯条	根	0.42	1.5	1.0	—	—
	砂轮片 *D*350	片	18.17	0.5	0.5	—	—
	零星材料费	元	—	1.13	1.08	0.37	0.34
机械	刨边机 12000mm	台班	566.55	0.5	0.5	—	—
	卷板机 19×2000	台班	245.57	0.5	0.5	—	—
	交流弧焊机 21kV·A	台班	60.37	1.0	1.0	1.0	1.0
	砂轮切割机 *D*350	台班	11.90	0.5	0.5	—	—
	联合冲剪机 16mm	台班	354.85	0.5	0.5	—	—

二十七、制冷容器单体试密与排污

单位：次

编号				1-1343	1-1344	1-1345
项目				设备容量(m³以内)		
				1	3	5
预算基价	总价(元)			**678.36**	**976.54**	**1286.26**
	人工费(元)			544.05	722.25	908.55
	材料费(元)			19.53	30.77	45.45
	机械费(元)			114.78	223.52	332.26
组成内容		**单位**	**单价**	**数量**		
人工	综合工	工日	135.00	4.03	5.35	6.73
材料	热轧一般无缝钢管 $D22\times2$	m	5.15	0.2	0.2	0.2
	热轧一般无缝钢管 $D25\times2$	m	4.95	0.2	—	—
	带母螺栓 M12×50	套	0.85	4	4	4
	镀锌钢丝 $D2.8\sim4.0$	kg	6.91	0.2	0.2	0.2
	气焊条 $D<2$	kg	7.96	0.01	0.01	0.01
	电焊条 E4303 $D4$	kg	7.58	0.05	0.07	0.10
	黄干油	kg	15.77	0.25	0.40	0.50
	石棉橡胶板 低压 $\delta0.8\sim6.0$	kg	19.35	0.24	0.54	0.96
	氧气	m³	2.88	0.306	0.428	0.734
	乙炔气	kg	14.66	0.102	0.143	0.245
	铅油	kg	11.17	0.10	0.15	0.20
	热轧一般无缝钢管 $D38\times2.25$	m	11.42	—	0.2	—
	热轧一般无缝钢管 $D57\times3$	m	19.76	—	—	0.2
	零星材料费	元	—	0.19	0.30	0.45
机械	电动空气压缩机 6m³	台班	217.48	0.5	1.0	1.5
	交流弧焊机 21kV·A	台班	60.37	0.1	0.1	0.1

二十八、地脚螺栓孔灌浆

单位：m^3

编号				1-1346	1-1347	1-1348	1-1349	1-1350
项目				一台设备的灌浆体积（m^3以内）				
				0.03	0.05	0.10	0.30	＞0.30
预算基价	总价(元)			**1862.34**	**1619.15**	**1326.76**	**1099.04**	**851.68**
	人工费(元)			1417.50	1182.60	904.50	710.10	472.50
	材料费(元)			444.84	436.55	422.26	388.94	379.18
组成内容		**单位**	**单价**	**数量**				
人工	综合工	工日	135.00	10.50	8.76	6.70	5.26	3.50
材料	硅酸盐水泥 42.5级	kg	0.41	438	438	438	438	438
	砂子	t	87.03	0.987	0.987	0.987	0.987	0.987
	碎石 0.5～3.2	t	82.73	1.087	1.087	1.087	1.087	1.087
	水	m^3	7.62	1.5	1.2	0.9	0.7	0.6
	阻燃防火保温草袋片	个	6.00	13.0	12.0	10.0	4.7	3.2

二十九、设备底座与基础间灌浆

单位：m^3

编号				1-1351	1-1352	1-1353	1-1354	1-1355
项目				一台设备的灌浆体积(m^3以内)				
				0.03	0.05	0.10	0.30	>0.30
预算基价	总价(元)			**2517.87**	**2176.83**	**1824.45**	**1473.29**	**1157.08**
	人工费(元)			1938.60	1622.70	1301.40	1000.35	693.90
	材料费(元)			579.27	554.13	523.05	472.94	463.18
组成内容		**单位**	**单价**	**数量**				
人工	综合工	工日	135.00	14.36	12.02	9.64	7.41	5.14
材料	木板	m^3	1672.03	0.08	0.07	0.06	0.05	0.05
	硅酸盐水泥 42.5级	kg	0.41	438	438	438	438	438
	砂子	t	87.03	0.987	0.987	0.987	0.987	0.987
	碎石 0.5～3.2	t	82.73	1.087	1.087	1.087	1.087	1.087
	水	m^3	7.62	1.5	1.2	0.9	0.7	0.6
	圆钉 $D<70$	kg	6.68	0.10	0.08	0.07	0.06	0.06
	阻燃防火保温草袋片	个	6.00	13.0	12.0	10.0	4.7	3.2

附　　录

附录一 材料价格

说 明

一、本附录材料价格为不含税价格，是确定预算基价子目中材料费的基期价格。

二、材料价格由材料采购价、运杂费、运输损耗费和采购及保管费组成。计算公式如下：

采购价为供货地点交货价格：

材料价格 =（采购价 + 运杂费）×（1+ 运输损耗率）×（1+ 采购及保管费费率）

采购价为施工现场交货价格：

材料价格 = 采购价 ×（1+ 采购及保管费费率）

三、运杂费指材料由供货地点运至工地仓库（或现场指定堆放地点）所发生的全部费用。运输损耗指材料在运输装卸过程中不可避免的损耗，材料损耗率如下表：

材料损耗率表

材 料 类 别	损 耗 率
页岩标砖、空心砖、砂、水泥、陶粒、耐火土、水泥地面砖、白瓷砖、卫生洁具、玻璃灯罩	1.0%
机制瓦、脊瓦、水泥瓦	3.0%
石棉瓦、石子、黄土、耐火砖、玻璃、色石子、大理石板、水磨石板、混凝土管、缸瓦管	0.5%
砌块、白灰	1.5%

注：表中未列的材料类别，不计损耗。

四、采购及保管费是指为组织采购、供应和保管材料、工程设备的过程中所需要的各项费用。采购及保管费费率按0.42% 计取。

五、附录中材料价格是编制期天津市建筑材料市场综合取定的施工现场交货价格，并考虑了采购及保管费。

六、采用简易计税方法计取增值税时，材料的含税价格按照税务部门有关规定计算，以“元”为单位的材料费按系数 1.1086 调整。

材料价格表

序号	材料名称	规格	单位	单价(元)
1	硅酸盐水泥	42.5级	kg	0.41
2	硅酸盐膨胀水泥	—	kg	0.85
3	白水泥	一级	kg	0.64
4	无收缩水泥	—	kg	0.82
5	黏土砖	NZ-40	t	660.18
6	页岩标砖	240×115×53	千块	513.60
7	轻质黏土砖	QN-1.3a标型	t	660.18
8	轻质黏土砖	QN-1-32普型	t	660.18
9	白灰	—	kg	0.30
10	砂子	—	t	87.03
11	砂子	中砂	t	86.14
12	碎石	0.5~3.2	t	82.73
13	石油沥青	10#	kg	4.04
14	玻璃布	300×0.15	m	4.18
15	黏土质火泥	NF-40细粒	kg	0.52
16	石棉板衬垫	1.6~2.0	kg	8.05
17	石棉水泥板	δ20	m^2	40.38
18	石棉水泥板	δ25	m^2	43.26
19	云母板	δ0.5	kg	144.22
20	石英粉	—	kg	0.42
21	石英砂	—	kg	0.28
22	木板	—	m^3	1672.03
23	木材	方木	m^3	2716.33
24	道木	—	m^3	3660.04
25	道木	250×200×2500	根	452.90
26	硬木插片	1#	块	0.47
27	硬木插片	2#	块	0.61
28	铁片	1#	块	1.43
29	铁片	2#	块	1.39
30	铁件	含制作费	kg	9.49

续表

序号	材料名称	规格	单位	单价（元）
31	镀锌钢丝	D2.8～4.0	kg	6.91
32	钢丝绳	D14.1～15.0	kg	5.05
33	钢丝绳	D15.5	m	5.56
34	钢丝绳	D16.0～18.5	kg	5.84
35	钢丝绳	D18.5	m	7.46
36	钢丝绳	D19.0～21.5	kg	8.03
37	钢丝绳	D20	m	9.17
38	钢丝绳	D21.5	m	9.57
39	钢丝绳	D24.5	m	9.97
40	钢丝绳	D26	m	11.81
41	钢丝绳	D28	m	14.79
42	圆钢	D5.5～9.0	t	3896.14
43	圆钢	D10～14	t	3926.88
44	热轧角钢	60	t	3767.43
45	热轧不等边角钢	63×40×6 L=80	根	1.37
46	热轧扁钢	<59	t	3665.80
47	热轧槽钢	5#～16#	t	3587.47
48	型钢	—	t	3699.72
49	工字钢连接板	Q235	t	3945.20
50	普碳钢板	Q195～Q235 δ0.50～0.65	t	4097.25
51	普碳钢板	Q195～Q235 δ1.6～1.9	t	3997.33
52	普碳钢板	Q195～Q235 δ4.5～7.0	t	3843.28
53	普碳钢板	Q195～Q235 δ8～20	t	3843.31
54	普碳钢板	Q195～Q235 δ21～30	t	3614.76
55	普碳钢板	Q195～Q235 δ>31	t	4001.15
56	镀锌薄钢板	δ0.50～0.65	t	4438.22
57	钢垫板(一)	Q235 1#	块	13.55
58	钢垫板(一)	Q235 5#	块	15.91
59	钢垫板(一)	Q235 6#	块	14.58
60	钢垫板(一)	Q235 7#	块	19.06
61	钢板垫板	—	t	4954.18

续表

序号	材料名称	规格	单位	单价（元）
62	接头钢垫板	Q235 4#	块	22.39
63	接头钢垫板	Q235 5#	块	24.25
64	接头钢垫板	Q235 6#	块	25.20
65	接头钢垫板	Q235 8#	块	26.46
66	接头钢垫板	Q235 11#	块	27.68
67	接头钢垫板	Q235 12#	块	28.68
68	接头钢垫板	Q235 13#	块	29.74
69	接头钢垫板	Q235 14#	块	30.76
70	接头钢垫板	Q235 16#	块	31.66
71	接头钢垫板	Q235 19#	块	29.28
72	Π形垫板	Q235	块	22.24
73	钩头成对斜垫铁	Q195～Q235 1#	kg	11.22
74	钩头成对斜垫铁	Q195～Q235 2#	kg	11.22
75	钩头成对斜垫铁	Q195～Q235 3#	kg	11.22
76	钩头成对斜垫铁	Q195～Q235 4#	kg	11.22
77	钩头成对斜垫铁	Q195～Q235 5#	kg	11.22
78	钩头成对斜垫铁	Q195～Q235 6#	kg	11.22
79	钩头成对斜垫铁	Q195～Q235 7#	kg	11.22
80	钩头成对斜垫铁	Q195～Q235 8#	kg	11.22
81	平垫铁	（综合）	kg	7.42
82	平垫铁	Q195～Q235 1#	kg	7.42
83	平垫铁	Q195～Q235 2#	kg	7.42
84	平垫铁	Q195～Q235 3#	kg	7.42
85	平垫铁	Q195～Q235 4#	kg	7.42
86	平垫铁	Q195～Q235 5#	kg	7.42
87	平垫铁	Q195～Q235 6#	kg	7.42
88	平垫铁	Q195～Q235 7#	kg	7.42
89	平垫铁	Q195～Q235 8#	kg	7.42
90	斜垫铁	（综合）	kg	10.34
91	斜垫铁	Q195～Q235 1#	kg	10.34
92	斜垫铁	Q195～Q235 2#	kg	10.34

续表

序号	材料名称	规格	单位	单价（元）
93	斜垫铁	Q195～Q235 3#	kg	10.34
94	斜垫铁	Q195～Q235 4#	kg	10.34
95	碳钢平垫铁	—	kg	5.32
96	止退垫片	Q235 1#	块	2.21
97	止退垫片	Q235 2#	块	2.52
98	止退垫片	Q235 5#	块	2.66
99	挡板	角钢 75×75×6 $L=100$	根	4.30
100	双孔固定板	Q235 1#	块	7.74
101	双孔固定板	Q235 2#	块	8.98
102	双孔固定板	Q235 8#	块	12.46
103	双孔固定板	Q235 9#	块	14.36
104	单孔固定板钢底板	Q235 1#	块	3.23
105	单孔固定板钢底板	Q235 2#	块	4.30
106	单孔固定板钢底板	Q235 3#	块	4.62
107	单孔固定板钢底板	Q235 4#	块	4.93
108	单孔固定板钢底板	Q235 5#	块	5.42
109	单孔固定板钢底板	Q235 6#	块	6.00
110	压板(一)	Q235 1#	块	10.94
111	压板(一)	Q235 2#	块	19.79
112	压板(二)	Q235 1#	块	3.32
113	压板(二)	Q235 3#	块	4.87
114	压板(二)	Q235 4#	块	5.44
115	压板(二)	Q235 7#	块	6.42
116	压板(二)	Q235 8#	块	6.76
117	压板(三)	Q235 9#	块	12.08
118	压板(三)	Q235 11#	块	15.62
119	压板(三)	Q235 13#	块	17.10
120	压板(三)	Q235 14#	块	17.66
121	压板(三)	Q235 15#	块	18.84
122	压板(三)	Q235 16#	块	20.60
123	压板(三)	Q235 18#	块	24.55

续表

序号	材料名称	规格	单位	单价（元）
124	压板(四)	Q235 2#	块	8.68
125	压板(四)	Q235 3#	块	9.74
126	压板(四)	Q235 4#	块	10.55
127	压板(四)	Q235 5#	块	12.88
128	压板(四)	Q235 6#	块	14.22
129	焊接钢管	*DN*15	m	4.84
130	焊接钢管	*DN*20	m	6.32
131	热轧一般无缝钢管	*D*22×2	m	5.15
132	热轧一般无缝钢管	*D*25×2	m	4.95
133	热轧一般无缝钢管	*D*38×2.25	m	11.42
134	热轧一般无缝钢管	*D*42.5×3.5	m	17.27
135	热轧一般无缝钢管	*D*57×3	m	19.76
136	热轧一般无缝钢管	*D*57×4	m	26.23
137	普碳钢重轨	38kg/m	t	4332.81
138	普碳钢重轨	43kg/m	t	4383.19
139	钢轨连接板	QU70	套	137.71
140	钢轨连接板	QU80	套	143.87
141	钢轨连接板	QU100	套	200.97
142	钢轨连接板	QU120	套	210.20
143	钢轨鱼尾板	24kg	套	40.87
144	钢轨鱼尾板	38kg	套	118.68
145	钢轨鱼尾板	50kg	套	144.99
146	钢垫板挡板槽钢连接板	Q235 1#	块	3.95
147	钢垫板挡板槽钢连接板	Q235 5#	块	12.85
148	锌	99.99%	kg	23.32
149	铅板	δ3.0	kg	25.95
150	灰铅条	—	kg	24.48
151	黄铜皮	δ0.08～0.30	kg	76.77
152	紫铜皮	各种规格	kg	86.14
153	紫铜皮	0.08～0.20	kg	86.14
154	紫铜皮	0.25～0.50	kg	86.77

续表

序号	材料名称	规格	单位	单价(元)
155	紫铜板	(综合)	kg	73.20
156	紫铜板	δ0.25～0.5	kg	73.20
157	铜丝布	16目	m	117.37
158	铜丝布	20目	kg	218.02
159	圆钉	D<5	kg	6.49
160	圆钉	D<70	kg	6.68
161	骑马钉	20×2	kg	9.15
162	合页	<75	个	2.84
163	金属滤网	—	m^2	19.04
164	镀锌钢丝网	10×10×0.9	m^2	12.55
165	镀锌钢丝网	20×20×1.6	m^2	13.63
166	铜焊条	铜107 D3.2	kg	51.27
167	电焊条	E4303(综合)	kg	7.59
168	电焊条	E4303 D2.5	kg	7.37
169	电焊条	E4303 D3.2	kg	7.59
170	电焊条	E4303 D4	kg	7.58
171	气焊条	D<2	kg	7.96
172	铜焊粉	气剂301瓶装	kg	39.05
173	焊锡	—	kg	59.85
174	木螺钉	M6×100以内	个	0.18
175	钩头螺栓	M18×300	个	2.99
176	钩头螺栓	M22×400	个	4.79
177	精制螺栓	M22×160	个	3.31
178	双头螺栓	M16×150	套	2.49
179	双头带帽螺栓	M10×30	套	0.38
180	双头带帽螺栓	M16×(100～125)	套	2.06
181	粗制六角螺栓	不带帽M16×(70～140)	kg	8.07
182	粗制六角螺栓	不带帽M16×(160～260)	kg	8.42
183	粗制六角螺栓	不带帽M18×(40～100)	个	1.60
184	粗制六角螺栓	不带帽M20×(180～300)	个	4.61
185	粗制六角螺栓	不带帽M20×(320～400)	个	6.27

续表

序号	材料名称	规格	单位	单价（元）
186	粗制六角螺栓	不带帽M22×(180～300)	个	6.13
187	粗制六角螺栓	不带帽M24×(180～300)	个	6.36
188	粗制六角螺栓	不带帽M24×350	个	8.35
189	粗制六角螺栓	不带帽M24×380	个	9.41
190	粗制六角螺栓	不带帽M27×450	个	10.58
191	精制六角带帽螺栓	M8×75以内	套	0.59
192	精制六角带帽螺栓	M12×75以内	套	1.04
193	精制六角带帽螺栓	M20×80以内	套	3.10
194	带母螺栓	M12×50	套	0.85
195	六角毛螺母	M16	个	0.42
196	六角毛螺母	M18	个	0.59
197	六角毛螺母	M18～22	个	0.63
198	六角毛螺母	M20	个	0.74
199	六角毛螺母	M24	个	1.17
200	六角毛螺母	M24～27	个	1.25
201	精制六角螺母	M18～22	个	0.68
202	粗制六角螺母	M20～24	个	1.11
203	专用螺母垫圈	Q235 1#	块	2.80
204	专用螺母垫圈	Q235 2#	块	3.26
205	专用螺母垫圈	Q235 3#	块	3.50
206	专用螺母垫圈	Q235 4#	块	3.95
207	垫圈	M16	个	0.10
208	垫圈	M20	个	0.20
209	垫圈	M24	个	0.31
210	弹簧垫圈	M12～22	个	0.14
211	弹簧垫圈	M16	个	0.10
212	弹簧垫圈	M18～22	个	0.20
213	锯条	—	根	0.42
214	调和漆	—	kg	14.11
215	白漆	—	kg	17.58
216	漆片	各种规格	kg	42.65

续表

序号	材料名称	规格	单位	单价（元）
217	绝缘清漆	—	kg	13.35
218	清油	—	kg	15.06
219	防锈漆	C53-1	kg	13.20
220	银粉漆	—	kg	22.81
221	盐酸	31%合成	kg	4.27
222	硼酸	—	kg	11.68
223	水玻璃	—	kg	2.38
224	纯碱	99%	kg	8.16
225	碳酸氢钠	—	kg	3.91
226	黑铅粉	—	kg	0.44
227	红丹粉	—	kg	12.42
228	氧气	—	m^3	2.88
229	乙炔气	—	kg	14.66
230	凡尔砂	—	盒	5.13
231	凡士林	—	kg	11.12
232	铅油	—	kg	11.17
233	二硫化钼粉	—	kg	32.13
234	丙酮	—	kg	9.89
235	重铬酸钾	98%	kg	11.77
236	亚硝酸钠	一级	kg	4.05
237	四氯化碳	95%铁桶装	kg	14.71
238	氧化铅	—	kg	10.06
239	橡胶溶剂	120#	kg	47.84
240	乌洛托品	—	kg	12.37
241	天那水	—	kg	12.07
242	甘油	—	kg	14.22
243	乙醇	—	kg	9.69
244	工业酒精	99.5%	kg	7.42
245	生胶	—	kg	25.09
246	熟胶	—	kg	9.76
247	合成树脂密封胶	—	kg	20.36

续表

序号	材料名称	规格	单位	单价（元）
248	405树脂胶	—	kg	20.22
249	煤块	—	t	718.20
250	焦炭	—	kg	1.25
251	木柴	—	kg	1.03
252	煤焦油	—	kg	1.15
253	汽油	—	kg	7.74
254	汽油	60# ～70#	kg	6.67
255	汽油	70# ～90#	kg	8.08
256	溶剂汽油	200#	kg	6.90
257	柴油	—	kg	6.32
258	煤油	—	kg	7.49
259	汽缸油	—	kg	11.46
260	冷冻机油	—	kg	10.48
261	汽轮机油	各种规格	kg	10.84
262	机油	—	kg	7.21
263	机械油	20# ～30#	kg	7.87
264	透平油	—	kg	11.66
265	压缩机油	—	kg	10.35
266	亚麻子油	—	kg	11.63
267	真空泵油	—	kg	10.52
268	锭子油	—	kg	7.59
269	黄干油	—	kg	15.77
270	阻燃防火保温草袋片	—	个	6.00
271	砂纸	—	张	0.87
272	铁砂布	0# ～2#	张	1.15
273	白布	—	m	3.68
274	白布	—	m^2	10.34
275	包装布	—	kg	8.22
276	棉纱	—	kg	16.11
277	丝绸	—	m	24.56
278	破布	—	kg	5.07

续表

序号	材料名称	规格	单位	单价(元)
279	羊毛毡	δ12～15	m^2	70.61
280	油毛毡	400g	m^2	2.57
281	塑料布	—	kg	10.93
282	四氟乙烯塑料薄膜	—	kg	63.71
283	聚酯乙烯泡沫塑料	—	kg	10.96
284	松香水	—	kg	9.92
285	麻丝	—	kg	14.54
286	水	—	m^3	7.62
287	肥皂	—	块	1.34
288	石墨粉	—	kg	7.01
289	低温密封膏	—	kg	19.49
290	钢丝刷	—	把	6.20
291	研磨膏	—	盒	14.39
292	砂轮片	*D*350	片	18.17
293	红钢纸	δ0.2～0.5	kg	12.30
294	青壳纸	δ0.1～1.0	kg	4.80
295	面粉	—	kg	1.90
296	黑玛钢活接头	*DN*32	个	5.63
297	黑玛钢活接头	*DN*50	个	11.08
298	丝堵	*D*38以内	个	2.41
299	螺纹球阀	*D*15	个	15.37
300	螺纹球阀	*D*20	个	24.53
301	螺纹球阀	*D*50	个	111.21
302	油浸石棉绳	—	kg	18.95
303	石棉编绳	*D*6～10 烧失量24%	kg	19.22
304	石棉编绳	*D*11～25 烧失量24%	kg	17.84
305	石棉松绳	*D*13～19	kg	14.60
306	铅粉石棉绳	*D*6 250℃	kg	16.61
307	石棉布	—	kg	27.24
308	油浸石棉盘根	*D*6～10 250℃编制	kg	31.14
309	油浸石棉盘根	*D*6～10 450℃	kg	31.14

续表

序号	材料名称	规格	单位	单价（元）
310	油浸石棉盘根	D11～25 250℃编制	kg	31.14
311	油浸石棉铜丝盘根	D6～10 450℃编制	kg	36.63
312	石棉橡胶板	低压 δ0.8～6.0	kg	19.35
313	石棉橡胶板	中压 δ0.8～6.0	kg	20.02
314	石棉橡胶板	高压 δ0.5～8.0	kg	21.45
315	石棉橡胶板	高压 δ1～6	kg	23.57
316	耐油橡胶板	—	kg	17.69
317	耐油石棉橡胶板	δ1	kg	31.78
318	耐酸橡胶石棉板	（综合）	kg	27.73
319	耐酸橡胶板	δ3	kg	17.38
320	橡胶板	δ4～10	kg	10.66
321	橡胶板	δ5	m^2	64.32
322	弹性垫块	橡胶2#	块	1.43
323	弹性垫板(一)	橡胶4#	块	9.09
324	弹性垫板(一)	橡胶6#	块	12.20
325	弹性垫板(一)	橡胶7#	块	15.70
326	弹性垫板(一)	橡胶8#	块	35.25
327	弹性垫板(一)	橡胶9#	块	5.98
328	弹性垫板(一)	橡胶10#	块	12.35
329	弹性垫板(一)	橡胶11#	块	35.62
330	弹性垫板(一)	橡胶12#	块	7.76
331	弹性垫板(一)	橡胶13#	块	6.45
332	弹性垫板(一)	橡胶15#	块	12.53
333	弹性垫板(一)	橡胶16#	块	15.50
334	弹性垫板(一)	橡胶17#	块	14.99
335	弹性垫板(一)	橡胶18#	块	6.72
336	弹性垫板(一)	橡胶19#	块	9.31
337	弹性垫板(一)	橡胶20#	块	11.74
338	弹性垫板(一)	橡胶21#	块	13.00
339	弹性垫板(二)	橡胶1#	块	279.17
340	橡胶盘根	低压	kg	24.54

附录二　施工机械台班价格

说　　明

一、本附录机械不含税价格是确定预算基价中机械费的基期价格,也可作为确定施工机械台班租赁价格的参考。

二、台班单价按每台班8小时工作制计算。

三、台班单价由折旧费、检修费、维护费、安拆费及场外运费、人工费、燃料动力费和其他费组成。

四、安拆费及场外运费根据施工机械不同分为计入台班单价、单独计算和不计算三种类型。

1.工地间移动较为频繁的小型机械及部分中型机械,其安拆费及场外运费计入台班单价。

2.移动有一定难度的特、大型(包括少数中型)机械,其安拆费及场外运费单独计算。单独计算的安拆费及场外运费除应计算安拆费、场外运费外,还应计算辅助设施(包括基础、底座、固定锚桩、行走轨道枕木等)的折旧、搭设和拆除等费用。

3.不需安装、拆卸且自身能开行的机械和固定在车间不需安装、拆卸及运输的机械,其安拆费及场外运费不计算。

五、采用简易计税方法计取增值税时,机械台班价格应为含税价格,以“元”为单位的机械台班费按系数1.0902调整。

施工机械台班价格表

序号	机械名称	规格型号	台班不含税单价（元）	台班含税单价（元）
1	轮胎式起重机	10t	638.56	683.85
2	轮胎式起重机	16t	788.30	851.16
3	汽车式起重机	8t	767.15	816.68
4	汽车式起重机	12t	864.36	924.77
5	汽车式起重机	16t	971.12	1043.79
6	汽车式起重机	20t	1043.80	1124.97
7	汽车式起重机	25t	1098.98	1186.51
8	汽车式起重机	30t	1141.87	1234.24
9	汽车式起重机	50t	2492.74	2738.37
10	汽车式起重机	75t	3175.79	3518.53
11	汽车式起重机	100t	4689.49	5215.40
12	汽车式起重机	120t	7754.08	8651.59
13	叉式起重机	5t	494.40	527.73
14	载货汽车	8t	521.59	561.99
15	载货汽车	10t	574.62	620.24
16	载货汽车	12t	695.42	759.44
17	载货汽车	15t	809.06	886.72
18	平板拖车组	15t	1007.72	1072.16
19	平板拖车组	20t	1101.26	1181.63
20	平板拖车组	40t	1468.34	1590.10
21	卷扬机	单筒慢速 30kN	205.84	210.09
22	卷扬机	单筒慢速 50kN	211.29	216.04
23	卷扬机	单筒慢速 80kN	254.54	264.12
24	卷扬机	单筒慢速 100kN	284.75	297.21

续表

序号	机械名称	规格型号	台班不含税单价（元）	台班含税单价（元）
25	卷扬机	单筒慢速 200kN	428.97	455.66
26	滚筒式混凝土搅拌机	250L	225.89	229.20
27	立式铣床	320×1250	242.96	248.89
28	立式钻床	*D*25	6.78	7.64
29	立式钻床	*D*35	10.91	12.23
30	摇臂钻床	*D*50	21.45	24.02
31	摇臂钻床	*D*63	42.00	47.04
32	剪板机	20×2500	329.03	345.63
33	卷板机	19×2000	245.57	252.03
34	联合冲剪机	16mm	354.85	362.92
35	砂轮切割机	*D*350	11.90	12.97
36	切砖机	5.5kW	32.04	35.03
37	磨砖机	4kW	22.61	24.51
38	刨边机	12000mm	566.55	610.59
39	摩擦压力机	3000kN	407.82	431.67
40	试压泵	60MPa	24.94	27.39
41	交流弧焊机	21kV·A	60.37	66.66
42	交流弧焊机	32kV·A	87.97	98.06
43	直流弧焊机	20kW	75.06	83.12
44	硅整流弧焊机	15kV·A	48.36	53.09
45	电动空气压缩机	6m^3/min	217.48	242.86
46	电动空气压缩机	10m^3/min	375.37	421.34
47	激光轴对中仪	—	116.77	127.30
48	鼓风机	18m^3/min	41.24	44.90

附录三　加工件质量单价取定表

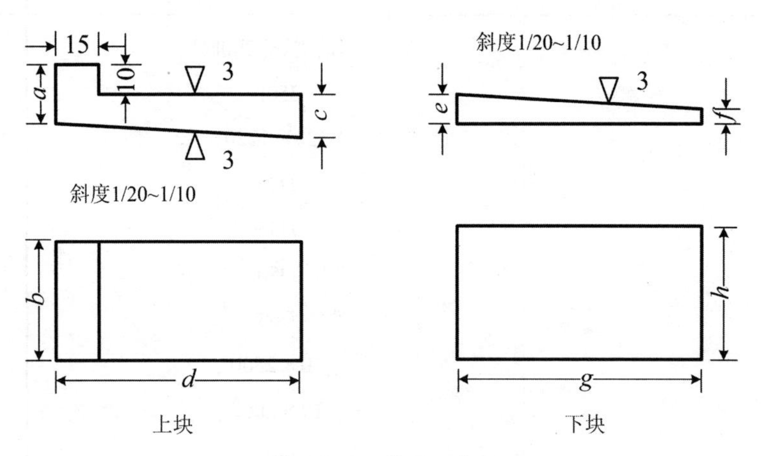

钩头成对斜垫铁示意图

钩头成对斜垫铁表（Q195～Q235）　　**单位**：对

型　号	*a*	*b*	*c*	*d*	*e*	*f*	*g*	*h*	质　量（kg）
1	21	40	15	80	13	8	100	50	0.786
2	21	50	16	100	16	10	120	60	1.324
3	22	60	18	120	17	10	140	70	1.957
4	21	90	19	160	19	10	180	100	3.850
5	21	80	16	100	16	9	140	80	2.041
6	24	100	20	120	20	12	160	100	3.729
7	28	120	25	140	25	16	180	120	6.453
8	32	140	30	160	30	20	200	140	10.230

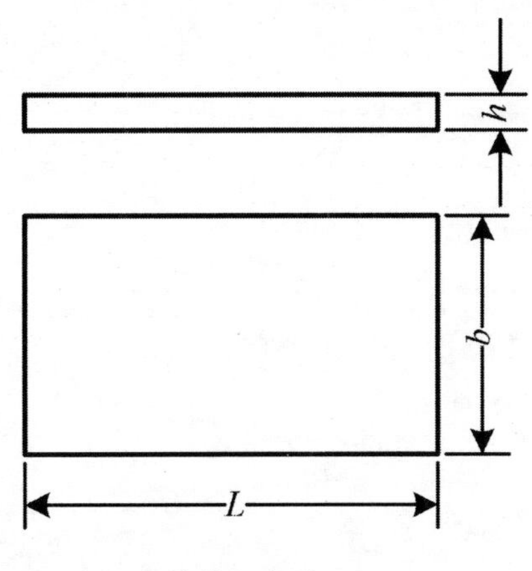

平垫铁示意图

平垫铁表（Q195～Q235） **单位**：块

型　号	L	b	h	质　量（kg）
1	90	60	6	0.254
2	110	70	8	0.484
3	125	85	12	1.001
4	180	140	20	3.956
5	120	90	14	1.187
6	140	110	16	1.934
7	160	130	18	2.939
8	180	150	20	4.239
9	80	50	12	0.377
10	100	75	16	0.942

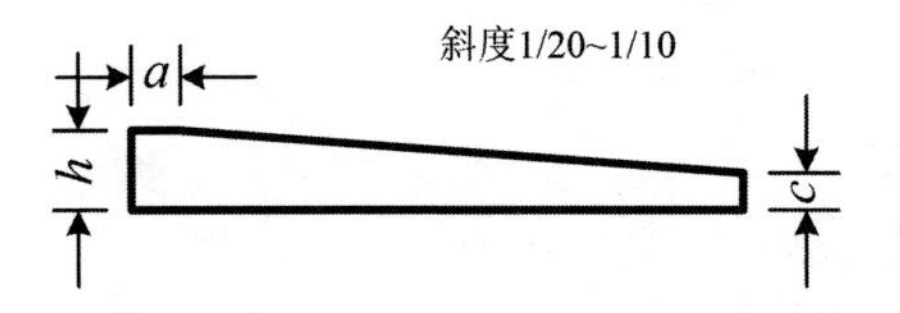

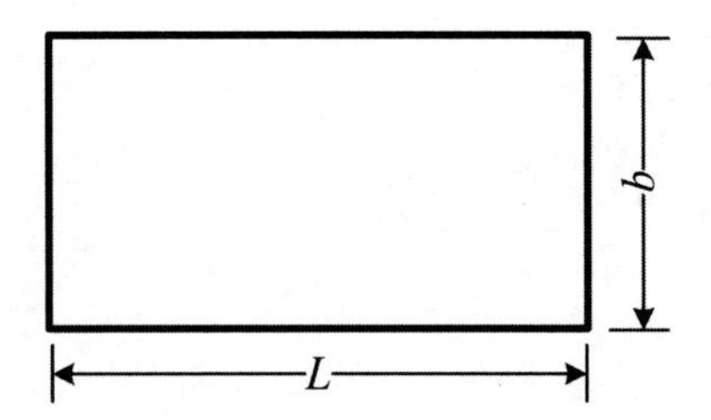

斜垫铁示意图

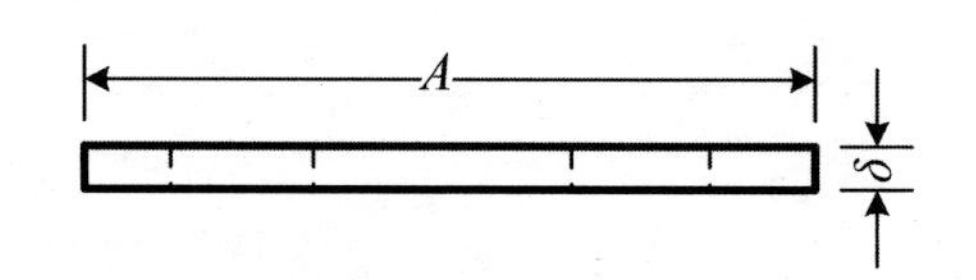

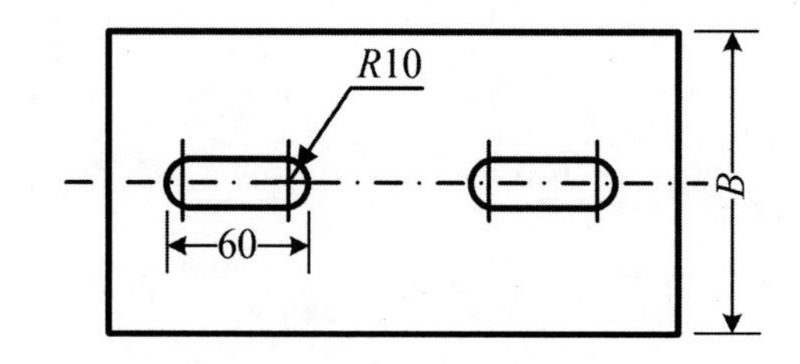

钢垫板(一)示意图

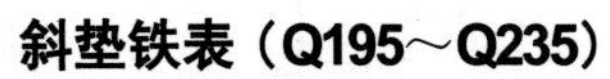

斜垫铁表（Q195～Q235） **单位**：块

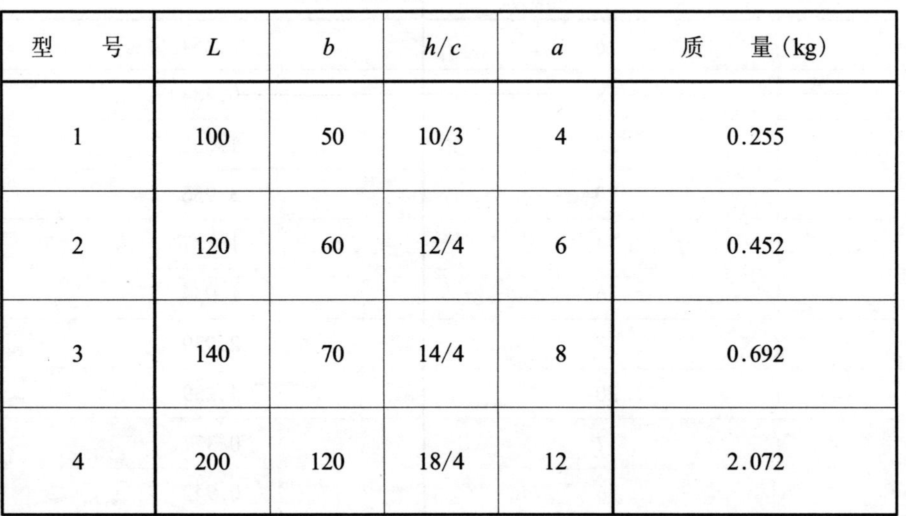

型　　号	L	b	h/c	a	质　　量(kg)
1	100	50	10/3	4	0.255
2	120	60	12/4	6	0.452
3	140	70	14/4	8	0.692
4	200	120	18/4	12	2.072

钢垫板(一)表（Q235） **单位**：块

型　　号	A	B	δ	预算价格(元)
1	250	120	10	13.55
2	250	120	12	14.77
3	320	120	8	13.40
4	340	120	8	13.82
5	350	120	10	15.91
6	360	120	8	14.58
7	400	120	12	19.06

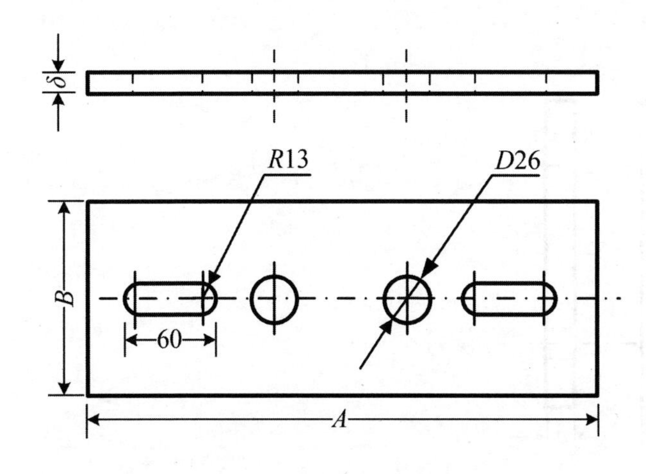

钢垫板（二）示意图

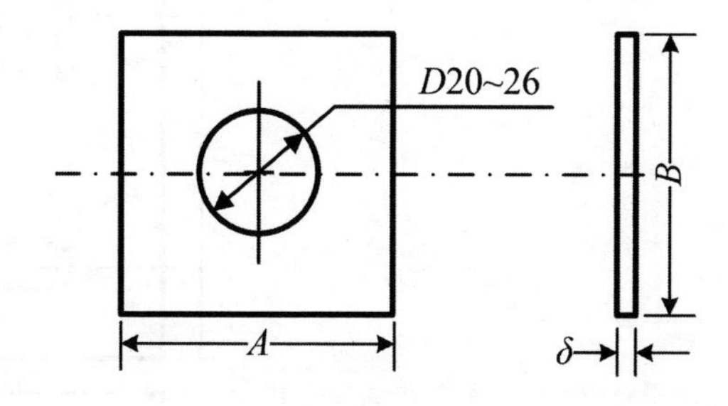

螺母垫圈示意图

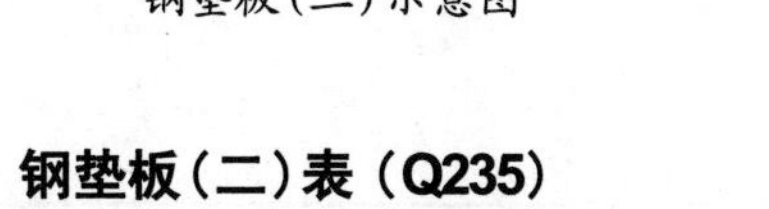

钢垫板（二）表（Q235） **单位**：块

A	B	δ	预算价格（元）
540	150	12	28.29

专用螺母垫圈表（Q235） **单位**：块

型　号	A	B	δ	预算价格（元）
1	50	50	6	2.80
2	60	60	6	3.26
3	60	60	8	3.50
4	70	70	8	3.95
5	80	70	8	3.29
6	90	90	8	4.02
7	100	100	8	5.11

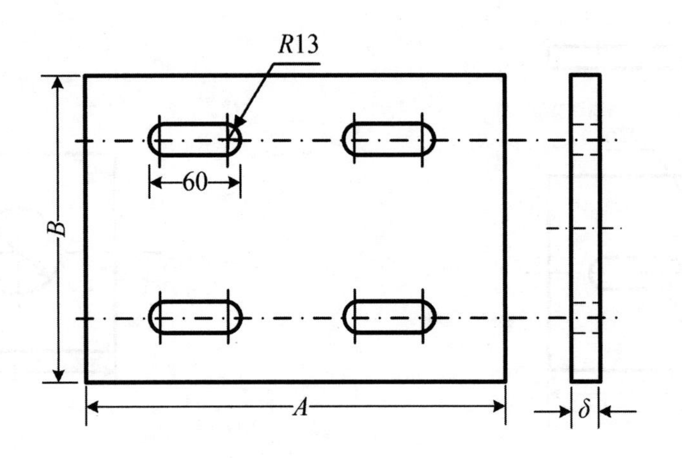

接头钢垫板示意图

接头钢垫板表(Q235)

单位:块

型　号	A	B	δ	预算价格(元)	型　号	A	B	δ	预算价格(元)
1	270	200	5	16.32	11	390	220	8	27.68
2	310	220	10	29.96	12	390	220	10	28.68
3	320	220	10	30.67	13	400	220	10	29.74
4	340	220	10	22.39	14	400	250	6	30.76
5	350	220	8	24.25	15	400	250	8	35.77
6	360	250	6	25.20	16	420	250	6	31.66
7	370	220	10	26.32	17	420	250	8	37.14
8	380	220	10	26.46	18	440	250	6	30.32
9	380	250	6	25.56	19	440	250	8	29.28
10	380	250	8	31.88					

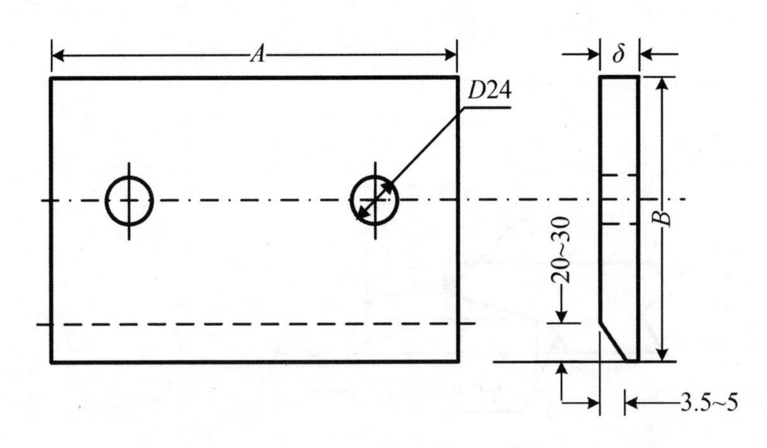

压板(一)示意图

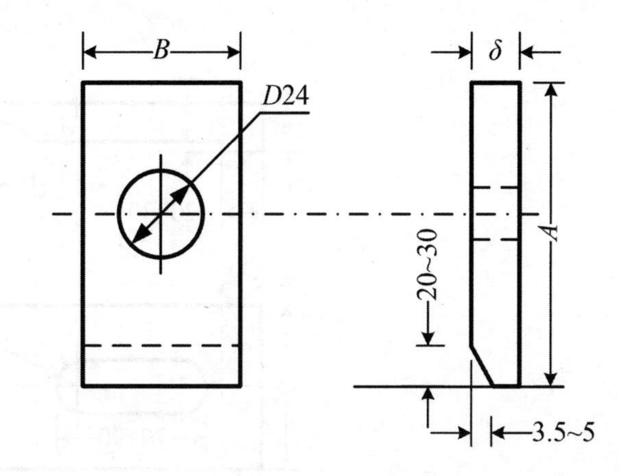

压板(二)示意图

压板(一)表(Q235) **单位**:块

型号	A	B	δ	预算价格(元)
1	150	110	16	10.94
2	240	120	20	19.79

压板(二)表(Q235) **单位**:块

型号	A	B	δ	预算价格(元)
1	100	60	6	3.32
2	105	70	16	6.05
3	110	70	10	4.87
4	110	80	12	5.44
5	115	70	16	6.33
6	120	70	14	5.82
7	120	70	16	6.42
8	120	90	14	6.76
9	125	80	20	12.28
10	135	70	20	7.88
11	145	70	20	8.23

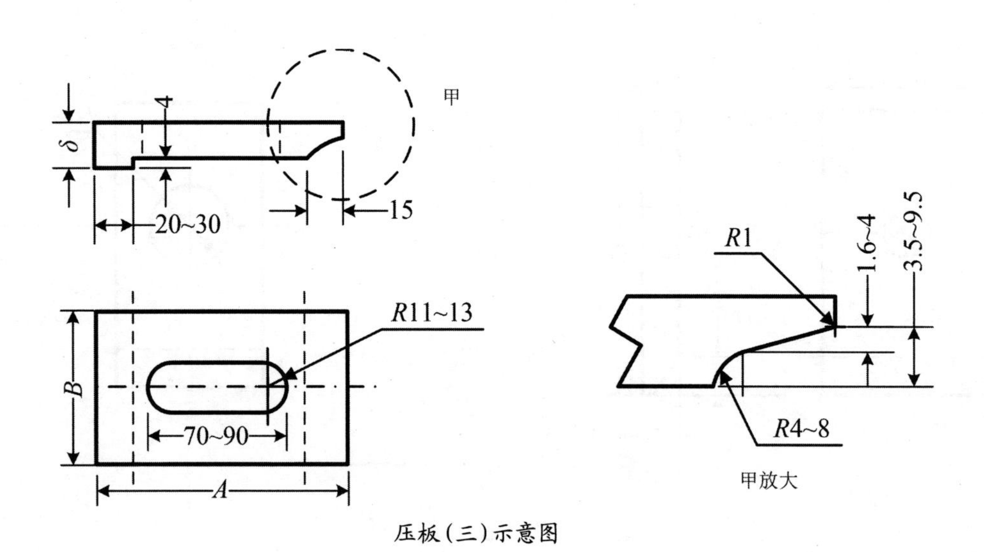

压板(三)示意图

压板(三)表(Q235)

单位:块

型　　号	A	B	δ	预算价格(元)	型　　号	A	B	δ	预算价格(元)
1	100	60	14	8.01	10	140	70	22	12.85
2	115	60	18	9.23	11	145	80	23	15.62
3	115	70	20	11.06	12	145	100	32	21.29
4	115	80	22	13.43	13	150	80	27	17.10
5	115	80	23	13.90	14	160	90	24	17.66
6	130	80	23	14.59	15	160	90	28	18.84
7	130	90	25	15.67	16	160	90	30	20.60
8	130	90	28	16.55	17	160	90	32	21.21
9	140	70	20	12.08	18	170	100	88	24.55

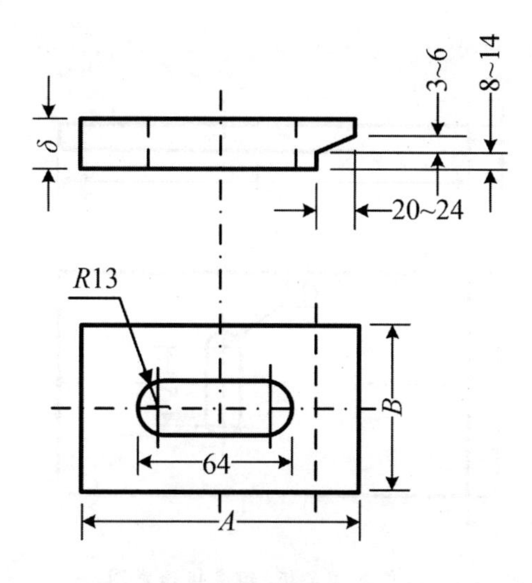

压板（四）示意图

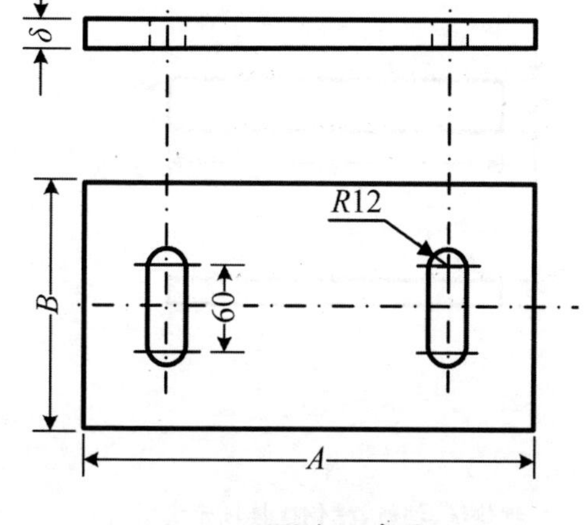

双孔固定板示意图

压板（四）表（Q235） **单位**：块

型　号	A	B	δ	预算价格（元）
1	130	60	18	8.25
2	130	70	20	8.68
3	140	70	20	9.74
4	140	80	22	10.55
5	140	90	25	12.88
6	140	90	28	14.22

双孔固定板表（Q235） **单位**：块

型　号	A	B	δ	预算价格（元）
1	170	85	8	7.74
2	170	85	10	8.98
3	170	95	8	8.32
4	170	100	8	8.51
5	170	115	10	10.54
6	170	125	8	9.90
7	210	105	12	12.63
8	260	100	10	12.46
9	260	100	12	14.36

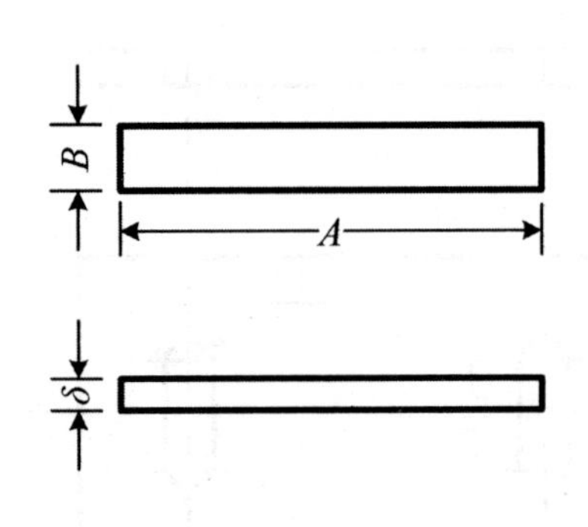

钢垫板、挡板、槽钢连接板示意图

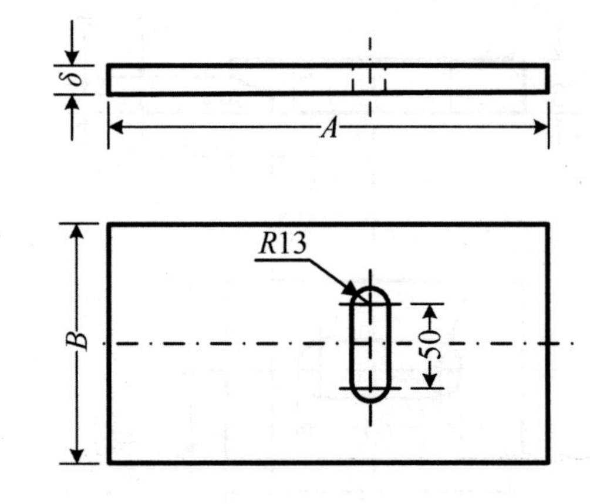

单孔固定板、钢底板示意图

钢垫板、挡板、槽钢连接板表 **单位**：块

型　号	A	B	δ	预算价格(元)
1	200	25	12	3.95
2	220	80	8	5.67
3	220	80	10	6.72
4	240	150	6	8.26
5	240	200	8	12.85
6	590	120	12	24.74

单孔固定板、钢底板表(Q235) **单位**：块

型　号	A	B	δ	预算价格(元)
1	60	80	5	3.23
2	90	70	8	4.30
3	90	70	10	4.62
4	90	80	10	4.93
5	100	90	10	5.42
6	100	90	12	6.00
7	140	100	8	5.84
8	180	120	10	8.67

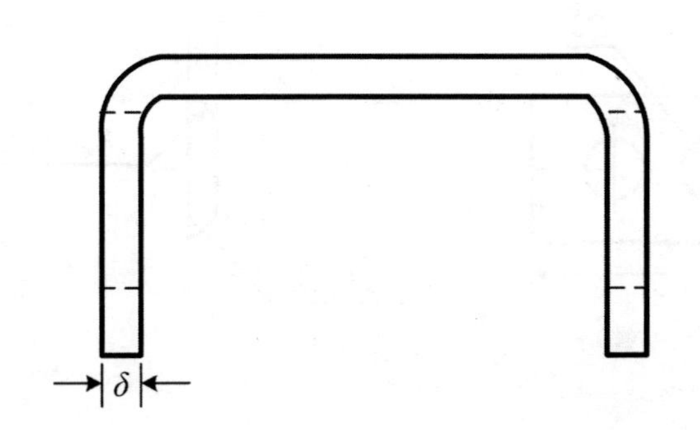

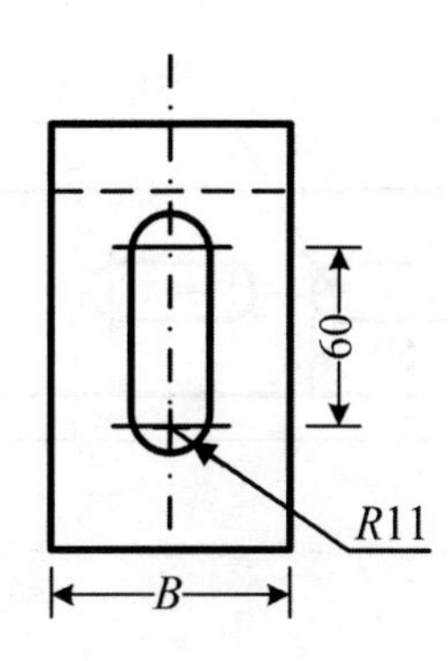

Π形垫板示意图

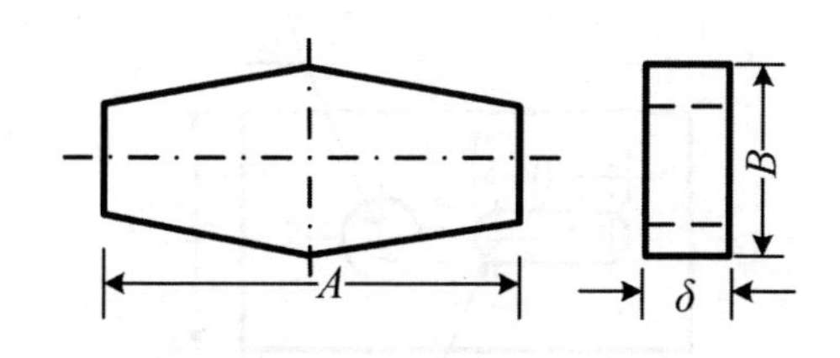

工字钢连接板示意图

Π形垫板表 **单位**：块

展开长度	*B*	*δ*	预算价格(元)
520	120	10	22.24

工字钢连接板表(Q235) **单位**：块

A	*B*	*δ*	预算价格(元)
190～800	75～170	12～22	3.95

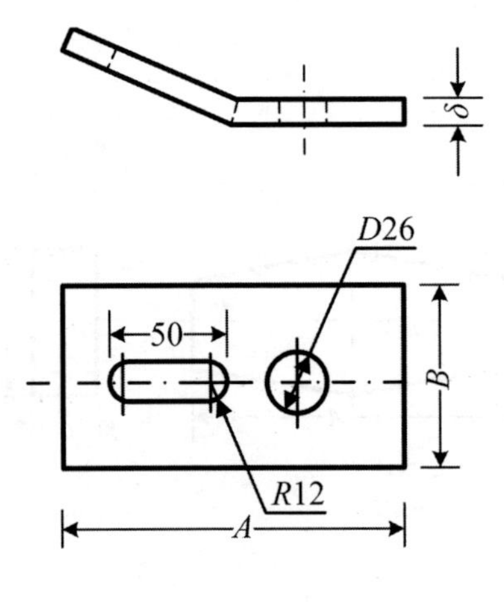

弯板示意图

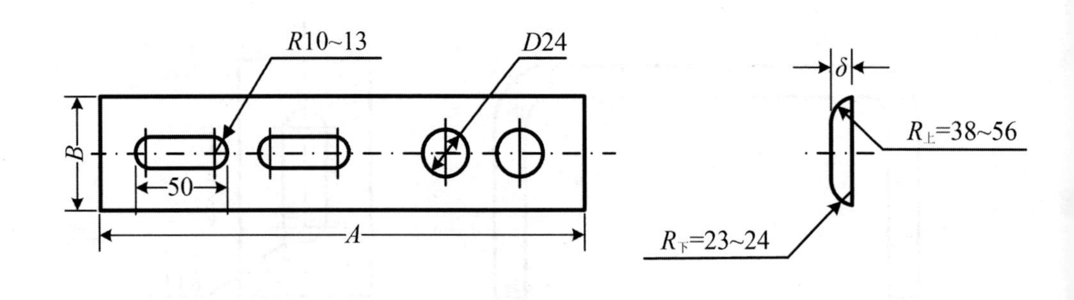

钢轨连接板示意图

弯板表（Q235） **单位**：块

型　号	A	B	δ	预算价格（元）
1	145	80	10	7.00
2	145	80	12	7.39

钢轨连接板表（Q235） **单位**：块

型　号	配用钢轨型号	A	B	δ	预算价格（元）
1	QU70	500	76	22	137.71
2	QU80	500	76	22	143.87
3	QU100	500	93	30	200.97
4	QU120	500	102	30	210.20

附录四　单台附属设备质量对照表

单台附属设备质量对照表

设　备　名　称	设备型号规格/设备参考质量(t)
立式管壳式冷凝器	冷却面积 $50m^2$/3，75/4，100/5，150/7，200/9，250/11，350/3
卧式管壳式冷凝器	冷却面积 $20m^2$/1，30/2，60/3，80/4，100/5，210/6，140/8，180/9，200/12
淋水式冷凝器	冷却面积 $30m^2$/1.5，40/2，60/2，75/3.5，90/4
蒸发式冷凝器	冷却面积 $20m^2$/1，40/1.7，80/2.5，100/3，150/4，200/6，250/7
立式蒸发器	蒸发面积 $20m^2$/1.5，40/3，60/4，90/5，120/6，160/8，180/9，240/12
立式低压循环贮液器	容积 $1.6m^3$/1，2.5/1.5，3.5/2，5/3
卧式高压贮液器	容积 $1m^3$/0.7，1.5/1，2/1.51，3/2，5/2.5
氨油分离器	直径 325/0.15，500/0.3，700/0.6，800/1.2，1000/1.75，1200/2
氨液分离器	直径 500/0.3，600/0.4，800/0.6，1000/0.8，1200/1，1400/1.2
空气分离器	冷却面积 $0.45m^2$/0.06，1.82/0.13
氨气过滤器	直径 100/0.1，200/0.2，300/0.5
氨液过滤器	直径 25/0.025，50/0.025，100/0.05
中间冷却器	冷却面积 $2m^2$/0.5，3.5/0.6，5/1，8/1.6，10/2，12/3
玻璃钢冷却塔	流量 $30m^3$/0.4，50/0.5，70/0.8，100/1，150/2，250/2.5，300/3.5，500/4，700/5.5
集油器	直径 219/0.05，325/0.1，500/0.2
紧急泄氨器	直径 108/0.02
油视镜	按支计,不计质量
储气罐	设备容积 $2m^3$/0.7，3/1.3，8/1.8，11/2.3，15/2.8
空气分离塔	$\frac{FL-50}{200}$/4.1，$\frac{140}{660-1}$/7，$\frac{FL-300}{300}$/14